Klaus Herrmann, Horst-Dieter Görg (Hrsg.)

Ackergiganten im Einsatz

Mehr als 150 Jahre Landtechnik

Klaus Herrmann | Horst-Dieter Görg

ACKERGIGANTEN IM EINSATZ

Mehr als 150 Jahre Landtechnik

Georg Olms Verlag
Hildesheim • Zürich • New York
2018

Unter Mitwirkung von
Eckhart Bartels, Peter Conze, Renate Freiling, Hubert Flaig,
Hans-Georg Franke, Wilfried Geiger, Ralf Krieger, Werner Schmeing,
Martina Schulz und Hans-Jürgen Wischhof

Bibliografische Informationen der Deutschen Nationalbibliothek
Die Deutsche Nationalbibliothek verzeichnet diese
Publikation in der Deutschen Nationalbiografie;
detaillierte bibliografische Daten sind im Internet über
http://dnb.d-nb.de abrufbar

www.olms.de
Printed in Germany
Gedruckt auf säurefreiem und alterungsbeständigem Papier
Einbandgestaltung: Hubert Flaig, Stuttgart
Grafik und Layout: Hubert Flaig, Flaig + Flaig GmbH Stuttgart
Herstellung: Elbe Druckerei Wittenberg
ISBN 978-3-487-08603-3

Inhalt

Horst-Dieter Görg

Motorsportjournalist und Vorsitzender der Hanomag IG

Dr. Klaus Herrmann

Ehemaliger Leiter des Deutschen Landwirtschaftsmuseums Hohenheim

Einführung

„Historische Landmaschinen erfreuen sich großer Beliebtheit. Zuneigung wird den Ackerschleppern entgegengebracht, den Kraftkolossen bäuerlicher Arbeit." – So wurde die Erstausgabe von „Ackergiganten" einst angekündigt.

Als das Buch 1985 erstmals erschien, waren viele der darin beschriebenen Maschinen nur aus der Literatur oder allenfalls aus Museen bekannt. Wie sie einst eingesetzt wurden und wie sie technisch funktionierten, war vielen Zeitgenossen völlig unbekannt oder nur schwer nachvollziehbar. Die Zeit dieser Ackergiganten, die aus den Anfängen der Mechanisierung der Landwirtschaft stammen, war längst vorbei.

Aber wenn man eine gewisse Technik-Begeisterung hat, sich mit diesen Dingen etwas näher beschäftigt und die eine oder andere Hilfestellung bekommt, lässt sich erfreulich viel bewegen! So war es auch als 2007, anlässlich der weltgrößten Landtechnikmesse Agritechnica in Hannover und 101 Jahre nach dem Tod von Max Eyth, dem Gründer der Deutschen Landwirtschafts-Gesellschaft (DLG), eine Sonderschau über diesen begnadeten Landwirtschaftspionier geplant war.

Mit Unterstützung des Vereins „Historische Dampftechnik Kirchheim unter Teck" gelang es, einen kompletten Dampfpflugsatz von Fowler aus dem Jahr 1909 in Hannover auszustellen. Die Maschinen waren nicht nur perfekt restauriert, sie waren auch voll funktionsfähig und konnten auf dem Feld eingesetzt werden: für diejenigen, die bei einer solchen Vorführung dabei sind, ein unglaubliches Erlebnis.

Einige Jahre zuvor hatte die Hanomag IG begonnen, einen der wenigen erhaltenen Motortragpflüge, Bauart Wendeler und Dohrn (WD), wieder zum Leben zu erwecken. Aber erst 2010 gelang es, mit einem deutsch-niederländischen Team auf dem Historischen Feldtag in Nordhorn den WD 80-Großpflug zuverlässig in Betrieb zu nehmen. Tausende von Besuchern waren begeistert. – Drei Jahre später war es möglich, einen gut erhaltenen WD 35-Kleinpflug aus Südafrika nach Deutschland zurückzuholen. Beide Maschinen im „Formationsflug" zu erleben war eine echte Sensation und kaum steigerungsfähig.

„Der Erhalt und die Pflege von historischen Maschinen und Geräten der Landtechnik sind immer wieder mit einem hohen persönlichen Einsatz verbunden. Dazu gehören nicht nur erfahrene und emsige Spezialisten, sondern auch ein Netzwerk von Helfern und Zuträgern; das gilt auch für die Recherche zu den Beiträgen in diesem Werk!"

Anfang 2016 gab John Deere in Mannheim ein einzigartiges Erbstück der Heinrich Lanz AG zur Aufarbeitung frei: einen Lanz-Landbaumotor von 1917. Dr. Bernard Krone schaffte es, die Maschine nach Spelle zur Eröffnung des Krone-Museums zu holen. Dort konnten unter idealen Bedingungen nicht nur die WD-Pflüge gewartet, sondern auch dem Lanz-Landbaumotor zu Leibe gerückt werden. Bereits im August 2016 wurde – wiederum in Nordhorn – der generalüberholte Motor vor einem staunenden Publikum gestartet; nur ein Jahr später – zum 25-jährigen Jubiläum des Historischen Feldtag – war auch die komplette Maschine, einschließlich der angebauten Bodenfräse, zurück auf der Scholle. Nach 100 Jahren war ein weiterer Ackergigant zu neuem Leben erweckt!

Diese außergewöhnlichen Geschichten haben uns animiert, dieses Buch neu zu schreiben und den Lesern damit näherzubringen, welche Abenteuer auch heute noch in Verbindung mit diesen Maschinen zu erleben sind. Wenn man dann auf einer Messe wie der Agritechnica in Hannover oder der Retro Classics in Stuttgart staunend vor den Ackergiganten steht, kann sich jeder Besucher vorstellen, wie so etwas funktioniert.

Bei der Entstehung dieses Buches haben uns dankenswerterweise nicht nur zahlreiche Co-Autoren geholfen, sondern wir konnten auch auf diverse Archive zurückgreifen, ohne deren Schätze dieses Buch in der vorliegenden Form nicht zustande gekommen wäre. Nur so war es möglich, dieses Werk mit insgesamt rund 500 Abbildungen reich zu illustrieren. Unser Dank gilt allen, die an der Entstehung des Buches mitgearbeitet haben, aber auch den Inserenten, die bei der Finanzierung dieses Werkes einen wichtigen Beitrag leisteten.

Dr. Reinhard Grandke
Hauptgeschäftsführer der Deutschen Landwirtschafts-Gesellschaft DLG e.V.

„Was Du heute erdenkst und nicht verwerten kannst, mag morgen den Erdball aus den Angeln heben.“
Max Eyth

Geschichte ist lebendig

Bereits vor über 200 Jahren, als der Brite Richard Trevithick 1811 den ersten Einsatz einer beweglichen Dampfmaschine in der Landwirtschaft wagte, lautete die Herausforderung: Die Weltbevölkerung muss mit ausreichend und qualitativ hochwertigen Lebensmitteln versorgt werden. Diese Herausforderung ist heute so aktuell wie damals. So prognostizieren verschiedene Organisationen einen Anstieg der Weltbevölkerung bis 2050 von 7 Mrd. auf 9 bis 10 Mrd. Menschen. Nach Berichten der FAO muss sich für die Ernährung der gestiegenen Weltbevölkerung die Lebensmittelproduktion im gleichen Zeitraum verdoppeln. Darüber hinaus wird der Landwirtschaft im Rahmen der zukünftigen Energieversorgung eine wichtige Rolle eingeräumt, sei es in der Bereitstellung von Biomasse für die Erzeugung von Bioenergie und Biotreibstoffen oder in der Bereitstellung von Flächen für Windkraft- und Photovoltaikanlagen.

Die Landwirtschaft und die damit verbundene Landtechnikbranche stellen sich dieser Herausforderung und sind damit Schlüsselbranchen vom späten 19. bis zum heutigen 21. Jahrhundert.

Vor rund 150 Jahren erkannten die Visionäre John Fowler und Max Eyth das Potential der Landtechnik für die Produktion von Nahrungsmitteln. Für sie stand fest, dass moderne und schlagkräftige Technik ein essentieller Baustein dafür ist, um die Herausforderungen der Landwirtschaft zu bewältigen. Ingenieure konstruieren seitdem Maschinen für die breite und effiziente Anwendung in der Praxis. Landwirte produzieren damit Lebensmittel mit bester Qualität und Biomasse für die Energieerzeugung.

Max Eyth hat 1885 die Deutsche Landwirtschafts-Gesellschaft mit dem Ziel gegründet, neue Technologien für die Landwirtschaft verfügbar und anwendbar zu machen. Und seit über 130 Jahren werden bei der DLG, erst auf den DLG-Wanderausstellungen, später auf der Agritechnica, die neuesten Entwicklungen präsentiert. Dabei üben gerade die Ackergiganten eine besondere Faszination aus, zeugen sie doch von großer Innovationskraft und vom Selbstbewusstsein der Entwickler und Ingenieure.

Viele Enthusiasten der Landtechnik sind von der Begeisterung infiziert und bewundern nicht nur das Neue, sondern pflegen mit viel Energie, Liebe und Passion auch die Historie. Das Präsentieren und der Einsatz dieser Technik auf vielfältigen Ausstellungen und Vorführungen sind wichtige Beiträge, um den Bogen von der historischen hin zur heutigen Landtechnik zu spannen. Sie sind auch ein Symbol und Schrittmacher gesellschaftlicher Entwicklungen.

Das Wissen und das Verstehen der historischen Entwicklungen sind wichtig, um das Neue zu erkennen und zu bewerten. Das Buch „Ackergiganten im Einsatz“ setzt genau an diesem Punkt an. Die renommierten und von der Faszination der Landtechnik infizierten Herausgeber Dr. Klaus Herrmann und Horst-Dieter Görg und ihre Mitautoren zeigen die innovativsten Entwicklungen im historischen und aktuellen Umfeld auf und erläutern anschaulich, fesselnd und verständlich, wie sich Technik und Gesellschaft auch durch den Einsatz der Ackergiganten verändern.

„Ein Leben ohne Traktor ist möglich, aber langweilig.“
alles-traktor.com

Peter Berger
Präsident
Bundesverband Historische Landtechnik Deutschland e.V. – BHLD

Hubert Flaig
Geschäftsführer
Bundesverband Historische Landtechnik Deutschland e.V. – BHLD.

Eine starke Gemeinschaft

Traktoren haben wie kein anderes Gerät die Landwirtschaft in den vergangenen 150 Jahren revolutioniert. Maschinen sind für die Landwirtschaft längst unverzichtbar geworden und ihre Technik hat sich bis heute enorm weiterentwickelt. Hatte die Mechanisierung der Landwirtschaft zunächst zum Ziel, die tierische Arbeitskraft abzulösen, die Anstrengung körperlicher Arbeit zu mindern, sowie fehlende Arbeiter und Helferinnen zu ersetzen, die vermehrt an Arbeitsplätze in der Industrie abwanderten, geht es heute in den modernen Betrieben vor allem darum, möglichst effizient zu arbeiten und die Produktivität zu steigern. Dazu werden voll vernetzte Hightech-Maschinen eingesetzt, die mit ihrer schieren Größe an die riesigen Dampflokomobilen, die am Anfang der Entwicklungsgeschichte von Traktoren stehen, erinnern.

„Ackergiganten im Einsatz“ erzählt die Geschichte dieser Entwicklung, und die gleichnamige Ausstellung auf der Retro Classics in Stuttgart fährt entsprechende Zeugen dazu auf. Und um jedes dieser Gefährte spinnt sich wiederum eine individuelle Geschichte: Irgendwo sind sie gebaut worden, irgendjemand hat sie gekauft. Sie wurden eingesetzt, um zu pflügen, Holz zu transportieren, die Ernte einzuholen oder um Arbeiter und Helfer aufs Feld zu fahren. Auch darüber wird in diesem Buch erzählt.

Viele dieser historischen Maschinen sind im Lauf der Zeit aber verschwunden oder in einer Schrottpresse gelandet. Noch vor 40 Jahren waren es nur wenige Enthusiasten, die sich für die Traktoren und Geräte interessierten, die irgendwo in einem Garten vor sich hin rosteten oder in einer Scheune einstaubten. Besessen von der Idee, die Maschinen wieder zum Laufen zu bringen, rückten sie den Funden beherzt zu Leibe. Sie waren fasziniert von der Qualität der Verarbeitung, der Güte der Werkstoffe, der Einfachheit der Technik und der Zugänglichkeit, mit der die Teile verbaut waren. Ohne die Sorgfalt, mit der die Maschinen einst gebaut wurden, wären sie längst irreparabel geworden.

Ihrem Beispiel sind inzwischen viele gefolgt. In zahlreichen Traktoren-Clubs und -Vereinen haben sich Fans zusammengefunden, die in hunderten von Stunden Schlepper ihrer Lieblingsmarke – von Lanz, Allgaier, Deutz, Eicher, Güldner, Hanomag, Fendt bis zu MAN und anderen – wieder herrichten und gangbar machen.

Das Baujahr; das Anlassen mit Kurbel, Zündhütchen, Heizlampe oder elektrisch; Diesel oder Benziner; luft- oder wassergekühlt; einer, zwei, drei oder mehr Zylinder; PS und Hubraum; Kupplung; Getriebe; Geräteadaption; Originalfarbe; Reifen. Dies sind nur ein paar Stichworte, die Anlass zu stundenlangen Gesprächen unter Gleichgesinnten geben.

Und wer auf einem Traktor sitzt und die Landschaft im 20 km/h-Tempo vorbeiziehen lässt, weiß den Reiz entschleunigter Beobachtung zu schätzen. Der gleichmäßige Takt und der spezifische Klang des Motors, der auch Außenstehende erfasst, trägt das seine zum Einklang von Fahrer und Gefährt bei. Und für alle, die schon einmal einen Oldtimer restauriert haben, ist es das Schönste, wenn das Fahrzeug nach vielen Jahren des Stillstehens wieder zu neuem Leben erwacht.

Mit ihrer 10. Ausstellung auf der Retro Classics haben die Bulldog- und Schlepperfreunde Württemberg erneut – gemeinsam mit der Hanomag IG und anderen Vereinen und Institutionen – eine Ausstellung auf die Beine gestellt, die sich längst zum Treffpunkt für alle Freunde der historischen Landtechnik entwickelt hat. Wir wünschen der Ausstellung ein breites Echo mit vielen, guten Gesprächen und „Ackergiganten im Einsatz“ zahlreiche Leser!

Bernd Lange

EU-Parlamentarier für Mobilität

Neben dem Parlamentskreis Automobiles Kulturgut im Deutschen Bundestag gibt es auch auf europäischer Ebene einen ähnlichen Arbeitskreis und zwar die Historic Vehicle Group des Europäischen Parlaments, die 2010 vom niedersächsischen SPD-Europaabgeordneten Bernd Lange gegründet wurde.

Rollendes Kulturgut

Mobilität gehört heute zur Landwirtschaft wie niemals zuvor. Diese Mobilität ist eng verbunden mit dem technischen Fortschritt der Ackergiganten, die seit mehr als 150 Jahren weltweit die Landwirtschaft prägen.

Effizienz ist dabei in einer weltweit ständig wachsenden Gesellschaft wichtiger denn je, denn wie soll sonst mit knappen Ressourcen eine ständig steigende Weltbevölkerung mit immer weniger dafür zur Verfügung stehenden landwirtschaftlichen Nutzflächen ernährt werden? Die Ackergiganten, nach und nach immer wieder verbessert und in der Effizienz noch gesteigert, tragen wesentlich dazu bei, das Überleben und Wachsen auf unserem Planeten zu sichern.

Als Initiator einer länder- und parteiübergreifenden Arbeitsgruppe im Europäischen Parlament bemüht sich unser Kreis „Historic Vehicle Group" um die Schaffung europäischer Gesetze, um historische Kulturgüter zu erhalten und ihnen den entsprechenden Raum zu geben. Dazu sind Veranstaltungen wie der Historische Feldtag in Nordhorn oder Ausstellungen wie „Ackergiganten" auf der Retro Classics in Stuttgart eine gute Gelegenheit, um den Umgang mit Meilensteinen der Technikgeschichte möglichst lebendig zu zeigen – denn wer nicht pflegt, kann auch nicht erhalten! Besonders erfreulich finde ich in diesem Zusammenhang die gewachsene, innereuropäische Kooperation, die viele dieser Projekte nicht nur möglich machte, sondern inzwischen auszeichnet.

Als Wahl-Hannoveraner freue ich mich im Zusammenhang mit der Ausstellung ganz besonders über die Aktivitäten der Hanomag IG. Und als Oldtimer-Liebhaber begeistern mich, die auf diversen Veranstaltungen vorgeführten Ackergiganten immer wieder aufs Neue. Ihre technischen Besonderheiten sowie die Geschichte ihrer Hersteller sind in diesem Klassiker der historischen Landtechnik komprimiert beschrieben und bebildert.

Ich wünsche der Ausstellung „Ackergiganten" und dem begleitenden Buch guten Zuspruch!

FIAT
EXCELSIOR

Dampfmaschinen und Lokomobilen

Als der Schotte James Watt (1736 – 1819) die Dampfmaschine 1784 so entscheidend verbesserte, dass sie universal einsetzbar wurde, gab er der industriellen Revolution den entscheidenden Impuls. Zum ersten Mal stand dem Menschen eine Maschine zur Verfügung, die selbst Kraft erzeugte und für die unterschiedlichsten Arbeiten zu gebrauchen war.

Natürlich suchte man sofort nach Möglichkeiten, sich die Maschine auch dort nutzbar zu machen, wo seit Menschengedenken härteste Arbeit zu verrichten war – in der Landwirtschaft. James Watt reichte selbst 1784 ein Patentgesuch für eine Dampfmaschine ein, die landwirtschaftliche Arbeitsgeräte antreiben und bewegen sollte. Aber er kam über die Planung nicht hinaus.

Richard Trevithick (1771 – 1833) war es dann, der sich konsequent mit dem Problem beschäftigte. Er konstruierte 1802 mit seinem Vetter Andrew Vivian eine mobile Dampfmaschine, die zum Vorbild wurde für alle später in der Landwirtschaft eingesetzten Lokomobilen. Nach Jahren des Experimentierens auf Holzbohlen und Wegen wagte Trevithick 1811 den ersten Einsatz einer beweglichen Dampfmaschine in der Landwirtschaft. Man rollte das Gefährt auf das Gut von Sir Christopher Hawkins und ließ es dort Dreschmaschinen antreiben. Die Bauern sollten von der „sehr sauren, geisttötenden Arbeit" des Flegeldruschs entlastet werden. Die Transportierbarkeit der Maschine hatte Trevithick durch den Übergang von der Nieder- zur Hochdrucktechnik erreicht, wodurch eine stärkere Leistung bei geringerem Gewicht erzielt wurde. Auf den Mann aus Cornwall geht ferner der zylindrische Dampfkessel zurück. Er hält höheren Druck aus als die zuvor gebauten Kofferkessel und eignet sich gut für die innen liegende Feuerung. Dem Anliegen, den Bauern die Arbeit zu erleichtern, fühlte sich auch William Lester verpflichtet. 1814 erhielt er das Patent auf eine selbstfahrende Dampfmaschine, die Dreschmaschinen nicht nur antreiben, sondern erstmals auch zum Einsatz ziehen konnte.

Von diesem technischen Wissen ausgehend, schien die weitere Mechanisierung der Landwirtschaft in kurzer Zeit möglich. Doch Watt, Trevithick und Lester waren mit ihren Gedanken der Zeit vorausgeeilt. Zwischen 1810 und 1830 zeigte die britische Landwirtschaft nur wenig Aufnahmebereitschaft für neue Technologien. Interessierten sich den-

James Watt (1736 – 1819)

Der Konstrukteur der doppelt wirkenden Kolbendampfmaschine war zugleich einer der Pioniere der landwirtschaftlichen Mechanisierung. Allerdings kam er über Planungen dampfgetriebener Landmaschinen nicht hinaus.

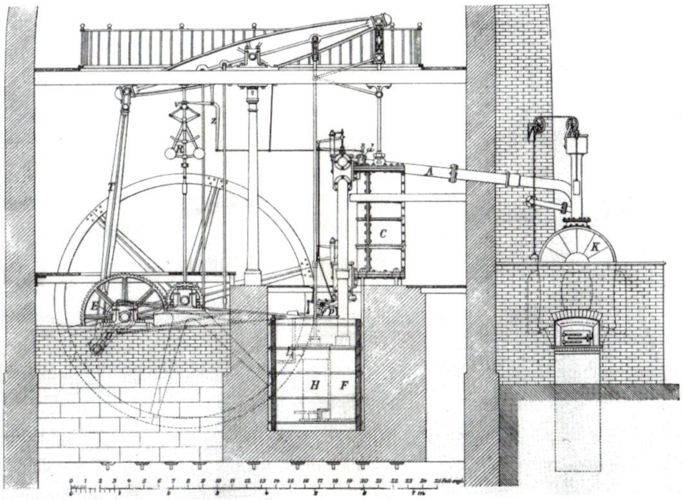

Doppelt wirkende Dampfmaschine

1781 wandelte Watt den Kolbenhub mittels eines Kreisschubgetriebes in eine Drehbewegung um. 1782 konstruierte er eine Dampfmaschine, bei der der Kolben von beiden Seiten durch Dampf bewegt wird.

noch Farmer für die Dampfmaschine als Dreschmaschinenantrieb, aber fehlte ihnen meist das Geld zum Kauf. So stagnierte nach einem stürmischen Anfang die Entwicklung der landwirtschaftlichen Kraftmaschinen zum Beginn des 19. Jahrhunderts.

Wirtschaftlicher Aufschwung – technischer Fortschritt

Nach 1830 änderten sich die wirtschaftlichen Voraussetzungen in der britischen Landwirtschaft grundlegend. Die Bevölkerung nahm zu, und die Bauern konnten ihre Erzeugnisse zu besseren Preisen verkaufen. Gleichzeitig zogen immer mehr Arbeitskräfte vom Land in die aufstrebenden Industriezentren, sodass der Landarbeitermangel zum Problem wurde. Beides zusammen führte in der Landwirtschaft zu einem ansteigenden Interesse für Dampfmaschinen. Die eine oder andere der noch von Trevithick gebauten Maschinen wurde nun wieder aus dem Schuppen hervorgeholt, und zwar nicht nur, um sie als Antrieb zu nutzen, sondern auch, um sie nachzubauen.

Alexander Dean aus Birmingham beispielsweise stellte 1841 der Öffentlichkeit eine auf vier breiten Rädern laufende einfache Dampfmaschine mit senkrechtem Kessel vor. Die Kurbelwelle lag offen auf einem Rahmen außerhalb des Zylinders. Offen verlegt hatte Dean auch den aus Kurbelstangen und Gelenken bestehenden Antrieb zu den Arbeitsmaschinen. Das traditionsreiche Unternehmen Ransomes, Sims & Jefferies stieg nur ein Jahr später in den Lokomobilenbau ein. Auf der *Royal Show* in Bristol präsentierte man eine ausschließlich für die Landwirtschaft konzipierte selbstfahrende Dampfmaschine. Die Maschinenleistung von maximal 5 PS* wurde zur Fahrt über Zahnräder auf die Hinterachse übertragen, während die Kraft ansonsten mittels eines Treibriemens zu den gleichfalls auf dem Rahmen der Maschine befestigten Dreschkasten geleitet wurde. Diese unmittelbare Verbindung von Dampf- und Dreschmaschine erwies sich allerdings als nachteilig. Funkenflug aus dem Schornstein der Dampfmaschine entzündete häufig das auszudreschende Getreide. Verständlicherweise lehnten die Farmer eine solche Maschine ab.

Nach 1840 verfügte die Dampfmaschine zumeist über einen senkrecht stehenden Zylinder. Tuxford & Son zählten 1842 zu den ersten, die sich für eine waagerechte Anordnung der Maschineneinrichtung entschieden. Fünf Jahre später schufen Clayton, Shuttleworth & Company aus Lincoln das für die nachfolgende Zeit bestimmende Aussehen. Auf vier Rädern, die Vorderräder kleiner als die Hinterräder, befanden sich von hinten nach vorn Feuerbüchse, horizontaler Kessel sowie Rauchkasten mit Schornstein. In den Rauchkasten hatte man, von einem Mantel umgeben, den Zylinder eingebaut. Verglichen mit der freiliegenden Anordnung erzielte man so eine günstigere Temperaturausnutzung. Da zugleich der Kohleverbrauch reduziert wurde, schlossen sich nach und nach alle 15 Dampflokomobilenhersteller in Großbritannien dieser Maschinenkonzeption an, die allerdings zur

*Es erscheint uns im Zusammenhang dieser historischen Darstellung nicht angebracht, die PS-Leistung zusätzlich in heute vorgeschriebenen Maßeinheiten Kilowatt (kW) auszudrücken. Die kW-Zahl lässt sich berechnen durch Multiplikation der PS-Zahl mit 0,7355.

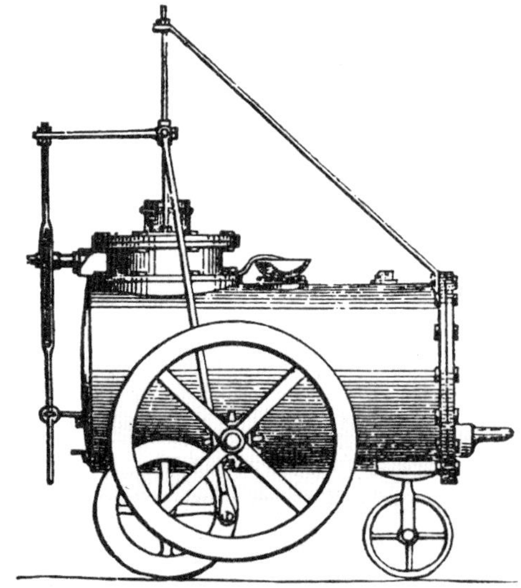

Die Dampfmaschine wird mobil

1802 fertigte der Engländer Richard Trevithick eine erste Konstruktionszeichnung für eine fahrbare Dampfmaschine an. Neun Jahre lang experimentierte er, bevor er 1811 den Einsatz in der Landwirtschaft wagte. 1841 stellte sein Landsmann Alexander Dean eine Dampfmaschine auf einen Anhänger. Mit einem Pferdegespann ließ er die Maschine zu den Bauern ziehen, wo sie als Antrieb für Dreschmaschinen eingesetzt wurde. Unten eine von Pferden gezogene Lokomobile um 1870.

eigenen Beweglichkeit nach wie vor der Pferde im Vorspann bedurfte. Der Einsatz solcher Maschinen war zu jener Zeit noch ein abenteuerliches Ereignis. In aller Regel kam fremdes Leben auf den Hof, denn betriebseigene Garnituren konnten sich nur die wenigsten Farmer leisten. Der Maschinenbesitzer brachte eine eigene Bedienungsmannschaft mit: Maschinisten, Garbenaufschneider und Einleger. Wasserholer, Stroh- und Kornabträger hingegen hatte zumeist der Farmer zu stellen. Insgesamt mochten 15 und mehr Personen beschäftigt gewesen sein.

Die Lokomobile kam abends, von starken Pferden gezogen, an ihren neuen Arbeitsplatz. Der Transport gestaltete sich häufig schwierig genug. Immer wieder drohte die Maschine auf schlecht befestigten Wegen umzukippen oder steckenzubleiben. Auch die Ortschaften selbst befanden sich keineswegs in einem „maschinengerechten“ Zustand. Gelangte die Maschine endlich am Hof an, so behinderten oft zu niedrige und schmale Einfahrten das Aufstellen. Für Jung und Alt gestaltete sich jedenfalls die Ankunft der Dampflokomobile zu einem aufregenden Abenteuer.

Schnaps für Schwerarbeiter

Eine lange Nachtruhe gab es für die Dampfdrescher nicht. Franz Rehbein, jahrelang zu einer Dreschkolonne gehörend, schildert den Arbeitstag: *„Spätestens um 4 Uhr morgens wird angefangen, nicht selten*

Dampfmaschinen verändern die Landarbeit

Auf Räder gestellte Dampfmaschinen eigneten sich als Antrieb für Maschinen der bäuerlichen Haus- und Hofwirtschaft. Besonders spektakulär war die Kombination bestehend aus Lokomobile und Dreschmaschine. Mit dem Dampfdrusch konnte in wenigen Tagen eine Arbeit erledigt werden, für die zuvor die Wintermonate benötigt wurden.

Dampfdrusch forderte die ganze Familie

Lokomobile und Dreschkasten kamen häufig überbetrieblich zum Einsatz. Waren sie aber auf dem Hof, konnte es nicht genug helfende Hände geben. Von den Altvorderen bis zu den Kindern hatte jeder seine Aufgabe.

aber auch schon um 3 Uhr, und dann geht es den ganzen lieben langen Tag rastlos fort, mindestens bis 8 Uhr abends; sehr häufig wird es 9 und 10 Uhr, öfters sogar 11 und 12 Uhr nachts. Pausen gibt es nur, solange die Essenszeit dauert, einschließlich der Schmierpause, insgesamt höchstens eine Stunde des Tages. Das Abendessen verursacht keine Pausen, denn dies wird erst nach beendeter Tagesarbeit eingenommen, ganz gleichgültig, wie spät es auch werde.“

Die Versorgung der Dampfdrescher war Sache der Bauern. Um die große hungrige Mannschaft sättigen zu können, wurde häufig ein Schwein geschlachtet. Kräftige Mahlzeiten bildeten die Voraussetzung, um im nächsten Jahr wieder einen günstigen Dreschtermin eingeräumt zu bekommen. Auch wurde mit hochprozentigen Getränken nicht gespart. Franz Rehbein spricht von „Fusel“, der regelmäßig alle zwei bis drei Stunden ausgeschenkt wurde. So ließ sich das fette Essen, mehr aber noch die schwere Arbeit ertragen. Denn die Lokomobile und Dreschmaschine machten einen ohrenbetäubenden Lärm. Streu und Staub flogen umher und reizten die Schleimhäute. *„Beim Ausspeien kommen ganze Klumpen schwärzlichen Schleims zum Halse heraus.“* Die mitunter große Hitze belastete den Organismus zusätzlich und die Wärmeabstrahlung der Lokomobile erhöhte für Maschinisten, Heizer und Wasserholer die mittags ohnehin hohen Temperaturen. Der Dampf hatte das Dreschen zur Ganzjahresarbeit gemacht. Doch war es das Ziel jedes Bauern, so nahe wie möglich an den Erntetermin zu kommen. Frühzeitig angeliefertes Korn brachte beim Getreidehandel die besten Preise!

Die Arbeit mit den Dampflokomobilen war gefährlich. So mancher Maschinist ist das Opfer einer Kesselexplosion geworden. Fehlende Sorgfalt seitens des Herstellers, aber auch unzulängliche Wartung der oft über mehrere Tage unter Feuer stehenden Maschinen zählten zu den Ursachen solcher Unglücksfälle. Aus den Vereinen zur Verhütung von Dampfkesselexplosionen, gegründet ab 1860, gingen im Laufe der Jahrzehnte übrigens die Technischen Überwachungsvereine hervor.

Selbstfahrende Dampfmaschinen auf dem Land

Das nächste Ziel der Dampflokomobilenhersteller bestand in der Konstruktion einer selbstfahrenden Lokomobile. Ransomes' „Farmers Engine" von 1849 kam zwar als erste ohne jeden Vorspann aus, allein sie blieb erfolglos. Die Bauern sahen die Notwendigkeit einer selbstfahrenden Lokomobile noch nicht ein. So blieb es Thomas Aveling vorbehalten, in den frühen sechziger Jahren des 19. Jahrhunderts endlich einen von den Bauern akzeptierten Selbstfahrer („Patent-Steam-Lokomotive-Engine") zu bauen, an dem sich auch andere Hersteller (Clayton & Shuttleworth, Garrett, Tuxford, Savage, Burrell usw.) orientierten.

Eindrucksvoll war zu Beginn der zweiten Hälfte des 19. Jahrhunderts die Überlegenheit der britischen Dampflokomobilenhersteller. Sie beherrschten die Ausstellungen auf dem Kontinent ebenso wie in Nordamerika. Kam es zum Vergleich mit ausländischen Lokomobilen, so fiel er zumeist überzeugend zugunsten der britischen Fabrikate aus. Die ersten der in Nordamerika hergestellten Lokomobilen beispielsweise, der „Forty-Niner" von A.M. Archambault aus Philadelphia (1849), ähnelten noch zu sehr einer auf Räder gesetzten stationären Dampfmaschine. Auch wenn diese Maschine mit 30 PS eine stärkere Leistung abgab als die meisten britischen Lokomobilen, dem Erfordernis leichter Transportierbarkeit entsprach sie nicht. In Deutschland sah die Situation ähnlich aus. Die wenigen einheimischen Fabrikanten vermochten mit ihren Nachbauten die Qualität der britischen Maschinen nicht zu erreichen.

Lokomobile mit Handsteuerung

Aveling & Porter bauten um 1860 fahrbare Dampfmaschinen, die als sehr solide galten. Auffallend war vor allem das vor der Maschine angebrachte Steuerrad, das von einem Steuermann bedient wurde.

Die Amerikaner steigen ins Geschäft ein

Ein einmal erzielter technischer Vorsprung ist keine Garantie. Er will verteidigt sein, was ab 1860 den Briten Schwierigkeiten bereitete. In den USA hatte kein Geringerer als Präsident Abraham Lincoln 1859 die Farmer des Landes aufgefordert, endlich die Dampfkraft in der

Die erste Lokomobile der USA

Mit Archambault's Farm Engine, dem „Forty-Niner", begann der nordamerikanische Lokomobilenbau.

Landwirtschaft einzuführen. Der Aufruf verhallte nicht ungehört. Bei steigender Nachfrage wagten sich weitere Unternehmer an den Lokomobilenbau heran: Obed Hussey aus Maryland, die Brüder Pitt aus Maine, Meinard und John Rumely aus Pittsburgh. Bei den beiden Rumelys handelte es sich übrigens um aus Adelsburg bei Zell geborene Badener. Meinard hatte nach der Auswanderung 1847 in Amerika begonnen, Maschinen zu reparieren. Er veranlasste nur wenig später seinen Bruder, gleichfalls die Heimat zu verlassen. Zusammen bauten sie den Handwerksbetrieb aus und ihr Unternehmen, das bis 1931 selbständig blieb, zählte bald zu den größten Dreschmaschinen- und Lokomobilenherstellern der USA.

Zum größten nordamerikanischen Lokomobilenhersteller stieg Jerome I. Case (1819 – 1891) auf. Case hatte bereits viel Geld mit Dreschmaschinen verdient, als er 1869 die Lokomobilenherstellung in das Produktionsprogramm seiner Firma aufnahm. Als ehemaliger Lohnunternehmer, der zu den Bauern gefahren war, um Getreide gegen Bezahlung auszudreschen, kannte er die Anforderung der Landwirte an die Maschinen genau. Robustheit, einfache Bedienung und hohe Leistung wurden denn auch zu Kennzeichen für seine Lokomobilen. Bis zur Produktionseinstellung im Jahr 1924 belief sich die Zahl der in Racine/Wisconsin hergestellten Dampflokomobilen auf rund 36.000. Darunter befanden sich als Flaggschiffe ein rundes Dutzend Lokomobilen-Giganten mit einer Leistung von 150 PS. Die fast 20 Tonnen schweren Maschinen kosteten etwa 5000 US-Dollar, so viel wie eine ansehnliche Farm. Dem hohen Kapitalaufwand entsprechend wurden die Maschinen eingesetzt: als Antriebsmaschinen für große Dreschapparate und als Zugmaschinen von bis zu 15 Pflügen, um die einst von Büffeln abgegraste Prärie von West-Kansas für den Getreideanbau aufzubrechen.

Deutsche Pioniere: Rudolf Wolf und Heinrich Lanz

Anders als die nordamerikanischen Farmer bevorzugten die deutschen Bauern die kleineren und billigeren, von Tieren gezogenen Lokomobilen. 1925, als erstmals die im Reichsgebiet eingesetzten Lokomobilen gezählt wurden, gab es immerhin rund 16.000 dieser Maschinen. Dass die deutschen Lokomobilen zu den anspruchsvollsten zählten, ist wesentlich das Verdienst von zwei Unternehmern: Rudolf Wolf aus Magdeburg und Heinrich Lanz aus Mannheim.

Rudolf Wolf (1831 – 1910) kannte das Maschinenbauhandwerk von der Pike auf. Er hatte in Berlin und Stuttgart gearbeitet, zuletzt als Oberingenieur, ehe er sich 1862 selbständig machte. Buckau bei Magdeburg, eines der frühen deutschen Maschinenbauzentren, hieß der Ort, wo er eine ganz dem Lokomobilenbau gewidmete Fabrik errichten wollte. Dies fiel ihm zunächst nicht leicht, denn die Kunden verglichen seine Produkte stets mit den bekannten englischen Erzeugnissen. Doch Wolf bot einige technische Besonderheiten, mit denen die Konkurrenz nicht aufwarten konnte, beispielsweise die perfekte Dichtung des ausziehbar gebauten Heizkessels. Die Skepsis begann in Vertrauen umzuschlagen. Es sprach sich unter den Lokomobilenverkäufern herum, dass Wolf größte Sorgfalt auf Guss von Dampfzylindern und Dampfdom legte. So galten seine Maschinen als zuverlässig, vor allem, da die Gefahr der Kesselexplosion wesentlich geringer war als bei anderen Fabrikaten. Auch in der Leistung überzeugten die Buckauer Lokomobilen: Ihr Wirkungsgrad lag bei 73% gegenüber durchschnittlich 50% bei vergleichbaren Maschinen anderer Hersteller.

Um Lokomobilen mit noch besserer Leistung und gleichzeitig verringertem Kohleverbrauch anbieten zu können, entwickelte Wolf seine Maschinen ständig weiter. Höherer Druck im Zylinder beispielsweise setzte die Verarbeitung hochwertigen Eisens voraus. Dann gelang Wolf die Konstruktion einer automatischen Schiebersteuerung, welche die Dampfexpansion bzw. -kontraktion energiesparend regulierte. Als wichtig erwies sich ferner das 1895 patentierte Verfahren der Dampfüberhitzung. Mit der gleichen Kohlenmenge konnte der Dampf jetzt auf 350° gegenüber zuvor 200° erhitzt werden, was die Leistungsabgabe der Maschine erhöhte.

Mit Wolf konkurrierte in Deutschland vor allem die Firma von Heinrich Lanz (1838 – 1905). Das Unternehmen hatte in Süddeutschland einen beispiellosen Aufstieg erlebt. 1860 hatte Lanz noch als Händler aus England die erste transportable Dampfdreschgarnitur importiert, sechs Jahre später waren schon über 100 Lokomobilen verkauft. Die Nachfrage hielt ungebrochen an. Doch noch wagte Lanz den Einstieg in den Dampfmaschinenbau nicht. Andererseits musste Lanz in Mannheim die verkauften Maschinen warten und reparieren, sodass Lanz zusammen mit seinen Mitarbeitern die Lokomobilen bis ins Detail kannte. So entschloss er sich 1879 doch zum Bau von Lokomobilen, wobei er von Beginn an besonderen Wert auf gutes Material legte. Schieber, Stangen und Kurbelwellen wurden aus Stahl hergestellt, für die Feuerbüchse verwendete man Spezialbleche, um ihre Lebensdauer zu erhöhen, und die Kolben bestanden aus hochwertigem Gussstahl. Heinrich Lanz' Standpunkt war: *„Es gibt keine bessere Werbung für ein Produkt als lange Haltbarkeit und geringe Reparaturanfälligkeit."*

1885 verkaufte Lanz die 1000ste Lokomobile. 25 Jahre später konnte in Mannheim die Herstellung der 25.000. Lokomobile gefeiert werden, während es der zweitgrößte deutsche Hersteller, Rudolf Wolf, bis zu diesem Datum gerade auf 14.000 Maschinen gebracht hatte. Doch Lanz steigerte nicht nur die Produktion, er brachte auch immer größere Lokomobilen auf den Markt. Am Anfang stand eine Lokomobile mit vertikalem Kessel, die bei 4 atm Dampfdruck gerade 2,5 PS zu leisten vermochte. 21 Jahre später stellte Lanz auf der Weltausstellung des Jahres 1900 in Paris die damals stärkste Lokomobile der Welt aus. Sie leistete maximal 460 PS, bei Normallast waren es immer noch 260 PS! – Zur Weltausstellung zehn Jahre später in Brüssel brachte das Mannheimer Unternehmen dann eine noch leistungsfähigere Lokomobile auf ihren Ausstellungsstand; sie verfügte über eine Normalleistung von 750 PS und eine Maximalleistung von 1000 PS. So kann man mit Fug und Recht behaupten, dass Heinrich Lanz und Rudolf Wolf der Landwirtschaft zwischen 1860 und 1920 „richtig Dampf gemacht" haben. Den Niedergang der Dampfmaschinentechnologie aber vermochten auch sie nicht aufzuhalten. Angesichts stark rückläufiger Absatzzahlen vereinbarten die Konkurrenten eine Aufteilung der Fabrikationsprogramme. Wolf übernahm den gesamten Lokomobilenbau, während Lanz das Dreschmaschinengeschäft ausbaute und mit dem Ackerschlepper „Bulldog" eine neue, zukunftsträchtige Landmaschine ins Feld führte.

Dampfmaschinen brachten den Fortschritt aufs Land

Heinrich Lanz, Mannheim, zählte zu den erfolgreichsten Lokomobilenherstellern Deutschlands. Beim Hohenheimer Feldtag 2010 kam eine Garrett & Smith Lokomobile, Baujahr 1901, und ein Mengele-Breitdrescher Venus 11 Super zum Einsatz (unten).

Dampfgetriebene Ackermaschinen für Feld und Flur

Dampfgrabemaschine im Krebsgang

Thomas C. Darby baute 1877 diese Dampfmaschine, die sich im Feld mit Hilfe der Grabegabeln quer zur Fahrtrichtung vorwärts bewegte. Vorher wurden die Fahrräder um 90 Grad gedreht.

Es ist ein Unterschied, ob eine Lokomobile „nur" für den Zug von Wagen und als Antrieb von Dreschmaschinen oder aber als Ackermaschine zur Feldarbeit eingesetzt werden soll. An die Ackermaschine werden höhere technische Anforderungen gestellt wie starke Leistung, gute Lenkbarkeit, Bodenhaftung der Räder auch bei grundlosem Boden, Wendigkeit und nicht zuletzt qualifizierte Bodenbearbeitung. Dies überforderte viele Lokomobilenhersteller. Sie verzichteten deshalb auf den Bau von selbstfahrenden Ackermaschinen. Das komplizierte und risikoreiche Unterfangen überließen sie lieber „Erfindern", denen es mehr um die Bewältigung einer technischen Herausforderung als um wirtschaftliche Fabrikation und hohe Verkaufszahlen ging.

Die von den Landwirten vorgegebenen technischen Forderungen an dampfgetriebene Ackermaschinen schlossen einander weitgehend aus. Eine starke Maschinenleistung erforderte ein Gefährt mit hohem Gewicht, welches aber, nach allem, was man um 1830 vom Dampfmaschinenbau wusste, kaum wendig und leicht steuerbar sein konnte. Skepsis war also angebracht. Doch gerade die massiven Vorbehalte veranlassten in Großbritannien Männer vom Schlage eines John Heathcoat und eines Josiah Parkes, sich an das scheinbar Unmögliche heranzuwagen. Im Jahr 1832 erhielten die beiden Männer, der eine Textilfabrikant und Parlamentsabgeordneter für Tiverton, der andere Ingenieur, ein Patent für einen Dampfpflug zuerkannt. Die Konstruktion bestand aus einem Wagen mit niedriger Plattform, von der aus eine aufmontierte Zwei-Zylinder-Dampfmaschine das Fahrzeug selbst sowie zwei Seilwinden antrieb. An die quer zur Fahrtrichtung arbeitenden Seilwinden konnte nun der Pflug angehängt und zwischen der Maschine und den am Feldrand aufgestellten Ankerwinden hin- und hergezogen werden. Nach jeder Furche fuhr der Maschinenwagen ein wenig vor, die Ankerwinden wurden von Hand versetzt, das Pflügen konnte weitergehen.

30 Tonnen verschwinden im Moor

Diese Maschine, 1833 fertiggestellt, wurde in den folgenden Jahren mehrfach in Lancashire eingesetzt. Beobachter berichteten, sie habe gute Arbeit geleistet. Jedenfalls sahen sich die beiden Eigner 1837 veranlasst, die 12.000 Pfund Sterling teure Maschine zu einer Vorführung in das 80 km entfernte Dumfries zu transportieren. Eine Gesellschaft hatte einen Preis von 500 Pfund für denjenigen ausgesetzt, der einen Acker ohne Einsatz von Tieren mit Dampfkraft umpflügen konnte. Nur über Straßen und Wege wäre das 30 Tonnen schwere Ungetüm niemals zum Demonstrationsort gelangt. Jede der vier Brücken stellte ein unüberwindliches Hindernis dar. So wurde ein Schiffstransport organisiert, der jedoch kaum weniger abenteuerlich verlief. Dennoch, der Dampfpflug erreichte schließlich Dumfries, und die Vorführung konnte beginnen.

Das Schauspiel besaß den Charakter eines Volksfestes. Von weit her kam die vieltausendköpfige Menge, um das rauchende, lärmende Wunderding zu bestaunen. Und sie wurden nicht enttäuscht. Drei Hektar Land wurden schon am ersten Tag umgepflügt und es schien so gut wie sicher, dass Heathcoat der Preis zuerkannt werden würde. Nur einige wenige Schwierigkeiten hatte es gegeben, die mit dem für die Demonstration gewählten Gelände, Lochar Moss genannt, zusammenhingen. Es handelte sich dabei um ein Moor, das die Veranstalter gern trockengelegt hätten. Heathcoats Pflug kam ihnen da gerade recht.

Die Gesellschaftsmitglieder erhoben keine Einwände, als die Pflüger ihre Maschinen nach getaner Arbeit am Abend am Rande des Vorführungsgeländes abstellten. Die Vorführung sollte ja am nächsten Morgen ohne Verzögerung fortgesetzt werden, um die letzten Zweifler zu überzeugen. Doch zur Überraschung aller kam es anders. Als die Pflüger am nächsten Morgen zum Testgelände kamen, trauten sie ihren Augen nicht. Die unübersehbar große Maschine war nicht aufzufinden, und keine Spur deutete an, wohin sie weggefahren war. Die meisten glaubten an einen Diebstahl, aber hinter vorgehaltener Hand hörte man auch, das Moor habe wegen der unbotmäßigen Ruhestörung seinen Tribut verlangt. Und es scheint tatsächlich, als habe in der Nacht der weiche Untergrund infolge des hohen Maschinengewichts nachgegeben, so dass die Maschine im Moor versank. Noch lange nach 1837 wurde auf dem Testgelände von Dumfries nach Heathcoats Pflug gesucht – vergeblich. Nie wieder ist auch nur ein Teil von der Maschine aufgetaucht. Die Vorzeichen für den Bau dampfgetriebener Ackermaschinen standen schlecht.

Dampfspatenpflüge leisten Gartenarbeit

Es vergingen einige Jahrzehnte, ehe andere Tüftler Heathcoats Überlegungen wieder aufgegriffen. Auf zwei Wegen versuchten sie, zum Ziele zu gelangen. Die einen setzten auf Verfahren, bei denen die Dampfmaschine selbst den Acker nicht befahren musste (indirekte Traktion). Der Dampfseilpflug schien ihnen die geeignete Lösung. Andere Techniker wollten hingegen eine Dampfmaschine bauen, die, mit dem landwirtschaftlichen Arbeitsgerät unmittelbar verbunden, die Feldarbeit ausführte (direkte Traktion). Dieses Verfahren erforderte weniger Aufwand, hatte aber einen gewichtigen Nachteil in der durch die schwere Maschine selbst bewirkten hohen Bodenverdichtung. Deshalb gaben sich die meisten Anhänger der selbstfahrenden Ackermaschinen mit dem Pflügen allein nicht zufrieden. Sie wollten – wenn schon, denn schon – eine bessere Bodenbearbeitung verwirklichen, bei der die Erde gewendet, zugleich aber auch gekrümelt und vermengt wird. Durch Maschineneinsatz sollte die menschliche Kraft bei der Bodenbearbeitung ersetzt und wirkliche Gartenarbeit geleistet werden. An die Stelle des als grob bezeichneten maschinellen Pflügens trat das Ziel des Grabens und Umspatens, weshalb diese Maschinen „Dampfgrabemaschinen“ oder „Dampfspatenpflüger“ genannt wurden.

James Usher, Bierbrauer aus Edinburgh, war einer der Pioniere des Dampfspatenpflügens. 1849 ließ der Schotte in der Landmaschinenwerkstatt in Slight in Leith eine transportable Dampfmaschine auf einen vierrädrigen Rahmen montieren, an dessen rückwärtiger Front Spaten angebracht wurden. Die etwa zehn PS leistende Dampfmaschine setzte über Zahnräder sowohl die Hinterachse des Fahrzeugs als auch die Spaten in Bewegung. Der Konstrukteur hatte beide Mechanismen so aufeinander abgestimmt, dass die auf- und niedergehenden Spaten mit dazu beitrugen, die 6,5 Tonnen schwere Maschine im Acker vorwärts zu bewegen. Die Leistung im Feld betrug zweieinhalb bis drei Hektar am Tag, auf der Straße konnten Geschwindigkeiten von etwa 3 km/h erreicht werden. Ergebnisse, die Usher während der nächsten fünf Jahre veranlassten, weitere Dampfspatenpflüge zu bauen und auf verschiedenen Äckern Schottlands zum Einsatz zu bringen. Doch größere Bekanntheit blieb Usher und seinen Maschinen verwehrt.

Die erste dampfgetriebene Ackermaschine, die auf dem Kontinent Aufmerksamkeit fand, baute bemerkenswerterweise ein Kanadier. Robert Romaine aus Peterborough/Ontario hatte 1853 ein Patent auf einen pferdegezogenen Kultivator mit rotierendem Arbeitsgerät erhalten, der von einer auf den Fahrzeugrahmen aufgebauten Dampfmaschine angetrieben wurde. Die Maschine musste zwar von Pferden zum Feld gezogen werden, bewegte sich im Acker aber mittels Dampfkraft vorwärts. Angetrieben wurde sie von dem Arbeitsgerät, einer mit Eisenstacheln versehenen Walze, die auf die Erde gelegt, über eine Welle mit der Dampfmaschine verbunden war.

Romaine besaß in dem einflussreichen britischen Farmer John Joseph Mechi aus Triptree Hall/Essex und in der kanadischen Regierung wichtige und vermögende Förderer. So führte Mechi die Ackermaschine von Romaine der honorigen *„Society of Arts"* vor, während die kanadische Regierung den Konstrukteur ermunterte, 1855 in Montreal eine zweite verbesserte Dampfgrabemaschine zu bauen. Diesmal sollten das Fahrzeug wie auch die Walze mechanisch angetrieben werden, so dass Zugtiere überflüssig wurden. Romaine löste die technische Aufgabe und muss seine Maschine noch im selben Jahr über den Atlantik geschickt haben, um sie in der Nähe von Paris bei einem Schaupflügen einzusetzen. In den folgenden Jahren ließ Romaine weitere Dampfgrabenmaschinen bei den renommierten Croskill-Werken in Beverly herstellen. Eine dieser Maschinen wurde 1860 erneut bei Paris, auf den kaiserlichen Gütern in Vincennes, der Öffentlichkeit vorgeführt. Sie erregte großes Aufsehen. Ihre Arbeit wurde als *„befriedigend"*, gelegentlich sogar als *„vortrefflich"* bezeichnet. Doch schwer und ungelenk bleib Romaines Ackermaschine allemal. So ist ein dauernder Einsatz nicht belegt. Reisende sahen vielmehr 1862 den Romaineschen Dampfspatenpflug „als altes Eisen nebenausgesetzt".

Eine Dampflokomobile im Krebsgang

Es dauerte 15 Jahre, ehe erneut versucht wurde, den Boden mit einer Dampfmaschine umzugraben. In Pleshy/Essex hatte es sich Thomas Churchman Darby, ein technisch versierter Schmied, in den Kopf gesetzt, endlich die selbstfahrende, dampfgetriebene Ackermaschine zu konstruieren. Bei W.S. Eddington ließ er 1877 in Chalmsford eine Maschine bauen, die auf der 81. Ausstellung des *Smithfield Club* vorgeführt wurde. Beobachter, die Darbys „Pedestrian-Breitgrabenmaschine" in Aktion sahen, äußerten, Zeugen einer grundlegenden Umwälzung der Bodenkultur geworden zu sein. Es schien ihnen, als ob die Maschine Bauern und Landarbeiter wesentlich entlasten, wenn nicht überflüssig machen könne. Von nur einem Mann und einem Jungen bedient, grub sie in zehn Stunden 4,4 Hektar bis zu einer Tiefe von 25 Zentimetern um!

Darbys Erfindung war in der Tat originell. Auf der Straße fuhr die Maschine in gewohnter Weise, im Acker hingegen bewegte sie sich quer zur Fahrtrichtung. Erreicht wurde die seitliche Bodenbearbeitung durch eine Drehung der vier Räder um 90° und die Einschaltung von sechs Grabegabeln. Diese über eine Kurbelwelle und Exzenter bewegten Gabeln gingen im Acker auf und nieder, brachen die Erde um und drückten bei jedem Stich die Maschine seitlich voran. Nach getaner Arbeit drehte der Maschinist die Räder wieder in Fahrtstellung, klappte die Grabegabeln hoch und fuhr mit der Maschine wie mit einem anderen Fahrzeug nach Hause oder zum nächsten Einsatzort.

So etwas hatten die britischen Farmer noch nicht gesehen. Sie wussten nicht, was sie mehr beeindruckte: die beachtliche Arbeitsbreite von sechs Metern pro Bahn und das raumsparende Wenden am Ackerrand oder aber der mit umgerechnet rund 20.000 Mark beachtliche Preis und das 20 Tonnen schwere Gewicht? Letzteres missfiel jedenfalls dem Konstrukteur, denn mit seinen nächsten Maschinen wechselte Darby zu einer anderen Werkstatt, der Firma McLaren in Leeds. Die dort gebauten Dampf-Breitgrabemaschinen waren einfacher und nur 15 Tonnen schwer, obwohl sie nahezu voll verkleidet wurden, um die Verletzungsgefahr zu mindern. Auch verlegte Darby die Feuerbüchse des Kessels in die Mitte der Maschine und setzte an beide Enden des Kessels je einen Schornstein auf. Statt mit sechs arbeitete man nun mit drei, allerdings verbreiterten Gabeln. Das neu hinzugekommene Getriebe gestattete auf der Straße wie auf dem Acker die Wahl mehrerer Geschwindigkeiten, und auch die Riemenscheibe zeigte, dass Darbys Maschine nun einen beachtlichen technischen Standard verkörperte. Nur der Anschaffungspreis blieb gleich hoch und schreckte potentielle Käufer weiterhin ab.

Darbys Konstruktion veranlasste andere Tüftler, ebenfalls mit Dampfspatenpflügen ihr Glück zu versuchen. Frank Proctor, Landmaschinenhändler aus Stevenage, Hearts, stellte beispielsweise 1882 „Parker's Patent-Dampfgrabemaschine" vor. Ähnlich Darbys Graber verfügte sie über drei Gabeln, die allerdings an der Rückseite der Lokomobile befestigt waren. Die Maschine arbeitete also nicht seitwärts, sondern in Fahrtrichtung. Entsprechend gering fiel die Arbeitsbreite des Gerätes aus. Bei einer Fahrt konnten nur noch 3,60 Meter umgraben werden, was eine im Vergleich zu Darby um ein Drittel verringerte Tagesleistung bedeutete.

Der Griff nach dem mitteleuropäischen Markt

Gut verkaufte sich die Maschine sicherlich nicht. Proctor suchte nach neuen Lösungen und stellte drei Jahre später eine weitere Maschine vor. Mit ihr wollte der Hersteller unter anderem Deutschland als Absatzmarkt gewinnen, propagierte er doch den sinnvollen Einsatz auch auf kleinen und mittleren landwirtschaftlichen Betrieben. Der Sprung auf den Kontinent, den Darby stets unterlassen hatte, erfolgte 1886. Der Baden-Badener Bankier Franz Carl Joerger, ein im Landmaschinengeschäft unbekannter Mann, trat als Generalvertreter in Erscheinung. Joerger führte noch im gleichen Jahr Proctors 4 PS-Dampfspatenpflug nach Baden ein. Geplant war eine Demonstration der Maschine auf den Feldern der Zuckerfabrik Waghäusel. Im Dezember 1886 war es so weit. An Aufwand hatte es Joerger nicht fehlen lassen. Gutsbesitzer, Ingenieure, Regierungsvertreter, ja der Großherzog persönlich waren geladen und fanden sich auch am Versuchsgelände ein.

Nach einer Besichtigung der unter Dampf stehenden Maschine konnte die eigentliche Vorführung beginnen. Der Maschinist rastete mit einem Hebel die Grabevorrichtung ein und setzte die Maschine in Gang. Drei Gabeln stachen bis zu 60 Mal in der Minute Erdstücke ab und legten sie nach hinten um. Das war durchaus beeindruckend, doch vor kritischen Augen überzeugte die Arbeit keineswegs. Professor Strebel von der landwirtschaftlichen Akademie Hohenheim beispielsweise bemängelte: *„Das Wenden des Bodens erfolgte in ungleichmäßiger, wenig befriedigender Weise. Durch das Gewicht der Maschine von 7000 kg pressten die beiden je 38 Zentimeter breiten Radkränze der Hinterräder den Boden in zwei Streifen fest, während ein breiter Streifen in der Mitte locker bleib. Der gespatete Boden legte sich hinter den Radspuren schollig und unregelmäßig gewendet, während die mittlere Partie eine Lockerung, dafür aber eine unvollständiges Wenden erfuhr."*

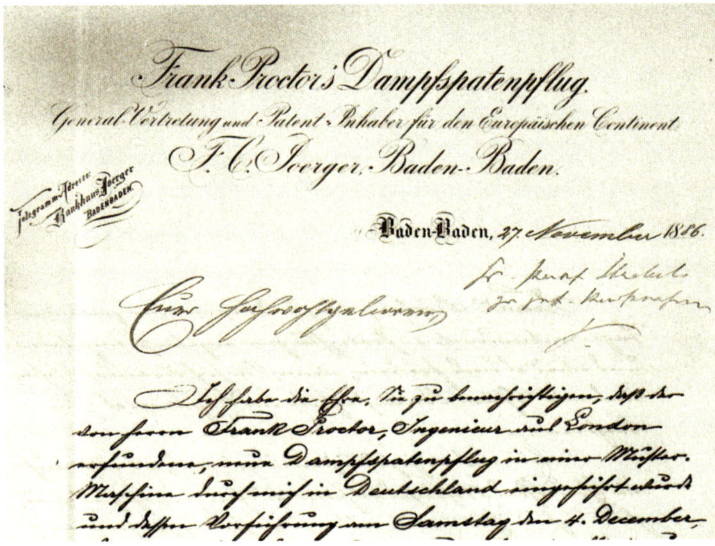

Frank Proctor's Dampfspatenpflug.
General-Vertretung und Patent-Inhaber für den Europäischen Continent
F. C. Joerger. Baden-Baden.

Baden-Baden, 27 November 1886.

Euer Hochwohlgeboren

Ich habe die Ehre, Sie zu benachrichtigen, daß der von Herrn Frank Proctor, Ingenieur aus London erfundene, neue Dampfspatenpflug in einer Muster-Maschine hier in Deutschland eingetroffen ist und dessen Vorführung am Samstag den 4. December

Andere Beobachter kritisierten vor allem die unregelmäßige Bodenbearbeitungstiefe, den hohen Kohleverbrauch (300 kg je Tag!) und die noch geringer gewordene Tagesleistung (1,6 Hektar). Wie auch immer, der 4. Dezember 1886, der Tag der Demonstration, war für Frank Proctor und Bankier Joerger alles andere als ein Glückstag. Professor Strebels Urteil besiegelte das Schicksal des Dampfspaters in Deutschland allemal: *„So darf denn wohl mit Recht gesagt werden, dass der Eindruck, welchen die Leistungen des Apparates auf den einigermaßen Sachverständigen machten, ein ungünstiger war und selbst die musterhafte Ausführung der Maschine, welche aus der Fabrik von Burrell & Sons hervorgegangen, war nicht im Stande, denselben zu verwischen. Bei nüchterner Überlegung muss man ferner zu dem Schluss kommen, dass die ganze Konstruktion eher einem Rückschritt als einem Fortschritt gleichkommt. Die Maschine schließt einen inneren Widerspruch in sich, als der Boden, um dessen Lockerung es wesentlich geht, zuerst streifenweise festgepresst und dann wieder künstlich gelockert wird."*

Da half Joerger auch der Hinweis auf den relativ günstigen Preis der Maschine nichts. Je nach Leistung sollte sie zwischen 10.000 und

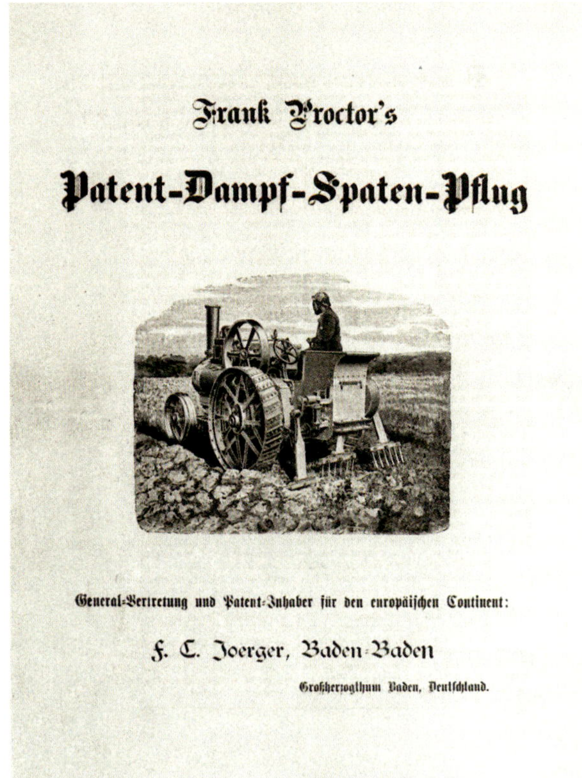

Frank Proctor's

Patent-Dampf-Spaten-Pflug

General-Vertretung und Patent-Inhaber für den europäischen Continent:

F. C. Joerger, Baden-Baden

Großherzogthum Baden, Deutschland.

Jeder Dampfspatenpflug ein Prototyp

In Großbritannien boten im ausgehenden 19. Jahrhundert zahlreiche Erfinder den Landwirten selbstfahrende Ackermaschinen an. Zur Serienherstellung kam es jedoch nie, da die Maschinen ständig verbessert wurden. Frank Proctor versuchte vergeblich, seinen Dampfspatenpflug in Deutschland zu verkaufen.

14.000 Mark kosten. Doch nach Waghäusel und der schlechten Presse, die die Demonstration in den Fachblättern fand, war für diese Maschinengattung der mitteleuropäische Markt verloren.

Eine Idee ohne Zukunft

Die technisch interessante Idee der selbstfahrenden Ackermaschine, die einem Bedürfnis der Landwirte nach verbesserter Bodenbearbeitung zu entsprechen schien, ließ sich nicht in geeigneter Weise in die Praxis umsetzen. So attraktiv die Vorstellung vom maschinellen Umspaten und Umgraben auch war, in der Landwirtschaft lagen die Vorteile beim Pflügen und anschließenden Eggen. Etwa 50 dieser Ackermaschinen, von denen jede eine Einzelanfertigung war, wurden bis zum Ersten Weltkrieg noch in Großbritannien hergestellt. Einige gelangten sogar nach Amerika, Ägypten und Ceylon, doch der Erfolg blieb ihnen auch dort verwehrt.

Weit weniger als die britischen Tüftler trugen die Mechaniker der übrigen Welt zur Entwicklung dampfgetriebener Ackermaschinen bei. Entweder sie gaben sich, wie in Nordamerika, mit selbstfahrenden Lokomobilen zufrieden, die als Zugmaschinen Pflüge und Eggen über das Feld zogen, oder man setzte auf Seilpflüge. Andreas Mechwart (1834 – 1907) bildete hier, wie in einem gesonderten Kapitel dargestellt wird, eine bemerkenswerte Ausnahme. Immerhin dienten seine Maschinen zahlreichen im 20. Jahrhundert gebauten Motorfräsen als Vorbild, so unter anderem dem Köszegi-Landbaumotor (1905/1909) und dem Lanz Landbaumotor (1911).

Die Dampfspatenpflüger

Technisch ausgereifter waren Thomas Darbys Maschinen. Ihr hohes Gewicht verhinderte jedoch eine größere Verbreitung. Stolz zeigt sich Konstrukteur Darby (vorne sitzend) mit der Pflügermannschaft. Die Maschine wurde 1890 von Fred Savage in Kings Lynn gebaut und kam außerhalb Englands in Nordamerika, Ägypten und Ceylon zum Einsatz.

Die Mechwart'sche Motorfräse

Der weltälteste erhaltene Traktor

Der australische Professor Graeme Quick (1936 – 2015), unter anderem bekannt als Co-Autor des grundlegenden Buches zur Mähdreschergeschichte *„The Grain Harvesters"* (1978), hat in seinem 2012 erschienenen Buch *„Tall but True – Tractor Tales"* die im Deutschen Landwirtschaftsmuseum in Stuttgart-Hohenheim ausgestellte Mechwart'sche Motorfräse als *„the world's oldest surviving IC-engined tractor"* bezeichnet. Vorausgegangen waren ausgiebige Recherchen in Amerika, Australien und Europa, aber so sehr er auch suchte, einen älteren Traktor konnte der Vielgereiste nicht finden. Das will etwas heißen! Wer den ältesten erhalten gebliebenen Traktor der Welt bestaunen will, muss weder in die USA oder nach Australien reisen. Der Besuch des Deutschen Landwirtschaftsmuseums vor den Toren Stuttgarts genügt!

Andreas Mechwart, der Konstrukteur der Maschine, wurde am 6. Dezember 1834 in Schweinfurt als Kind einfacher Leute geboren.

Die Ackermaschine des Generaldirektors

1894 baute Andreas Mechwart beim Budapester Maschinenbau-Unternehmen Ganz & Co. einen mächtigen Dampf-Schaufelpflug.

Nach Schulbesuch und Schlosserlehre erhielt er ein Stipendium zum Besuch der Augsburger Königlich Polytechnischen Schule, Vorläufer der heutigen Augsburger Fachhochschule. Maschinenbau studierte er dort, und das so erfolgreich, dass er 1855, unmittelbar nach Abschluss, gerade einmal 21 Jahre alt, eine Anstellung bei der renommierten Nürnberger Mühlen- und Waggonbauanstalt Cramer & Klett, Vorgänger der heutigen MAN, erhielt.

Ein Ingenieur mit Visionen

Andreas Mechwart (1834 –1907) kam als Kind armer Eltern auf die Welt. Zum Generaldirektor aufgestiegen, hatte er die Möglichkeit, seine technischen Visionen erfolgreich zu realisieren.

Vier Jahre arbeitete er dort, ehe er 1859 nach Budapest wechselte. Sein Arbeitgeber in der ungarischen Hauptstadt wurde der aus der Schweiz gebürtige Abraham Ganz (1815 – 1867), der 1844 in Buda eine Eisengießerei gegründet hatte. Das Verhältnis zwischen Ganz, dem Unternehmer, und Mechwart, seinem Ingenieur, entwickelte sich trefflich. Mechwart'sche Innovationen, etwa auf dem Gebiet der Mühlenbautechnik, trugen mit zum Erfolg des um 1865 etwa 400 Mitarbeiter zählenden Unternehmens bei.

Nach Abraham Ganz' Tod im Jahre 1867 stieg Andreas Mechwart in die Geschäftsführung des jetzt in „Ganz & Co. Eisengießerei und Maschinenfabrik" umbenannten Unternehmens auf. 1874 schließlich wurde Mechwart Generaldirektor und entwickelte das Unternehmen in den beiden nächsten Jahrzehnten zu einem der größten Budapester Arbeitgeber mit zeitweise 6000 Mitarbeitern. Unter anderem erweiterte Mechwart die Unternehmensaktivitäten um die zukunftsträchtigen Sparten Dampftechnik und Fahrzeugbau und eröffnete damit dem Bau selbstfahrender Landmaschinen eine Chance.

Erstes Ergebnis dieser Aktivitäten war ein *„Dampfpflug mit rotierendem Schar"*, für welchen das Kaiserliche Patentamt Berlin am 1. Oktober 1892 unter der Nummer 73343 eine Anerkennung erteilte. Die auch als *„Dampf-Schaufelpflug"* bekannt gewordene Maschine zeichnete sich unter anderem durch eine am Fahrzeugheck montierte waagerechte Schaufeltrommel mit drei Messern aus. Sie schnitten, einer Fräse ähnelnd, die Schollen ab, hoben sie an und ließen sie sodann nach hinten abrutschen, wobei die Erde zerbröckelte. Der gewünschte Effekt der Bodenlockerung bei gleichzeitiger Krümelung war erreicht.

Viele Details der in keinem einzigen Exemplar, sondern nur auf Bildern erhalten gebliebenen Maschine waren neu, so vor allem die Antriebe und Kraftübertragungen. Professor Georg Segler erkannte außerdem 1968 in einem Aktenvermerk bei der Maschine eine Frühform des mechanischen Krafthebers und ergänzte: *„Diese Konstruktion spielte im großen Patentprozeß Ferguson gegen Ford USA eine große Rolle."* Allerdings hatte die Maschine einen großen Nachteil. Mit 20 Tonnen Gesamtgewicht bewirkte sie bei jeder Überfahrt über den Acker eine so starke Bodenverdichtung, dass Zeitgenossen mutmaßten, die Lockerung reiche nicht aus, um die zuvor bewirkte Verdichtung auszugleichen. Die technikbegeisterten Ungarn störte dies zunächst wenig. Bei der Millennium-Ausstellung des Jahres 1896 zählte der Mechwart'sche Dampf-Schaufelpflug zu den unbestrittenen Attraktionen.

Es spricht für den Tüftler Andreas Mechwart, dass er sich damit nicht zufrieden gab. Er suchte nach Möglichkeiten der Gewichtsreduktion und wurde fündig. Ihm schwebte der Bau einer motorgetriebenen „Rotations-Bodenbearbeitungsmaschine" vor, wie sie zuvor noch nie gebaut worden war. Einige Elemente des Dampf-Schaufelpflugs wie die Fräsvorrichtung wollte er beibehalten, die tonnenschwere Dampfmaschine jedoch sollte durch einen ungleich leichteren Motor ersetzt werden. Und damit sind wir bei der in Hohenheim ausgestellten Motorfräse. Dem erhalten gebliebenen Typenschild nach wurde sie im Jahre 1896 montiert und ist damit möglicherweise die erste, auf jeden Fall aber eine der ersten Mechwart'schen Motorfräsen. Leider ist sie nicht vollständig. Auch soll sie nach dem Willen des Eigentümers und Leihgebers, des Deutschen Museums, München, nicht verändert oder gar restauriert werden.

So viel jedoch ist unbestritten: Beim rudimentär vorhandenen Motor handelt es sich um einen Petroleum-Motor des Konstrukteurs Donát Bánki (1859 – 1922). In die Literatur eingegangen ist Bánki vor allem als einer der Erfinder des Vergasers zur Erzeugung von Kraftstoff-Luft-Gemischen für Verbrennungsmotoren. Aber auch auf dem Gebiet der Entwicklung hochverdichteter Stationärmotoren machte er sich einen Namen.

Wie Mechwart und der immerhin 25 Jahre jüngere Bánki zusammenfanden, entzieht sich unserer Kenntnis. Aber irgendwie sind die beiden und noch ein Dritter, János Csonka (1852 – 1939), seit 1875 Leiter der Maschinenwerkstatt der Technischen Universität Budapest, übereingekommen, in der Ganz'schen Fabrik einen 2-Zylinder-Petroleummotor zu entwickeln, der bei 420 U/min 12 PS Leistung bereitzustellen in der Lage sein sollte. In einer Beschreibung der Mechwart'schen Motorfräse aus dem Jahre 1896 heißt es: *„Gut ausgeglichene Schwungräder liegen zu beiden Seiten, das eine davon ist mit einer Riemenscheibe verbunden, damit auch andere landwirtschaftliche Maschinen von demselben Motor betrieben werden können. Der Petroleumverbrauch wird auf 6 bis 7 kg/Stunde angegeben."*

Besondere Aufmerksamkeit widmete das Gespann Bánki/Csonka der Motorkühlung. Für das Kühlwasser hatten sie unterhalb des

Rahmens einen Tank vorgesehen. Von dort wurde es mittels einer über Exzenter angetriebenen Pumpe angesaugt und mit Hilfe einer Körting'schen Streudüse in ein noch vorhandenes, Schornstein ähnliches Blechrohr mit Auffangglocke gespritzt. Ein kleiner, über Riemen angetriebener Ventilator blies zusätzlich Frischluft in die Glocke und bewirkte so, dass eine Wassermenge von circa 80 l in Umlauf blieb: Eine Form der Wasserumlaufkühlung war damit erreicht.

Und dass Kühlung vor allem beim Pflügen unverzichtbar war, erhellt aus der starken Verdampfung. 40 bis 50 Liter mussten in Abhängigkeit von der Schwere der Arbeit je Stunde wieder aufgefüllt werden. Unvergessen ist in diesem Zusammenhang ein Besuch der Bodensee-Schlepperfreunde um Egon Wegmann. Als staunende Besucher im Schornstein der Motorfräse eine Art Auspuff für den Verbrennungsmotor mutmaßten, klärte Motorenfachmann Wegmann auf. Er erinnerte an den im Bergbau bekannten Rieselkühler, bei dem Dampf wieder zu Wasser kondensiert, und lag damit genau richtig.

Das Gesamtgewicht der dreirädrigen Mechwart-Motorfräse liegt bei 3,3 Tonnen, beträgt also weniger als ein Fünftel der Dampf-Fräse. Zeitgenossen berechneten die Leistung der Motorfräse mit 2000 qm in der Stunde. Sie gelangten zu diesem Ergebnis, indem sie die Arbeitsgeschwindigkeit von 23 m/min in Beziehung zur Schaufelbreite von 1,50 m setzten. Von der Arbeitsqualität waren sie hellauf begeistert. Professor Victor Thallmayer, Ungarisch-Altenburg, notierte: *„Die Arbeit*

Der Zeit voraus

Ab 1896 ließ Mechwart seine Ackermaschinen von Petroleummotoren antreiben. Das machte seine drei- und vierrädrigen Fahrzeuge ein ganzes Stück leichter und verringerte den Bodendruck.

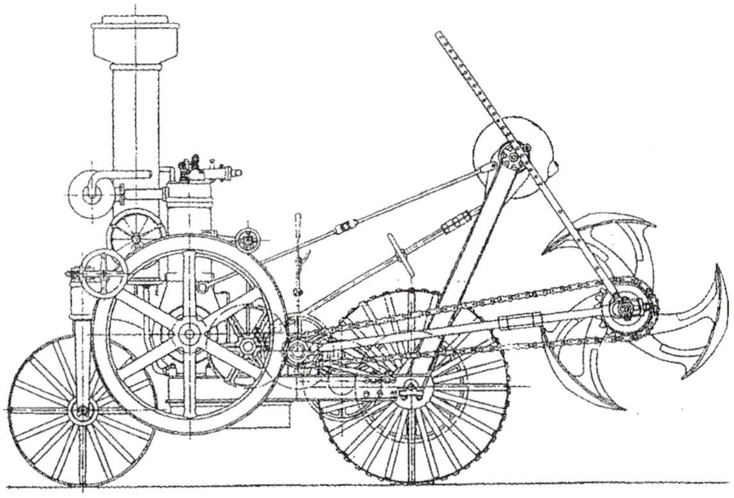

des Schaufelpflugs ist, was Lockern, Mischen und Zerkrümeln des Bodens anbelangt, einzig in ihrer Art und so vollkommen, dass dieselbe von keinem Bodenbearbeitungsgerät besser ausgeführt werden kann.“ Vor- und Rückwärtsfahrt konnte über eine Klauenkupplung auf der zweiten Vorgelegewelle reguliert werden. Nicht mehr vorhanden ist die Lenkvorrichtung des Vorderrades. Vermutlich erfolgte sie über ein Schneckenradgetriebe von Hand und dürfte in der Handhabung reichlich Muskelkraft erfordert haben.

Es zeigte sich bald, dass die Leistung des 2-Zylinder-Petroleummotors zu schwach war. Bánki und sein Partner Csonka bauten deshalb einen weiteren, diesmal auf 18 PS Leistung ausgelegten Motor. Im Betrieb allerdings genügte auch dies nicht. Letzte Mechwart-Motorfräsen bekamen deshalb Motoren mit bis zu 40 PS Leistung, doch waren über sie keine Unterlagen verfügbar. Unsicherheit herrscht auch über die Anzahl der von Mechwart gebauten Maschinen. Graeme Quick, der sich besonders intensiv mit ihrer Historie beschäftigt hat, sprach von fünf bekannten Fahrzeugen, von denen allerdings keines dem anderen gleicht. Ab 1898 kamen die Mechwart-Motorfräsen vierrädrig auf den Markt und sahen um einiges gefälliger aus als die in Hohenheim ausgestellte Variante. Interessenten konnten sich 1898 auf dem von Andreas Mechwarts Sohn Erich betriebenen Großgrundbesitz in Belecska von der Arbeitsweise der Fräse überzeugen. Im Jahre 1900 war Gleiches auf dem Gut Pettend im Besitz von Nikolaus von Luckenbacher möglich. Preisvorstellungen gab es auch. Sie schwankten zwischen 4500 und 8000 Gulden und lagen damit um einiges günstiger als jene 18.000 Gulden, die Mechwarts Dampffräse kosten sollte.

Damit aber verlieren sich die Spuren der Mechwart-Fräsen. Der Konstrukteur der Maschinen wurde 1899 in den persönlichen Adelsstand mit dem Namenszusatz „von Belecska“ erhoben und starb hochgeehrt am 14. Juni 1907. Die in Hohenheim ausgestellte Maschine gelangte in den Fundus des 1903 gegründeten Deutschen Museums, München. Anlässlich der großen Pflugausstellung zur Weltmeisterschaft im Pflügen kam sie 1958 nach Hohenheim. Ursprünglich in einem historischen Rinderstall ausgestellt, wurde sie mit Eröffnung des Deutschen Landwirtschaftsmuseums bis 1997 im Hauptgebäude in der Garbenstraße gezeigt. Seitdem befindet sie sich in exponierter Position an ihrem heutigen Standort und erfreut dort – nochmals in den Worten des unvergessenen Graeme Quick gesprochen –, als *„einzigartiges Originalexponat“* die Museumsbesucher aus aller Welt. Zugleich ist sie eine Erinnerung an Andreas Mechwart, diesen hochbegabten und vielseitigen Unternehmer-Erfinder. Aber nicht nur in Hohenheim wird seiner gedacht. In Budapest befindet sich im 2. Arrondissement ein nach ihm benannter kleiner Park, in dessen Mitte eine eindrucksvolle Büste von Andreas Mechwart steht. Sie ist ein beliebtes Fotomotiv und erinnert an einen Schweinfurter Jungen, der im 19. Jahrhundert von Ungarn aus ein bemerkenswertes Kapitel Landtechnikgeschichte schrieb.

Monument der Extraklasse

Eine einzige Mechwart Motorfräse hat die Zeiten überdauert. Ausgestellt befindet sie sich im Deutschen Landwirtschaftsmuseum in Stuttgart-Hohenheim. Experten bezeichnen sie als den ältesten erhalten gebliebenen Traktor der Welt. In Budapest erinnert ein Denkmal an den genialen Konstrukteur (unten).

Erhalt und Pflege historischer Dampfmaschinen

Geht es um den Erhalt, die Reparatur und den Betrieb einer historischen Dampfmaschine, so ist zunächst erhebliches ehrenamtliches Engagement gefragt – zeitlich wie finanziell. Die Freunde historischer Fahrzeuge (FhF) aus Immensen bei Lehrte, 20 km östlich von Hannover, wissen davon ein Lied zu singen. 2005 bekamen sie eine ausgemusterte 30 PS-Lokomobile von Ruston und Proctor, 1904 in Lincoln in England gebaut und mit der Fabrikationsnummer 27360 versehen. Bei einem Brunnenbauer, der Firma

Dreschefest in Immensen

Die „Imme" der Freunde historischer Fahrzeuge (FhF) aus Lehrte-Immensen bei Hannover steht mit ihrer Patina auf dem Dreschefest des Vereins, traditionell am dritten Wochenende im August, stets im Mittelpunkt.

Fleck in Hannover, hatte sie über Jahrzehnte als Antriebsmaschine gedient. Auch 1946 beim großen Hochwasser in Hannover war sie zum Einsatz gekommen und hatte einmal drei Tage und drei Nächte lang am Stück Wasser abgepumpt.

Die Maschine befand sich in einem Schuppen, als Thorsten Kochanneck, der langjährige Vereinsvorsitzende der FhF, nach gezielten Informationen 2004 darauf stieß. Die Firma Fleck hätte die Lokomobile sicher auch anderweitig teurer verkaufen können, aber der Verein aus der Nachbarschaft wusste zu überzeugen und man wurde sich rasch handelseinig. Für den Verein natürlich eine echte Herausforderung; das 10-jährige Vereinsjubiläum stand vor der Tür, und dazu so eine besondere Maschine zu haben, war nicht ohne Reiz, aber sie sollte auch wieder laufen! In einer angemieteten Scheune am Ortsrand hat der Verein FhF sein Domizil, alte Traktoren und Anbaugeräte des Vereins und von Mitgliedern sind hier eingestellt, eine Werkstatt und ein Versammlungsraum mit einer gemütlichen Feuerstelle gehören dazu. Hier wird Vereinsleben zelebriert. Platz war genug vorhanden, um dem Projekt näherzutreten. Aber hatten die Ehrenamtlichen auch die damit verbundene Mühe richtig eingeschätzt? So ein schwarzes Ungetüm, in der legendären Feuerzangenbowle vom „Pauker“ so nett als *„Rohr mit zwei Löchern“* beschrieben, ist schon ein komplexes Gebilde, in dem alles funktionieren muss, schließlich wird mit nicht unerheblichem Druck gearbeitet. Daher unterliegt so ein Kessel, wenn er in Betrieb gehen soll, in Deutschland auch der Aufsicht des Technischen Überwachungsvereins (TÜV), der ursprünglich nach zahlreichen Unfällen mit erheblichen Sach- und Personenschäden Mitte des 19. Jahrhunderts als „Dampfkessel-Überwachungsverein“ (DÜV) gegründet worden war. Heute spielt dieses einstige Kerngeschäft beim TÜV kaum noch eine Rolle, aber es gibt dennoch Sachverständige, die sich mit diesen Maschinen und ihrer Technik bestens auskennen und die erforderlichen Prüfungen vornehmen.

Eine wichtige Hilfe war das von 1927 bis 1946 geführte komplette Revisionsbuch! Danach war die Maschine 1927 aus England importiert worden und in Beckedorf nahe Rinteln in der Landwirtschaft eingesetzt worden. 1940 kam sie zur Firma Fleck, die die Lokomobile als Antrieb für Tiefbohrungen einsetzte. Trotz der Beschränkungen während des Zweiten Weltkriegs ist 1944 eine größere Reparatur dokumentiert, die die Firma Knoevenagel in Hannover durchführte. Dabei wurden die Feuerbüchse, die Rauchkammerrohrwand, sämtliche Rauchrohre und der Feuerlochring erneuert. So stand nach einigen gründlichen Reinigungs- und Wartungsarbeiten den für die Wiederinbetriebnahme erforderlichen TÜV-Untersuchungen nichts mehr im Weg. An erster Stelle steht dabei immer die „Innere Prüfung“, bei der die Wandstärken gemessen werden, heute meist mit Ultraschall. Danach folgt die Kaltwasserdruckprobe, bei der der gesamte Kessel mit Wasser gefüllt und auf den 1,5fachen Betriebsdruck gebracht wird, um eventuelle Schwächen am Kessel zu entdecken. Und schließlich folgt in Verbindung mit dem Anheizen der Maschine die „Äußere Prüfung“. Am 28. April 2005 wurde auch diese letzte Hürde mit dem TÜV erfolgreich genommen.

Beim Dreschefest im folgenden August wurde die Lokomobile auf den Namen „Dampfimme“ getauft, die Veranstaltung kurzerhand zum Dampf-Dreschefest erklärt und die Maschine auch in den nachfolgen-

Größere Reparatur mit gutem Ausgang

Als die Imme 2015 mit einem erheblichen Kesselschaden außer Betrieb ging, war guter Rat und qualifizierte Hilfe gefragt. Die Reparatur erfolgte in einer Fachfirma bei Bruchsal, wo die Lokomobile gleich anschließend auf einer örtlichen Veranstaltung mit zum Einsatz kam.

den Jahren als besondere Attraktion eingesetzt. Immensen hatte damit wieder ein Dampfdreschgespann, denn bereits Mitte der 1920er Jahre besaß die Familie Gerloff im Ort eine bewegliche Dampfmaschine und betrieb diese auch zusammen mit einer Dreschmaschine. Der Verein FhF tat damit nicht nur etwas für die Pflege der Technik-, sondern auch der Heimatgeschichte.

Das Eisen des Dampfmaschinenkessels unterliegt einem natürlichen Verschleiß. Bereits 2011 hatten sich Abzehrungen am Kessel bemerkbar gemacht, in deren Folge der zulässige Betriebsdruck von 7 auf 5 bar herabgesetzt wurde. Bei der üblichen Kaltwasserdruckprobe am 23. Mai 2014 kam dann das Aus für den Kessel, lediglich für das Dreschefest im folgenden August gab es noch eine Tagesgenehmigung mit 2 bar. Nun war guter Rat gefragt! Eine Bohrkernprobe und eine Schweißbarkeitsprüfung beim TÜV ergaben eine gute Substanz des Materials, immerhin Siemensstahl. Am 20. November 2015 folgte dann eine TÜV-Liste der an der „Imme“ vorzunehmenden Reparaturen. Verschiedene Firmen waren im Gespräch, dann kam der Tipp, Firma Metzger in Bruchsal anzusprechen. Der dortige Betriebsleiter und Schweißfachingenieur, Stefan Materna, entpuppte sich auch als 1. Vorsitzender der IghB – Interessengemeinschaft historische Baumaschinen – mit Sitz im ca. 30 km entfernten Waghäusel. Eine erste, noch grobe Schätzung, ergab ein Volumen von circa 50.000 Euro für die Kesselreparatur.

Nach mehreren erfolgreich verlaufenen Spendensammlungen hatten die FhF im Herbst 2016 so viel Geld zusammengesammelt, dass die Reparatur in Bruchsal in Angriff genommen werden konnte. Mit einem Lkw und Tieflader kam die „Imme“ im Herbst 2016 dort an. Zunächst sollte der Kessel mit Soda ausgekocht werden, aber dies stellte den Verein vor ein Beschaffungsproblem! Soda wird auch bei der Herstellung von Schwarzpulver verwendet, daher war es nur mit Verbleibsurkunde möglich, die in Bruchsal erforderlichen 20 kg zu bekommen. Diese wurden auch nicht an den Verein übergeben, sondern direkt zur Firma Metzger gebracht. Nach dem Auskochen des Kessels wurde dem Verein ein neues Angebot für die Reparatur unterbreitet, wonach sich die Kosten auf etwa 30.000 Euro reduzieren würden. Nun konnte die eigentliche Reparatur der Feuerbüchse durchgeführt werden, wobei auch am Langkessel gleich noch zwei Stellen mitgemacht wurden, bevor die neuen Rauchrohre eingezogen werden konnten. Gleich vor Ort wurden vom TÜV-Prüfer alle erforderlichen Abnahmen durchgeführt, damit die „Imme“ wieder in Betrieb gehen konnte.

Frischgebackene Kesselwärter

Es ist schon kompaktes Wissen, das bei den dreitägigen Lehrgängen vermittelt wird, die mit der Prüfung zum Kesselwärter für historische Dampfmaschinen abgeschlossen werden. Mehrfach konnte der „Crashkurs" mit DEULA und TÜV-Nord schon veranstaltet werden. Am Ende freuen sich die Organisatoren ebenso wie die Teilnehmer, wenn alle die Prüfung erfolgreich ablegen.

Rechtzeitig zum Tag der offenen Tür bei der IghB in Waghäusel konnte der FhF dort seine Maschine zwei Tage lang vorführen, am 3. Juli 2017 kehrte die Imme dann wohlbehalten nach Immensen bei Lehrte in das dortige Vereinsdomizil zurück und war natürlich für das sich traditionell am vierten August-Wochenende anschließende Dreschefest wieder voll im Einsatz. Durch die lange „Leidensgeschichte" der Imme, die auch in der Presse ein großes Echo fand, kamen noch mehr Besucher als sonst schon üblich auf das Festgelände. Am Ende hat die fachgerechte Reparatur noch deutlich weniger gekostet als befürchtet, so dass die Freunde historischer Fahrzeuge trotz der nicht unerheblichen Reise- und Transportkosten kein Geld mehr zulegen mussten. So einen Reparaturverlauf kann man sich kaum besser vorstellen.

Durch den Kontakt zur Hanomag IG nach Hildesheim hatte die „Imme" bereits 2012 und 2013 als Schulungsobjekt für zwei Kesselwärterlehrgänge für die Behandlung und Bedienung historischer Dampfmaschinen gedient. Nachwuchs ist gerade bei der Dampftechnik enorm wichtig, um diese alten Maschinen auch zukünftig fachgerecht zu warten und zu bedienen. In der DEULA-Schule in Hildesheim fanden daher auf Initiative der Hanomag IG mit Referenten und Prüfern vom TÜV mehrere jeweils dreitägige Schulungen statt, die nach zwei Tagen Theorie zunächst eine schriftliche Prüfung beinhalteten. Am dritten Tag stand dann das Anheizen der Maschine auf dem Programm, zweimal war dies die „Imme" aus Immensen, und als diese beim dritten Lehrgang 2014 schon außer Betrieb war, konnte auf eine sozusagen benachbarte Dampflokomotive bei der Almetalbahn südlich Hildesheim zurückgegriffen werden. Immerhin eine Hanomag-Lok von 1901!

Der Dampfpflug

Ein englisch-deutsches Gemeinschaftswerk

Keine Landmaschine hat den Menschen so in ihren Bann gezogen wie der Dampfpflug. Die Diskussion um seine Vor- und Nachteile beherrschte während des ausgehenden 19. Jahrhunderts sowohl die landwirtschaftliche Presse als auch das internationale Ausstellungswesen. Dabei ging es nicht um die direkt arbeitenden Dampfmaschinen! Als faszinierend wurden vielmehr die Maschinen empfunden, die Pflüge, Eggen, Grubber und Kultivatoren mit Dampfkraft an bis zu 800 Meter langen Seilen vom Feldrain aus über den Acker ziehen konnten.

Die Vorteile dieses Systems lagen für die meisten Menschen auf der Hand. Nun brauchte man nicht mehr die Hälfte der Zugkraft für die Fortbewegung der Maschine selbst. Von der in den Prospekten ausgewiesenen Leistung von 8, 10 oder mehr PS war da für die eigentliche Bodenbearbeitung nicht mehr viel übriggeblieben. Hinzu kam, dass weitere 20 bis 30 Prozent der Leistung des Selbstfahrers aufgewendet werden mussten, um den durch das Überfahren verdichteten Boden wieder in den Zustand zu bringen, in dem er sich vorher befunden hatte. Bauern äußerten, sie wollten lieber die etwa 400.000 Fußtritte je Hektar hinnehmen, die beim Pflügen mit einem Vier-Ochsen-Gespann auf den Acker niedergehen, als einen teuren Selbstfahrer einzusetzen. Hier wies nun der Dampfseilpflug einen Ausweg. Die Leistung der Dampfmaschine kam ganz der Bodenbearbeitung zugute, eine vorherige Verdichtung des Erdreichs fand nicht statt.

Man weiß nicht, wer das Seilpflugverfahren erfunden hat. Das Ziehen von Pflügen mit Seilen gab es bereits in der frühen Neuzeit. Im 19. Jahrhundert benutzte neben anderen der bereits vorgestellte Heathcoat das Verfahren. Eine realistische Möglichkeit des Dampfpflügens fand 1853 William Smith, ein Farmer aus Little Woolstone in Buckinghamshire. Wie etwa fünftausend andere britische Landwirte

Der Umkreisungskünstler

William Smith entwickelte 1853 einen Dampfpflug, der zum Betrieb ein kompliziertes System aus Lokomobile, Windewagen, Erdanker und Seilen erforderte. Mit dem um den Acker gespannten Seil wurde der Pflug (im Bildhintergrund) hin- und hergezogen.

Britische Meisterschrauber

Großbritannien war reich an Pionieren des Dampfpflugs. James und Frederick Howard aus Bedford gehörten zu ihnen. Sie überzeugten vor allem mit interessanten Maschinen für das Ein-Maschinen-System.

besaß er zu jener Zeit eine gewöhnliche Lokomobile mit einer Leistung von 8 PS. Diese verband er, am Feldrand aufgestellt, mit einer Winde, die aus zwei vertikalen Seiltrommeln bestand. Von hier aus wurde nur ein Hanfseil auf- und abgespult, welches um den zu bearbeitenden Acker herumlief. Horizontale, im Boden verankerte Scheiben dienten der Seilführung. Zwischen den beiden weiter entfernten Seilführungen wurde das Ackergerät hin- und hergezogen, indem bald die eine, bald die andere Windentrommel das Seil aufspulte.

Die indirekte Tradition setzt sich durch

So eindrucksvoll das Smith'sche Dampfpflugverfahren, in England *„Round about system"* genannt, auch arbeitete, den Durchbruch erzielte es erst, als sich um 1860 die Brüder J. & F. Howard aus Bedford seiner annahmen. Sie verbesserten die Winde, ersetzten das Hanfseil durch eine Stahltrosse und bauten spezielle Dampfseillokomobilen, darunter einige höchst unkonventionelle mit drei Rädern. Als billigstes brauchbares Dampfpflugsystem erfreute es sich auf der Britischen Insel großer Beliebtheit und entsprechenden Absatzes.

Als Dampfpflughersteller blieben die Gebrüder Howard dennoch stets nur die Nummer zwei. Unbestrittener Marktführer war seit den fünfziger Jahren des 19. Jahrhunderts John Fowler (1826 – 1864), Sohn einer Quäkerfamilie aus Melksham/Wiltshire. Getreidehändler hätte er werden sollen, doch zog es ihn in einen technischen Beruf. So arbeitete Fowler schließlich bei einem Lokomotivenhersteller, als er 1849 Irland bereiste. Dort erlebte er Hunger und Elend in schärfster Form, eine direkte Folge der Kartoffelmissernten der Jahre 1846/47. 1,5 Millionen Iren waren bereits gestorben oder ausgewandert, und eine Linderung der Not zeichnete sich nicht ab. John Fowler, gerade 23 Jahre alt, beeindruckte dies tief. Er wollte den Iren helfen. Eine andere Bodenbearbeitung schien ihm notwendig zu sein, außerdem mussten zunächst weite Landstriche entwässert werden. Er konstruierte einen Drain-(Entwässerungs-)Pflug, der sich so gut einführte, dass Fowler beschloss, bei der Lokomotivfabrik zu kündigen und sich selbständig zu machen.

6 PS ersetzen 150 Pferde

Schon bald unternahm Fowler Versuche, Pferde und Ochsen als Zugtiere für seine Pflüge durch Lokomobilen zu ersetzen. Die Tests verliefen erfolgreich, und 1854 präsentierte der Maschinenbauer das erste mechanisch arbeitende Pflugsystem. Das Ein-Maschinen-System bestand aus Lokomobile, Pflug, Winde und Seilführungen. Damit gehörte der junge Fowler wie Smith und die Howards zu den so genannten „Umkreisungskünstlern". Doch die Preisrichter der landwirtschaftlichen Ausstellung von Lincoln 1854 focht dies nicht an. Sie prämierten Fowlers Maschine mit der Begründung, bei ihm leiste eine gewöhnliche 6 PS-Clayton & Shuttleworth-Lokomobile die Arbeit von 150 Pferden!

Durch diesen Erfolg in seinen Bemühungen bestätigt, beschäftigte sich Fowler noch intensiver mit der Dampfpflügerei. Dabei traf er mit dem schottischen Farmer John Graig zusammen, dessen Ansichten ihn so beeindruckten, dass Fowler ihn als technischen Direktor in seine noch junge Fabrik mit aufnahm. Zusammen ließen sie sich zwei Jahre später einen Balancier-Pflug patentieren, mit dem hin- und hergepflügt werden konnte, ohne dass er gewendet werden musste. Man stelle einfach zwei Satz Pflugscharen einander gegenüber, von denen sich jeweils nur der in Fahrtrichtung arbeitende im Boden befand. Der andere Satz ragte schräg aufgerichtet in die Luft. Dieser Pflug, in vielem ähnlich einem 1855 von den Gebrüdern Fisken entwickelten, bildete fortan die Grundlage der gesamten Seilpflügerei.

Als weitere Verbesserung erwies sich das 1856 von Fowler und Mitarbeitern entwickelte Einmaschinensystem mit Ackerwagen. Dazu hatte man die selbstfahrende Lokomobile unter dem Kessel mit Seiltrommeln ausgerüstet. Von dort lief das Seil zu dem Ackerwagen am gegenüberliegenden Feldrand, auf dem sich eine bewegliche Seilführung befand. In das Seil eingehängt, wurde nun der Pflug hin und her gezogen, wobei nach Beendigung jeder Furche Ankerwagen und Lokomobile um Furchenbreite vorwärts bewegt wurden. Zunächst zog man den Ankerwagen mit Pferden voran, später kurbelte man ihn von Hand gegen einen fest in den Boden eingeschlagenen Erdanker auf. Dieses Fowler'sche Ankerwagensystem fand allgemeine Anerkennung. Allein zwischen 1857 und 1859 erhielt Fowler dafür neun teilweise beträchtliche Geldprämien auf Ausstellungen zuerkannt. Noch wichtiger aber als das Geld selbst war der mit den Prämien verbundene Werbeeffekt. Ausstellungserfolge beeinflussten im 19. Jahrhundert Verkaufsabschlüsse in hohem Maße.

Das Fowler'sche System

Die konkurrierenden Einmaschinensysteme, sei es in der „Roundabout-" oder in der „Ankerwagen-Version", besaßen erkennbare Vorzüge. Zudem waren sie, da nur eine der teuren Dampfmaschinen benötigt wurde, noch erschwinglich. Aber es gab auch Interessenten, denen das Versetzen von Seilführungen oder Ankerwagen zu umständlich war. Ihnen kam John Fowler 1856 mit einem Zwei-Lokomobilen-Seilpflug entgegen. An die Stelle des Ankerwagens trat eine zweite, gleichfalls mit einer Windentrommel ausgerüstete Lokomobile. Der Pflug wurde zwischen beiden Maschinen hin- und hergezogen, wobei mal diese, mal jene Lokomobile arbeitete. Die nicht unter Spannung stehende Maschine fuhr um die doppelte Furchenbreite vor, was auf das Pflügen selbst ohne Einfluss blieb. Das ganze Feld konnte auf diese Weise ohne Unterbrechung umbrochen werden. Hohe Arbeitsleistungen bei kurzer Rüstzeit kennzeichneten das gemeinhin als „Fowler'sches System" bekannte Zweimaschinen-Seilpflugverfahren. Historisch ist diese Bezeichnung allerdings unzutreffend. W. Savory, Maschinenbauer aus Gloucester, hatte bereits vor Fowler ein System mit zwei Dampflokomobilen ausgetüftelt. Nur in der Praxis bewährte es sich nicht. So ließ man Fowler die Ehre zukommen und benannte das Pflügen mit zwei Dampfmaschinen nach ihm. Dies war insofern

Dampfpflügen mit zwei Lokomobilen

Zwischen zwei am Feldrand stehenden Lokomobilen wurde ein Kipppflug, auch Balancier-Pflug genannt, hin- und hergezogen. Ein solcher Dampfpflugsatz war so teuer wie ein mittlerer landwirtschaftlicher Betrieb und konnte nur von großen Gütern wirtschaftlich eingesetzt werden.

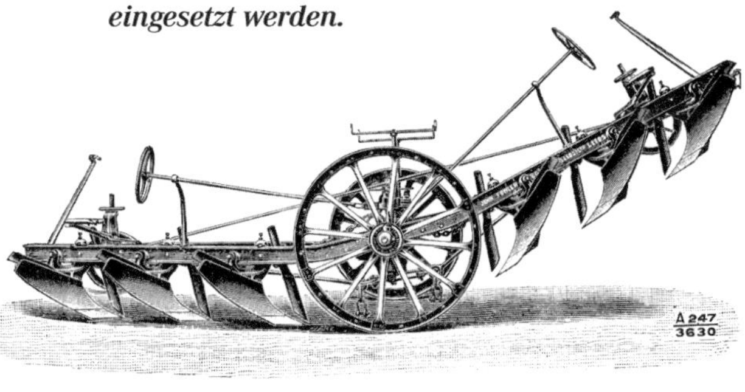

Hinter Pflug und Schreibtisch

Max Eyth aus Kirchheim/Teck im Landkreis Esslingen war Fowlers erfolgreichster Propagandist für den Dampfpflug. Als Ingenieur und Verkäufer erzielte er international ebenso große Erfolge wie auch als Schriftsteller. Der Verein Historische Dampftechnik Kirchheim/Teck hat zwei Fowler-Lokomobile sowie einen Kipppflug und einen Grubber restauriert. Bei vielen Veranstaltungen erinnert das Gespann an den Erfinder und Gründer der Deutschen Landwirtschafts-Gesellschaft, DLG.

berechtigt, als Fowler ab 1859 in eigener Fabrik in Leeds Seilpfluglokomobilen für das Zweimaschinensystem baute. Das im Laufe der Jahre von Fowler gerade bei der Fertigung schwerer selbstfahrender Lokomobilen entwickelte technische Können führte dazu, dass immer wieder von den *„Dampfpflug-Werken“* gesprochen wurde, wenn das Unternehmen John Fowler & Co. Ltd. gemeint war. Eine Bezeichnung, die bis zur Schließung der Firma 1974 gebräuchlich war.

Ein Schwabe in Großbritannien

Bis 1860 blieb das Dampfpflügen eine weitgehend innerbritische Angelegenheit. Verschiedene Hersteller wetteiferten mit unterschiedlichen Systemen um die Gunst der wenigen ernsthaften Interessenten. Da brach im Frühjahr 1861 der Schwabe Max Eyth (1836 – 1906) auf, um nach der Ausbildung am Stuttgarter Polytechnikum und praktischer Arbeit bei dem Maschinenbauer Gotthilf Kuhn in Stuttgart-Berg die britischen Produktionsverfahren kennenzulernen. Die Stellensuche in London, Manchester und Leeds gestaltete sich schwierig, und nur ein Zufall führte Eyth zu dem 24-jährigen John Fowler. Dieser, von Eyth als *„junger Herr, Quäker, Besitzer einer erst im Entstehen begriffenen Maschinenfabrik, Erfinder der Dampfpflüge ... und ein mit aller Welt verkehrender Mann“* beschrieben, willigte ein, Eyth als einfachen Arbeiter einzustellen. Der Schwabe war’s zufrieden, obwohl er von der Ausbildung her zumindest eine Tätigkeit im technischen Büro hätte erwarten können. Fowler signalisierte, dass er Leistung honorieren wollte.

So begann Eyth an der Werkbank, von 6 Uhr morgens bis ½ 6 abends. *„Gewöhnlich arbeiten die Leute dann noch abends von 6 bis 8, was freiwillig ist und extra bezahlt wird.“* Der Arbeitstag war also lang genug. Doch Eyth beließ es nicht dabei. Er studierte technische Schriften und konnte bereits 1861 mit Verbesserungsvorschlägen für die Konstruktion der Seiltrommel aufwarten. So beantragte Eyth noch im gleichen Jahr ein Patent auf eine als „Clipdrum“ bezeichnete Scheibe. Aus beweglichen Klappen bestehend, verhinderte sie das Durchrutschen des Seils auf der Trommel. Damit hörte endlich auch das Verheddern des Seils bei der nicht unter Last fahrenden Lokomobile auf. Fowler anerkannte Eyths technisches Können, befürchtete aber, dass bei ihm die Praxis zu kurz käme. So stellte er den Deutschen zur Dampfpflügerei ab. Und die war wahrscheinlich kein Kinderspiel: *„Wenn man morgens früh, manchmal beim funkelnden Sternenschein, manchmal inmitten des dicksten Nebels aufstehen, – den lieben langen Tag hinter der qualmenden und eigentümlich durch das immer noch frische Gras der Bäume marschierenden Maschine herlaufen, oder auf dem die Erde wie eine Wasserfläche krümmenden Dampfpflug stehen und abends müde die am Sonntag in London gekaufte Zeitung repetieren, – wenn man das alles ein ländliches Stillleben nennen mag, so führe ich gegenwärtig ein solches. Nichts liegt mir dabei zum Glück ferner, als Langeweile ...“*

BERLIN 1894.

Als neu und beachtenswerth wurde anerkannt und erhielten die

Grosse Silberne Denkmünze

der

Deutschen Landwirthschafts-Gesellschaft

auf deren Wander-Ausstellung in Berlin vom 6. bis 11. Juni 1894

für einen

neuen Umwende-Dampfpflug

John Fowler & Co. in Magdeburg.

BERLIN 1894.

Freude für die Augen

Die Gründerzeit hatte ihren eigenen, ästhetisch ansprechenden Stil. 20 Tonnen Eisen verlieren ihre Kälte und wirken stattdessen formschön und elegant (oben). Auch bei der Gestaltung von Druckschriften zeigten die Grafiker ihr ganzes Können. Sowohl der Fowler-Katalog als auch der Titel zu Max Eyths „Im Strom der Zeit" sind allein schon von der Aufmachung her alles andere als beliebig (unten).

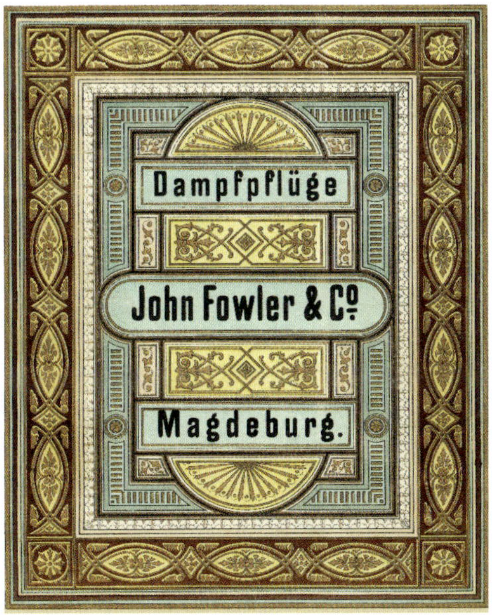

Vom Wassertragen und Heizen bis zum Führen und Reparieren der Lokomobilen reichte die Palette der Eyth aufgetragenen Arbeiten. Da nahte die Weltausstellung 1862, die nach 1851 zum zweiten Mal in London stattfinden sollte. Eyth erhielt von seinem Chef den Auftrag, den Ausstellungsstand der Firma Fowler vorzubereiten und zu betreuen.

In seinen Briefen, später in hoher Auflage als *„Wanderbuch eines Ingenieurs"* veröffentlicht, schildert Eyth den Rummel auf der *London Great Exhibition. „Gestern waren um 4 Uhr etwa 80.000 Leute zugleich unter einem Dach. Das ist, glaube ich, ganz Stuttgart vom Feuersee bis Berg. Und das bewegt sich alles in friedlichem, geschäftigem Summen trotz babylonischer Sprachverwirrung durcheinander … ."*

Zu den Sensationen der Ausstellung gehörten die Fowler'schen Dampfpflüge. Die gelegentlich als *„harmlose Höllenmaschinen"* bezeichneten Apparate lockten ein Publikum aus aller Herren Länder an, russische und preußische Prinzen, japanische Gesandte, den Vizekönig von Ägypten und den Gouverneur von Algerien. Bei Vergleichstests vermochten die Fowler'schen Maschinen die zahlreiche Konkurrenz überzeugend *„aus dem Feld zu pflügen"*. Eyth, zuvor Arbeiter und Maschinist, stand im Begriff, zum erfolgreichsten Verkäufer der Firma Fowler aufzusteigen.

Britische Maschinen in Ägypten

Es spricht für die Menschenkenntnis John Fowlers, dass er den als „Nobody" nach England gekommenen Deutschen uneingeschränkt förderte. Kaum war der Londoner Ausstellungsstand abgebaut, schickte er Eyth nach Ägypten. Halim Pascha, Onkel des ägyptischen Vizekönigs, zählte zu den größten Grundbesitzern am Nil. Aufgeschlossen gegenüber dem technischen Fortschritt hatte er die Modernisierung seiner Baumwollkulturen mit Hilfe der Dampfkraft in Angriff genommen. Eyths Auftrag bestand nun darin, die auf den Ländereien eingesetzten *„etlichen zwanzig Dampfmaschinen, welche tätig sind, umzupflügen, Wasser zu schöpfen, Zuckerrohr zu zermalmen, Baumwolle zu reinigen"*, zu warten und zu reparieren.

Sein Hauptaugenmerk sollte jenen sechs Einmaschinen-Dampfpflügen gelten, die Halim Pascha 1862 bei Fowler gekauft hatte. Der mit an den Nil geschickte englische Mechaniker war mit der Betreuung dieser Maschinen restlos überfordert. Dies lag an seiner mangelnden Bereitschaft, auf die Mentalität der ägyptischen Bediener einzugehen. Genau dies aber tat Max Eyth. Er kam den einheimischen Schlossern, Schmieden und Maschinisten entgegen, war nachsichtig und streng, legte selbst mit Hand an, wo es nötig wurde, und stand stets bereit, am Tag bis zu zehnmal *„dem Schlosser die Feile und dem Schmied den Hammer aus der Hand zu nehmen und auf diese Art zu sagen, wie man das Eisen anpackt"*. Sein Engagement zeigte Wirkung. Endlich leisteten die Maschinen die Arbeit, wozu sie eingekauft waren: Sie pflügten den Boden in zuvor nie gekannter Güte und Tiefe um.

Halim Pascha nahm sich täglich Zeit, nach seinen teuren Geräten zu sehen. Begeistert von ihrer Arbeit, vergab er neue Aufträge an Fowler. In den Jahren 1863 und 1864 erwarb der Ägypter nicht weniger als 12 Ein- und 36 Zweimaschinensysteme. Da mochte der Vizekönig, der Halim Pascha alles andere als wohlgesonnen war, nicht zurückstehen. So konkurrierten beide in der Auftragsvergabe an Fowler, was diesem nur recht sein konnte. Wie viele Dampfpflüge Fowler während der rund 3½-jährigen Tätigkeit von Max Eyth in Ägypten dorthin verkauft hat, ist nicht bekannt. Ihre Zahl liegt jedenfalls einiges über den zwischen 1862 und 1864 verkauften 216 Garnituren, die je nach Ausstattung 1175 und 1450 Pfund Sterling gekostet hatten. Damit rangierten der Vizekönig von Ägypten und sein Onkel Halim Pascha als Einzelkunden bei Fowler ganz oben.

Ohne Max Eyth wäre das gewaltige Ägyptengeschäft kaum zustande gekommen. Er hielt die Maschinen in Betrieb und demonstrierte durch neue Entwicklungen wie Baumwollpflüge und Schollenbrecher den großen Nutzen der Dampfpflügerei gerade für Ägypten. Dabei erwehrte er sich mit Geschick der Konkurrenz von der es das Unternehmen der Gebrüder Howard 1864 beinahe geschafft hatte, mit den Ägyptern ins Geschäft zu kommen. Im April 1864 sollte ein Leistungspflügen die Entscheidung über den zukünftigen Lieferanten der Ägypter bringen. Max Eyth, der für Fowler mit von der Partie war, schildert das Ereignis so: *„Mit drei Jahre alten Maschinen, von denen die eine schon zweimal ins Wasser gefallen war, mit einem Haufen Halbwilder, von denen die meisten erst seit einem Jahr wissen, was Kohle ist, hatte ich gegen die neusten und besten Maschinen von Howard, bedient von fünf zu diesem Zwecke hergeschickten, auserwählten Leuten von England, zu kämpfen ... Gestern wurde cultiviert. Meine Araber, durch ein Bakschisch fanatisiert, das ich ihnen versprach, stürzten wacker in den Kampf und die alten Maschinen rasselten wie besessen. Die Sicherheitsventile hatte ich etwas weniger zugeschraubt und wir gewannen alsbald einen schönen Vorsprung. Aber auch die Engländer schraubten ihre Ventile fester und nach einer Stunde flog ihnen ein Bleipfropf aus der Kesselwand und der Dampf löschte unter gewaltigem Brausen ihr Feuer aus. Damit war die Sache vorläufig zu Ende, indem überdies eine Stunde vollständig genügt, die Geschwindigkeit des Arbeitens und die Leistungsfähigkeit der Maschine zu zeigen. Wir hatten 2,4 Acre (ca. 1,0 ha) aufgebrochen, während die anderen 1,16 Acre (ca. 0,5 ha) zuwege brachten. Halim Pascha, der anfänglich würdehalber ganz den Neutralen zu spielen sich veranlasst sah und meinen Gegnern alle möglichen Vorteile, die Wahl des Feldes, die Art des Werkzeugs, die Aufstellung usw. eingeräumt hatte, konnte allmählich seine Freude doch nicht mehr verbergen und feu-*

Skizzen aus einer anderen Welt

Annähernd 1000 Zeichnungen umfasst der künstlerische Nachlass des Schwaben Max Eyth. In beeindruckender Weise bringt er darin Natur und Technik zusammen. Für ihn verkörpern sie keine Gegensätze, sondern gehören zusammen wie die zwei Seiten einer Medaille. Folgt man Max Eyths Zeichnungen, dann gewinnt man starke Impressionen von den Ländern und Kontinenten, die der Propagandist des Dampfpflügens in der zweiten Häfte des 19. Jahrhunderts bereist hat.

erte gegen das Ende selbst meine Araber durch Versprechungen an, ihre Pflicht für ‚König und Vaterland' zu tun! Heute spielt der zweite Akt, bei dem die Pflüge versucht wurden und das Resultat nach 1½stündigem Pflügen ein entschieden noch günstigeres war trotzdem, dass ich durch Brechen einer Schraube zehn Minuten verlor. Was mich am meisten freute, ist, dass der Sieg einzig und allein durch arabische Truppen erfochten wurde."

Doch unbegrenzt währte der Dampfpflug-Boom in Ägypten nicht. Mit dem Ende des nordamerikanischen Sezessionskrieges (1861 – 1865) brachten die dortigen Baumwollpflanzer ihre Ernte wieder auf den Weltmarkt. Die Preise für Baumwolle brachen zusammen und rissen die ägyptischen Großgrundbesitzer mit ihrer kapitalaufwendigen Produktion mit in den Strudel. Halim Pascha musste seine Ländereien verkaufen, um den Konkurs abzuwenden. Dem „Ingenieur en chef", wie die Dienstbezeichnung Max Eyths gegen Ende seines Ägyptenaufenthalts lautete, blieb nur noch die Kündigung.

Der amerikanische Markt bleibt verschlossen

Der frühe Tod des Firmengründers John Fowler berührte Max Eyths Stellung bei den „Dampfpflug-Werken" nicht. Kaum nach Leeds zurückgekehrt, erhielt er den Auftrag, Amerika für den Dampfpflug zu erobern. Allerdings war dies nicht so einfach. Die Amerikaner litten noch an den Wunden, die der Bürgerkrieg geschlagen hatte. An Publizität fehlte es Max Eyth und den Dampfpflügen jenseits des Atlantiks nicht, wohl aber den Pflanzern der Südstaaten an Geld! Auch mussten die Einsatzmöglichkeiten des Dampfpflugs für den amerikanischen Kontinent verbreitert werden. Eyth forderte, neuere, eigentümlichere Instrumente zu erfinden und einzuführen, andernfalls bleibe man erfolglos. Doch zum Erfolg kam man auch mit Spezialanfertigungen nicht. Das Glück fehlte, wie beispielsweise bei einem Schaupflügen in New Orleans 1868: *„Der Apparat ist etwas verschieden von unseren gewöhn-*

lichen Dampfpflügen. Beide Dampfmaschinen arbeiten zur gleichen Zeit, anstatt abwechslungsweise, was ein ziemlich aufmerksames Zusammenwirken der beiden Maschinenwärter erfordert. Ich hatte deshalb zwei Mechaniker engagiert, die mit Maschinen im Allgemeinen vertraut zu sein behaupteten. Nicols, mein Engländer, sollte den Pflug führen, und ich behielt mir die allgemeine Direktion vor. Am Montag aber stellte sich heraus, dass der eine Maschinenwärter taub und blind war, und so hatte ich das Vergnügen, während der ganzen Komödie selbst Heizer und Maschinenwärter zu sein, was neben allen anderen Sorgen und Schaffen meine Muskeln und Nerven ziemlich stark in Anspruch nahm."

Aller Aufwand blieb vergeblich: *„Der Dampfkultur im Großen Eingang zu verschaffen, ist ein Kampf gegen die Unmöglichkeit"*, resümierte Max Eyth und verlegte sich auf das Einzelgeschäft. So sehr er sich auch mühte, Vorführungen arrangierte, gelegentlich auch unentgeltlich Boden umpflügte, die Staaten kreuz und quer bereiste, die Zahl der von Fowler in die USA verkauften Dampfpflüge blieb gering.

Erfolgreicher gestalteten sich Eyths Aktivitäten in Europa. Erzherzog Johann von Österreich, die Verwaltung der Ländereien der Fürsten Thurn und Taxis und die russische Regierung bestellten neben anderen gleich mehrere Dampfpflüge. Doch mit dem Verkauf allein war es nicht getan. Dem Verkäufer oblag es, die Maschinen zu überführen und in Betrieb zu nehmen. Diese „Lieferung frei Haus" gestaltete sich oft abenteuerlich und erforderte Eyths ganzes Geschick. Wassermangel, schwankende oder kaum passierbare Brücken ließen sich noch einigermaßen kalkulieren, nicht aber die Haltung der Menschen den Maschinen gegenüber.

Da konnten sich Szenen ereignen wie 1874, als Eyth einen Dampfpflug zum Grafen Branitzky nach Stawicsze bei Kiew überführte: *„In den Dörfern sah man unsere rauchenden Ungetüme nicht nur mit Entsetzen durchpassieren, sondern die männliche Bevölkerung nahm auch einige Male bedrohliche Haltung an, so dass ich meine kleine Mannschaft zum etwaigen Gefecht parat machen musste. Die Weiber geleiteten uns mit Jammer und Heulen vorüber; denn sie befürchteten den Untergang ihres Dorfes, wenn die aussprühenden Funken, was freilich möglich war, ihre Strohdächer anzündeten."*

Nun, der Kampf fand nicht statt, und auch verbrannte Dörfer hinterließ die Karawane nicht. Vielmehr gelang Eyth in Stawicsze, mitten in der Ukraine, die Lösung eines technischen Problems, das die Ingenieure in Leeds nicht in den Griff bekamen: Die Strohfeuerung der Dampfpfluglokomobilen. Ihm bleib gar keine andere Wahl, da es nur Stroh als Brennmaterial gab. Mit bescheidensten technischen Hilfsmitteln rüstete er die Feuerbox so um, dass er seinem Arbeitgeber melden konnte: *„Die Frage des Dampfpflugs für Russland ist entschieden!"*

Internationale Geschäfte mit dem Dampfpflug

Besondere Kennzeichen der Dampfpflügerei um die Jahrhundertwende war ihre Internationalität. Fowler'sche Maschinen arbeiteten in der Karibik auf Zuckerrohrplantagen, bei Farmern in Peru und Australien, in Italien, wo sie zur Kultivierung der Po-Ebene eingesetzt wurden, sowie immer häufiger auch in Deutschland, Ost- und Südosteuropa. Den Absatz nach Deutschland belebte der gewonnene Deutsch-Französische Krieg von 1870/71, der Geld ins Land brachte und das Selbstbewusstsein der Großgrundbesitzer stärkte. Sie betrachteten den Kauf eines Dampfpfluges als zukunftsträchtige Investition, die dem Besitzer in der Nachbarschaft zudem hohes Ansehen einbrachte. Diese psychologische Komponente des Dampfpflugbesitzes spielte auch unter

den Großgrundbesitzern in Ungarn, Rumänien und Russland eine große Rolle.

Fowler trug dem größer gewordenen Markt in Mittel- und Südosteuropa 1872 durch die Errichtung eines Zweigwerkes in Magdeburg Rechnung, dem schon bald Niederlassungen in Prag, Wien, Budapest, Berlin, Warschau, Bukarest, Konstantinopel und Kiew angegliedert wurden. Und das Geschäft florierte. Während im Stammwerk Leeds die Produktion von Seilpfluglokomobilen abgebaut wurde, weil britische Farmer als Käufer nahezu völlig ausfielen, wuchs die Magdeburger Filiale. Im Jahr 1909, dem besten Geschäftsjahr der Niederlassung, wurden hier annähernd 70% des Gesamtumsatzes von Fowler & Co. Ltd. erzielt. In diesem Erfolg spiegelte sich das Wirken des aus Stettin stammenden Richard Töpfer wider, der in späteren Jahren durch die Kultivierung der Lüneburger Heide bekannt wurde. Töpfer war nach dem Ausscheiden Eyths aus Fowlers Diensten 1882 als verantwortlicher Leiter der deutschen Niederlassung sein Nachfolger geworden. Zusammen mit den beiden Engländern George und William Turner baute er das Geschäft mit den Lohnunternehmern aus, die manchmal mit fünf und mehr Zweimaschinen-Seilpflugsätzen große Ackerflächen gegen Lohn umbrachen.

Service-Unternehmen für Großgrundbesitzer

Carl Groß (1865 – 1958) hieß der von der Maschinenausstattung her größte Lohn-Dampfpflüger. Der Sohn eines in Löschna/Mähren ansässigen Bauern kam als Landwirtschaftsbeamter auf den Gütern des österreichischen Erzherzogs Albrecht mit der Dampfpflügerei in Berührung. Sie ließ ihn sein Leben lang nicht mehr los. So wechselte Carl

Kunst und Realität

1903 malte Max Eyth den Heidepflug zu Lopau. Ein farbenfrohes Bild, auf dem der Dampf der Pflug-Lokomotive ebenso für Leistung steht wie der tief umgepflügte Acker (oben). Weniger idealisierend ist die Aufnahme vom im weichen Untergrund arbeitenden Dampfpflug (unten). 12-stündige Arbeitstage waren keine Seltenheit und passieren konnte bei den tonnenschweren Dampf-Ungetümen immer etwas. Bei den Bauern aber standen die Dampfpflüger in einem besonderen Ruf: Sie waren die Boten einer neuen, technikbegeisterten Zeit und genossen großes Ansehen.

Hinter Pflug und Schraubstock

Will man ein Gespür für die große Zeit des Dampfpflügens bekommen, dann ist Max Eyths im Jahre 1899 erschienenes Buch „Hinter Pflug und Schraubstock" auch heute noch Pflichtlektüre (oben). Kam der Dampfpflug, kamen die Menschen! Alle wollten bestaunen, was sich nur wenige leisten konnten (unten).

Groß 1890 in die Dienste der Firma Fowler über. Budapest, Leeds, London und schließlich Magdeburg waren die Stationen seines beruflichen Werdegangs bei den Dampfpflug-Werken, der ihn zu einem Spezialisten für die Dampfseilpflügerei werden ließ. Dennoch, oder gerade deshalb, machte sich Groß 1896 in Breslau selbständig. Im gesamten europäischen Raum bot er seine Dienste als Dampfpflüger an und stieß vornehmlich bei den Großagrariern auf rege Nachfrage. Um allen Aufträgen nachkommen zu können, wurden Filialen in Posen, Warschau und Kiew gegründet. Insgesamt standen bei Groß 160 Beschäftigte in Brot und Diensten, um 28 Zweimaschinen-Dampfpfluggarnituren einzusetzen.

Der Kapitaleinsatz war beachtlich, wenn man bedenkt, dass ein Dampfpflug komplett je nach Ausstattung zwischen 60.000 und 80.000 Goldmark kostete. Außerdem musste ein umfangreiches Ersatzteillager unterhalten werden. Ein defekter Dampfpflug, für den bereits weitere Arbeitskontakte bestanden, konnte teuer werden. Fiel einmal eine Maschine aus, musste man sich schon etwas einfallen lassen, um sie schnell wieder einsatzbereit zu machen.

So geschah es einmal, dass Carl Groß abends ein Anruf erreichte. Ein aufgeregter Gutsinspektor teilte ihm mit, mitten in der Arbeit sei bei einer Lokomobile die Kurbelwelle gebrochen. Die Zeit war knapp und guter Rat teuer. Doch Groß kannte die „Hilferufe aus der Provinz" schon. Zwei Monteure wurden alarmiert, damit sie umgehend aus einer in Breslau stehenden Reservelokomobile gleichen Typs die Kurbelwelle ausbauten. Noch während der Nacht war das einige Zentner schwere Teil freigelegt. Nun ging es damit so schnell wie möglich zum Bahnhof, um den Morgenzug noch zu erreichen. Die Bahnbeamten staunten nicht schlecht über das überschwere „Handgepäck" der Monteure. Am Zielbahnhof angelangt, wartete dort bereits eine Kutsche der Gutsverwaltung. In rascher Fahrt fuhr man zur defekten Lokomobile. Der Austausch des beschädigten gegen das neue Teil stellte hingegen kein Problem mehr dar. Am Vormittag noch konnte das Pflügen weitergehen. Tief beeindruckt von der raschen Hilfeleistung rief der Gutsbesitzer Carl Groß an und sicherte ihm für die Zukunft weitere Aufträge zu.

Gut, besser, Borsig

In Berlin-Tegel stand in den 1920er Jahren eine der größten Dampfpflug-Fabriken Deutschlands. Mit starken Maschinen und moderner Werbung hoffte man, einen guten Absatz bewirken zu können.

Kapitäne, die mit ihren Segelschiffen Kap Hoorn umschifften, genossen den Respekt der Mitmenschen. Sie trugen durch Erzählungen und Berichte von Ereignissen, die nur „echte Kerle" meistern konnten, das ihre zur Legendenbildung bei. Den Kapitänen der großen Fahrt entsprachen auf dem Lande die Dampfpflüger. Männer wie Eyth, Töpfer, Turner oder Groß präsentierten sich als Matadore der Landtechnik. Um sie scharten sich auf den Ausstellungen Menschen, die Erzählungen rund um den Dampfpflug hören wollten. Carl Groß bemerkte einmal, auf die Pflügerei angesprochen: *„Jetzt hat der Arbeitstag 24 Stunden und wenn die nicht reichen, nehmen wir noch die ganze Nacht dazu."* – Max Eyths Briefe und Romane wie „Hinter Pflug und Schraubstock" sind eine einzigartige Sammlung humoriger, belehrender und auch nachdenklich stimmender Dampfpflug-Geschichten, die selbst denjenigen einfangen, der die Dampfpflügerei nicht miterlebt hat. Wer vermag sich beispielsweise der Schilderung jenes „Winterfeldzugs" zu entziehen, mit dem Eyth 1869 Deutschland für den Dampfpflug zu erobern beabsichtigte? Schlechte Wege, Sumpf und Morast erschwerten das Vorhaben so sehr, dass selbst Eyth dabei seinen Pflug als „Missgeburt aus Dreck und Feuer" bezeichnete. Bis an die Achsen war die Lokomobile im Schlamm eingesunken – für die Landbevölkerung ein Spektakel: *„Das ganze Dorf natürlich war auf den Beinen und es dauerte drei Stunden und kostete einen Verwundeten, bis wir aus diesem Pfuhl wieder heraus waren. Denn man bleibt auch bei der schlimmsten Lage im Leben nie ganz stecken. Freilich wenn man dann heraus ist und in stockfinsterer Nacht mit den keuchenden, kaum mehr steuerbaren Maschinen, pudelnass und todmüde, ein kleines unbekanntes Dorf erreicht, mit einem Wirtshaus, in welchem die Frau soeben niederkommt, und mit drei Kinderbetten für sechs Mann, – so ist eine weitere Dosis von Philosophie sehr zu empfehlen."* – Aber der Erfolg lohnte die Mühen: *„Für das nächste Jahr ist ein tüchtiges Geschäft in hiesiger Gegend wohl auch in weiteren Kreisen zu erwarten."*

Deutsche Produzenten gehen in Führung

Das Dampfpflügen war um 1890 längst keine innerbritische Angelegenheit mehr. Der europäische Kontinent, allen voran Deutschland, hatte gleichgezogen und schickte sich an, die führende Stelle einzunehmen. In Deutschland besaß A. Heucke, Gatersleben bei Magdeburg, die längste Erfahrung als Hersteller von Dampfpflügen. Dort beschäftigte man sich seit 1885 ausschließlich mit dem Bau landwirtschaftlicher Großmaschinen. Heucke-Spitzenerzeugnisse hielten einem Kesseldruck von 16 Atmosphären stand und arbeiteten nach dem Verfahren der Dampfüberhitzung bei 310 bis 330 Grad Celsius. Trotzdem hielten sich Kohle- und Wasserverbrauch der Maschinen in Grenzen. Mit den im Tender eingelagerten Vorräten besaßen Heucke-Dampfpflüge einen Aktionsradius von bis zu 40 Kilometern. Und tatsächlich wurde ihnen national wie international hohe Wertschätzung entgegengebracht. Auf den Rhode'schen Baumwollpflanzungen in Ostafrika setzte man sie ebenso ein wie in Nordafrika, Ost- und Südosteuropa.

Pflügen nach Gutsherrenart

Das einem Kemna-Katalog aus der Zeit um die Jahrhundertwende entstammende Bild veranschaulicht die Dimension des Dampfpflügens. Bis zu 500 Meter lagen zwischen den Pflug-Lokomotiven und das begeisterte sogar den hoch zu Ross sitzenden Gutsbesitzer.

Selbst bei den Waffenstillstandsbedingungen 1919 gedachten die Siegermächte der Heucke-Dampfpflüge. Von den 81 damals als Entschädigung unmittelbar an Frankreich abzuliefernden Dampfpflugsätzen mussten nicht weniger als 56 von Heucke stammen!

1899 verließ der erste Kemna-Dampfpflug Breslau, um, wie es scheint, erfolgreich in der Landwirtschaft seinen Dienst zu tun. Neue Aufträge, insbesondere aus Österreich-Ungarn, kamen in dichter Folge. Im Jahr 1905 konnte eine zweite Fabrik mit Sitz in Budapest in Betrieb genommen werden, ehe nur kurze Zeit später ein drittes Werk in Prag eröffnet wurde. Mit diesen Fabrikationsstätten war Kemna 1910 – sieht man von der Magdeburger Fowler-Niederlassung ab – zum größten Dampfpflughersteller des Kontinents aufgestiegen. In vielem orientierte sich Kemna nach wie vor an den britischen Lokomobilen, doch hätte dies nicht ausgereicht, den geschäftlichen Erfolg zu begründen. Man führte vielmehr einige Spezialitäten in den Dampfpflugbau ein, über die die Konkurrenz nur staunen konnte. Dies gilt beispielsweise für den Einbau des als „Schmidt's Supertheater" bekannt gewordenen Rauchröhren-Überhitzer, der zuvor bereits in etwa zehntausend Lokomotiven eingebaut war. Für Eisenbahnen hatte Ingenieur Wilhelm Schmidt aus Kassel das „Supertheater" um 1900 auch entwickelt, doch erwies sich die Vorrichtung, die den Heißdampf über Röhren nochmals zur heißesten Stelle der Feuerbox leitete, für Dampfpfluglokomobilen als ebenfalls höchst wirksam. Die Temperaturen konnten auf diese Weise weiter gesteigert werden mit der Folge, dass ohne Leistungsverlust der Kesseldruck verringert und die Haltbarkeit der Anlage erhöht wurde.

Zu den herausragenden Entwicklungen von Kemna im Dampfpflugbau zählt unter anderem ein um 1924 hergestellter Kleindampfpflug. Mit ihm zielte das Unternehmen auf mittelbäuerliche Käuferschichten ab, was dann wegen des Aufkommens der Ackerschlepper hinfällig wurde. So blieb der Kleindampfpflug eine Spezialkonstruktion ähnlich der überschweren Kemna-Pflüge für die Moor- und Ödlandkultivierung. Insgesamt konnte das Breslauer Unternehmen in annähernd drei Jahrzehnten Dampfpflugbau etwa 1200 Maschinen mit einer Leistung von 50 bis 200 PS herstellen und verkaufen.

1898 stieg auch August Ventzki (1852 – 1922) in den Dampfpflugbau ein. Seit 1882 fertigte er in Graudenz (Westpreußen) Bodenbearbeitungsgeräte, später auch Kartoffeldämpfer. Nun aber konstruierte er 20 Tonnen schwere Lokomobilen für den Seilpflug. Nach dem Übergang von Graudenz an Polen wurden die Ventzki'schen 100 PS-Dampfpflüge ab 1920 in Lizenz bei Borsig, Berlin, gebaut, ehe die Herstellung 1926 mangels Nachfrage ganz eingestellt wurde.

Den deutschen Dampfpflugherstellern gemeinsam ist, dass sie erst spät in das Geschäft einstiegen, dann aber binnen Kurzem technische Spitzenerzeugnisse an den Markt brachten. Dies trifft neben den erwähnten Firmen auf Rudolf Wolf (Magdeburg), Komnick (Elbing), Dehne (Halberstadt), Borsig (Berlin) und die Maschinenbau-Gesellschaft Heilbronn zu. Man konkurrierte weitgehend mit Fowler um die wenigen Käufer. Zur Verdeutlichung: Die erste brauchbare Statistik über Dampfpflüge in Preußen, stammend aus dem Jahr 1904, weist gerade 347 Dampfpflüge mit zwei Maschinen und 47 mit einer Maschine aus. 218 Sätze waren bereits vor 1892 gebaut worden. In den anschließenden zwölf Jahren hatte sich der Bestand nur um 176 erhöht. Von den 347 im Jahr 1904 im Betrieb befindlichen Zweimaschinen-Garnituren stammten 248 von Fowler. Die am häufigsten vertretene deutsche Firma brachte es nur auf 43 und die nächste auf 10 Maschinen. Insgesamt teilten sich die 394 Dampfpfluggarnituren 10 deutsche und 9 britische Hersteller auf, darunter einige mit noch nicht einmal einer Handvoll Maschinen. Bis 1924 stieg trotz des Rückschlags während des Ersten Weltkriegs (1914: 502 Dampfpflüge; 1920: 336 Dampfpflüge) die Zahl der in Preußen vorhandenen Dampfpflugsätze auf 680 an, darunter 654 mit zwei und 26 mit einer Seilpfluglokomobile.

Die Zunahme der Dampfpflüge in absoluten Zahlen war bescheiden, umso beeindruckender nimmt sich hingegen die Entwicklung der Leistungsstärken der Lokomobilen aus. Von 1904 bis 1924 stieg sie je Maschine von durchschnittlichen 43 PS auf 91 PS.

Vom Ende der Pflug-Saurier

Ob bei Ottomeyer in Steinheim, Westfalen, (oben) oder bei der Regensburger Dampfpflug-Genossenschaft in Niederbayern (unten), nahezu geräuschlos endete Mitte der 1960er Jahre die Dampfpflug-Ära. Erst Jahrzehnte später kam ein Bedauern und die nostalgische Rückbesinnung setzte ein.

Eine Herausforderung der besonderen Art

Die Restaurierung der Hohenheimer Dampfpflug-Lokomotiven

Die beiden Hohenheimer Dampfpflug-Lokomotiven haben eine bewegte Geschichte hinter sich. Gebaut 1911 mit den Fabrikationsnummern 287 und 288 in Gatersleben bei der Dampfpflug-Lokomotivenfabrik von Adolf Heucke, kamen sie unmittelbar nach der Auslieferung ins Eigentum der Regensburger Dampfpflug-Genossenschaft. Mehr als ein halbes Jahrhundert wurden sie vornehmlich auf den ausgedehnten Ländereien des Fürsten von Thurn und Taxis eingesetzt und haben dort im Verbund mit zwei weiteren Dampfpflug-Garnituren gute Arbeit geleistet. Die Regensburger Dampfpflüger haben ihre Maschinen über die Jahrzehnte hinweg hart rangenommen, andererseits haben sie sich aber auch um den technischen Zustand gekümmert. Wie die vorhandenen Kesselbücher belegen, wurden alle Inspektionen und TÜV-Abnahmen gewissenhaft erledigt. Gab es dennoch einmal technische Mängel, so wurden diese sorgfältig aufgearbeitet. Die Regensburger Dampfpflüger wussten, was sie an ihren Maschinen hatten und konnten sich umgekehrt auf sie verlassen. Längere Ausfallzeiten kamen nicht vor. Die Maschinen waren robust und bestens einsatzbereit – was wollten die bayerischen Pflug-Genossen mehr.

Die Erben der Regensburger Dampfpflug-Genossenschaft

Bekanntlich hat jedes Ding seine Zeit, und das gilt auch für die Regensburger Dampfpflügerei. Anfang der 1960er Jahre endete auf den Äckern die Ära der Dampfmaschinen. Abgelöst wurden sie von motorgetriebenen Traktoren, die sich als wendiger, unkomplizierter, leichter

Statt Untergang Restaurierung

1966 kamen die Heucke Dampfpflug-Lokomotiven 287 und 288 nach Hohenheim (unten). Mehr als 20 Jahre standen sie ungeschützt im Freien. Der Rost leistete ganze Arbeit, bis schließlich die Verschrottung gefordert wurde. Doch daraus wurde nichts. 1988 gewannen die Befürworter einer Restaurierung die Oberhand.

und kaum weniger zugstark erwiesen hatten. Es spricht für die Regensburger Genossen, dass sie ihre Maschinen als Zeugen einer faszinierenden, untrennbar mit Max Eyth verbundenen, landtechnischen Epoche erhalten sehen wollten. Dabei spielte Geld eine untergeordnete Rolle, wichtiger war ihnen, dass die Maschinen, wie man heute zu sagen pflegt, „in gute Hände" gelangten. Bei einem der beiden Heucke-Gespanne war eine solide Lösung rasch gefunden. Mit der Landwirtschaftsschule in Schönbrunn bei Landshut stand ein zuverlässiger Treuhänder bereit, und da ein Teil der Regensburger Pflügermannschaft dankbar war, im Ruhestand weiterhin mit den Maschinen hantieren zu können, war sogar die Möglichkeit gelegentlicher Vorführungen gegeben.

Bei den beiden anderen Dampfpflug-Garnituren kam der Kirchheimer Landmaschinenfabrikant Willy Rau ins Spiel. Er war gleichermaßen ein traditionsbewusster Schmiedemeister, qualifizierter Tüftler und erfolgreicher Unternehmer. Der Dichter-Ingenieur Max Eyth, wie er in Kirchheim/Teck geboren, hatte es ihm von klein auf in besonderer Weise angetan. Ihm als seinem großen Vorbild ein würdiges Denkmal zu setzen, war Willy Raus Traum, und genau der ließ sich mit den Regensburger Dampfpflug-Garnituren verwirklichen. Das Fowler-Pfluggespann bestehend aus zwei Lokomotiven, einem Grubber und einem 4-scharigen Kipppflug, erwarb er für Kirchheim bzw. sein Unternehmen im Nachbarort Weilheim. Für das dritte Regensburger Gespann hatte er die Landwirtschaftliche Hochschule Hohenheim als Standort vorgesehen.

Transport der Extraklasse

1988 beförderte die Stuttgarter Spedition Paule die Heucke 287 zur Firma Bosch nach Schwieberdingen. Der Weg führte quer durch Stuttgart und wurde zum Spektakel. Menschen stellten ihre Einkaufstüten ab und applaudierten der farbenfrohen Kombination aus alter und moderner Technik.

So ganz glücklich über diese Initiative waren die Hohenheimer Professoren allerdings nicht. Sicher, die Aufstellung auf dem Campus zu verweigern, kam nicht in Betracht, doch dafür Geld ausgeben, wollten sie nicht. Wenn es denn schon sein sollte, dann doch bitte umsonst, hieß es in bester Schwabenmanier. Gemeinhin bezeichnet man dies als „Sollbruchstelle", doch da hatten sich die Hohenheimer in Willy Rau verschätzt. Nochmals öffnete er die Schatulle und finanzierte auch noch den Bahntransport der beiden Heucke Pflug-Lokomotiven und eines mächtigen Kemna-Kipppflugs.

Hohenheim als Standort einer Dampfpflug-Garnitur

Da standen also Mitte der 1960er Jahre die beiden je 20 Tonnen schweren Eisenkolosse und der 5-scharige Kipp-Pflug am Stuttgart-Möhringer Bahnhof, rund 5 km vom Hochschulcampus entfernt. Die Überführung nach Hohenheim übernahm das Institut für Agrartechnik, und es sorgte auch für eine ordentliche Aufstellung von Maschinen und Pflug zwischen zwei Institutsgebäuden. Der Haken allerdings an der Sache war die Aufstellung im Freien, ungeschützt für jedermann zugänglich, unbedacht. Gut 20 Jahre währte der Zustand, der insofern einen Einschnitt erlebte, als in einem der beiden Institutsgebäude das 1972 mit einem Aufruf gegründete Deutsche Landwirtschaftsmuseum seine Heimat fand. Willy Rau war's zufrieden; der Standort vor dem Museum sagte ihm zu, auch wenn unübersehbar war, dass Maschinen und Pflug durch die ungeschützte Präsentation gehörigen Schaden nahmen. Die Farbe verschoss, Bauteile wurden demontiert und der Rost fraß sich selbst durch Zentimeter starke Eisenplatten.

Unter Landwirten gilt als Faustregel, dass eine einjährige Aufstellung im Freien das Ende einer Maschine bedeutet. Wieviel mehr musste dies bei 20 Jahren gelten! Anfang 1988 meldeten die Stuttgarter Zeitungen Protest an. Sie sprachen von „Rost-Kolossen", die zur Schande für Hohenheim und das Deutsche Landwirtschaftsmuseum geworden waren. Ein Blickfang wären die Pfluglokomotiven zwar immer noch, aber leider kein positiver. Zwei Alternativen boten sich an: Preisgabe für den Verfall bis hin zur Verschrottung oder aber Erhalt durch Restaurierung. Viele Gespräche fanden nun statt und nicht wenige sprachen sich für das Ende der Maschinen aus. Doch dank des Einsatzes von einigen ernsthaften Freunden der Landtechnik, allen voran Prof. Dr.-Ing. Winfried Busse, der 1985 von Claas/Harsewinkel zur Universität Hohenheim gekommen war, entschied man sich anders. Die Restaurierung sollte gewagt werden, um – wie es bei der Antragstellung formuliert wurde – *„einzigartige landtechnische Kulturgüter der Nachwelt in einem vorzeigbaren Zustand zu erhalten."*

Die Restaurierung beginnt

Die unter den Beteiligten gefundene Arbeitsteilung sah vor, die Maschine Heucke Nr. 287 bei der Firma Robert Bosch in Schwieberdingen und die Schwestermaschine Heucke Nr. 288 bei Mechanikermeister Richard Planitz in Kirchheim unter Teck restaurieren zu lassen. Doch der Reihe nach. Unvergessen ist der Transport der 287 nach Schwieberdingen. Die in der Oldtimerszene bestens bekannte Stuttgarter Spedition Paule hatte sich im Sponsoring bereit erklärt, die Fuhre mit einem nagelneuen MB-Tieflader mit absenkbarer Mulde kostenfrei für Hohenheim zu übernehmen. Aber spektakulär durfte das Geschäft schon sein. Das Rot des Tiefladers bildete einen bemerkenswerten Kontrast zum Grau der Pfluglokomotive. Quer durch Stuttgart ging die Fahrt und das Kalkül ging auf. Großformatige Bilder in der Presse signalisierten, in Sachen Dampfpflug-Restaurierung tut sich etwas.

In Schwieberdingen war auf dem Bosch-Werksgelände eigens ein großes Foliengewächshaus zur Aufnahme der Pfluglokomotive errichtet worden. In ihm sollten, so war man mit Dipl.-Ing. Horst Hesse, Abteilungsleiter Mobilhydraulik und großer Befürworter des Projekts, übereingekommem, Bosch-Lehrlinge unter der Leitung von Mechanikermeister Jörg Betten und Dipl.-Ing. Rudolf Röder die Maschine zerlegen und anschließend wieder betriebsbereit zusammenbauen. Anlass für diese großzügige Zusage war das 75-jährige Bestehen der Bosch-Lehrwerkstatt. Da sollte es reizvoll sein, die angehenden Bosch'ler im Fach „Fügen und Lösen" an einer mehr als 75 Jahre alten Maschine auszubilden. Und tatsächlich, die Demontage machte vom ersten Tag an gute

Nichts für schwache Nerven

Die Restaurierung der Dampfpflug-Lokomotiven erfolgte für die Heucke 287 bei Bosch in Schwieberdingen (oben) und für die Heucke 288 bei Mechanikermeister Richard Planitz in Kirchheim/Teck (unten und rechts). Jeder Tag brachte technische Herausforderungen und mehr als einmal fühlten sich die Aktiven in das 19. Jahrhundert zurückversetzt. Reparaturanleitungen, Ersatzteillisten und Vorbilder gab es nicht. Alles stand unter dem Motto: Man lernt nie aus, aber wer sucht, wird finden.

Von der TÜV-Abnahme zur Perfektion

Die TÜV-Abnahme der Heucke 287 durch den Revisionsbeamten R. Neukirch wurde für alle Beteiligten zum Fest (oben und rechts). Doch auch danach gab es noch viel zu tun, schließlich sollte die Maschine aussehen wie am Tag der Auslieferung im Jahr 1911. Verkleidung, Anstrich, Ornamentik und Messingbänder mussten mühsam recherchiert werden. Doch Dipl.-Ing. Röder und Meister Betten ließen sich nicht beirren. Mit Liebe zum Detail gestalteten sie die Heucke 287 zu einem Prachtstück der Dampftechnik.

Fortschritte. Als es aber an den Abbau der Kesselverkleidung ging, schrillten in Schwieberdingen die Alarmglocken. Meister Betten hatte festgestellt, dass es sich bei dem unter der Verkleidung befindlichen Dämmstoff um reinen Asbest handelte. Unmittelbar danach folgte die Versiegelung des Gewächshauses und Werkschutz sowie Gutachter rückten an. Das Resultat war eindeutig. Ohne fachgerechte Demontage und Entsorgung des Asbests bewegte sich nichts mehr.

Dämmstoff aus Asbest

Viele Monate lähmender Untätigkeit gingen ins Land. Dann stand fest: Mit rund 30.000 DM Mehrkosten musste für die Asbestbeseitigung gerechnet werden. Das tat allen Beteiligten weh, doch eine am Rande gefallene Bemerkung eines Bosch-Verantwortlichen machte Mut. *„Wenn Bosch etwas anfängt, dann bringt das Unternehmen dies auch in Bosch-Qualität zum Abschluss."* Und genau so war es. Der Asbest wurde professionell und allen Vorschriften entsprechend entsorgt. Die Demontage konnte fortgesetzt werden. An dieser Stelle gebührt dem Gespann Betten/Röder ein großes Lob. Mit unglaublichem Ehrgeiz knieten sich die beiden Ausbilder in die Dampftechnik hinein, bis sie zuletzt zu den besten Dampftechnikern gehörten, die Deutschland zu bieten hatte. Kein Geringerer als der „Dampfpapst" des TÜV Südwest, Revisionsbeamter Rupert Neukirch, bekundete Respekt vor den beiden Bosch'lern. Im Triumvirat waren sie, da bestand kein Zweifel, Garanten für eine optimale Restaurierung. Und genau diese hohe Fertigkeit war vonnöten, als bei der Arbeit an der mächtigen Kurbelwelle offensicht-

lich wurde, dass es kurz vor Außerdienststellung Anfang der 1960er Jahre einen kapitalen Kurbelwellenlagerschaden gegeben haben musste. Welle, Lagerschalen, Lagerböcke, kurzum der ganze maschinelle Aufbau waren unbrauchbar geworden. Mehr als einmal ging den Beteiligten das „Aus und vorbei" durch den Kopf, doch das Gegenteil war der Fall. Je größer die Probleme, desto intensiver das Engagement. Klar, darüber gingen nun nicht mehr nur Monate, sondern etliche Jahre ins Land. Die Bosch-Lehrlinge kamen und gingen, doch zum großen Glück für das Projekt blieben die Ausbilder Betten und Röder. In enger Verzahnung mit dem Revisionsbeamten Neukirch und Oberingenieur Klaus Lutz vom Agrartechnik-Institut der Universität Hohenheim begannen sie mit dem Neuaufbau der 287. „Gut Ding hat Weile", hieß es mehr als einmal, wenn Wellen, Kolben und Lager neu angefertigt werden mussten. Vorbilder existierten nicht – bei allem und jedem erlebte man eine Premiere. Und auch das wurde deutlich: Improvisation gab es bei den Bosch'lern nicht. Alles musste technisch Hand und Fuß haben, und eher wurde nochmals recherchiert und neuerlich Rat eingeholt, ehe etwas vorschnell gelöst wurde.

Suche nach dem richtigen Farbton

Am Beispiel der Farbgebung der Pfluglokomotive sei dies ausgeführt. Denn auch das war allen Beteiligten klar geworden: Das Blaugrau der Maschine, so wie sie zuletzt in Hohenheim ausgesehen hatte, war mit Sicherheit nicht der Originalanstrich. Es dürfte sich dabei schlichtweg um von der Sonne, Frost und Regen bewirkten Farbverschleiß gehandelt haben. Wie aber sah der Originalanstrich aus? In einem colorierten Heucke-Katalog der Jahrhundertwende fand man den entscheidenden Hinweis. Grün war die Farbe der Kesselverkleidung gewesen, doch um welches Grün hatte es sich gehandelt? Die Stuttgarter Lackfabrik Karl Wörwag lieferte den entscheidenden Hinweis. Russisch-Grün wird es gewesen sein, eine Farbe, für die kein RAL-Code vorlag. Auch ging es bei der Farbe um die richtige Pigmentierung. 1911, im Baujahr der Heucke 287, gab es die heutigen Farben nicht. Doch das Problem sollte lösbar sein. Mit größter Sorgfalt stellten die Wörwag-Experten die Farbmischung im Ton Russisch-Grün her. Auch wurde eine Pigmentierung gefunden, die der des Jahres 1911 zumindest sehr nahe kam. Der Anstrich konnte beginnen und wurde von den Bosch'lern mit größter Sorgfalt ausgeführt. Messingbänder und Verzierungen kamen getreu dem Katalogbild von 1900 detailgenau hinzu.

Erfolgreiche TÜV-Abnahme

Alles in allem errechneten die Bosch'ler einen Arbeitsaufwand von 15.000 Stunden für die Restaurierung. Doch dann, im Frühsommer 1997, war es vollbracht. Die letzte der dreiteiligen TÜV-Prüfung, bestehend aus innerer Kesselprüfung, Kaltwasserdruckprobe und maschinellem Betrieb unter Dampf, konnte in Schwieberdingen vor geladenen Gästen erfolgreich abgelegt werden. Die Jungfernfahrt war ein herausragendes Erlebnis. Mit wahrlich majestätischem Aussehen rollte die „betagte Dame" über das Schwieberdinger Werksgelände und an Applaus wurde nicht gespart. Stolz vermeldete der „Bosch-Zünder", die renommierte Bosch-Werkszeitung, in der Juni-Ausgabe 1997: *„Jetzt steht sie wieder unter Dampf"*. Wie heißt es doch: *„Was lange währt, wird endlich gut."*

Ganz anders verlief die Restaurierung der Schwestermaschine 288. Sie kam im Lohnauftrag nach Kirchheim unter Teck zu Mechanikermeister Richard Planitz, der sich als Restaurator von Lokomobilen und Dampf-Walzen einen guten Namen gemacht hatte. Dass er auch etwas von Pflug-Lokomotiven verstand, hatte er unter anderem an der Ottomeyer-Maschine von Eugen Kiemele in Seifertshofen gezeigt. Aber eine Mechanische Werkstatt ist eben doch etwas anderes als ein Weltunter-

Ungleiche Schwestern

Die beiden Hohenheimer Dampfpflug-Lokomotiven sind sich ähnlich, aber gleich sind sie nicht. Nur wer sich intensiv mit ihnen beschäftigt, spürt die Unterschiede auf. Den Bedienern allerdings ist dies einerlei. Sie kennen die Maschinen und schätzen sie sehr.

nehmen. Das zeigte sich schon bei der Überführung der 288 nach Kirchheim. Vermutlich war der zum Einsatz gekommene Tieflader nicht richtig dimensioniert. Jedenfalls waren unterhalb der BAB-Brücke bei Denkendorf seine Bremsen so heiß gelaufen, dass dichte Rauchschwaden die Autobahn A 8 einnebelten. Nicht enden wollende Minuten lang bangten Transporteure und Begleiter, doch dann konnte, ohne dass etwas passiert war, die Fahrt fortgesetzt werden. Im Rheinland sagt man dazu: „Et hätt noch emmer joot jejange".

Zerlegung in Einzelteile

Die Demontage der Maschine besorgte Meister Planitz mit Hilfe etlicher technikbegeisterter junger Leute. Es war schon erstaunlich, in wie beengten Verhältnissen mit teilweise abenteuerlichen Hebezeugen tonnenschwere Maschinenteile bewegt wurden. Dabei zeigte sich, dass Meister Planitz im besten Sinne des Wortes „Dampf im Blut" hat. Mit großem Einfühlungsvermögen dachte er sich in das Innenleben der 288 hinein und faszinierte damit nicht zuletzt die Redakteure des SDR-Fernsehens. Ihr im Rahmen der Landesschau ausgestrahlter Film unter dem Titel „Drei Männer und ihr Dampfpflug" ist ein bis heute bestens anzuschauendes Dokument und fand landesweite Beachtung. Unterlegt mit Heavy Metal-Musik, kamen Richard Planitz, Kesselschmied Paul Schindler und der Museumsleiter zu Wort. R. Planitz formulierte auf die Frage nach dem Gewicht der Maschine zutreffend in breitestem Schwäbisch: *„Des isch koi Streichholzschächtele"* und hatte damit die Lacher auf seiner Seite. Paul Schindler, der letzte Kesselschmied Baden-Württembergs, wiederum schilderte, was in einem Menschen vorgeht, wenn er mit beachtlicher Leibesfülle in einer beengten Feuerbüchse schaffen muss. *„Man muss einfach ein Gefühl für das Material haben, und vor allem, man darf keine Platzangst kennen."* Ja, so war Paul Schindler, der sich gerne als „Kesselflicker" bezeichnete und dem die Freunde historischer Dampftechnik über Baden-Württemberg hinaus viel zu verdanken haben.

Die Restaurierung der 288 wurde in starkem Maße durch knappe Finanzmittel beeinträchtigt. Gestellte Anträge scheiterten mehrfach. Zeitweise gab es mehr Absagen, als Anträge gestellt worden sind. Dabei mangelte es nicht an Wohlwollensbekundungen, doch nur die wenigsten begriffen, dass es bei einer Restaurierung selten etwas umsonst gibt. Zum Glück zeigte sich Richard Planitz als Meister der Improvisation. „Lager von Dampfmaschinen", so formulierte er einmal, „müssen schmatzen", und machte damit deutlich, dass mit moderner CNC-Technik hochpräzise gefertigtes Material nur bedingt zu einer Pfluglokomotive Baujahr 1911 passt. Die Praxis gab ihm mehr als einmal recht. Vor allem bei den Injektoren zeigte sich, wie wichtig technisches Können gepaart mit großem Einfühlungsvermögen ist. Wasser- und Dampfströme, Kalt- und Wärmeausgleiche wollten verstanden und beherrscht sein – dem aufmerksamen Beobachter verschlug es jedenfalls mehr als einmal die Sprache angesichts der technischen Meisterschaft unserer Vorfahren.

Ohne Moos nix los

So gingen auch bei der 288 die Jahre ins Land, und wer weiß, ob das Projekt überhaupt hätte zum Abschluss gebracht werden können, wenn da nicht in Frankfurt Dipl.-Kfm. Uwe Zimpelmann, Sprecher der Geschäftsleitung der Landwirtschaftlichen Rentenbank, gewesen wäre. Neben dem harten Bankgeschäft hatten es ihm Kunst und Kultur angetan. Auf seine Fürsprache hin stellte sein Institut dankenswerterweise die Mittel zur Verfügung, mit der die 288 fahrbereit gemacht werden konnte. Die TÜV-Abnahme erfolgte auf dem Gelände des Bau-

Jubiläum der Landmaschinenhersteller

Aus Anlass des 100-jährigen Jubiläums des Verbands der Landmaschinenfabrikanten 1997 fuhr die Heucke 287 vor der Neuen Leipziger Messe auf.

hofs der Stadt Kirchheim. Das von der 287 her bewährte Team mit TÜV-Beamten Rupert Neukirch, Oberingenieur Lutz von der Universität Hohenheim und den Bosch'lern Betten und Röder an der Spitze sorgte dafür, dass alles erfolgreich über die Bühne ging. Erneut war die TÜV-Abnahme ein Festtag, auch wenn es an der Maschine vor allem im Hinblick auf die Optik noch einiges zu tun gab. Dies galt nicht zuletzt für die Kesselverkleidung, die einen qualifizierten Stahlblechner erforderte. Das Hohenheimer Institut für Agrartechnik sprang in die Bresche und beauftragte Willi Oettinger, einen langjährigen Mitarbeiter, mit dieser Aufgabe. Ein Glücksfall war dies, denn Oettinger, den Ruhestand vor Augen, kniete sich in den Auftrag hinein, als ob es um ein Meisterstück ging. Der Heucke 288 hat es gut getan, denn nun sah auch sie vorbildlich aus, fast noch besser als am Tag der Auslieferung im Jahr 1911. Für die Beteiligten aber war dies Anlass für eine Rückschau. Alles in allem hatte das Restaurierungsprojekt mehr als zehn Jahre gedauert und weit über 500.000 DM gekostet. Diejenigen, die das Projekt „hautnah" begleiten durften, bereuen dennoch keinen Tag.

Eine neue Halle als Aufstellungsort

Zu Ende ist die Geschichte damit allerdings nicht. Sicher, zwei in bester Qualität restaurierte Pfluglokomotiven bedeuteten ein Alleinstellungsmerkmal, aber damit war es nicht getan. Die qualifizierte Unterbringung bedeutete geradezu ein Muss, doch auch dieses Problem wurde gelöst. Wohlmeinende Förderer hatten dafür gesorgt, dass das Deutsche Landwirtschaftsmuseum im Jahre 1997 um eine 1600 qm große Ausstellungshalle erweitert werden konnte. „Motorisierung der Landwirtschaft" lautet ihr Thema, was lag näher, als die Zeitreise durch die Welt der Traktoren mit zwei zentral aufgefahrenen Dampfpfluglokomotiven zu beginnen! Und dort, an der Filderhauptstraße 179 in Stuttgart-Hohenheim, befindet sich das Heucke-Gespann heute noch.

Ein eigenes Kapitel beschäftigt sich mit der Restaurierung des zu den Heucke Maschinen gehörenden Kipppflugs. Auch er ist ein besonderes Exemplar, dürfte es sich bei ihm doch um den größten Vertreter seiner vom Aussterben bedrohten Spezies in Deutschland handeln. Gebaut im Jahre 1920 bei der renommierten Landmaschinenfabrik Julius Kemna in Breslau, beeindruckt das Gerät allein schon durch seine Maße. 13,5 m lang, 2,45 m breit, 5000 kg schwer – das kann sich für einen Pflug wahrlich sehen lassen. Auch der Kraftbedarf ist beachtlich. 2x bis zu 250 PS werden in Abhängigkeit von Furchentiefe und Bodenbeschaffung genannt. Allerdings hatte der Zahn der Zeit auch am Pflug deutliche Spuren hinterlassen. Einzelteile fehlten, Schare waren abgebrochen oder demontiert und um den Anstrich war es ähnlich bestellt wie bei den Pfluglokomotiven.

Restauration des Kipp-Pflugs

Der Hohenheimer Agrartechnik-Professor Karlheinz Köller, auf das malade, im Freien aufgestellte Gerät angesprochen, wusste einen Ausweg. Er stellte den Kontakt zur Landmaschinenfirma Lemken in Alpen am Niederrhein, bekannt als Spezialist für Bodenbearbeitungsgeräte, her und fand im Inhaber Victor Lemken, Geschäftsführer Dr. Franz von Busse sowie Entwicklungschef Gottfried Giesen die richtigen Ansprechpartner. Nach etlichen Gesprächen und einem Ortstermin in Hohenheim erklärten sie sich bereit, den Pflug in Alpen einsatzbereit herzurichten.

1999 erfolgte die Abholung des Geräts mittels eines Spezialtiefladers der Dinslakener Spedition Terlinden. Dabei stellte sich heraus, dass die maximale zulässige Fahrzeughöhe von 4,00 m nur durch Abbau von Pflugteilen eingehalten werden konnte. Auch hinsichtlich Länge und Breite des Transports bedurfte es einer Sondergenehmigung, und allen Beteiligten wurde offenbar, wie wenig ein Pflug vom Baujahr 1920 in die moderne Zeit passt. Bei Lemken begannen die Arbeiten mit einer sorgfältigen Bestandsaufnahme. So konnte zeitgleich mit der Demontage die Neuanfertigung von fehlenden Lagerbuchsen in Angriff genommen werden. Auch wurden nicht mehr vorhandene Schare und Düngereinleger bei der Firma Frank Walz und Schmiedetechnik in Hatzfeld beschafft, sodass beim Neuaufbau des Geräts alle Teile vorhanden waren. Interessant gestalteten sich die ersten praktischen Einsätze des Pflugs im Lemken-Versuchsfeld. Den Part der Pfluglokomotiven übernahm dabei ein 165 PS starker Renault-Traktor, der über ein 30 mm starkes Stahlseil mit dem Pflug verbunden war. Anfängliche Schwierigkeiten bei der Prüfung der Traktor/Pflug-Zuglinie konnten rasch ausgeräumt werden und auch der Wende- und Kippvorgang des Geräts klappte bald. Die Pflug-Experten um Gottfried Giesen stellten mit Zufriedenheit fest, dass *„die Drehung des Erdbalkens, Furchenräumung und auch die Krümelstruktur des Bodens durchaus vorzeigbar waren.“*

Max Eyth hätte seine Freude

Blieben zuletzt noch die Lackierungsarbeiten. Sie erfolgten im Farbton „Lemken-Blau“, was später – nach der Aufstellung des Geräts in Hohenheim – von einigen Puristen kritisiert wurde. *„Das ist nicht Original“*, hieß es, doch mit der bäuerlichen Spruchweisheit *„Einem geschenkten Gaul schaut man nicht ins Maul“*, ließen sich die Vorbehalte rasch ausräumen. Ein herzlicher Dank für die großartige Unterstützung gebührt der Firma Lemken. Mit ihrem Einsatz ermöglichte sie das sog. Millenniums-Dampfpflügen im Rahmen des Hohenheimer Feldtags am 30. September 2000. Es war dies – einmal mehr – eine Premiere. Erstmals wurde auf den Hohenheimer Ländereien mit Dampf gepflügt, womit man wieder bei Max Eyth angekommen ist. Mehrfach hat der wackere Schwabe in der 2. Hälfte des 19. Jahrhunderts die Hohenheimer Professoren aufgefordert, den Studenten auf dem Campus eine Dampfpflug-Garnitur im praktischen Betrieb zu demonstrieren. Doch nichts war's. Immer wieder wurde ein Grund gefunden, auf das Dampfpflügen zu verzichten. Bekanntlich ist aber nur selten etwas von Dauer. Nach erfolgter Restaurierung konnte im Jahr 2000 endlich Max Eyths Wunsch entsprochen werden und viele Tausend Besucher waren begeistert.

2011 fand in Hohenheim dann sogar ein Dampfpflügen mit vier Pfluglokomotiven statt. Die Kirchheimer Dampfpflug-Freunde um Achim Gold unterstützten mit ihrem Fowler-Gespann die Hohenheimer Heucke-Maschinen und schufen so ein Bild, das allen, die zugegen waren, unvergessen bleiben wird. Das Dampfpflügen mit vier Pflug-Lokomotiven war uneingeschränkt spektakulär, doch das ist eine eigene Geschichte.

Auf den Spuren von Max Eyth

Nachdem die Hanomag IG bereits in den Jahren 2001 bis 2005 mit kleineren Präsentationen zur historischen Landtechnik auf der jeweiligen Agritechnica in Hannover kleinere Ausrufezeichen gesetzt hatte, ereilte uns im Herbst 2006 eine Anfrage des damaligen Projektleiters der Deutschen Landwirtschafts-Gesellschaft (DLG), Tobias Eichberg. Max Eyth war 100 Jahre tot, dies sollte der Anlass für eine größere Präsentation auf der Agritechnica 2007 sein.

In unserem Familienbesitz befand sich noch eine große Bronze-Büste, eine Miniatur des Max-Eyth-Denkmals, das bis zu seiner Zerstörung im Zweiten Weltkrieg vor dem DLG-Haus in Berlin gestanden hatte. Mein Urgroßvater Heinrich Görg (1860 – 1937) hatte es 1930 zu seinem 70. Geburtstag von der DLG für seine Arbeit als langjähriger Leiter der Geräteabteilung geschenkt bekommen. Es hatte die Flucht der Familie aus Mitteldeutschland unversehrt überstanden, aber viel mehr war über die Geschichte bei uns nicht überliefert. – Eine zweite Bronzekopie des Max-Eyth-Denkmals stand viele Jahre bei der DLG, die nach dem Zweiten Weltkrieg in Frankfurt am Main ihr neues Zuhause gefunden hatte. Beim Umzug in den Vorort Rödelheim war sie spurlos verschwunden, konnte aber auf Betreiben des damaligen Hauptgeschäftsführers der DLG Dr. Dietrich Rieger über ein Internet-Angebot zurückgeführt werden und steht heute im DLG-Prüfzentrum in Darmstadt-Großumstadt.

Im Rahmen der Ausstellungsvorbereitung anlässlich des 100. Todestages von Max Eyth führte mich der nächste Weg in seine Geburtsstadt Kirchheim unter (der Burg) Teck, ca. 25 km südöstlich von Stuttgart. In seinem Geburtshaus in der Innenstadt befindet sich seit einigen Jahrzehnten das Literarische Museum, gleichwohl auch fixiert auf die Geschichte des berühmten Dichters, Erfinders und Malers Eyth, der 1885 die Deutsche Landwirtschafts-Gesellschaft (DLG) gründete. Über die ersten zehn Jahre hatte er sie selbst geführt und dazu noch zehn so genannte DLG-Wanderausstellungen in den verschiedensten Städten des damaligen Deutschen Reiches organisiert.

Die vielschichtigen und umfangreichen Leistungen von Max Eyth kann heute nur der wirklich nachvollziehen, der seine legendären Bücher *(Wanderbuch eines Ingenieurs; Hinter Pflug und Schraubstock;*

Der Kampf um die Cheopspyramide; Im Strom unserer Zeit – Lehrjahre, Wanderjahre, Meisterjahre) gelesen, sich seine vielen von ihm im Ruhestand colorierten Skizzen angeschaut und sich einmal etwas näher mit der von ihm eingesetzten Technik auseinandergesetzt hat. Denn bevor er die jahrelangen Vorbereitungen zur Gründung der DLG aufnahm, hatte Eyth schon sehr erfolgreich und weltweit 21 Jahre für den britischen Unternehmer und Dampfmaschinenhersteller John Fowler in Leeds gewirkt. Stationen seiner Arbeit für Fowler waren über Europa hinaus vor allem Ägypten, Nordamerika und Russland.

An der gewerblichen Max-Eyth-Schule in Kirchheim unter Teck, an der heute junge Land- und Baumaschinenmechatroniker und Meister ausgebildet werden, hat die Historische Dampftechnik Kirchheim (HDK) ihr Domizil. 1997 zur Erhaltung, Pflege und dem Betrieb der einzigen in Deutschland noch einsatzbereiten Fowler-Dampfpfluggarnitur gegründet, fühlt sich der Verein an diesem Standort Max Eyth natürlich ganz besonders verbunden. Die beiden durch den Weilheimer Unternehmer Willy Rau nebst Kipppflug und Grubber geretteten Fowler-Lokomobile der Regensburger Dampfpflug-Genossenschaft waren 2006 gerade fertig restauriert worden. Sie mussten zu so einem Anlass 2007 natürlich mit nach Hannover gebracht werden!

Max Eyth – ein weltoffener Vordenker

Es ist heute stets etwas Besonderes, wenn Dampflokomobilen durch die Stadt fahren, aber in Kirchheim umso mehr, weil hier der berühmte Sohn der Stadt vielfältig geehrt wird. Neben Büsten und Schriften sind auch andere Utensilien aus seiner Zeit im Max-Eyth-Haus erhalten.

In Ulm, wo Max Eyth seinen Ruhestand verbrachte und unter einer schlichten, schwarzen Achatplatte auf dem Neuen Friedhof begraben liegt, wird sein künstlerisches Vermächtnis bewahrt. Das Stadtmuseum Ulm stellte nur zu gern ausgewählte professionelle Reproduktionen

seiner Aquarelle für die DLG-Sonderschau Historische Landtechnik in Hannover zur Verfügung. Ein Dutzend wurde als Großbilder um die rund 2000 qm große Sonderausstellungsfläche herum als Wandbehang platziert; davor kamen rund 20 Exponate aus der späteren Entwicklung der Landtechnik zu Stehen. Mittelpunkt der Sonderschau war aber das Fowler'sche Dampfpfluggespann von 1909 mit Kemna-Kipppflug. Und da Max Eyth seine wohl erfolgreichste Zeit für Fowler in Ägypten wirkte, durften einige Kubikmeter Sand, echte Palmen und eine Pyramide nicht fehlen, um ein passendes Ambiente zu schaffen. In der über 7 Meter hohen Pyramidenkonstruktion wurden während der gesamten Agritechnica im November 2007 historische Landtechnikfilme gezeigt. Zahlreiche Besucher erfreuten sich an dieser einmaligen Präsentation und genossen den technisch-historischen Rückblick.

Zum 100. Geburtstag des Kirchheimer Dampfpflugsatzes wurden 2009 die beiden Fowler-Maschinen mit den Fabriknummern 12136 und 12137 im Rahmen eines Stadtfestes vor dem Max-Eyth-Haus in Kirchheim vom Landrat Heinz Eininger und der Oberbürgermeisterin Angelika Matt-Heidecker auf die Namen MAX (für Max Eyth, 1836 – 1906) und WILLY (für Willy Rau, 1918 – 1999) getauft.

Um das Verständnis für den Umgang mit dieser heute überholten Technik zu fördern, muss sie hin und wieder auch im Einsatz gezeigt werden. Eine schöne Gelegenheit für ein Schaupflügen bot zum Beispiel 2010 das 125-jährige Jubiläum der DLG. Dazu wurden die beiden Fowler-Maschinen nebst Kemna-Kipp-Pflug per Sondertransport von Kirchheim unter Teck in das DLG-Prüfzentrum nach Darmstadt-Groß-umstadt geschafft. Diese Aufgabe übernahm die Spedition Kurz aus Schlierbach, ein kleiner Familienbetrieb, der seit dieser außergewöhnlichen Veranstaltung so etwas wie der Haus- und Hofspediteur der Historischen Dampftechnik Kirchheim unter Teck ist. Tagelanger Regen hatte den Versuchsacker extrem aufgeweicht, aber mit Beginn der Veranstaltung schien zwei Tage ununterbrochen die Sonne. Zwar musste auch mal ein festgefahrenes Lokomobil von moderner Technik aus dem schlammigen Boden herausgezogen werden, grundsätzlich verrichtete das Kirchheimer Gespann mit seiner Bedienermannschaft zur Freude tausender Besucher störungsfrei seine Arbeit.

Nur ein Jahr später, 2011, standen wiederum die Seilpflüge beim Feldtag der Uni Hohenheim im Mittelpunkt. Für die Kirchheimer Maschinen gab es ein Wiedersehen mit ihren einstigen Schwestermaschinen aus Regensburg, die heute im Deutschen Landwirtschaftsmuseum der Uni Hohenheim (DLM) stehen. Anlass für diese Veranstaltung war 2011 der 100. Geburtstag der Heucke-Maschinen des DLM. Zum Abschluss der Veranstaltung gab es ein bemerkenswertes Bild mit vier Maschinen auf den Fildern.

Stets eine logistische Herausforderung …

ob es nun um den Transport eines Dampfpflugsatzes geht oder auch „nur" um das Wiedererlernen des Umgangs mit einem historischen Grubber. Stets sind Spezialisten und zahlreiche Helfer gefragt, um solche Einsätze auch zum Erfolg zu führen.

Auch in den Folgejahren konnten immer wieder einzelne ausgewählte Anfragen bedient werden. Vorführungen in der Magdeburger Börde, bei Eugen Kiemele in Seifertshofen (Ostalb), sogar in Hassmoor im „steinreichen" Schleswig-Holstein und gleich zweimal beim Historischen Feldtag in Nordhorn gehörten ebenso dazu wie hin und wieder in Kirchheim/Teck. Der dabei stets zu leistende Aufwand ist enorm: Nicht nur die Verladung der jeweils 20 Tonnen schweren Kolosse, auch die Vor- und Nachbereitung bis hin zum Auf- und Abrüsten der Maschinen gehört dazu, oft mit schmalem Budget und fast immer mit überschaubarer Mannschaft. Aber wer quält sich schon gern freiwillig, mag man sich im ersten Moment denken? Doch wer einmal richtig von diesem „Bazillus" infiziert ist, kommt davon auch nur schwer wieder los; und schafft sich schnell ein dickes Fell gegenüber den immer mal wieder auftretenden „Lästereien" der Unkundigen an. Nur wer bei den „Dampfverrückten" dabei ist, versteht Max Eyth, seinen Geist und seine oft noch heute gültigen Visionen.

Aber es ist auch wichtig, das Wissen um diese alte Technik weiterzugeben! Dampf- und Druckbehälter unterliegen einer regelmäßigen Überprüfung durch den TÜV. Das Material ermüdet im Laufe der Jahrzehnte, Ventile gehen fest, Stopfbuchsen werden undicht, kurzum: Der Wartungsaufwand um diese Maschinen ist sehr hoch, das Wissen bis hin zum Verständnis dieser alten Technik ausgesprochen komplex. Viel zu selten wurde es von einer Generation auf die nächste übertragen.

Umso wichtiger ist es heute, neben dem ehrenamtlichen Engagement in den Vereinen auch den Nachwuchs zu fördern. Dies geschieht in einem weit verzweigten Netzwerk mit überregionalem Wissens- und Erfahrungsaustausch. Möge dies auch zukünftig so weitergeführt werden können, es wäre sicher im Sinn von Max Eyth!

Vom Dampfschlepper zum Traktor

Case und andere

So eindrucksvoll die Entwicklung der Dampfmaschinen über die Jahrzehnte hinweg auch war, ihr Wirkungsgrad blieb begrenzt. Sie beeindruckten in ihrer selbstfahrenden Version die Menschen auf dem Lande lange Zeit mehr durch die Höhe des Anschaffungspreises, ihre Größe und ihr Gewicht als durch Leistung. Der mit dem Einsatz von Lokomobilen auf dem Lande verbundene Fortschritt war zwar unübersehbar, aber Pferde und Zugochsen mussten weiterhin zur Feldarbeit eingesetzt werden. Ihre Zahl nahm sogar im Vergleich zur ersten Hälfte des 19. Jahrhunderts zu. Die Suche nach einer leistungsfähigen Kraftmaschine in der Landwirtschaft ging also weiter. Da kam es gerade recht, dass einige Techniker im ausgehenden 18. Jahrhundert das rund 100 Jahre zuvor von Denis Papin aufgegebene Prinzip der Schießpulvermaschine wieder aufgriffen.

Grundlage der Bemühungen war die Entdeckung des Leuchtgases, eines Brenngases, das bei der Destillation von Kohle entsteht. Um den neuen Treibstoff zu nutzen, baute der Engländer John Barber 1790 eine erste Gasmaschine, mit der er ein Schaufelrad antreiben wollte. Weitere Versuche schlossen sich auf internationaler Ebene an, ohne dass die Erfinder voneinander wussten. Neben anderen experimentierten so der Brite Robert Street (1794), der Franzose Lebon d'Humbersin (1801) und der Nordamerikaner Stuart Perry (1846/48) mit Explosionsmotoren.

Als funktionsfähig erwies sich aber erst die Gasmaschine des Belgiers Jean Joseph Etienne Lenoir (1822 – 1900), die in ihrer Arbeitsweise einer doppelt wirkenden Dampfmaschine ähnelte. Der Kolben sog bis zur Hubmitte ein Gas-Luft-Gemisch an, das dann entzündet

Aller Anfang ist schwer

Ende des 19. Jahrhunderts wagten mutige Ingenieure den Schritt in die Zukunft. Sie montierten auf die Fahrgestelle von Dampfmaschinen Verbrennungsmotoren und schufen die Vorgänger der Traktoren.

Nikolaus August Otto

„Sein Motor mit verdichteter Ladung, erdacht 1861 und geschaffen 1876 in Deutz, beendete die Zeit der Vorläufer und begründete die Motorentechnik der Welt." (Gedenktafel im Deutschen Museum, München)

wurde. Auf der zweiten Hälfte des Weges wurde die Kraft an das Schwungrad und von dort zur Arbeitsmaschine übertragen. Lenoirs Maschine, in Paris ausgestellt, lockte Ingenieure aus zahlreichen Ländern an die Seine. Max Eyth studierte sie ebenso wie Nikolaus August Otto (1832 – 1891), ein aus der Taunusgemeinde Holzhausen stammender Kaufmann, der seit 1853 in Köln als Reisender sein Geld verdiente. Eyth und Otto versuchten wie viele andere, die damals mit der Lenoir'schen Maschine in Berührung gekommen waren, einen Nachbau der Maschine.

Otto erwies sich dabei im Vergleich zu Eyth als der geschicktere. Während Eyths Maschine explodierte, lief Ottos Nachbau durchaus zufriedenstellend. Bei Experimenten mit dem „Maschinchen" gewann Otto konkrete Vorstellungen sowohl vom atmosphärischen Prinzip als auch vom Viertakt-Verfahren, Erkenntnisse, die für seine späteren Motoren grundlegend wurden. Doch zunächst bleiben Otto Rückschläge nicht erspart. Ein früher Viertakt-Boxermotor mit vier Zylindern wurde zerstört, und seine atmosphärische Gasmaschine fand mehr internationale Anerkennung als Käufer. Was nutzte es, wenn der Gasverbrauch je PS/Stunde von 3,0 cbm (so Lenoir) auf 0,5 cbm reduziert werden konnte, das benötigte Leuchtgas aber nicht verfügbar war? Dies jedoch entsprach der Situation auf dem Land, weshalb nach Anfangserfolgen – immerhin zählten Landwirte zu den Benutzern der ersten atmosphärischen Gasmaschinen von Otto – der Absatz der Kölner Maschine in die Landwirtschaft weitgehend ausfiel.

Daran änderte sich wenig, als Nikolaus August Otto 1876 der Bau eines nach dem Viertaktverfahren arbeitenden einzylindrigen Versuchsmotors gelang, der sogleich mit drei PS die Leistung der stärksten bis dahin gebauten atmosphärischen Gasmaschine abgab. Kennzeichen der Maschine waren unter anderem äußere Gemischaufbereitung und Fremdzündung. Doch es dauerte noch bis zum Jahr 1884, ehe flüssige Brennstoffe wie Benzin für das explosive Gemisch des Otto-Motors verwendet werden konnten. Werner Siemens hatte geholfen, die gravierenden Zündungsprobleme zu lösen. Nun aber gab es endlich den von den Gasanstalten unabhängigen Motor, dessen sonstige Vorzüge wie ständige Betriebsbereitschaft oder geringer Brennstoff- und Wasserverbrauch zur Geltung kommen konnten. Im stationären Einsatz bewährten sich Ottos Flüssigkeitsmotoren rasch. Insgesamt waren in Köln bis zum Jahr 1889 rund 30.000 Motoren gebaut worden, doch nur ein geringer Prozentsatz von ihnen hatte den Weg in die Landwirtschaft genommen. An den mobilen Einsatz seiner Motoren hat Nikolaus Otto nicht gedacht. Dies lag nahe, da das Gewicht der Maschinen im Verhältnis zur Leistung zu hoch war. Erste Überlegungen hinsichtlich eines leichteren Verbrennungsmotors stellten zwei ehemalige Mitarbeiter von Otto, Wilhelm Maybach (1846 – 1929) und Gottlieb Daimler (1834 – 1900) an. In den Jahren 1883/84 verwirklichten sie erstmals das Prinzip des schnell laufenden Verbrennungsmotors, der, klein und leicht gebaut, mit Glührohrzündung und Schwimmervergaser ausgerüstet, geradezu prädestiniert war für den beweglichen Einsatz.

Ein Motor für die Ölindustrie

Bis zum ersten Einsatz eines Verbrennungsmotors in der Landwirtschaft vergingen weitere Jahre. Dies lag zum einen an Otto, der es verstanden hatte, für seine Erfindungen diesseits und jenseits des Atlantiks einen umfassenden Patentschutz zu erlangen. Zum anderen sahen die frühen Automobil-Konstrukteure – soweit sie in Europa lebten – den Bau von Personenkraftwagen als vordringlich an. In Nordamerika war die Situation allerdings anders. Hier suchte das seit Beginn der 1960er Jahre überreichlich vorhandene Benzin nach Absatzmärkten. Wer vermag sich heute noch vorzustellen, dass es in Nordamerika in jeden Tagen keineswegs ungewöhnlich war, wenn überschüssiges Benzin in Flüsse geschüttet oder aber, so durch die holländisch-ostindische Raffinerie, auf den Ozean verschifft und dort verbrannt wurde?

8 IV
Fortschritts-Medaille Wien 1873.
GROSSE SILBERNE STAATSMEDAILLE
COELN 1875.
EXPOSITION UNIVERSELLE DE MDCCCLXVII A PARIS
NAPOLEON III EMPEREUR
Goldene Medaille Paris 1867.
Gasmotoren-Fabrik Deutz
Santiago (Chili).
1875.
BERLIN
EHRENPREIS
1878
DEUTZ
bei CÖLN
Rheinpreussen.
EHREN-PREIS
BERLIN 1878.
INTERNATIONALE AUSSTELLUNG DES DEUTSCHEN MÜLLERVERBANDES NÜRNBERG AUGUST 1876.
Goldene Medaille, Moskau 1872.
Goldene Medaille, Nürnberg 187
Goldene Medaille
Erfurt 1878.
FRIEDRICH WILHELM KRONPRINZ VON PREUSSEN
PROTECTOR
Goldene Medaille
„Otto's neuer Motor"
PATENT.
Wittenberg 1869.
Goldene Medaille
Goldene
Staats-Medaille
Düsseldorf 1880.
FÜR GEWERBLICHE LEISTUNGEN
Teplitz 1879.
INTERNATIONAL EXHIBITION
AWARDED BY UNITED STATES CENTENNIAL COMMISSION
PHILADELPHIA. MDCCCLXXVI
Silberne Medaille, Prag 1879.
Philadelphia 1876.
Silberne Medaille, Berlin 1879.

Benzin zählt zu den Leichtdestillaten, die als Nebenprodukte bei der Gewinnung von Petroleum oder Leichtöl aus Erdöl anfielen. Letzteres wurde als Lichtquelle benötigt, für Benzin hingegen gab es noch kaum eine sinnvolle Verwendung. Umso mehr förderte die junge US-Ölindustrie die Entwicklung von Verbrennungsmotoren auf Benzinbasis sowie ihren Einsatz in allen möglichen Formen, seien sie nun stationär oder auch mobil.

Zu den bereits seit Mitte der 1880er Jahre in den USA als zukunftsträchtig erachteten Einsatzfeldern der Verbrennungsmotoren zählte die Landwirtschaft. Das reichlich vorhandene und leicht verfügbare Benzin schien die mit dem Dampfmaschineneinsatz verbundenen Versorgungsprobleme (Wasser, Kohle) auf den Farmen schlagartig zu lösen. Als erstes Unternehmen stellte die Charter Gas Engine Corp., Chicago, Illinois, bereits ein Jahr vor dem Auslaufen der Otto-Patents 1889 eine kleine Serie von sechs Ackerschleppern her, bei denen ein Einzylindermotor mit 10/20 PS* Leistung auf das Fahrgestell eines Rumely-Dampfschleppers montiert war. Diese Maschinen wurden zu Weizenfarmen in den amerikanischen Nordwesten verschifft, wo sie befriedigend gearbeitet haben.

Einen ausgereifteren Schlepper präsentierte 1892 John Froelich aus Iowa. Er hatte einen 20 PS starken Einzylindermotor der Firma Van Duzen Gas and Gasoline Engine, Cincinnati, auf ein Eigenbau-Fahrgestell gesetzt. Der bereits mit Batteriezündung ausgerüstete Schlepper gilt als die erste Ackermaschine mit Verbrennungsmotor, die über längere Zeit gute Arbeit leistete. Auf verschiedenen Farmen in Dakota eingesetzt, trieb sie in einer Session über 50 Tage lang ohne Beanstandung Dreschmaschinen an. Doch mehr als eine oder zwei weitere Schlepper dieses Typs baute Froelich mangels Nachfrage nicht. Zur Resignation sah der Amerikaner dennoch keinen Anlass. Er übernahm 1893 die Waterloo Gasoline Traction Engine Company, die zwei Jahrzehnte lang verschiedenste, zumeist Experimental-Ackerschlepper baute. 1912 brachte das Unternehmen den „Waterloo Boy" heraus, einen Ackerschlepper mit Zweizylindermotor und 12/24 PS Leistung. Der Motor wurde mit Benzin gestartet, lief dann aber nach einer Vorwärmphase

*Die erste Zahl nennt die Zugkraft der Maschine, die zweite die freiwerdende Kraft an der Kurbelwelle, die zum Antrieb einer Dreschmaschine genutzt werden kann.

Hohe Zeit der Innovatoren

Selten war die Zeit technisch kreativer als in den Jahren um 1890. Die Vision, die körperlich anstrengende Landwirtschaft durch den Einsatz von Motorschleppern effizienter zu gestalten, beflügelte die Phantasie der Ingenieure beiderseits des Atlantiks. Interessante Fahrzeuge wurden konstruiert, von denen jedes, ob sie nun Charter Gasoline, Froelich, Hockett oder Twin City hießen, über zahlreiche Alleinstellungsmerkmale verfügte.

Letzte Dampf-Ungetüme

Die 110 PS Dampfschlepper von Case zählen zu den stärksten jemals gebauten Dampf-Zugmaschinen. Im Wettbewerb mit Motorschleppern erwiesen sie sich als zu schwer und unbeweglich.

auf der Basis eines anderen Erdölderivats, Kerosin, das vor dem Erste Weltkrieg zeitweise billiger als Benzin war. J. Froelichs Waterloo Gasoline Engine Company wurde 1918 von dem großen US-Landmaschinenkonzern John Deere übernommen, der somit seine Schleppergeschichte bis auf das Jahr 1892 zurückführen kann.

Auf das Jahr 1892 datiert auch der erste Benzinschlepper von J.I. Case, Racine. Der damals führende Lokomobilenhersteller scherte damit aus der Reihe der übrigen Dampfmaschinenfabrikanten aus, die für Benzinschlepper keinerlei Interesse zeigten. Case baute nach einer Vorlage von William Paterson einen Schlepper mit einem Zweizylinder-16/20-PS-Motor, der sich im Gegensatz zu den anderen Fahrzeugen durch ein relativ niedriges Gewicht auszeichnete. Doch Vergaser- und Zündungsprobleme, die auch nach Jahren des Experimentierens nicht befriedigend zu lösen waren, verhinderten den frühzeitigen Einstieg von Case in den serienmäßigen Benzinschlepperbau. So setzte man in Racine noch einige Jahre auf Dampfmaschinen.

Auch die US-Tochter der Gasmotorenfabrik Deutz, Otto Gas Engine Works, Philadelphia, hatte sich dem überall in den USA zu beobachtenden Trend hin zu landwirtschaftlichen Nutzfahrzeugen mit Verbrennungsmotoren nicht entziehen können. Man baute 1894 und 1896 einige mit einem 15 PS-Motor ausgerüstete Zugmaschinen, deren Gesamtgewicht 5,4 Tonnen betrug. Sie bleiben jedoch weit weniger erfolgreich als die stationären Motoren des Unternehmens, das in der Folge in der US-Schleppergeschichte keine Rolle mehr spielte.

Zu den Firmen, die damals mit dem Schlepperbau begannen, zählten auch später so erfolgreiche wie die Huber Manufacturing Co. aus Marion/Ohio und International Harvester. Bei aller Differenzierung der damals gebauten Schlepper im Detail, alle ähnelten sie den großen Dampfmaschinen. So waren die Fahrgestelle beinahe gleich, zwei großen hinteren Antriebsrädern standen zwei kleine vordere Lenkräder gegenüber, und auch im Gewicht unterschieden sie sich kaum. Selbst in der effektiven PS-Leistung lagen Dampfmaschinen und Benzinschlepper dicht beieinander. Und dennoch, einen wesentlichen Unterschied begriffen nahezu alle Beteiligten des Ackermaschinenwettstreits darin, dass die Dampfmaschine am Ende ihrer Möglichkeiten angelangt war, während der Benzinschlepper erst am Anfang stand.

Eine Schlepperindustrie entsteht

Das Jahr 1902 ist aus der Geschichte der Ackerschlepper nicht wegzudenken. Charles W. Hart und Charles H. Parr bauten in diesem Jahr in Charles City/Iowa ihren ersten Schlepper, der sich im Styling gleichwohl kaum von seinen Vorgängern unterschied. Auf das Fahrgestell eines Dampfschleppers hatten die beiden ehemaligen Studenten einen Zweizylinder-Viertaktmotor mit einer Leistung von 17/30 PS montiert. An der Konstruktion fiel nur die Ölkühlung auf, die Raum sparte und effektiver arbeitete als die zumeist verwendeten Wasserkühlsysteme. Wichtig erscheint jedoch, dass mit Hart und Parr erstmals zwei Unternehmer in den Schlepperbau einstiegen, die sich zuvor in anderen Wirtschaftsbereichen noch keine Verdienste erworben hatten. Dies war ihr erstes Geschäft, und da sie beschlossen, sich fortan ausschließlich mit der Schlepperherstellung zu beschäftigen, galt das Jahr 1902 gemeinhin als das Geburtsjahr der Schlepperindustrie überhaupt.

Die Konzentration auf den Schlepperbau brachte Hart-Parr Erfolg. Schon 1903 stellten sie zwei verbesserte und stärker motorisierte Versionen ihres letztjährigen Schleppers vor, der endgültige Durchbruch gelang 1907. Der „Hart-Parr 60 Old Reliable", dessen Zweizylinder-30/60 PS-Motor bei 300 U/min eine Höchstgeschwindigkeit von 3,7 km/h ermöglichte, avancierte zum meistverkauften Benzinschlepper seiner Zeit. Von den 1907 in den USA und Kanada insgesamt in Betrieb befindlichen 600 Benzinschleppern sollen rund ein Drittel Hart-Parrs gewesen sein!

Doch damit sind die Verdienste, die sich Hart und Parr zu Beginn des letzten Jahrhunderts um die Schlepperindustrie erwarben, noch nicht erschöpft. Auf sie geht vielmehr das Wort „tractor" zurück. Sie führten es 1906 in Anzeigen ihres Unternehmens ein und machten es populär. Dem Hart-Parr-Verkaufsmanager W.H. Williams war das bislang gebräuchliche „gasoline traction engine" für Werbetexte als zu schwerfällig erschienen. Auf der Suche nach einem schlagkräftigen und kennzeichnenden Begriff kam er auf das Wort „tractor", welches bis heute in unterschiedlicher Schreibweise die weltweit gebräuchlichste Bezeichnung für Ackerschlepper geblieben ist.

Die amerikanische Schlepperindustrie nahm unübersehbare Konturen an. Mit Ausnahme von Case waren die führenden US-Dampflokomobilenhersteller dazu übergegangen, selbst Benzinschlepper zu produzieren. Allein 1905 drängten 15 Unternehmen neu in den nordamerikanischen Schleppermarkt. Vergleichsprüfungen schienen jetzt angebracht, um den Farmern Orientierungshilfen an die Hand zu geben.

Die ersten Schleppertests

Die erste Schlepperprüfung von internationalem Format fand 1908 in Winnipeg/Kanada statt. Kanada war zu dieser Zeit der weltgrößte Abnehmer von Ackerschleppern, weshalb die Veranstalter der Industrieausstellung von Winnipeg es für sinnvoll hielten, einen Wettbewerb für leichte Ackerschlepper (*„Light Agriculture Motor Competition")* zu initiieren. Allerdings darf man das Attribut „leicht" nicht zu eng nehmen. Die an der Konkurrenz teilnehmenden sieben Fahrzeuge wogen aufgerüstet immerhin zwischen 8 und 15 Tonnen. Im Einzelnen wurden zwei Stunden dauernde Zug- und Pflugversuche durchgeführt. Gemessen wurden beim Zugtest die zurückgelegte Strecke, die gezogene Last sowie der Verbrauch an Wasser und Kraftstoff. Am eindrucksvollsten schnitten dabei zwei IHC-Schlepper und ein Traktor von Marshall, Sons & Co., Gainsborough, ab. Abweichend fielen die Ergebnisse für das Pflügen aus. Dieses Mal wurde die in zwei Stunden umgebrochene Fläche gemessen sowie ebenfalls der Verbrauch an Wasser und Kraftstoff. Die Schlepper von Kinnard Haines Company (Vierzylindermotor, 30 PS) und Transit Tresher Company (Vierzylindermotor, 35 PS) erwiesen sich den Mitbewerbern als überlegen. Die Einzelergebnisse wurden anschließend mit Punkten bewertet und ermittelten schließlich als Gesamtsieger der Prüfung den Ackerschlepper der Kinnard Haines Company vor der Einzylinderversion (15 PS) von IHC.

Geburt des Wortes Traktor

Den beiden Amerikanern Chas. W. Hart und Chas. H. Parr aus Charles City, Iowa, kommt das Verdienst zu, im Jahre 1906 für ihre Gasoline Traction Engines erstmals das Wort „Tractor" verwendet zu haben. Seit dem Zweiten Weltkrieg ist der Terminus weltweit für landwirtschaftliche Zugmaschinen gebräuchlich.

Mogul aus dem Hause IH

Bei der Namensgebung für ihre Traktoren bewiesen die Hersteller in der Anfangszeit hohe Originalität. International Harvester beispielsweise nannte seine frühen Baureihen Mogul und Titan und weckte bei den Farmern damit positive Assoziationen zu Stärke und Macht.

Durchführung und Bewertung der Prüfung erscheinen heute als unausgereift. Zu ihrer Zeit jedoch stieß der Test auf sehr gute Resonanz. So wurde die Veranstaltung für den Sommer 1909 erneut ausgeschrieben, mit dem Unterschied allerdings, dass sie jetzt offen war für Benzin- und Dampfschlepper. Aufgeteilt in vier Klassen, unterzogen sich 18 Fahrzeuge von acht Herstellern der Prüfung, die komplizierter, damit aber sicher auch korrekter geworden war. In den einzelnen Klassen wurden Sieger ermittelt, die jedoch über die Anzahl der insgesamt erzielten Punkte miteinander verglichen werden konnten. Am besten schnitt danach der 110 PS-Dampfschlepper von J.I. Case mit 121 Punkten ab, gefolgt von den Dampfschleppern von Russel & Co. und Avery Company. An vierter Stelle fand man den ersten Traktor mit Otto-Motor, ein IHC 15 PS-Einzylindermodell, das das zweitleichteste und zugleich billigste Fahrzeug im Wettbewerb war.

Mit diesem Ergebnis konnten die Anhänger der Dampfschlepper zufrieden sein, doch die gerade erst errungenen Lorbeeren welkten rasch. Bereits 1910, im dritten Winnipeg-Motor-Test, wirkten sich die ständigen Verbesserungen an den Benzintraktoren aus. Zwar konnte Case mit seiner 110 PS-Dampflokomotive noch einmal den Gesamtsieg erringen, der Vorsprung vor den nächsten Konkurrenten, Traktoren der verschiedensten Leistungsklassen, war jedoch geringer geworden. Alle anderen Dampfschlepper landeten schon weit abgeschlagen auf den letzten Plätzen. Gewicht, Größe und Kraft waren infolge der verbesserten Verbrennungsmotoren im Schlepperbau nicht mehr die absoluten Kennzeichen für überlegene Leistungsfähigkeit.

Außerhalb der Konkurrenz: Sieg nach Punkten

Ein Ergebnis der Prüfung bekamen die Besucher an einem regnerischen Tag des Wettbewerbs in aller Deutlichkeit vor Augen geführt. Da steckten die schweren Dampfschlepper hoffnungslos festgefahren im Morast. Je mehr sich die Traktoristen auch mühten, sie machten die tonnenschweren Ungetüme dadurch nur noch unbeweglicher. Alle Versuche, die Maschinen mit Pferden freizuziehen, scheiterten ebenfalls. Was blieb den Veranstaltern übrig, als die Fahrer der leichteren und vor allem wendigeren Benzintraktoren aufzufordern, den Konkurrenten behilflich zu sein. Und tatsächlich: Was Pferde und Dampfmaschinen nicht vermochten, gelang den Traktoren. Sie schleppten die festgefahrenen Maschinen frei, und der Wettbewerb konnte mit allen Teilnehmern fortgesetzt werden.

Auf das Testergebnis hatte dieses Ereignis keinerlei Einfluss. Für die Kaufentscheidung der nordamerikanischen Farmer kann seine Bedeutung jedoch kaum hoch genug veranschlagt werden. Die mit eigenen Augen gesehene Hilflosigkeit der Dampfschlepper war in der Aussage weit eindeutiger als die umständlichen Auswertungsbögen der Winnipeg-Prüfungen! In den Produktionszahlen schlugen sich die Erfolge der Benzintraktoren nieder: 12.000 Maschinen wurden allein 1912 in Nordamerika gebaut. Von der Dampfschlepperherstellung hingegen konnten dynamische Unternehmen nicht mehr existieren. So ist der Einstieg von Case in das Geschäft mit Benzintraktoren als ein deutliches Eingeständnis der Unterlegenheit des Dampfschleppers gegenüber den Traktoren mit Verbrennungsmotoren zu werten.

Benziner im Land der Dampfmaschine

Weit weniger dramatisch als in Nordamerika verlief das Ringen der Ackermaschinen in Europa. Die Engländer als große Anhänger der Dampflokomobilen räumten bis zum Ersten Weltkrieg den Technikern des Benzinschleppers selbst dann kaum Chancen ein, wenn sie, wie der aus Bedfordshire stammende Ingenieur Dan Albone, ein Ackerfahrzeug konstruierten, das mehr Eigenschaften eines modernen Schleppers in sich vereinte als alle frühen US-Traktoren. Albones 1902 der Öffentlichkeit präsentierter „Ivel Agricultural Motor" war klein, leichtgewichtig, für viele landwirtschaftliche Arbeiten einsetzbar und nicht nur, wie die US-Traktoren, darauf ausgelegt, schwere Lasten zu ziehen. Insgesamt wurden von ihm 1900 Stück gebaut, davon die überwiegende Anzahl nach Dan Albones Tod im Jahre 1906.

Einen nachhaltigen Rückschlag erlitt die ohnehin kleine Gruppe der britischen Ackerschlepperfreunde bei einem 1910 unter der Aufsicht der *Royal Agriculture Society of Engineers* (RASE) durchgeführten Test. Vier Schlepper mit Verbrennungsmotoren, darunter zwei Ivel, konkurrierten mit drei Dampflokomobilen. Nach monatelangem Zögern sprach sich die Jury dann gegen die Benzinschlepper aus. Keines der vorgeführten Fahrzeuge schien den Juroren in der Lage zu sein, die Dampfmaschine, sei es als Antrieb für Dreschmaschinen oder auch als Zugapparat, gleichwertig ersetzen zu können.

Eindeutiger noch, man möchte fast meinen rückständiger als die Briten, verhielten sich vor dem Ersten Weltkrieg die deutschen Bauern. Für sie schien die Dampfkraft konkurrenzlos, nicht zuletzt, weil Benzin und sonstige Erdölderivate viel schwieriger zu beschaffen waren als Wasser und Kohle. Auch sahen viele nicht ein, dass die Dampftechnologie schon wieder aufgegeben werden sollte, nachdem man so lange gebraucht hatte, sich für sie zu entscheiden. An Versuchen, benzingetriebene Ackerschlepper zu bauen, hat es in Deutschland dennoch nicht gefehlt. Besondere Verdienste erwarb sich die Gasmotorenfabrik Deutz (heute Deutz-Fahr, Lauingen), die 1907 gleich mit zwei verschiedenen Ackerschleppern experimentierte.

Der „Deutzer Automobilpflug" bestand im Wesentlichen aus einem niedrigen, 2,80 m langen eisernen Wagen, dessen breite Hinterräder von einem 25 PS-Motor angetrieben wurden. Die Vorderräder waren lenkbar und ungefähr halb so groß wie die Hinterräder. Die Maschine wog 3 Tonnen und verfügte über Eigenschaften, die noch heute Ackerschleppern zum Vorteil gereichen. Sie konnte Ackergeräte über das Feld ziehen, auf einer kleinen Ladefläche Lasten transportieren und über eine Riemenscheibe trieb sie Dresch- und Futterzubereitungsmaschinen an. Auf der 21. Ausstellung der Deutschen Landwirtschafts-Gesellschaft 1907 in Düsseldorf wurde der Automobilpflug den Besuchern vorgeführt, doch ihr erging es wie anderen frühen Landmaschinen auch: Sie überzeugte nicht. Schwachpunkte waren der hohe Kraftstoffverbrauch und die schlechte Bodenhaftung (Adhäsion) der Räder. Bei einem zehnstündigen Probepflügen benötigte die Maschine 196 Liter Benzin, und das bei geringer Pflugleistung! Zumal bei nassem Boden konnte nur ein kleiner Pflug angehängt werden, sonst blieb der Automobilpflug im Acker stecken.

Dan Albone und sein „Ivel"

Am Anfang des europäischen Traktorenbaus steht der Brite Dan Albone. Sein „Ivel" genannter Dreiradschlepper leistete 8 PS und zeichnete sich durch Leichtbauweise aus. Bei Landwirtschaftsausstellungen wurde der „Ivel" mehrfach ausgezeichnet.

Nach einem anderen System funktionierte die ebenfalls 1907 in Deutz entwickelte Pfluglokomotive. Patente der Ingenieure Brey und Heyer bildeten die Grundlage für eine vierradgetriebene und -gelenkte 40 PS-Motorzugmaschine, an die vorne und hinten jeweils ein mehrschariger, über Seilzug aushebbarer Pflug angelenkt war. Um ein Steckenbleiben im aufgeweichten Acker zu verhindern, hatte man die Maschine ferner hinten und vorne mit einem aufspulbaren Seil ausgerüstet. An einem Erdanker im Boden befestigt, bot das Seil die Möglichkeit, die Maschine mit eigener Kraft aus dem Acker herauszuziehen. Die Pfluglokomotive war zwar technisch reizvoll, aber zu kompliziert geraten. Ernsthaftes Kaufinteresse bleib aus, und infolge der Fehlschläge zog sich Deutz für einige Jahre aus dem Ackerschlepperbau zurück.

Andere Unternehmen schreckte dies nicht ab, ihrerseits ihr Glück mit Motorschleppern zu versuchen. Eine der interessantesten Konstruktionen gelang kurz vor dem Ersten Weltkrieg dem Berliner Ingenieur Theodor Kaulen. Er baute Motorlokomotiven für Seilzüge, Ergomobile genannt, die nach dem System der Zwei-Lokomobilen-Dampfpflüge arbeiteten, im Anschaffungspreis aber erheblich billiger waren. Bei Ver-

Gegründet 1866.
Telephon 4110.
Telegr. Adresse „Ottomotor"
Permanente Ausstellung
von Gas-, Benzin-, Acetylen-, Petroleum Motoren
der
Gasmotoren-Fabrik Deutz
Verkaufstelle
Stuttgart
Bank-Conto:
Allg. Rentenanstalt Stuttgart
Kapital: 10 Millionen Mark
Jahresproduction über 2000 Motoren von ½-600 Pferdekraft
Bis jetzt geliefert ca 42000 Motoren mit über 190000 Pf
Specialität:
Ausführung von
maschinellen Anlagen
aller Art.
Pumpwerke aller Grössen
mit Motorbetrieb.
Otto-Motoren
in Verbindung mit
Generator-Gas-Apparaten.
Stuttgart, den

gleichen erzielten die Ergomobile passable Werte im Treibstoffverbrauch; in der Feldarbeit entsprachen ihre Ergebnisse in vielem dem der Dampfpflüge. Da sie letztere in der Leistung aber nicht zu überbieten vermochten, den Ackerschleppern in der Wendigkeit und Vielseitigkeit des Einsatzes aber weit unterlegen waren, wurden die Ergomobile wenige Jahre nach dem Ersten Weltkrieg endgültig aus der Produktion genommen.

Die Zahl der bei Kaulen und später bei Borsig, Berlin, hergestellten Ergomobile wird unter hundert gelegen haben. Noch weniger Maschinen hat die vor dem Ersten Weltkrieg in München ansässige Firma Sendling von ihren Motorschleppern verkaufen können, die, mit einer Attrappe für Kessel und Feuerbüchse ausgerüstet, äußerlich ganz den Dampfschleppern glichen. Den Verbrennungsmotor hatte man hinter der Attrappe versteckt, wodurch das Fahrzeug jedoch nicht an Beliebtheit gewann.

Von den landwirtschaftlichen Großmaschinen mit Verbrennungsmotor konnten lediglich die Motortragpflüge vor 1914 Erfolge verbuchen. Bei ihnen waren Motor und Bodenbearbeitungsgerät unmittelbar an einem Rahmen zusammengebaut: der Geräterahmen trug den Motor. Entsprechend ihrer Bedeutung für die deutsche Landwirtschaft wird die Geschichte dieser Motortragpflüge in einem eigenen Kapitel dargestellt.

Eine in ihrer Wirkung dem Test von Winnipeg vergleichbare Schlepperprüfung wurde im deutschsprachigen Raum vor 1914 nicht durchgeführt. Das heißt nicht, dass es in Deutschland und Österreich/Ungarn keine Schlepperprüfungen gegeben hätte. Nur fehlte ihnen zumeist in Organisation und Durchführung das Geschick, mit dem die Kanadier ihre Veranstaltungen aufzogen. So überrascht es kaum, dass die denkwür-

Deutzer Pretiosen

Die Gasmotorenfabrik Deutz leistete entscheidende Beiträge zur Motorisierung der Landwirtschaft. Legendär wurden unter anderem die Petroleum-Lokomobile von 1900 (oben) und der Deutzer Automobilpflug von 1907 (unten).

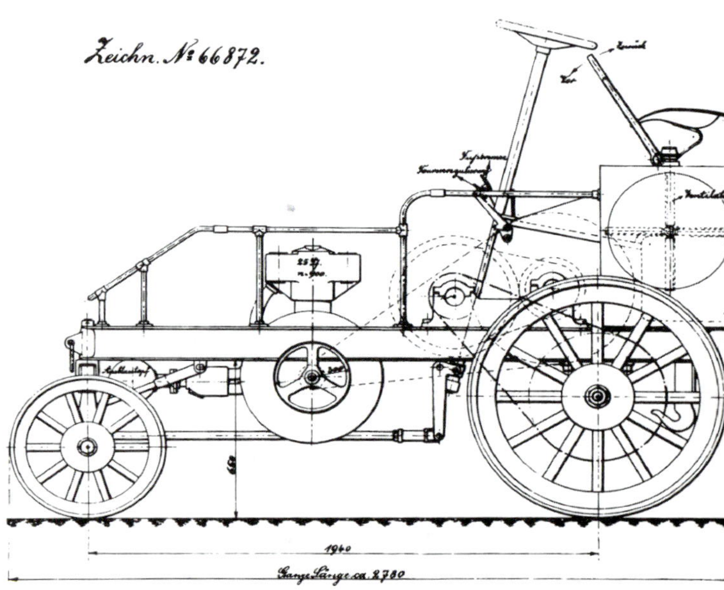

Otto-Zugmaschine aus Philadelphia

Das nordamerikanische Deutz-Tochterunternehmen Otto Gas Engine Works stieg bereits 1894 in den Bau von landwirtschaftlichen Zugmaschinen ein. Man trug damit zum einen den Herausforderungen der US-Landwirtschaft Rechnung, die hinsichtlich der Mechanisierung Europa weit voraus war. Zum anderen standen technischen Neuerungen in Nordamerika weniger bürokratische Hemmnisse entgegen, als dies etwa in Deutschland mit seinem ausgeprägten Patentschutz der Fall war.

digste mitteleuropäische Schlepperprüfung jener Zeit an einem entlegenen Orte, in Galánta nahe Pressburg in der ungarischen Ebene, zustande kam. Eingeladen hatte der ungarische *„Landes-Agriculturverein von Budapest IX/Köstelek"*, der sich in der Durchführung der auf den Spätsommer 1913 terminierten Prüfung auf die ungarische Regierung, die Hochschulen des Landes und zahlreiche Großagrarier stützen konnte.

Die Resonanz übertraf alle Erwartungen. Ein Berichterstatter schrieb: *„Dampf stand gegen Benzin, Zweimaschinenseilpflug gegen Gangpflug, Scharpflug gegen Fräse, Triebrad gegen Triebraupe, Deutschland gegen England, Amerika und Ungarn, im ganzen 20 Systeme mit 28 Pflugsätzen."* Die Prüfungen bestanden darin, dass jede Maschine eine Stoppelfläche von 20 Morgen (5 Hektar), 125 m breit, 400 m lang, auf eine Tiefe von 21 cm restlos, das hieß *„ohne Freilassung von Ecken und Mittelstreifen"* umzupflügen hatte. Gemessen wurden die Arbeitszeit und die verbrauchten Mengen von Kraftstoff, Wasser und Schmiermitteln. Das Ergebnis fiel eindeutig aus. Die Dampfschlepper waren zwar die in der Leistungsabgabe beständigsten, die Umstände jedoch, die diese Leistungen ermöglichten, sprachen eine ebenso klare Sprache gegen sie. Im Extrem stand je Morgen ein Verbrauch von 58 kg Wasser beim 110 PS-Case-Dampfschlepper gegen 5 kg Leichtbenzin und 0,1 kg Wasser beim 50 PS-Stock-Motorpflug. Da vermochte die höhere Pflugleistung von 4,25 Morgen je Stunde zugunsten des Dampfschleppers seine Zukunft nicht mehr zu retten.

Deutzer Pfluglokomotive

Die 1907 gebaute Zugmaschine besaß mit Allradantrieb, Vorder- und Hinterachslenkung Elemente, die modernen Zwei-Wege-Traktoren zu eigen sind. Hinzu kamen ein für die damalige Zeit zugstarker 40 PS Motor sowie vorne und hinten am Trecker befestigte Pflughälften.

Holt's Raupenschlepper
Ahnherr von Panzern, Ackerschleppern und Baumaschinen

Die Erfindung des Rads zählt zu den epochalen Leistungen des Menschen. Das Rad verwandelt die gleitende Reibung in eine rollende Reibung mit erheblich geringerem Widerstand. Eine weitere Verringerung ergibt sich, wenn das Rad auf einer möglichst glatten Fläche läuft. Günstigste Voraussetzungen bietet hier bis auf den heutigen Tag die Schiene. Auf ihrer glatten Oberfläche und hohen Festigkeit gründet die Leistung der Eisenbahnen.

Im Acker sind solche Bedingungen nicht gegeben. Unebenheiten der Erdoberfläche und Grundlosigkeit ergeben Rollwiderstände, deren Überwindung gewaltige Zugkräfte erfordert. Die Erbauer der ersten Ackermaschinen – man denke nur an Heathcoat und seine versunkene Dampfmaschine – bekamen dies in aller Deutlichkeit vor Augen geführt. Das hohe Gewicht ihrer Maschinen drückte auf Achsen und Räder, die, zumal in grundlosen Böden, so tief in die Erde einsanken, dass die Zugkraft der Maschine oft nicht mehr ausreichte, um die eingesunkenen Räder voran, das heißt „bergauf" zu bewegen. Ein rasches Durchdrehen der zumeist glatten Räder tat ein Übriges, um den mit so großen Erwartungen vorgenommenen Ackermaschineneinsatz zum

Schlepper auf Skiern und Gleisketten

James Boydell konstruierte Mitte des 19. Jahrhunderts Zugmaschinen, auf deren Rädern sich je sechs Holzstücke befestigt fanden. In der Form von Skiern boten sie den Maschinen verbreiterte Auflageflächen und erschwerten das Einsinken im weichem Boden (rechts). Der Kalifornier Benjamin Holt baute 1904 die ersten Raupenschlepper. Seit 1907 mit Ottomotoren ausgerüstet, erwiesen sie sich vor allem in feuchtem Gelände als wichtige Helfer der Landwirte (links und unten).

Fiasko werden zu lassen. So mancher der Ackermaschinenhersteller aus der Zeit der Jahrhundertwende musste froh sein, wenn in der Nähe Pferde verfügbar waren, um die eingesunkenen und festgefahrenen Maschinen wieder flott zu bekommen.

Schon in den Anfängen der landwirtschaftlichen Mechanisierung stellten deshalb technisch Interessierte Überlegungen an, wie die Vorzüge des Rads auch im Acker weitgehend erhalten bleiben könnten. Viele sahen in der Vergrößerung des Raddurchmessers bei gleichzeitiger Radverbreiterung einen Ausweg. Hierzu zählten unter anderem die meisten Hersteller von selbstfahrenden Dampflokomobilen, Dampfspatenpflügen und auch Benzinschleppern. Einen anderen Weg schlugen hingegen jene ein, die Fahrzeuge planten, die sich feste Bahnen selbst legen sollten. Man gedachte, auf diese Weise den Maschinen zu einer Auflagefläche auf dem Boden zu verhelfen, die wesentlich über das bei Rädern erreichbare Maß hinausgingen.

Ackermaschinen auf Schienen und Skiern

Den Anfang in Richtung „spurlegende Ackermaschinen" machte bereits 1770 ein Engländer namens R.L. Edgeworth. Er ließ sich eine Maschine patentieren, die Schienen jeweils vor das Fahrzeug ablegen und nach dem Befahren wieder aufnehmen sollte. Doch das Projekt scheiterte in der Durchführung ebenso wie die 1825 von Sir George

Cayley erbaute Dampfmaschine, bei der eine Matte als Auflagefläche diente, die über zwei vorne und hinten an der Maschine befestigte Rollen lief. Die aus Holz und Eisen gefestigte Matte erwies sich jedoch weder als elastisch noch haltbar genug.

Die erste einigermaßen brauchbare spurlegende Ackermaschine baute Mitte der 1850er Jahre der Engländer James Boydell. Er hatte die Idee, eine endlose Kette unter die Maschine als Bodenauflage zu bekommen, fallen gelassen. Seine Lokomobile hatte jetzt eine Vorrichtung, die jeweils sechs auf den Rädern befestigten Skiern ähnelte. Je Rad befand sich immer ein Ski auf dem Boden und verschaffte der Maschine eine solche Auflagefläche, dass ein Einsinken selbst in tiefen Boden nur schwer möglich war. Die Zeitgenossen äußerten sich lobend über Boydells Apparat. Es hieß, keine andere Maschine könne auf unwegsamem Gelände vergleichbar schwere Lasten schleppen. Auf festem Untergrund veranstaltete die Maschine mit ihren auf- und niedergehenden „Schienenschuhen“ zwar einen gewaltigen Lärm, bewegte sich ansonsten aber in überzeugender Weise voran. Dies anerkannten auch die britischen Militärs. Sie kauften einige der von Boydell für die Landwirtschaft konzipierten Maschinen und setzten sie 1854 im Krimkrieg als Zugmaschinen für Geschütze ein.

Während die Briten in der zweiten Hälfte des 19. Jahrhunderts der Entwicklung spurlegender Ackermaschinen weniger Aufmerksamkeit widmeten, liegen für diese Zeit aus den USA gleich mehrere Patentanmeldungen für solche Apparate vor. Gideon Morgan aus Calhoun, Tennessee, machte 1850 den Anfang, indem er eine endlos umlaufende Kette konstruierte, die eine Lokomotive oder einen Wagen tragen sollte. Die Maschine von Thomas S. Minnis aus Meadville lief dagegen auf drei Ketten, einer vorderen, mit der das Fahrzeug gelenkt wurde, sowie zwei hinteren, die jede von einer eigenen Dampfmaschine angetrieben wurden. 1867 gebaut, zählte eine Maschine dieses Typs zur Anfangsausstattung der neugegründeten landwirtschaftlichen Lehranstalt des US-Staates Iowa. Doch weder mit dieser noch mit ähnlichen Maschinen gelang den Erfindern der Durchbruch. Zu viele Probleme hinsichtlich der Lenkbarkeit von Kettenfahrzeugen, der Haltbarkeit der Ketten und der Antriebstechnik waren technisch noch ungelöst.

Mit Ketten über sumpfige Böden

Da begann sich in Kalifornien der Landmaschinenfabrikant Benjamin Holt (1849 – 1920) mit der Konstruktion von landwirtschaftlichen Zugmaschinen zu beschäftigen, die in der Lage sein sollten, seine überschweren Mähdrescher („Combines“) auf den sumpfigen Böden des Sacramento Valley voranzubringen. Bis zu 40 Maultiere je Mähdrescher galt es zu ersetzen. So reiste Benjamin Holt zur Jahrhundertwende durch die Vereinigten Staaten, hielt nach spurlegenden Fahrzeugen Ausschau und bekam auch einige Anregungen. Robert Parvin beispielsweise hatte 1873 einen Dampfpflug konstruiert, der sich auf einer endlosen Kette von Stahlplatten voranbewegte. G.F. Page aus Baltimore war 1884 ein Patent auf ein Gefährt erteilt worden, das auf zwei Ketten lief, ähnlich einem Fahrzeug von 1888, für das F.W. Baxter verantwortlich zeichnete. Während seiner Nachforschungen erfuhr Holt, dass auch in Großbritannien Mechaniker im Begriff waren, die Boydell'sche Technologie des Spurlegers zu vervollkommnen. Kurz entschlossen stattete er ihnen noch 1903 einen Besuch ab. Doch was auch immer Benjamin Holt vorgeführt wurde, es vermochte das Problem der im grundlosen Boden einsinkenden und damit unbeweglich werdenden landwirtschaftlichen Zugmaschine nicht zu lösen. Also machte sich Holt mit seinen Mechanikern selbst an die Arbeit. Eine Lokomobile wurde umgerüstet. Anstatt der Räder legte man nun zwei Ketten auf die Naben und setzte sie über eine im vorderen Fahrzeugteil befestigte Antriebswelle in Bewegung. Die Lenkung erfolgte über ein einzelnes Frontrad oder aber auch über den wahlweisen Einsatz von zwei oder drei Kupplungen, die ein Einbzw. Abkuppeln der rechten und linken Kette gestatteten.

Vom Spurleger zur Raupe

Holt's frühe Zugmaschinen verfügten über ein lenkbares Frontrad und zwei unter dem hinteren Fahrzeugteil befestigte Gleisketten (oben). Mit der Beobachtung „Das Fahrzeug kriecht wie eine Raupe“ begründete Werbefotograf Charles Clement die bis heute gültige Gattungsbezeichnung Raupenschlepper (unten).

Am Erntetag des Jahres 1904, dem Nationalfeiertag der Amerikaner, führte Benjamin Holt sein eigentümliches Fahrzeug in Stockton, unweit von San Francisco, der Öffentlichkeit vor. In den Niederungen des Sacramento-Deltas bestand es die an eine Ackermaschine gestellten Prüfungen mit Bravour. Erste Aufträge gingen ein, so von der Golden Meadow Development Company in Louisiana, die zu den größten Reisanbauern des Mississippideltas zählte. Doch noch war das Eigengewicht der auf Ketten gesetzten Dampfmaschine zu hoch. Runde 20 Tonnen wog das Ungetüm, eine „Abmagerungskur“ schien angebracht. Abgesehen davon benötigte man nach wie vor eine große Bedienungsmannschaft mit zahlreichen Zugtieren. Sollte das Dampfkettenfahrzeug funktionieren, mussten große Mengen Wasser und Brennstoff herbeitransportiert werden. 1907 unternahm Benjamin Holt daher erste Versuche mit einer von einem Benzinmotor angetriebenen Zugmaschine. An die Stelle der platzraubenden Dampfmaschine trat ein Vierzylinder-Ottomotor, der bei 555 U/min eine Leistung von 40 PS abgab. Dies entsprach genau der Stärke der stärksten Holt'schen Dampflokomobile, nur fiel das Leistungsgewicht ungleich günstiger aus.

Eine Raupe macht Geschichte

Holt's Gleiskettenschlepper mit Benzinmotor fand rasch Freunde. In Kalifornien orderten die Farmer, Bauunternehmer und Fuhrleute das Fahrzeug, das bei zwei Vorwärtsgängen mit einer Geschwindigkeit zwischen 3 und 6 km/h zwar nicht besonders schnell, auf den schlecht ausgebauten Wegen aber gut lenkbar war. Doch nicht nur die verbesserte Konstruktion entschied über den sich bald abzeichnenden internationalen Erfolg der Maschine. Dem Werksfotografen der Firma Holt,

AREHOUSE.
Paints

BUILT BY
THE HOLT MFG CO.
STOCKTON, CAL.
PATENTED

Charles Clement, kam bei Aufnahmen für einen Werbeprospekt angesichts des Kettenfahrzeugs ein grandioser Einfall: *„Das Fahrzeug kriecht ja wie eine Raupe!“* Damit war eine Kennzeichnung gefunden, die bis heute alle Weiterentwicklungen des Holt'schen Spurlegers zu eigen ist: Raupenschlepper! Mehr noch, die amerikanische Bezeichnung für Raupenschlepper, Caterpillar, wurde zum Firmennamen des derzeit führenden Baumaschinenherstellers der Welt.

Schnell hatte das kalifornische Unternehmen über 1000 dieser Holt Caterpillar verkauft. Militärexperten aus vielen Ländern klopften in Stockton an, um den Raupenschlepper auf seine Eignung für militärische Zwecke hin zu prüfen. Das österreichisch-ungarische Heer führte beispielsweise erste Tests zwischen 1912 und 1914 durch, ehe durch den Kriegsausbruch den Versuchen ein Ende bereitet wurde. Nichtsdestoweniger hielten die Österreicher schon damals Holt's Caterpillar für bestens geeignet, die schweren Geschütze der Skoda-Werke durch das Gelände zu ziehen.

Auch in Deutschland prüften Offiziere den Raupenschlepper von Benjamin Holt. Hier lautete das Ergebnis der bei Magdeburg durchgeführten Testfahrten allerdings: *„Ohne militärische Bedeutung.“* Die deutschen Militärs haben sich in ihrem Urteil gründlich getäuscht. Die landwirtschaftliche Zugmaschine von Benjamin Holt erwies sich vielmehr im Verlauf des Ersten Weltkriegs als überaus kriegstüchtig. Der britische General E.D. Swinton darf für sich in Anspruch nehmen, als erster erkannt zu haben, dass gerade dieses Fahrzeug mit seiner hohen Geländegängigkeit Soldaten und Ausrüstungsgegenstände wie kein anderes in umkämpfte Gebiete befördern kann. Fügte man nun noch Panzerung und Bewaffnung hinzu, wer vermochte dem Raupenschlepper Paroli zu bieten?

Landmaschinen im Kriegseinsatz

Und tatsächlich! Grenzenlos groß war der Schrecken der deutschen Soldaten, als sie sich im Jahre 1917 bei Cambrai den alliierten Tanks, sämtlich nach den Lizenzen von Benjamin Holt gebaut, gegenüber sahen. Hier war eine neue Waffe gefunden, die das Ende der herkömmlichen Kavallerie bedeutete und bis heute das militärische Geschehen beeinflusst. Nicht weniger als 9771 Holt Caterpillar wurden während des Ersten Weltkriegs für die Alliierten gebaut, die kleinsten mit einem Gewicht von 2,5 Tonnen und einem 12 PS-Motor, die größten aber mit einem Gewicht von 20 Tonnen und einem 120 PS-Motor. Der Übergang von der landwirtschaftlichen Zugmaschine zum Tank bzw. Panzer war vollzogen. Die Anerkennung, die man Benjamin Holt dafür bei Kriegsende zollte, war gewaltig. Zu Beginn des 20. Jahrhunderts angetreten,

Aus Raupen werden Panzer

Der britische General E. D. Swinton erkannte die Eignung von Raupenfahrzeugen für die Kriegsführung. Basierend auf Caterpillar-Fahrgestellen wurden in den USA im Verlaufe des Ersten Weltkriegs gepanzerte Tanks entwickelt. Zum ersten massiven Panzereinsatz kam es 1917 bei Cambrai in Nordfrankreich. Die Stahlkolosse verbreiteten beim militärischen Gegner Angst und Schrecken.

die landwirtschaftliche Arbeit zu erleichtern, wurde ihm nun bescheinigt, seine Maschine habe dazu beigetragen, den Weltkrieg für die Alliierten zu gewinnen.

Während des Ersten Weltkriegs konnte die Raupenschleppertechnik wesentlich verbessert werden. S. Norelius, Ingenieur bei der Firma Holt, erreichte mit seinen Erfindungen, dass das zuvor eingebaute Differentialgetriebe durch ein Kupplungslenkgetriebe ersetzt wurde. Damit konnte die jeweils kurveninnere Raupe abgekoppelt und gebremst werden, womit das lenkbare Vorderrad überflüssig wurde. Die 1910 erstmals von der Bullock Tractor Co., Chicago, entwickelte Vollraupe, für die Tanks des Ersten Weltkriegs weiterentwickelt, konnte nun bei sogar noch erhöhter Wendigkeit in die landwirtschaftlichen Zugmaschinen eingebaut werden.

Für das Prinzip der Vollraupe entschieden sich nach dem Ersten Weltkrieg die meisten der rund zehn Raupenschlepperproduzenten der USA, darunter einige, die wie Cleveland Tractor Co., Cleveland, Ohio, oder Monarch Tractor Co., Watertown, Wisconsin, Maschinen herstellen, die den Caterpillar Raupen in jeder Beziehung ebenbürtig waren. Bemerkenswerte Aufschlüsse gab dazu eine Mitte der 1920er Jahre an der Technischen Hochschule Berlin durchgeführte Untersuchung. Sie ergab, dass bei den Nutzungskräften der Cletrac-Raupenschlepper von Cleveland Tractor mit einer Gewichtsausnutzung von 95% unerreicht günstig lag. Die Daten für vergleichbare Ackerschlepper lagen bei 80%, konnten bei besonders schweren Maschinen aber bis zu 50% absinken. Die Leistungsstärke der Raupenschlepper bestätigt ein direkter Vergleich eines Bear-Raupenschleppers mit einem Fordson-Radschlepper. Im Ackergang vermochte die Bear-Raupe 70% des Gewichts für den Zug zu nutzen, beim Fordson waren es gerade 54%. Solche Spitzenwerte erzielten die Raupenschlepper jedoch nur, wenn wichtige Voraussetzungen wie günstige Durchbildung des Raupenlaufwerks und Wahl der richtigen Schwerpunktlage gegeben waren. Darin aber unterschieden sich in der Zwischenzeit die in Nordamerika gebauten Raupenschlepper weitgehend voneinander.

Deutsche Maschinen mit neuer Technologie

Umso überraschender war es, als im Jahr 1919 die „Hannoversche Maschinenbau AG, vorm. Georg Egestorff", kurz Hanomag, genannt, auf Anhieb einen Raupen- bzw. Kettenschlepper baute, bei dem es sich keineswegs um eine Imitation, sondern um eine technisch reizvolle Neukonstruktion handelte. So konnte der von Ernst Wendeler und Boguslav Dohrn (= WD) in die Raupe eingebaute 20 PS starke Vierzylindermotor wahlweise mit Benzin, Petroleum oder Gemisch betrieben werden. Auch verfügte das Gerät über eine Umlaufschmierung, Bosch-Magnetzündung und – für die damalige Zeit noch höchst ungewöhnlich – einen Luftfilter. Da man aber rasch erkannte, dass eine höhere Motorleistung wünschenswert war, wurde noch im gleichen Jahr der 20 PS-Motor durch einen 25 PS-Motor ersetzt. Er erlaubte der Raupe bei einem Gesamtgewicht von 3,3 Tonnen in den drei Vorwärtsgängen Geschwindigkeiten zwischen 2,1 und 2,6 km/h. Die Gewichtsausnutzung der 25 PS-WD-Raupe lag mit 82% zwar niedriger als bei amerikanischen Spitzenerzeugnissen, aber doch um einiges höher als bei annähernd gleichschweren Radschleppern. Aufsehen erregte der 25 PS-WD-Raupenschlepper ferner mit seinem mechanischen Hubgetriebe, an das die landwirtschaftlichen Arbeitsgeräte wie Pflüge, Eggen und Grubber angebaut werden konnten. In dieser Ausstattung wurde die Maschine unter anderem im Jahr 1921 in Pommern vorgeführt. Nach schwierigen Prüfungsarbeiten waren sich die Gutachter einig, dass die 25 PS-Hanomag-Raupe auch auf grundlosem Moorgelände gut einzusetzen war.

Der Erfolg veranlasste 1921 das hannoversche Traditionsunternehmen, das sich bereits vor dem Ersten Weltkrieg als Lokomotivbau-

Meister der Bodenbearbeitung

Mit den im Auftrag der „Deutschen Kraftpflug" gebauten WD-Raupenschleppern war Hanomag sehr erfolgreich. Sie bewährten sich vor allem bei der Bearbeitung schwieriger Böden und der Ödlandkultivierung.

Anstalt und Eisengießerei, als Dampfmaschinen-, Kessel- und Werkzeugmaschinenhersteller einen Namen gemacht hatte, den 50 PS-Raupenschlepper Typ Z50 zu bauen. Im Äußeren ähnelte die Maschine dem leistungsschwächeren Radschlepper, war jedoch in allen Abmessungen größer und kam auf ein Gesamtgewicht von 6,8 Tonnen. Die Gewichtsausnutzung von 91% zählte zu den besten Leistungen, die in der Zeit zwischen den Kriegen von 50 PS-Raupenschleppern überhaupt erzielt wurden. Bis zu sechs hintereinandergehängte Gespann-Bindemäher zog eine solche Raupe im Ernteeinsatz und die Zahl der beim Rübentransport angekoppelten Anhänger lag noch um einiges höher. Dies alles trug zu einem für die Herstellerfirma annehmbaren Verkaufsergebnis bei, das jedoch nicht von den kleineren und mittleren Landwirten, sondern nahezu ausschließlich von den Großagrariern bewirkt wurde. Damit hielten sich die Bauern an Berechnungen, nach denen ein wirtschaftlicher Einsatz einer 50 PS-Raupe nur auf einem mindestens 250 ha großen Gut gegeben war!

In den folgenden Jahren nahmen mehrere deutsche Firmen den Raupenschlepperbau auf. Erwähnt seien die Moorburger Treckerwerke Ritscher (MTW), Sprötze, die 1924 mit einer 24 PS-Maschine auf den Markt kamen. Die MTW-Raupe war ebenso mit einem Motor des Berliner Motorenbauunternehmens Heinrich Kämper ausgerüstet wie die Raupenfahrzeuge der Schwäbischen Hüttenwerke, Wasseralfingen (SHW), und der Linke-Hofmann-Werke (LHW), Breslau.

Auf Motoren eigener Fertigung setzte hingegen der Berliner Ackerschlepperhersteller Stock. Mit dem vom Oberingenieur Heidemann 1925 entwickelten Raupenstock hatte das Unternehmen ohnehin unbekannte Wege eingeschlagen. Um den hohen Verschleiß an Raupen und Stützrollen zu vermeiden, hatte Stock auf Stützrollen verzichtet. Die Kette oder Raupe lief nur über Vorder- und Hinterrad, wobei letzteres gerade die halbe Höhe des ersteren erreichte. Der Antrieb erfolgte von einem 26 PS, später 28 PS starken Motor auf die Vorderräder, die den nach vorn laufenden oberen Teil der Kette straff hielten. Mit Federdruck wurde der untere Teil der Kette auf den Boden gedrückt und so eine hinreichende Bodenauflage erzielt. Diese in der Tat eigenwillige Konstruktion erreichte im 3. Gang eine Spitzengeschwindigkeit von 9,5 km/h und war somit schneller als die meisten der konkurrierenden Radschlepper. Rund 4000 verkaufte Raupenstock zeigen die Beliebtheit dieser schon frühzeitig mit Zapfwelle und mechanischer Hebevorrichtung ausgerüsteten Maschine.

Der schlesische Rübezahl stellt sich vor

Ein interessantes Kapitel deutscher Raupenschleppergeschichte wurde in Schlesien geschrieben. Die Maschinenbauanstalt Linke-Hofmann hatte in den 1920er Jahren ihre Produktpalette um Raupenschlepper erweitert. Getriebe und Triebachse hatte Ingenieur Stumpf zu einem Block ohne Rahmen zusammengebaut. Ein rund 50 PS starker Kämper-Benzinmotor verlieh der Raupe im Gelände eine Höchstgeschwindigkeit von 5,8 und auf der Straße von 14 km/h. Daneben

jedoch experimentierten die Ingenieure bei Linke-Hofmann mit Dieselmotoren, die im Breslauer Werk in unterschiedlicher Größe seit der vorletzten Jahrhundertwende als stationäre Antriebe gebaut wurden. 1929 hatte man endlich einen geeigneten 60 PS-Diesel entwickelt, der im Vergleich zum Ottomotor weniger anfällig, treibstoffsparend und langlebig sein sollte. Es hieß, die Betriebskosten der Dieselraupe seien auf ein Drittel gegenüber dem herkömmlichen Raupenschlepper mit Ottomotor reduziert.

Ein einjähriger Dauerversuch schloss sich an, ehe 1931 der Raupenschlepper „Rübezahl" vorgestellt wurde. Eine Bosch-Pumpe spritzte Rohöl in den Zylinder; Vergaser und Magnetzündung waren hinfällig geworden. Das Anlassen erfolgte über eine große Doppelbatterie, die, wie der Hersteller sagte, selbst bei größter Kälte nicht versagen sollte. Damit hatte Linke-Hofmann technisches Neuland betreten und lag nun gleichauf mit der Firma Hanomag, die ebenfalls 1931 der Öffentlichkeit einen ersten Raupenschlepper mit Dieselmotor vorstellen konnte, für den der Konstrukteur Lazar Schargorodsky verantwortlich zeichnete.

Als dann Linke-Hofmann-Busch (Erweiterung des Namens durch Übernahme eines zuvor selbständigen Unternehmens) ab 1929 das in US-Lizenz gefertigte Cletrac-Doppeldifferential-Lenkgetriebe einbaute,

Zugstarke Rübezahl-Raupen

1935 wurde aus dem Traktorenbau der Breslauer Linke-Hofmann-Werke der Nutzfahrzeughersteller Fahrzeug- und Motorenwerke FAMO. Die Raupenschlepper der Baureihen Rübezahl und Boxer, die dort bis 1945 gebaut wurden, fragten vor allem Großbetriebe nach.

mit dem eine Drehung im kleinsten nur denkbaren Bogenradius möglich wurde, verkörperten die Breslauer Raupenschlepper rundum hochwertige Technik. Sie wurden in den 1930er Jahren nach Südosteuropa, Skandinavien, Asien, Afrika, Süd- und Mittelamerika exportiert.

Die beachtliche Entwicklung des schlesischen landwirtschaftlichen Nutzfahrzeugbaus war auch den auf militärische Aufrüstung hinarbeitenden nationalsozialistischen Machthabern nicht verborgen geblieben. 1935 wurde aus den Linke-Hofmann-Busch-Werken die FAMO-Fahrzeug- und Motorenwerke GmbH herausgelöst, die nicht nur die Land- und Forstwirtschaft, sondern auch für die Bauwirtschaft, vor allem aber die Wehrmacht produzierte.

Für Raupenschlepper wie den 100 PS starken „Riesen“ bestand in der Landwirtschaft jedenfalls kaum Bedarf. Als Planierraupe wurde die Maschine beim Autobahn- und Flughafenbau eingesetzt. Die dabei gewonnenen Erfahrungen nutzte die FAMO während des Zweiten Weltkriegs, als sie ausschließlich für die Wehrmacht in großer Stückzahl den 18 Tonnen schweren FAMO-Zugkraftwagen mit einem 230 PS-Ottomotor baute, ein bis zu 50 km/h schnelles Halbkettenfahrzeug, das geländegängig war und über starken Zug (14 Tonnen) verfügte. Ähnlich Benjamin Holt's Caterpillar war damit auch in Deutschland der für die Landwirtschaft gebaute Raupenschlepper zum Vater hochwertigen Kriegsgerätes geworden.

In schwierigem Gelände zuhause

Deutsche Hersteller wie Linke-Hofmann-Busch (oben) und Stock (unten) boten Raupenschlepper so lange mit gutem Erfolg an, wie die Bereifung der Radschlepper unzureichend war. Dabei unterschieden sich die Konzepte der einzelnen Hersteller hinsichtlich Laufwerk, Federung, Antrieb und Formgebung sehr. Bei der im Deutschen Landwirtschaftsmuseum Hohenheim erhalten gebliebenen Raupe handelt es sich um eine 50 PS-Rübezahl-Maschine aus den späten 1920er Jahren (oben rechts).

Wie nach dem Ersten Weltkrieg, so fand auch nach dem Zweiten Weltkrieg die Raupenschleppertechnik zurück zur Landwirtschaft. Das Bemühen von Unternehmen wie Hanomag, Lanz oder Klöckner-Humboldt-Deutz um die Landwirtschaft als Abnehmer für ihre Raupenfahrzeuge bleib bis in die 1960er Jahre hinein beachtlich. Noch immer galten entsprechend motorisierte Raupenschlepper für Ackerarbeiten mit großer Arbeitsbreite und -tiefe bei schweren Böden, für Erdbewegungen und Rübenerntearbeiten als geeignete Fahrzeuge. Besonders erfolgreich arbeiteten sie auf druckempfindlichen Böden, in moorigen und sumpfigen Gegenden, wo sich die Raupenschlepper durch ihren niedrigen spezifischen Bodendruck auszeichneten. Bei den verschiedenen Kulturarbeiten wie etwa den Landgewinnungsaktionen im Emsland waren sie unverzichtbare Helfer der dort arbeitenden Unternehmen wie auch der später angesiedelten Bauern.

So eindrucksvoll die Vorteile der Raupenschlepper zu Buche schlagen, ihnen stehen gleichwohl gravierende Nachteile gegenüber. Die Raupenketten nutzen sich nach wie vor rasch ab und sind reparaturanfällig. Auch ist der Aktionsradius der Raupenfahrzeuge dadurch eingeengt, dass ihnen mit Eisenketten das Befahren öffentlicher Straßen und Wege untersagt bleibt, ganz abgesehen von ihrer zumeist geringen Fahrgeschwindigkeit. Welcher Landwirt aber kann sich schon zur Raupe einen mit einer Zugmaschine ausgestatteten Tieflader leisten? So verschwand der Raupenschlepper in Mittel- und Nordamerika seit den 1960er Jahren zunehmend aus der Landwirtschaft. Nur in der Sowjetunion, die eine umfangreiche, am Caterpillar-Vorbild orientierte Raupenschlepperherstellung unterhält, trifft man diese Form der landwirtschaftlichen Zugmaschine noch häufig an.

Weitgehend aus der Landwirtschaft verschwunden sind auch die Anbaukettenfahrzeuge. Zwischen den Weltkriegen sowie in der unmittelbaren Nachkriegszeit wurden sie für jene Landwirte entwickelt, die einen Radschlepper besitzen, nicht aber auf die Leistung der Raupe verzichten wollten. Die Firmen Ritscher, Sprötze und Atrag, Berlin, stellten neben anderen Anbau- oder Ansteckraupen her, die nach Abnahme der Hinterräder auf die Hinterachse der Schlepper montiert waren. Als Umrüstzeit wurden seitens der Hersteller etwa 15 Minuten angegeben, doch nur wenige erreichten solche Zeiten! So blieb die Anbaukette insgesamt wenig geliebt, ein Helfer in der Not, der mit dem Aufkommen der Ackerluftreifen mit Spezialprofil überflüssig geworden war.

Doppelt hält besser

Der bei F. K. Klausing im Niedersachsenwerk gebaute Tiefkulturmeißel war ein gewaltiger „Kraftfresser“. Zwei hintereinander gekoppelte Kettenschlepper hatten Mühe, das Gerät durch den Boden zu ziehen (oben). Bulldog-Raupen holten 55 PS aus einem einzigen Zylinder (unten).

Die amerikanische Herausforderung – Der Fordson

Eines der zweifellos interessantesten Kapitel in der Geschichte der Ackerschlepper ist untrennbar mit dem Namen „Fordson“ verbunden. Es gilt jenem Schlepper, der als „Sohn von Henry Ford“, Sohn des Detroiter Automobilkönigs, eine recht eigenartige Bezeichnung erhielt.

Dabei war der Fordson ein echter Ford! Fragt man, ob sein Konstrukteur Henry Ford (1863 – 1947) von den Automobilen zu den Landmaschinen oder von den Landmaschinen zu den Autos gefunden hat, so fällt die Antwort eindeutig aus. Für den Farmersohn Ford standen die Landmaschinen, Lokomobilen, Dresch- und Sämaschinen zweifelsohne im Mittelpunkt des Interesses. Folgerichtig befand sich auch einer seiner ersten Arbeitsplätze bei einem Lokomotivenhersteller, der Westinghouse Company in Shenactady, New York.

Hier erhielt Ford umfangreiches technisches Wissen als Mechaniker vermittelt, hier wurden dem knapp 20-jährigen aber auch die Nachteile des Dampfmaschineneinsatzes in der Landwirtschaft in aller Deutlichkeit vor Augen geführt. Es beschäftigte ihn sehr, wenn er erlebte, wie die teuren und tonnenschweren Ungetüme über das Land rumpelten, um von den Farmern beim Dreschen und Holzsägen eingesetzt zu werden. Die Lösung der anstehenden Probleme sah Ford zu diesem Zeitpunkt in dem erst noch zu bauenden leichten Dampfwagen, der vornehmlich die Pferde beim Pflügen ersetzen, zugleich aber auch als Transportfahrzeug Verwendung finden sollte. Und Ford baute tatsächlich an solchen pferdelosen Zugmaschinen. Doch weder vermochte er mit seiner Konzeption den Arbeitgeber Westinghouse zu überzeugen, noch schien ihm selbst die Frage der Gewichtsverringerung bei Ver-

Fertigung am Fließband

Mehr als 15 Millionen Exemplare der „Tin Lizzy" wurden zwischen 1908 und 1927 gebaut. Für seinen ersten Traktor (links) verwendete Ford Teile von verschiedenen Ford-Pkw-Typen. Die Hinterräder stammen von einem McCormick-Mähbinder.

wendung der Dampftechnologie befriedigend gelöst zu sein. Er gelangte zu der Erkenntnis, dass nur schrittweises Vorgehen zum Ziel führen konnte, wobei zunächst die Entwicklung eines leistungsstarken, dennoch aber leichten Antriebs in Angriff genommen werden musste. So wurde die ursprüngliche Herausforderung, der Landwirtschaft zu einem neuen, vielseitig einsetzbaren Fahrzeug zu verhelfen, zurückgestellt. Die Ergebnisse dieser Anstrengungen sind bekannt. 1892 baute Ford sein erstes Automobil, rund zehn Jahre später gründete er die „Henry Ford Automobile Company", der 1904 die „Ford Motor Company" folgte. Gebaut wurde seit 1903 das Ford „Model A", von dem binnen der ersten 12 Monate 1708 Wagen verkauft werden konnten.

Mit dem großartigen Erfolg bei der Automobilen besann sich Henry Ford auch wieder der Frage nach geeigneten landwirtschaftlichen Nutzfahrzeugen. Im Jahr 1907 ging er zu Joseph Galamb, einem seiner besten Ingenieure. Er gab ihm den Auftrag, in kurzer Frist – es heißt innerhalb von drei Tagen – einen Schlepper-Prototypen zu konstruieren. Mit dieser Frist wird Galamb und sein Konstruktionsbüro kaum ausgekommen sein. Sie zeigt jedenfalls, dass es Henry Ford um einen rasch herzustellenden Traktor ging, der nicht wie alle Tage Stück um Stück in kompletter Handarbeit gebaut werden musste. Und Galambs Fahrzeug, heute ausgestellt im Ford-Museum in Dearborn, Michigan, konnte sich sehen lassen. Man hatte so viele Teile wie möglich von den Ford-Automobilen eingesetzt und auf einen Eisenrahmen montiert.

Hinter einem zylindrischen Treibstofftank befand sich ein Kühler des Ford „Model K" von 1907, die quer laufende 20 PS-Vierzylindermaschine des Ford „Model B" von 1905, der Lenker des „Model K" sowie ein behelfsmäßig hergerichteter Fahrersitz. Die großen Fronträder hatte man aus Holz gefertigt und auf die Nabe des „Model K" aufgezogen, während man bei den Hinterrädern auf Vorlagen zurückgriff, die im Dampfschlepperbau Verwendung gefunden hatten. Die Kraftübertragung hingegen war wieder vom „Model B" entlehnt, so dass man sagen kann, nicht die Teile, wohl aber die Konzeption insgesamt war neu. Doch der optisch gelungene Zusammenbau vermochte bei den Versuchen nicht zu überzeugen. Hinzu kam, dass Henry Ford just im Jahr 1908 den legendär gewordenen Wagen „Model T", später liebevoll „Tin Lizzie" (Blechkiste) genannt, der Öffentlichkeit vorstellte. Der Erfolg dieses Fahrzeugs war so gewaltig, dass alle Kapazitäten des Unternehmens zu seiner Herstellung benötigt wurden. Daran änderte sich auch in den folgenden Jahren nichts. Die Verkaufszahlen sprechen für sich. 1909, im ersten vollen Produktionsjahr, fertigte man bei Ford 10.607 „Model T", 1914 waren es schon 248.300 und nur zwei Jahre später, 1916, sogar schon 533.921.

Ackerschlepper aus Autoteilen

Dennoch, der große Erfolg seiner Personenkraftwagen konnte Henry Fords Idee, einen für die Masse der Farmer erschwinglichen und

sinnvoll einsetzbaren Ackerschlepper zu bauen, auf Dauer nicht verdrängen. 1915 erwarb der Automobilkönig deshalb ein Gelände, auf dem Schleppermodelle konstruiert und getestet werden sollten. Dabei orientierte man sich zunächst weitgehend am „Model T", doch erkannte die von Ford mit dem Projekt betraute Mannschaft, zu der neben anderen Charles Sørensen, Eugene Farkas und nicht zuletzt wieder Joseph Galamb zählten, dass neue Wege einzuschlagen waren. Da kam Farkas die für den Schlepperbau wahrlich revolutionäre Idee, ein rahmenloses Fahrzeug zu konstruieren, bei dem Motor, Getriebe und Hinterachse zu einem selbsttragenden Block zusammengebaut wurden. Zwischen 30 und 50 solcher Fahrzeuge ließ Ford in einer eigens errichteten Werkstätte herstellen und testete sie an verschiedenen Orten der USA, so unter anderem in Fremont, Nebraska. Die Ergebnisse waren zufriedenstellend, doch schienen weitere Verbesserungen angebracht, weshalb Ford eine Herstellung des Schleppers in Serie ablehnte.

Dann begannen sich die Ereignisse zu überschlagen. Der Erste Weltkrieg mit der von der deutschen Marine erfolgreich betriebenen U-Boot-Blockade Großbritanniens hatte die Insel in arge Versorgungsengpässe gestürzt. Die ständig geringer werdenden Lebensmitteleinfuhren veranlassten die britische Regierung, darüber nachzudenken, wie die einheimische landwirtschaftliche Produktion erhöht werden könnte. Dabei war die Situation denkbar ungünstig. Es fehlte an Arbeitskräften ebenso wie an Pferden. Vermehrter Schleppereinsatz bot sich als Ausweg an, doch weder besaß Großbritannien die notwendigen freien Kapazitäten – selbst bei Fowler wurden Rüstungsgüter gefertigt – noch verfügten die kleineren, weniger leistungsfähigen britischen Ackerschlepperhersteller wie Ivel und Saunderson über hinreichendes technisches Wissen.

So suchte die britische Administration Gespräche mit leistungsfähigen amerikanischen Industriellen, die sie unter anderem zu Percival Perry, Henry Fords britischem Interessenvertreter, führten. Perry hatte zuvor schon Fords Experimente mit Ackerschleppern mit großem Interesse verfolgt und einige Bausätze dieser Maschinen nach England importiert. Zwei davon sollten nun zusammengebaut und Vertretern des britischen Landwirtschaftsministeriums vorgeführt werden. Die Demonstration fand 1917 in Trafford Parks, Manchester, statt, wobei die Maschinen auf ihre Eignung für das Pflügen, Säen, Schleppen sowie für die Fahrt in hügeligem und morastigem Gelände getestet wurden.

Ständig verbessert

Vom ersten Prototyp (oben), den Henry Ford hier selbst steuert, bis zum Beginn der Massenfertigung 1917 gingen 10 Jahre ins Land. Noch gab es keine traktorspezifische Anhängung. Die gezogenen Geräte mussten durch Helfer bedient werden. Von Anfang an war es Fords Ziel, ein Zugfahrzeug zu entwickeln, das vielseitig einsetzbar war. Konstruktionsassistent Jo Galambs entwickelte 1913 einen Traktor mit hoher Bodenfreiheit für Reihenkulturen auf der Basis des T-Modells. Bei dem Prototyp von 1915 (unten) wurden zusätzlich zwei Wassertanks seitlich am Motor angebracht, um die Kühlung zu verbessern.

Demonstration für Männer mit Hut

Gegen Ende des Ersten Weltkriegs erlangte der Fordson kriegswichtige Bedeutung. Sein Einsatz sollte die Leistungsfähigkeit der britischen Landwirtschaft sicherstellen. Entsprechend traten bei Vorführungen Personen von Bedeutung, Politiker mit Hut und Soldaten mit Mütze, in Erscheinung.

Das Ergebnis fiel uneingeschränkt positiv aus. Die Berichterstatter von der *Royal Agriculture Society of Engineers (RASE)* bezeichneten die Konstruktion als *„durchaus leistungsfähig und in der Arbeit von erstklassiger Qualität“*. Kaum weniger als durch die Demonstration überzeugten die Fahrzeuge wegen ihres Gewichts. Beladen mit Betriebsstoff und Wasser wog der in England geprüfte Ford-Traktor ganze 23 ½ Zentner, was letztlich auch einen günstigen Herstellungspreis zur Folge haben sollte. Gerade aber diese Faktoren waren für die britische Regierung ausschlaggebend: leicht, vielseitig einsetzbar und billig sollte die benötigte landwirtschaftliche Zugmaschine sein. Dass sie aus Nordamerika kam, war dabei kein Hindernis.

So erging noch im April 1917 der Auftrag an Henry Ford, in England mit der Herstellung von Ford-Schleppern zu beginnen. Der Däne Charles Sørensen wurde per Schiff mit allen erforderlichen Konstruktionsunterlagen von Dearborn aus nach Manchester geschickt, aber dann blieben die von den Briten zu leistenden Materiallieferungen aus. Die chaotische Situation, in der sich die britische Wirtschaft im Kriegssommer 1917 befand, verschlimmerte sich noch, als deutsche Bomber selbst bei Tag wagten, London anzugreifen. An eine Ackerschlepperherstellung war nun auf der Insel nicht mehr zu denken. Der Kriegsflugzeugbau erhielt absolute Priorität.

Amerikanische Schlepper für Großbritannien

In dieser Situation ließ Henry Ford der britischen Regierung das Angebot unterbreiten, die geforderte Zahl von 7000 Traktoren für die britische Landwirtschaft binnen weniger Monate in den USA herzustellen. Der kalkulierte Stückpreis von 700 US-Dollar war dabei nur halb so hoch, wie die Briten errechnet hatten. Auch machte Ford die Zusage, bereits 60 Tage nach Vertragsabschluss mit der Versendung der ersten Traktoren nach Großbritannien zu beginnen, so dass sich die britische Regierung, mit einiger Skepsis zwar, zur sofortigen Vertragsunterzeichnung bereit erklärte. Was unmöglich schien, brachte Henry Ford zuwege. Noch nicht einmal 60 Tage nach der definitiven Auftragserteilung waren die ersten Traktoren fertiggestellt. Dabei hatte die Produktionsschiene ganz neu eingerichtet werden müssen. Telegrafisch hatte man Werkzeugmaschinen geordert und einen Notanbau kurzerhand zur Fabrikhalle umgebaut! Bis April 2018 hatte Ford tatsächlich die bestellten 7000 Ackerschlepper produziert und nach Großbritannien verschifft – in vielfältigen Ehrungen wurde fortan sein Beitrag zum für England erfolgreichen Ausgang des Ersten Weltkriegs gewürdigt.

Wie aber war das Fahrzeug im Einzelnen beschaffen, das für die britische Landwirtschaft während der letzten Kriegsmonate eine so

Schützenhilfe

Am 6. Oktober 1917 wurde der erste Fordson für das britische Ministry of Munitions in Dearborn verladen und nach Manchester verschifft. Vorne rechts stehend Henry Ford, neben ihm im hellen Anzug Charles Sørensen, zwischen den beiden in der Hocke Chefkonstrukteur Eugene Farkas.

eminente Bedeutung besaß? Am besten lässt man Henry Ford seine konstruktiven Grundgedanken selbst darlegen: *„Wie bei dem Automobil strebten wir nach Leistung, nicht nach Gewicht ... Der einzige Typ von Schlepper, den ich der Konstruktion für wert hielt, sollte so leicht, stark und einfach sein, dass jeder ihn zu handhaben verstünde. Außerdem sollte er so wenig kosten, dass ihn jeder sich auch leisten konnte.“*

Die Umsetzung dieser Vorstellungen sprach für sich. Der gewichtsparende rahmenlose Zusammenbau von Motor, Getriebe und Hinterachse in einem selbstragenden Block wurde später für zahlreiche Schlepper anderer Fabrikate zum Vorbild. Hinzu kam ein 20 PS-Vierzylinder-Vergasermotor, der mit Benzin gestartet und dann mit Petroleum betrieben wurde. Er erreichte zunächst 1000, später 1300 U/min. Das Getriebe ermöglichte drei Vorwärtsgänge sowie einen Rückwärts-

Ein revolutionäres Konzept

Motor, Getriebe und Hinterachse sind beim Fordson-Traktor als selbsttragender Block verbunden. So konnte gewichtssparend auf einen Rahmen verzichtet werden. Der Motor wurde von Hand angedreht. Das Schnittmodell ließ Ford zu Demonstrationszwecken herstellen. Es macht die Einfachheit der Konstruktion anschaulich.

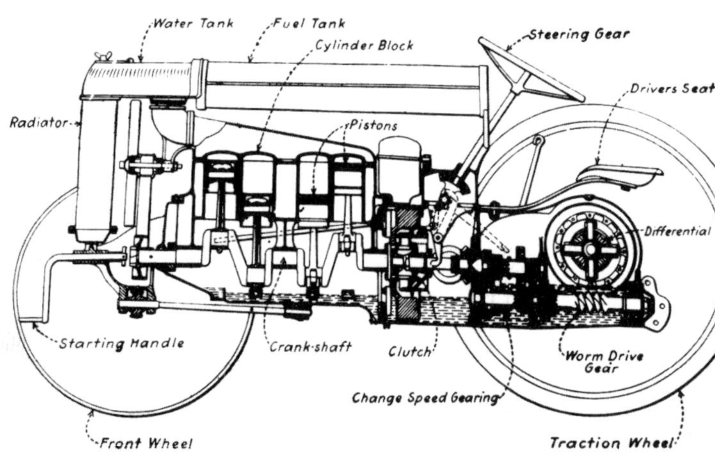

gang, wobei der dritte Vorwärtsgang das Fahrzeug respektable 13,9 km/h schnell machte, eine Geschwindigkeit, die von kaum einem anderen Nutzfahrzeug der damaligen Zeit auch nur annähernd erreicht wurde. Auch im Leistungsgewicht lag der Schlepper überaus günstig, da er 62 kg/PS gegenüber den bei anderen Schleppern üblichen 100 bis 120 kg/PS aufzuweisen hatte. Kurzum, der Erfolg des Fahrzeugs war vorprogrammiert.

Doch bevor die Ford Motor Company auch in den USA in das große Geschäft mit landwirtschaftlichen Nutzfahrzeugen einsteigen konnte, galt es mit schlitzohrigen Neidern fertig zu werden. Einige aus Minneapolis, Minnesota, stammende Geschäftsleute hatten nämlich ohne Skrupel just in dem Augenblick, zu dem sich Henry Ford anschickte, seine Ford-Schlepper auch den amerikanischen Farmern anzubieten, einen jungen Mann namens Ford engagiert. Mit ihm als „Namensgeber" gründeten sie eine „Ford Tractor Company", die den aus dem Automobilgeschäft bekannten Namen Ford für das Landmaschinengeschäft blockierte. Diese fragwürdige „Ford Tractor Company" blieb weitgehend erfolglos. Sie vermochte nur einige wenige Schlepper zu produzieren, so ein dreirädriges Fahrzeug, das über einen 8/16 PS leistenden Zweizylindermotor verfügte. Gleichwohl zwangen sie den Autokönig aus Detroit, seine Schlepper unter einem anderen Namen zu offerieren. Henry Fords landtechnische „Söhne" wurden deshalb von der am 27. April 1917 gegründeten Firma Henry Ford & Son" hergestellt und hießen fortan Fordson.

Jubiläums-Fordson

Mitte des Jahres 1925 konnte der 500.000ste Fordson im Werk Dearborn produziert werden. Henry Ford selbst ließ es sich nicht nehmen, den Jubiläums-Traktor zu fahren. Mit einem Anteil von 70 Prozent dominierte der Fordson den US-Schleppermarkt.

Jeder zweite Schlepper ein „Sohn von Ford"

Nachdem diese firmenrechtlichen Barrieren überwunden waren, gab es für den Fordson in den USA kein Halten mehr. Im Juli 1918 konnten bereits 131 Fordson täglich hergestellt werden, und schon im August 1920 erklärten „Henry Ford & Son", man habe den 100.000. Fordson verkauft, mehr als jeder andere Hersteller von Traktoren! An dem beeindruckenden Erfolg hatte das für die damalige Zeit ungewöhnliche Vertriebssystem maßgeblichen Anteil. Ford setzte seine Autohändler auch als Verkäufer der Fordson-Schlepper ein. Ein dichtes Netz von Verkaufs- und Servicestationen bürgte auf diese Weise dafür, dass der Ackerschlepper des Unternehmens binnen kürzester Frist überall zwischen Atlantik und Pazifik bekannt und verfügbar wurde.

Wie sehr der Fordson für die Motorisierung der US-Landwirtschaft bestimmend wurde, zeigt die Produktionsstatistik. Im Jahr 1921, die wirtschaftliche Nachkriegsflaute war gerade überwunden, trug jeder zweite in den USA hergestellte Ackerschlepper das Fordson-Zeichen. In den Jahren 1923 und 1925 schnellte bei jeweils über 100.000 hergestellten Einheiten der Marktanteil des Unternehmens dann sogar auf 60 bzw. 75% hoch, was wesentlich durch drastische Preisreduzierungen erreicht worden war. Nachdem der Fordson in den USA im Jahr 1919 einmal für 885 Dollar angeboten wurde, hatte man den Preis nach der Inbetriebnahme eines neuen Werkes am River Rouge auf 395 Dollar senken können. Den damit initiierten Preiswettbewerb führten die Fordson-Verkaufsmanager so hart, dass alle anderen US-Hersteller nachfolgen mussten. Eine Konkurswelle ohnegleichen erfasste daraufhin die junge Branche, und nur die wirtschaftlich leistungsfähigen Konkurrenten, darunter John Deere, Case, International Harvester und Holt, vermochten weiter zu bestehen. Selbst die General Motors Corp., in späteren Jahrzehnten lange der Welt größtes Wirtschaftsunternehmen überhaupt, räumte damals angesichts der großangelegten Strategie der Fordson-Verkäufer entmutigt das Feld.

Deutsche Ängste vor der amerikanischen Überlegenheit

Es versteht sich, dass man zu dieser Zeit auch in Deutschland über den Fordson sprach. Die sich durch den Versailler Vertrag gedemütigt fühlende Nation sah in der Maschine vornehmlich ein zu verachtendes Instrument der Sieger. Schon schien der Fordson nach Meinung der deutschen Landmaschinenindustrie, aber auch zahlreicher Landwirte, geeignet, nach der militärischen Niederlage auch noch den wirtschaftlichen Niedergang zu beschleunigen. Man fürchtete um die Konkurrenzfähigkeit einheimischer Motorpflughersteller, sollte der Fordson auf den deutschen Markt kommen. Oberamtmann Heinrich Görg, ein fortschrittlicher Landwirt und Vorsitzender der Maschinen-Abteilung der Deutschen Landwirtschafts-Gesellschaft (DLG) vertrat unermüdlich den Standpunkt, die deutsche Industrie sei in der Lage, hochwertige

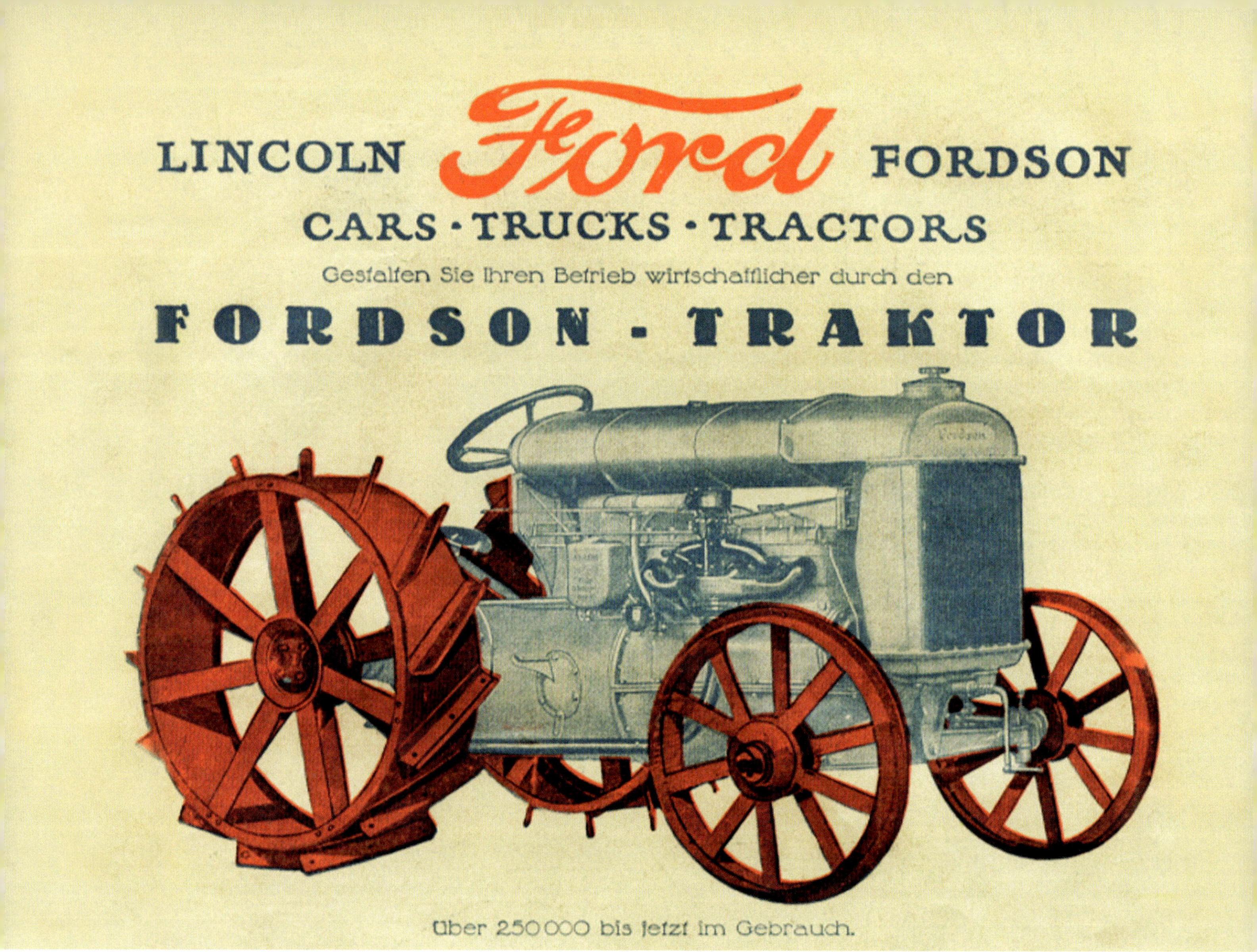

Fordson in Deutschland

In Deutschland wurde der Fordson-Traktor nach dem Ersten Weltkrieg als „Siegerfahrzeug" abgelehnt. Dies änderte sich ab 1923, als Prüfungen seine Leistungsfähigkeit bestätigten. 1925 war jeder siebte neu verkaufte Traktor ein Fordson.

Landmaschinen selbst zu fertigen, sodass auf amerikanische Importe verzichtet werden könne und müsse.

Zusammen mit anderen einflussreichen Vertretern der Landtechnik wie Professor Martini (Halle) oder Oberamtmann Cleve (Grauhof) verwies er in diesem Zusammenhang auf die Motorpflüge der Unternehmen Hanomag, Stock oder Hansa-Lloyd, die zwar gemessen am Fordson noch zu schwer und zu teuer seien, aber andererseits, insbesondere beim Tiefpflügen, unbestreitbare Vorteile besäßen. Auch seien die genannten deutschen Unternehmen angetreten, einen Kleinmotorpflug zu entwickeln, der den Fordson endgültig überflüssig machen werde.

Gerade dies aber bestritten die Propagandisten des Fordson in Deutschland, allen voran Kommerzienrat Graetz. Er war es auch, der bereits 1921 bei der deutschen Reichsregierung die Einwilligung zur Einfuhr von acht Fordson-Traktoren erwirkte. Für drei Monate sollten die Fahrzeuge anlässlich der Frankfurter Messe nach Deutschland kommen. Doch ehe sie wieder zurückverschifft wurden, erreichte Kommerzienrat Graetz, dass die Fordson-Schlepper auf seinen eigenen Ländereien in Ost-Priegnitz verbleiben konnten.

Ford erobert den deutschen Markt

Doch damit war der Streit um den Fordson keineswegs beendet. Zum einen überzeugten sich immer mehr Landwirte bei Auslandsaufenthalten von der Leistungsstärke der amerikanischen Traktoren, zum anderen aktivierten nationale Kreise in Industrie und Landwirtschaft ihre Vorbehalte gegen alle Erzeugnisse der Siegermächte. Die Ruhr-Besetzung 1923 durch die Franzosen schien letzteren Kräften weiteren Auftrieb zu geben. Dennoch, gerade Ruhrgebiet und Rheinland, die von den Siegern besetzten Gebiete, entwickelten sich Ende 1923 zum Einfallstor für die nordamerikanischen Schlepper. Hier besaßen die Einfuhrbeschränkungen der Reichsregierung keine Gültigkeit. Das hatte zur Folge, dass schon 1924 rund 200 Fordson von kostenorientierten Landwirten ins Rheinland geholt wurden. Das Geschäft ließ

Blickfang Fordson

Bei Oldtimer-Veranstaltungen erfreut sich der Fordson großer Beliebtheit. Für Jung und Alt ist es eine Freude und Ehre, einen Fordson-Traktor pilotieren zu können, sei es die Straßenversion (oben) oder als Ackerschlepper (unten).

sich für die Ford Motor Company so gut an, dass sie in Köln ein Zentral-Ersatzteillager für ihre Schlepper einrichteten. Damit war der Einstieg in den deutschen Markt gelungen.

Der nächste Schritt bestand für das amerikanische Unternehmen darin, auch im übrigen Reichsgebiet Fuß zu fassen. Dazu setzte man ähnlich wie in den USA vor allem den Verkaufspreis als Waffe im Kampf um Marktanteile ein. 2900 Goldmark zuzüglich 600 Goldmark für den Zweischar-Oliver-Anhängepflug waren in der Tat konkurrenzlos! So kam die Reichsregierung nicht umhin, im Frühjahr 1924 der Einfuhr von 500 Fordson zuzustimmen. Es galt, dem verschiedentlich laut gewordenen Vorwurf der Benachteiligung der deutschen Landwirtschaft bei der Beschaffung leistungsfähiger Landtechnik entgegenzutreten. Interessant erscheint allerdings, dass niemand anders als die selbst im Motorpflugbau engagierten Pöhl-Werke (Gößnitz) mit ihrer Tochtergesellschaft AMOBO den Generalvertrieb der Fordson-Schlepper übernahmen. Und das Geschäft entwickelte sich für die AMOBO überaus günstig. Lange Wartelisten machten den Verkauf zum Kinderspiel. Das Kontingent der 500 Fordson war unmittelbar nach Anlieferung bereits ausverkauft! Verbittert beobachtete die deutsche Landmaschinen-Industrie die Entwicklung; ihre Absatzschwierigkeiten waren unübersehbar. Doch gegen niedrigen Preis und überzeugende Leistungsnachweise erwiesen sich Klagen wie *„Behüte uns Gott davor, dass die Amerikanisierung Europas erfolgt“* als wenig zugkräftig. Das nächste Einfuhrkontingent von wiederum 500 Fordson ließ nicht lange auf sich warten.

Im Herbst 1924 war man sich auch in nationalen Kreisen darüber klar, dass die „fordlose“ Zeit für die deutsche Landwirtschaft zu Ende war. So war 1925 jede siebente im Deutschen Reich neugekaufte landwirtschaftliche Zugmaschine ein Fordson-Schlepper, im darauffolgenden Jahr schon jede fünfte. Die Diskussion über den nordamerikanischen Traktor begann sich zu versachlichen, wozu 1923 eine 70 Tage dauernde Vergleichsprüfung zwischen einem deutschen Fabrikat und einem Fordson unter Aufsicht des Reichsausschusses für Technik in der Landwirtschaft wesentlich beigetragen hat. Es hieß im Abschlussbericht unter anderem, dass beide Schlepper nahezu die gleiche Stundenleistung im Pflügen und gleiche Betriebskosten aufwiesen, obwohl der Pöhl-Schlepper 7000 Goldmark, der Ford-Traktor dagegen nur etwa 1900 Goldmark ab Herstellungswerk kostete. Warum also mehr als das Dreieinhalbfache bezahlen, wenn die Leistungen annähernd gleich waren?

Der Fordson-Schlepper hat mit seinen kaum bestrittenen Vorzügen, als da sind niedriger Preis, einfache Bedienung, gute Qualität der Werkstoffe, geringes Gewicht, vorzügliche Wendigkeit und Manövrierfähigkeit sowie eine beachtliche Fahrgeschwindigkeit, weltweit die Schlepperentwicklung wie kaum ein anderes Fahrzeug beeinflusst. An zumeist eher schlecht als recht gelungenen Nachbauten gab es in und außerhalb der USA keinen Mangel. Doch brachte die in den frühen 1920er Jahren erdrückende Überlegenheit des Fordson für den Hersteller auch einige grundlegende Probleme. Zu lange hielt man in Dearborn unverändert am gleichen Konzept fest und erkannte nicht, dass einige Unternehmen der Konkurrenz sich längst die positiven Merkmale des Fordson angeeignet und Weiterentwicklungen etwa in Richtung auf eine stärkere Motorisierung und günstigere Gewichtsverteilung der Fahrzeuge vorgenommen hatten.

So brach ab 1927 der Absatz des Fordson in den USA zusammen. Auf Fließbändern, auf denen leicht über 100.000 Fahrzeuge jährlich hergestellt werden konnten, blieben schließlich zwei von drei Plätzen frei. Dies veranlasste Ford 1928, nach der Auslieferung von 739.978 Traktoren, die Schlepperfertigung in den USA stillzulegen. Man gedachte, die stark geschrumpfte Nachfrage mit dem Fordson „Model N“ oder auch „Standard-Fordson“ zu bedienen, dessen Produktion 1929 in der Ford-Fabrik Cork in Irland aufgenommen wurde. Bis zum Jahr 1932 stellte Ford in Cork insgesamt (einschließlich einer ersten Produktionsphase 1919 bis 1923) 38.600 Fordson her, ehe man dann die Schlepperherstellung ins englische Dagenham verlegte.

„River Rouge“ am Deisterplatz

Der deutsche Fordson

Als die Hanomag 1924 mit der Herstellung ihres Radschleppers begann, hatte der von Henry Ford seit 1907 entwickelte und ab 1917 im neuen Werk am River Rouge in Dearborn bei Detroit hergestellte „Fordson“ so deutlich Pate gestanden, dass bald vom „deutschen Fordson“ die Rede sein sollte. Doch im Unterschied zur auffälligen Verwandtschaft seiner Konstruktion hatten seine Fertigung und Montage dann eher nur schrittweise dem amerikanischen Vorbild angenähert werden können. Dem sofortigen Sprung in den „Fordismus“ standen allzu viele Hindernisse im Weg, die auch mit der 1939 eigens für den Schlepperbau in Betrieb genommenen Halle nicht beseitigt waren. Nachdem die Hanomag bereits 1910 damit begonnen hatte, im Lohnauftrag für die Norddeutsche

Tragpflüge und Schiffsmotoren

Im ersten, dreischiffigen Pflugbau wurden die WD-Tragpflüge in Kleinserie gefertigt (oben). Die Montage von Schiffs- und Großpflugmotoren auf der Galerie der Halle 9 war bereits Anfang der 1920er Jahre modern organisiert (rechts). An nachgegliederten Prüfständen wurde die Qualität und Funktionalität sichergestellt (unten).

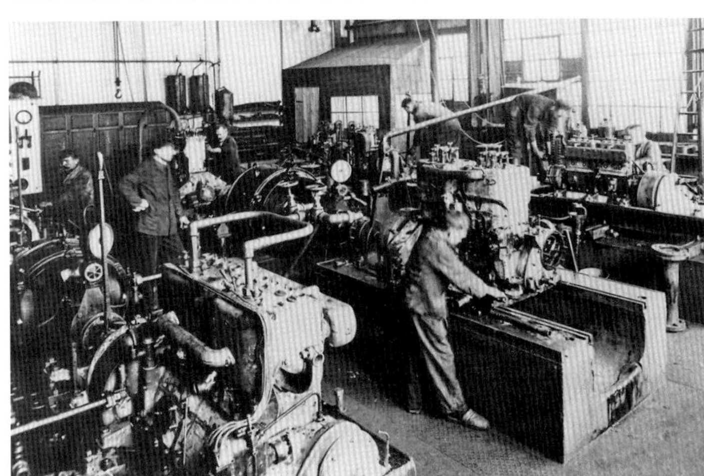

Automobil- und Motorenfabrik AG in Bremen Bootsmotoren herzustellen, und nur zwei Jahre später dazu übergegangen war, für die Deutsche Kraftpflug Gesellschaft in Berlin einen Motortragpflug zu produzieren, besaß sie zu Beginn der 1920er Jahre nicht nur eine Fülle von Erfahrungen im Bau von Benzinmotoren, sondern auch die dazu notwendigen Betriebseinrichtungen. Zunächst noch auf vergleichsweise weit voneinander entfernt auf dem Betriebsgelände liegenden Gebäuden verteilt, hatte sich die Hanomag mit dem Tragpflugbau ein zusätzliches und zudem zukunftsträchtiges Betätigungsfeld eröffnet.

Nach dem Ersten Weltkrieg wurde ab 1919 die Produktion um Gleiskettenschlepper und schließlich ab 1924 um die von Kleinwagen und Radschleppern erweitert. Diese neuen Produktionszweige sollten gegen Ende der 1920er Jahre den Bau von Dampfmaschinen, Dampflokomotiven sowie Kesselanlagen, mit denen sich die Hanomag im Laufe der vorangegangenen Jahrzehnte immerhin ihren weltweit guten Ruf als Unternehmen des Maschinenbaus erworben hatte, nach und nach an den Rand und bald danach sogar ganz verdrängen.

Unterdessen waren jedoch von mehreren Herstellern Radschlepper auf den Markt gebracht worden, die universell verwendbar sein sollten. Sie eigneten sich zugleich als Zugmaschine für Feldbestellung und

Eiserne Zugtiere

Noch vor Ende der WD-Großpflüge stieg man bei der Hanomag in den Bau von Ketten- und Radschleppern ein. Eduard Peiffer hat Mitte der 1920er Jahre die Technik der „eisernen Zugtiere“ und deren Fertigung bei Hanomag ausführlich beschrieben (oben). Für den Kundendienst wurde zu Schulungszwecken der Antriebsstrang eines WD-Großpflug präpariert (unten).

Ernte wie für Lastzüge auf öffentlichen Straßen. Darüber hinaus boten sie sich im stationären Betrieb als Antriebsmotor etwa für Dreschmaschinen oder Kreissägen an. Damit versprachen sie nicht nur Pferde oder dampfgetriebene Lokomobile zu ersetzen, die Vorzüge von Motortragpflügen oder Kettenschleppern in sich zu vereinen, sondern zudem noch im Werks- und Zubringerverkehr erfolgreich mit Lastkraftwagen in Konkurrenz zu treten. So sollte sich zumindest aus damaliger Sicht, der von der Hanomag gebaute Radschlepper R 28, als Straßenzugmaschine gegenüber dem Lkw schon dadurch vorteilhaft erweisen, dass sich bei seiner Verwendung *„bis zu drei Anhänger einzeln abstellen ließen“* und man ihn anderweitig verwenden konnte, während der Lkw durch *„Ladevorgänge gebunden“* blieb. Wollte man allerdings den Radschlepper wirklich abwechselnd auf dem Feld und auf der Straße nutzen, waren indes jeweils immer erst die entsprechenden Räder aufzuziehen, die ganz nach zu erwartendem Bedarf entweder mit Vollgummibereifung oder in unterschiedlicher Breite und mit jeweils zwölf aufschraubbaren Spatengreifern aus abgewinkeltem Stahlblech geliefert werden konnten.

Die Konstruktion von Radschleppern, die für die Hanomag wie schon zuvor für die Motortragpflüge und die Kettenschlepper im Wesentlichen durch Joseph Vollmer vorgenommen wurde, hatte die Forderung nach Universalität mit der nach möglichst wenig umständlicher Handhabung zu vereinbaren. Außerdem sollte der Schlepper zwar zugkräftig, aber nicht allzu schwer ausfallen. Gerade dieser Gesichtspunkt war nicht unwichtig, um ihm eine weitere Verbreitung zu sichern als den Motortragpflügen oder Kettenschleppern, seinen Vorläufern und Zeitgenossen in der Motorisierung von Landwirtschaft und Güternahverkehr. Als Konstrukteur hatte Vollmer daher ebenso wie die Hanomag als Hersteller darauf zu sehen, dass der Beschaffungspreis gesenkt werden konnte und sich zugleich auch die späteren Betriebskosten wirklich zuverlässig reduzieren ließen. Lief dies einerseits auf eine möglichst materialsparende und wenig arbeitsaufwendige Bauweise hinaus, so sollte der Schlepper andererseits im Betrieb nicht bereits durch seine schiere Masse die Ausgaben für den Treibstoff steigern.

Ein naher Verwandter von Tin Lizzy

Der WD-Radschlepper, der von der Hanomag ab 1924 als R 26 und im Jahr darauf auch in einer um zwei PS stärkeren Version als R 28 gebaut wurde, stellte aus der Sicht seiner Zeitgenossen *„eine besondere Art der Schlepper dar, indem er, ähnlich den amerikanischen Maschinen (Fordson)“* ohne Rahmen gebaut und das Motorengehäuse als Tragrahmen ausgebildet war. *„Man erreicht hierdurch“*, so fuhr einer der Berichterstatter fort, *„neben großer Festigkeit eine Verbilligung in der Herstellung.“* Für andere stellte er dann auch nicht von ungefähr *„sozusagen den deutschen Fordson dar.“*

Henry Ford selbst hatte schon 1907 damit begonnen, einen universell einsetzbaren und zudem billig herzustellenden Einheitstyp eines Radschleppers zu entwickeln. Ihm wäre dieses Ziel eigentlich, so bemerkte er später, sogar eher in den Sinn gekommen, als das eines Einheitstyps für einen Personenwagen. Kurzzeitig verfolgte er allerdings auch die Idee, seinen Standardwagen Model T, die legendäre „Tin Lizzy“, die sich seit 1908 vor allem im ländlichen Mittelwesten eines wachsenden Zuspruchs erfreute, zusätzlich so auszurüsten, dass man den Wagen auch als Traktor benutzen konnte. In der Erkenntnis, dass trotz ihrer vielseitigen Verwendbarkeit ein Personenwagen und ein Radschlepper unterschiedlich ausfallen müssten, entschied er sich schließlich nur, die für das Motel T entwickelten Standards auf den zukünftigen Radschlepper, den Fordson, zu übertragen. Auch er sollte nun *„so leicht, stark und einfach sein, dass jeder ihn zu handhaben verstünde“* und seine *„Teile der Zahl nach nur gering und das Ganze in großen Mengen herstellbar“* werden würde. Dazu trug wesentlich sein selbsttragender Aufbau bei. Statt eines Rahmens übernahm der mit Hinterachsbrücke und Getriebegehäuse zu einer geschlossenen Baugruppe vereinte Motorblock die tragende Funktion. Die Fertigung seines Schleppers ließ Ford von vornherein nicht mehr in der Fabrik für das Model T in Highland Park nördlich von Detroit, sondern auf einem neuen, einige Kilometer davon entfernt in Dearborn am südwestlichen Stadtrand gelegenen Gelände am River Rouge beginnen.

Hannover, Deisterplatz

Mit dem Titel „River Rouge am Deisterplatz“ zieht Autor Michael Mende einen illustren Vergleich zur Traktorenfertigung bei Ford. Am Deisterplatz, damals noch in „Linden vor Hannover“, standen die Werkshallen der Hanomag, deren Fassaden teilweise noch erhalten sind. Seit 20 Jahren wird das ehemalige Werksgelände mit neuen Nutzungskonzepten wiederbelebt.

Die erste Bewährungsprobe, die der Fordson zu bestehen hatte, noch bevor seine Produktion 1917 richtig angelaufen war, ihm aber sogleich große Aufmerksamkeit zuteil werden ließ und nicht zuletzt den Weg nach Europa bahnte, bedeutete der Auftrag der britischen Regierung 7000 Stück, die binnen dreier Monate zu liefern waren, um der drückenden Verknappung der Nahrungsmittel zu begegnen. Sie war eine Folge der Blockade durch deutsche Unterseeboote während des Ersten Weltkriegs. Sie störten den steten Fluss der unerlässlichen Getreideimporte aus Übersee so sehr, dass nun in kurzer Zeit durch ungeschulte Kräfte, vielfach Frauen, jede verfügbare Fläche zum Anbau von Feldfrüchten vorbereitet werden musste. In dieser Situation kam der Fordson gerade recht, und indem er sich in ihr bewährte, domi-

nierte er von da an den Weltmarkt und setzte in konstruktiver wie fertigungstechnischer Hinsicht entscheidende Maßstäbe, die 1921 die deutsche Reichsregierung letztlich veranlassen sollten, probehalber die Einfuhr von vier Fordson-Schleppern zu gestatten und die dafür knappen Devisen bereitzustellen. Wenngleich es noch ein Jahrzehnt dauern sollte, ehe schließlich auch die Endmontage von Highland Park in die knapp 600 m lange, 120 m breite und etwas unter 35 m hohe, rundum verglaste Halle B am River Rouge verlegt werden konnte, hatte Ford bereits bis 1921 im Jahresdurchschnitt 25.000 Fordson-Schlepper auszuliefern vermocht.

Die Halle B ist zwar als erstes Gebäude des weitflächigen Komplexes der neuen Werksanlagen um den Hafen am River Rouge errichtet worden, der schließlich vom Hochofen und der Kokerei, von der Gießerei und dem Blechwalzwerk bis zum Presswerk und zur Glashütte nahezu alle Fertigungsschritte aufnehmen sollte, die zur Herstellung von Automobilen und Traktoren erforderlich waren, doch zunächst fand in ihr der Bau von Sektionen für Unterseeboote, die Eagle Boats statt. Erst ab 1919 zogen Teile der Vorfertigung für das zwischen 1909 und 1916 in mehreren Etappen in Betrieb genommene, seit 1912 bis 1915 mit Montagebändern versehene Werk in Highland Park in die Halle B um. Highland Park, der ausgedehnte „Kristall-Palast", blieb einstweilen noch das Zentrum des Unternehmens. Anders als es sich Ford ursprünglich gedacht hatte, sollte es noch eine Weile dauern, bis er die Produktion seines Radschleppers zwischen 1920 und 1927 vollständig unter einem Dach zu vereinen vermochte, gerade rechtzeitig, bevor 1929 eine Expertenkommission aus der Sowjetunion hier erschien. Dorthin waren schon zuvor Fordson-Schlepper in beträchtlicher Stückzahl geliefert worden, die dann auch mit den vorhandenen Mitteln nachgebaut wurden, indes keinesfalls ausreichten, um einen wirksamen Beitrag zur Bewältigung der mitunter katastrophalen Nahrungsmittelknappheit zu leisten oder gar noch Überschüsse für den devisenbringenden Export zu erzielen. So hatte man sich dazu entschlossen, die Schlepperproduktion vollständig nach Ford'schem Muster und in noch größerem Stil zu übernehmen. Schon 1930 nahm das Werk für Radschlepper in Stalingrad (heute Wolgograd) seinen Betrieb auf und nur etwa zwei Jahre später folgte ihm das ebenso ausgedehnte Werk für Kettenschlepper in Tscheljabinsk an den Hängen des südlichen Ural.

Ein gigantischer Maschinenpark

Ob für den Guss oder die anschließende Bearbeitung der einzelnen Maschinen- und Motorenteile – immer wurden zahlreiche, auch größere Werkzeugmaschinen eingesetzt, die meist durch einen endlos scheinenden „Wald" von Riemen angetrieben wurden. Bei der Hanomag hatte man die Zeichen der Zeit erkannt, der Lokomotivenbau lag in den letzten Zügen. Wie dem individuellen Verkehr, schien auch der motorisierten Landwirtschaft die Zukunft zu gehören.

In ganz Europa unerreicht

So beeindruckend bereits das Stalingrader Traktorenwerk allein seinem Umfang nach war, so wenig war es vor anfänglichen Schwierigkeiten gefeit, mit den Feinheiten der Fertigungstechnik zurechtzukommen. Die Herstellung des „deutschen Fordson" am Deisterplatz in Hannover hingegen ließ sich äußerlich zwar nicht mit der des amerikanischen Originals oder des russischen Bruders vergleichen, doch verfügte die Hanomag über den Vorteil langer und ebenso gründlicher wie breiter Erfahrung aus ihrem vielfältigen Maschinenbauprogramm. Sie bezog sich dabei gleichermaßen auf die Konstruktion wie die dazu jeweils angebrachten Fertigungsverfahren.

Als die Hanomag 1924 mit dem Bau von Radschleppern begann, hatte Ford seine Tagesproduktion bereits auf 500 Fordson gesteigert – in reinen Zahlen etwa 6 bis 8 Prozent der zu jener Zeit täglichen Produktionsrate von Automobilen seines Model T. Obwohl die Hanomag die Fertigung gleich mit einem großen Sprung, nämlich einem Kontingent von 100 Ketten- und 750 Radschleppern aufnehmen konnte, das über einen Sonderkredit des Reichsministeriums für Ernährung und Landwirtschaft vorfinanziert wurde und insgesamt 2250 solcher Zugmaschinen umfasste, blieb sie damit gegenüber Ford immer noch ein – wenn gleich recht vielseitiger und innovativer – Zwerg. Ihr hoher Anteil an diesem landwirtschaftlichen Rüstungsprogramm der Reichsregierung ließ die Hanomag vor der Kulisse der deutschen Bühne freilich als besonders großen Zwerg erscheinen, der auch noch weit jenseits der Landesgrenzen wahrnehmbar blieb. Immerhin gelang es ihr, auf dem Markt mit jenem Startkontingent soweit festen Boden unter die Füße zu bekommen, dass sie sich dort vor dem Auftritt des importierten amerikanischen Originals in naher Zukunft nicht zu fürchten brauchte. Sie hatte damit ein wesentliches der Ziele erreicht, die 1924 zuvor in Berlin, nach dem Fall der Beschränkungen für den Import von Automobilen und Traktoren, mit der Gewährung der Kreditbeihilfen politisch gesetzt worden waren.

Jedenfalls sollte die Hanomag auch im Schlepperbau nicht zuletzt dadurch weiterhin zu den Pionieren der Branche gehören, dass sie ab 1928 mit der Entwicklung eines kostengünstigen und dennoch robusten Dieselmotors begann, den sie dann bereits 1931 auf der internationalen Landmaschinenschau in Paris einer erstaunten Öffentlichkeit vorzu-

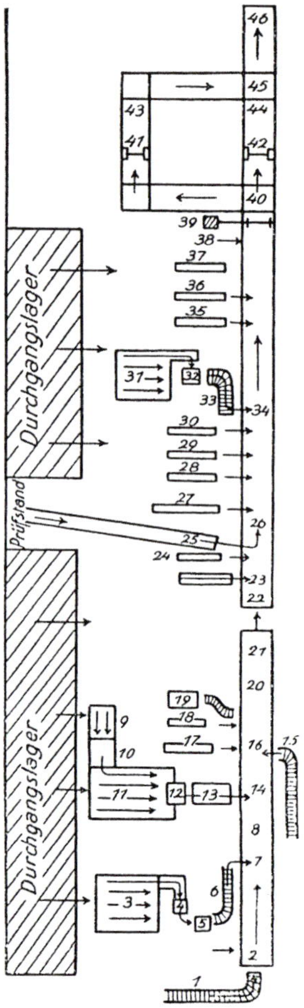

Materialfluss nach Plan

In den „Eisernen Zugtieren“ beschreibt Eduard Pfeiffer sehr genau den Materialfluss in der Schleppermontage bei der Hanomag. Die Fertigung ist darüberhinaus durch Werksfotografen bestens dokumentiert. In der Vormontage wurden die Kurbelwellen eingepasst (links) oder Tank und Lenkung zu Einheiten montiert (links unten), die in der Endmontage mit Motor, Getriebe und Achsen verbunden wurden (rechte Seite). Zum Schluss wurden Haube, Kotflügel und Räder an zwei parallelen Rollbändern angebracht und die fertigen Rad- und Kettenschlepper aus der Halle gefahren.

führen vermochte. Dieser Auftritt sollte sich selbst bis in die Sitzungszimmer der einschlägigen Moskauer Ministerien herumsprechen, so dass der Hanomag mit der Einladung, bei Rybinsk am Oberlauf der Wolga nördlich von Moskau je zehn Rad- und Kettenschlepper mit Vergaser- und Dieselmotoren über ein Vierteljahr rund um die Uhr einem Dauertest in der Kultivierung von sumpfigem Ödland zu unterziehen, zugleich die Hoffnung gemacht wurde, dort bei Erfolg in großer Zahl an die Stelle des Fordson treten zu können.

In diesem Fall hätte sich die Hanomag, zumal mit den unter günstigen Umständen von der Reichsregierung eingeräumten Krediten zur Unterstützung der Ausfuhr, einen Ausgleich für den Verlust ihres Dampflokomotivenbaus zu schaffen vermocht. Nachdem diese Sparte hatte aufgegeben werden müssen, waren weite Teile des Geländes mit mehreren Hallen für neue Nutzung frei. Die Hanomag hatte nun Gelegenheit, ihre Betriebseinrichtungen ganz auf die Herstellung von Schleppern und Automobilen auszurichten und sie in Richtung auf einen kontinuierlichen Fertigungsfluss ohne störend weite Wege für Zuliefertransporte zu ordnen. Andererseits indes wäre dies auch auf eine erhebliche Kapazitätserweiterung hinausgelaufen, bei der ziemlich unklar geblieben sein dürfte, ob sie nach Abwicklung eines sowjetischen Großauftrags noch hinreichend auszulasten gewesen wäre.

Begonnen hatte die Hanomag mit dem Motorenbau in ihrer mechanischen Werkstatt, ehe er ab 1913 in das neue, gemeinsam für die Bearbeitung der Zylinder und Treibstangen von Dampflokomotiven und Schiffsmotorenteilen errichtete Gebäude verlagert werden konnte, das sich ungefähr in der Mitte des Betriebsgeländes und damit zugleich im Zentrum der Einrichtungen des Dampflokomotivenbaus befand. Hier wurden auch die Motoren für die großen Tragpflüge hergestellt, während deren Montage in einer eigenen, ebenfalls 1913 errichteten „einfachen Eisenfachwerkhalle“ stattfand, die zusammen mit der Gesenkschmiede neben dem Kohlenlager eher abseits am westlichen Rand des

Werbung und Vertrieb

„Tue Gutes und rede darüber", nach diesem Grundsatz verfuhr auch die Hanomag, die über Jahrzehnte bereits im Lokomotivenbau reichlich Erfahrung mit weltweitem Vertrieb gesammelt hatte. Als Vertriebsorganisation für die landwirtschaftlichen Maschinen wurde eigens die Deutsche Kraftpflug-Gesellschaft mit Sitz in Berlin gegründet.

Betriebsgeländes im spitzen Winkel zwischen dem Bahngleis und der Chaussee nach Hameln gelegen war. Wichtigster Zulieferer dürfte wiederum die allgemeine Eisengießerei mit ihren vier Kupol-Öfen gewesen sein, die sich die Hanomag 1905 als Neubau zugelegt hatte. In den Jahren während und nach dem Ende des Ersten Weltkriegs dehnte die Hanomag den Motorenbau weiter aus. Ab 1923 bezog sie den Block der beiden Stockwerksbauten und zugeordneten Montagehallen nördlich der Hamelner Straße, die sie sich bereits in den Jahren des Ersten Weltkriegs vom Architekten Heinrich Neeren hatte entwerfen lassen, während der Motorenbau seit 1917 in der Halle 9 vor dem hohen Stockwerksbau am Deisterplatz untergebracht war. In das 2. Obergeschoss dieses monumentalen, vom Architekten Alfred Sasse entworfenen Gebäudes, das im gleichen Jahr bezugsfertig geworden war, hatte die Hanomag ihren Getriebebau mit der Zahnräderfertigung verlegt.

Nachdem sie den Bau von Motortragpflügen aufgegeben hatte, nahm die Hanomag indes die damit frei gewordenen Stockwerksbauten und ebenerdigen Hallen nicht für den Schlepperbau in Anspruch, sondern konzentrierte hier die Vorfertigung und Vormontage von Lenkungen, Achsen und der Ganzstahlkarosserie ihrer Kleinwagen sowie dessen Endmontage zum fahrbereiten Auto. Die Endmontage der Radschlepper hingegen fand vom selben Jahr an in einer schlichten zweischiffigen Holzfachwerkhalle statt, die im spitzen Winkel zur Halle 9 lag. Sie hatte bis dahin dem Bau von Schleuderapparaten zur Wasserreinigung gedient, der inzwischen aber aufgegeben worden war.

Für den vorgesehenen Zweck erwies sie sich durchaus geräumig. Zudem fiel durch die hohen Fenster an ihrer langgestreckten Westseite ebenso wie durch die Prismen-Sheds auf ihrem Dach genügend Tageslicht auf die vier parallel zueinander laufenden Linien der Montage vom integrierten Gehäuseblock für Kurbelwelle, Zahnrädergetriebe und Hinterachse bis zum Prüfstand für den fahrbereiten Schlepper. Dennoch blieb die gesamte Anordnung ein Provisorium, das sich die Hanomag nur so lange erlauben durfte, wie ihre Produktion nicht Ford'sche Ausmaße anzunehmen brauchte. Die Montagehalle wies weder eine unmittelbare und vor allem niveaugleiche Verbindung zum Motorenbau in der Halle 9 noch zum Getriebebau im Geschossbau am Deisterplatz auf. Achsen und Lenkungen wiederum kamen vom entgegengesetzten Ende im Westen des Werksgeländes aus den Gebäuden, die ursprünglich den Motortragpflügen gewidmet waren. Hammerschmiede und Eisengießerei hingegen lagen in geradezu unmittelbarer Nachbarschaft zueinander weiterhin an ihrer Südseite.

Führten die weiten und nicht immer geradlinig verlaufenden Wege zwischen den einzelnen Fertigungsstätten und der Endmontage trotz „wendiger Elektrokarren und Kettenschlepper" zu erhöhtem Aufwand und entsprechenden Zeitverlusten im innerbetrieblichen Transport, so setzten schon bald Bemühungen ein, wenigstens die Abläufe innerhalb der jeweiligen Gebäude zu verstetigen und somit dauerhaft zu beschleunigen. Indem sie nun folgerichtig und nach Möglichkeit linear angeordnet wurden, die Bearbeitung der Teile auf Werkzeugmaschinen stattfand, die mit Vorrichtungen zum Aufspannen gleich mehrerer Werkstücke oder auch einer Vielzahl von Werkzeugen versehen sowie überdies durch zwischengeschaltete Fördermittel verkettet waren, suchte man jeweils einen ununterbrochenen Fluss der Fertigungs- und Montagevorgänge zu erzielen.

So wurde beispielsweise die Zeit, die notwendig war, um die insgesamt 24 Teile des Lenkbocks, also vor allem Tank, Lenksäule, Zahnsegment und Kegelritzel zu montieren, von zuvor fünf Stunden auf schließlich nur noch neun Minuten verkürzt. Wesentliches Mittel dazu war ein Montagetisch mit spezieller Spannvorrichtung anstelle der bis dahin üblichen schlichten Werkbänke. Um Handräder, Schaltknüppel und andere vergleichbare Teile, aber auch Achsen, durch die Wirkung ihrer Schwerkraft kontinuierlich und rasch an die Montageplätze zu befördern, wurden eigens Schrägmagazine gebaut. Zylinder und Rädergetriebe wiederum konnten leicht von Hand auf selbstgebauten

Rollgängen von einem Montagevorgang zum nächsten geschoben werden. Gleichartige Hilfsmittel fanden sich zuvor schon in der mechanischen Bearbeitung und selbst beim Einformen in der Gießerei. Hier liefen die Formkästen größerer Gussstücke auf Palettenwagen durch die Trockenöfen, während die für kleinere Teile auf Rollgängen durchgeschoben wurden. Nach dem Guss und der anschließenden Abkühlung wurden sie ausgeformt, auf einer Rutsche weiterbewegt, an den Haken eines Schienenkettenförderers gehängt, vom restlichen Sand befreit und zur ersten mechanischen Bearbeitung, dem Fräsen der Passflächen, gebracht.

Dort konnte das Anreißen und Zentrieren von Bohrlöchern vor allem für die Vielzahl an Schraubverbindungen anschließend entfallen, indem die Gehäuseteile für Kurbelwelle, Getriebe und Hinterachse mit wenigen Handgriffen auf fahrbare, in Schienen geführte Böcke gespannt und über eine Klemmvorrichtung genau unter Bohrmaschinen mit bis zu zwölf Spindeln fixiert wurden, die, in einem Arbeitsgang vorgeschoben, binnen 45 Sekunden alles in der gewünschten Genauigkeit erledigen ließen. In vergleichbarer Weise wurden auch die Bohrungen an den Zylinderköpfen vorgenommen oder dort die Ventilführungen eingeschliffen.

Schon um die Kosten zeitraubender Eisenbahntransporte zu umgehen, fertigte die Hanomag auch im Schlepperbau nahezu alle der dazu benötigten Teile selbst. Doch während von ihren Schiffsmotoren innerhalb von dreizehn Jahren nur 2000 Stück, von ihrem Kleinwagen in nur vier Jahren gut 15.000 Stück hergestellt werden sollten, waren die Einrichtungen des Radschlepperbaus so ausgelegt, dass spätestens etwa *„alle 40 Minuten eine neue Maschine“* fertig das Montageband verlassen konnte. Dieser Rhythmus, der weitgehend den Verhältnissen im Kleinwagenbau glich, schien 1926 *„in ganz Europa unerreicht“* und dem Ford'schen Ideal am nächsten gekommen. Über die bewusste Beschränkung auf einen einzigen, schlichten, aber vielseitig einsetzbaren und auf voraussichtlich lange Zeit ohne wesentliche Veränderungen in großer Zahl absetzbaren, dazu aber sorgfältig konstruierten Grundtyp sowie den Einsatz von zeitsparenden Werkzeugmaschinen hinaus, zählte dazu hier wie dort die kurz zuvor vorgenommene Einführung eines elektrisch angetriebenen Montagebands. Das stetig laufende Montageband war dabei von den monofunktionalen Sondermaschinen in der Bearbeitung abhängig, auf denen mit einer Genauigkeit gefertigt wurde, die schon in der Vormontage einzelner Baugruppen alle nachträglichen Passarbeiten überflüssig werden ließ. Zwar passierten alle Teile bis dahin immer wieder Kontrollstellen, um zu prüfen, ob die gesetzten Toleranzen auch wirklich eingehalten worden waren, doch sollte die Rate hierbei auszusondernder Ausschussteile so niedrig wie irgend möglich bleiben.

Dennoch teurer als ein Pferd oder gar ein Zugochse

Wenngleich die Hanomag sich alle Mühe gab, *„völlig neue Wege“* zu beschreiten, um eine Anschaffung ihres Schleppers *„weiten Kreisen möglich zu machen und somit eine hohe Produktionszahl zu sichern“*, sollte es ihr dennoch nie gelingen, mit dem großen Vorbild am River Rouge gleichzuziehen. Hier rollten schon 1923 täglich um die 500 Fordson aus der Halle B zu ihren Abnehmern. Dies entsprach ungefähr einer Jahresrate von 150.000 Einheiten, eine Menge, die von der Hanomag erst 1959, also nach insgesamt 35 Jahren Schlepperbau erreicht werden konnte.

Allerdings dominierten in Deutschland vorerst weiterhin das Pferd und mancherorts sogar noch der genügsamere Zugochse den landwirtschaftlichen Betrieb. Als die Hanomag Ende der 1930er Jahre auf dem Gelände hinter dem früheren Motorpflugbau ihre vom Architekten Emil Rudolf Mewes großzügig bemessene Halle für die Schleppermontage bezog, hatte sie sogar erst insgesamt 25.000 Radschlepper hergestellt. Gemessen an der Zahl der damals in Deutschland überhaupt vorhandenen Schlepper war dies freilich ein beachtlicher Beitrag, denn seit Mitte der 1920er Jahre war deren Zahl von etwa 7000 nur auf knapp 19.000 in der Leistungsklasse zwischen 8 und 22 PS sowie knapp 39.000 mit noch kräftigeren Motoren gesteigert worden. Die seit Ende der 1920er Jahre erfolgende Einführung des wirtschaftlicheren Dieselmotors, bei der zwar die Kölner Klöckner-Humboldt-Deutz vorangegangen, die Hanomag aber mit ihrer Einspritzpumpe einen wesentlichen Beitrag leistete, weitete zwar auch den Binnenmarkt deutlich aus, doch längst nicht in dem Maße, das eine Produktionskapazität wie Ford ausgelastet hätte. Obwohl die Zahl der in Deutschland betriebenen Motordreschmaschinen mit sicherlich starker Beteiligung des Lanz-Bulldog einerseits bereits ab 1924 die der noch mit einem Tiergöpel betriebenen Dreschmaschinen übertroffen hatte, sollte es noch etwa vier Jahrzehnte dauern, ehe in Westdeutschland die Zahl der Motorschlepper die der Zugpferde übertraf.

Als die Hanomag 1924 den Bau ihrer Fordson-Adaption aufnahm, benötigte Ford selbst gut zweieinhalb Stunden, um alle Teile zu einem fertigen Schlepper zusammenzufügen. Nachdem sie schon im übernächsten Jahr die dazu notwendigen Gestelle ebenfalls auf Schienen gesetzt hatte und fortan von Elektromotoren stetig über Förderketten vorwärts ziehen ließ, war die Montage in wenig mehr als der gleichen Zeit abgeschlossen. Im Unterschied zu Ford musste sie sich indes zunächst auf eine Linie für die Endmontage beschränken, denn weder der heimische Markt noch der Export hätten nennenswert mehr aufnehmen können, als auf diese Weise produziert wurde. Dabei hatte der Export sogar noch dafür gesorgt, dass die gegenüber dem amerikanischen Vorbild sehr bescheidenen Kapazitäten überhaupt erst genügend ausgelastet wurden. Der Weg zu einem „Volkstraktor“ – *„billiger als ein Pferd oder ein Ochse“* – zu dem nach der Idee Robert Leys in kurzer Zeit der von Ferdinand Porsche 1937 als Prototyp vorgestellte 11 PS starke Kleinschlepper auf der Grundlage eines „Volkstraktorenwerks“ in Waldbröl mit einer Jahresproduktion von 300.000 Stück werden sollte, lag, wenn überhaupt irgendwo, dann in weiter Ferne. Der Bestand der in Westdeutschland vorhandenen Schlepper näherte sich erst zu Beginn der 1960er Jahre dem der Vereinigten Staaten von 1933 und hatte 1980 knapp die Marke von anderthalb Millionen erreicht, doch der westdeutsche Markt sollte zu diesem Zeitpunkt jährlich nur noch knapp 40.000 neue Schlepper aufnehmen, während der westeuropäische Ersatzbedarf mit 1995 noch insgesamt 172.000 Einheiten ebenfalls nicht grenzenlos geblieben ist.

Der Motorpflug, ein deutscher Alleingang

Die Vorstellung von der Geradlinigkeit des technischen Fortschritts entspricht nicht der Wirklichkeit. Im Gegenteil, fast jede Weiterentwicklung ist, betrachtet man sie nur genau genug, das Ergebnis von Rückschlägen und Irrtümern. Nichtsdestoweniger oder gerade deshalb brachte sie im Laufe weniger Jahrzehnte Beachtliches zustande. Die internationale Vielfalt von Forschern, Institutionen, Firmen und Fabrikaten sorgte dafür, dass sich allen Irrwegen zum Trotz am Ende die leistungsfähigsten Konstruktionen durchzusetzen vermochten. Mit einer dieser, wie sich im Laufe der 1920er Jahre herausstellte, wenig glücklichen Konstruktion, Motorpflug, besser noch: Motortragpflug genannt, versuchte man in Deutschland die Motorisierung der Landwirtschaft in den Griff zu bekommen.

Mit gewaltigem materiellen und publizistischen Aufwand hielten Industrielle, Großagrarier und Regierung vor und nach dem Ersten Weltkrieg an dem einmal eingeschlagenen Weg, Motor und Arbeitsgerät zu einer Einheit zusammenzubauen, fest. Man gründete eigens einen Maschinen-Schutz-Verband, der eine Einfuhr der konkurrierenden Fordson-Schlepper verhindern sollte, auch wenn – wie ein Sprecher des Verbandes 1921 erklärte – *„manche deutsche Fabrikate noch nicht denjenigen Grad der Vollkommenheit erreicht haben, der für die Landwirtschaft wünschenswert ist"*. Doch vermochten die Initiatoren des Verbandes die Entwicklung hin zu vielseitig einsetzbaren Ackerschleppern ebenso wenig aufzuhalten wie staatliche Bemühungen, der eigenen landwirtschaftlichen Nutzfahrzeugindustrie unter die Arme zu greifen. Wie bereits erwähnt, erwiesen sich Importverbote und Maßnahmen der Absatzförderung als wirkungslos.

Wenn der Motorpflug, mit dem sich zeitweise beinahe die gesamte deutsche Landwirtschaft identifizierte, dennoch für die Entwicklung der Ackerschlepper insgesamt von Bedeutung ist, so deshalb, weil einzelne Bauelemente und Konstruktionsgrundsätze in das überlegene Konzept Eingang gefunden haben: ein Beispiel dafür, dass auch gescheiterte Ideen für die technische Entwicklung von Nutzen sein können.

Im Jahr 1907 blickte Robert Stock (1858 – 1912), 49 Jahre alt, schon auf ein Lebenswerk zurück. Der Sohn eines Schlossermeisters, selbst Schlosser, hatte Teile für telefonische Apparate gefertigt, im Auftrag der Reichspost Typendrucktelegrafen hergestellt und schließlich in Hamburg eines der damals größten Fernsprechämter für 10.000 Teilnehmer erbaut. Daneben brachte er die „Stockbohrer" in den Handel, Spiralbohrer von hoher Qualität, basierend auf einer Anregung, die er 1893 auf der Weltausstellung in Chicago erhalten hatte. Schließlich gehörte ihm noch das R. Stock'sche Kabelwerk Wilhelminenhof, ein

Stock Motorpflüge

1907 baute Robert Stock einen ersten Motortragpflug, der sich heute als Exponat im Deutschen Museum, München, befindet (oben). Wenige Jahre später präsentierten sich die Hohenheimer Ackerbauschüler stolz vor einem weiterentwickelten Stock-Motorpflug. In Schuluniform ließen sie sich in die Technik des Exoten einweisen (links).

Unternehmen, das gleichfalls einen guten Ruf besaß. Alle Unternehmen waren in selbständige Gesellschaften eingebracht. Mit einem nicht unbeträchtlichen Vermögen hatte Robert Stock daher Zeit, sich seinen in der Nähe Berlins liegenden landwirtschaftlichen Gütern zu widmen.

Geräte für den einfachen Bauern

Dabei sah er sich mit den Dampfpflügen konfrontiert, die für die meisten landwirtschaftlichen Betriebe sowohl zu teuer als auch zu umständlich arbeiteten. Von den mit den Dampfpflügen konkurrierenden Elektropflügen, gleichfalls als Seilpflüge nach dem Ein- oder Zweimaschinensystem konstruiert, hatte er gehört. Doch der Ausbau der Überlandzentralen stand erst am Anfang, und das grundlegende Problem, die aufwendige Konstruktion (Windewagen, Kabelsattelwagen, Hochspannungszuleitung, Transformatorenstation), schien ungelöst. Auch diese Apparate waren nur für den Großgrundbesitz geeignet und schlossen die Nutzung durch den einfachen Bauern aus. Nicht viel besser schätzte Stock amerikanische motorgetriebene Landmaschinen ein. Sie schienen ihm zu schwerfällig und im Wirkungsgrad zu gering. Gemessen an deutscher Qualitätsarbeit, ließ nach Stocks Ansicht außerdem die Solidität der Fertigung zu wünschen übrig.

Stock fing also an zu experimentieren. Seine Forderungen lauteten in etwa: leichte Lenkbarkeit, guter Zug, geringes Vorgewende, das heißt leichtes Drehen am Ackerrand, und Ein-Mann-Bedienung. Zusammen mit seinem Mitarbeiter Karl Gleiche konstruierte er 1908 einen dreischarigen Motorpflug: vorderlastig, mit fast einem Meter hohen Triebrädern bei einer Leistung von 8 PS. Und dies schien ihm die Lösung zu sein: ein Motortragpflug, also eine Konstruktion, bei der der Motor so weit vor die Triebräder gesetzt war, dass sie fast das gesamte Gewicht trugen. Durch diese geschickte Gewichtsverteilung konnte endlich die Triebkraft der Räder besser für den eigentlichen Zweck, die Bodenbearbeitung, genutzt werden. Drei Pflugschare hatte man für diesen Zweck fest am Tragrahmen angeschraubt.

Das System versprach Vorteile. Die Verbindung der „Ölkraftmaschine“ mit dem eigentlichen Bodenbearbeitungsgerät zu einem einsatzfähigen Gesamtgerät schien gelungen. Doch damit begann erst die Arbeit am Detail. Die Motorleistung musste erhöht werden. Es entstand ein 24 PS starker Motortragpflug mit nun schon 1,80 m hohen Triebrädern, und bereits 1913 fertigte Stock einen sechsscharigen Motortragpflug mit 48 PS und 2,20 m hohen Triebrädern. Hinter diesen ständig größer werdenden Rädern stand die Erkenntnis von Stock, dass die Triebkraft eines Rades auch von seiner Größe abhängt. Probleme bereiteten, dass bei schräger Stellung des Pfluges die Bodenbearbei-

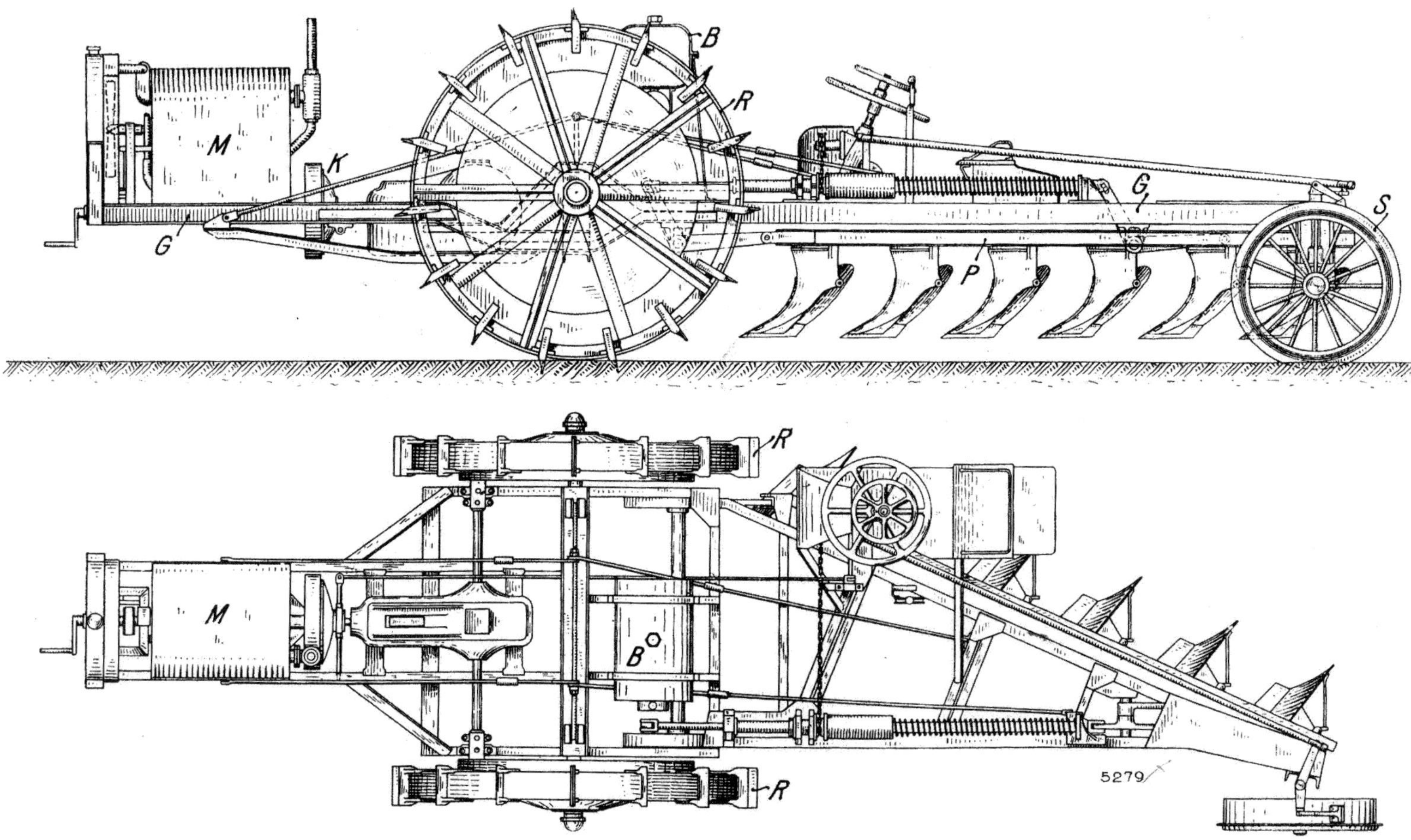

tung ungleichmäßig erfolgte. Das in der Furche laufende Triebrad konnte deshalb 15 cm tiefer gesetzt werden. Allerdings blieb die lange beibehaltene starre Verbindung des Pflugkörpers am Tragrahmen eine Schwachstelle des Geräts. Jede Schwankung der Räder übertrug sich auf den Pflugkörper und hatte eine unebene Sohle zur Folge.

Pionierleistungen wurden von Stock und seinen Mitarbeitern zweifelsohne auch auf dem Gebiet des Ausgleichsgetriebebaus (Differential) erbracht, welches beim „Stock" zum Pflügen geradeaus blockiert werden konnte, andererseits eingeschaltet das Wenden wesentlich erleichterte. Das Differential war übrigens keineswegs bei allen Motortragpflügen selbstverständlich. Der „Autara"-Motortragpflug, gefertigt von der Autara-Motorpfluggesellschaft, München, der sich von den übrigen Maschinen seiner Art dadurch unterschied, dass das Triebrad hinter (!) den Scharen lief, verzichtete auf diesen Luxus. Ebenso der 1924 gebaute „Wendestock", ein 24 PS starker Motortragpflug, bei dem sich an einer Achse zwei Pflugkörper in doppelter Ausführung, ein Paar rechts- und ein Paar linkswendende, angebracht befanden. Bei dieser für kleinere landwirtschaftliche Betriebe konzipierten Maschine hatte man übrigens den Rückwärtsgang eingespart. Bei einem Preis von 5700 RM (1924) dürften die Käufer jedoch nach wie vor eher Gutsbesitzer denn Bauern gewesen sein.

Der Motortragpflug im Aufwind

Die Resonanz auf die Stock'sche Konstruktion war beachtlich, und auch der geschäftliche Erfolg stellte sich ein. 1910 wurde die Stock-Motortragpflug-GmbH gegründet, die bis zum Jahr 1912, dem Todesjahr des Erfinders Robert Stock, über 360 Maschinen verkaufen konnte.

Resonanz, finanzieller Erfolg und die im Gerät steckenden Möglichkeiten riefen nun allerorten Konstrukteure auf den Plan. Ingenieur Ernst Wendeler (1872 – 1926) und Landwirt Boguslav Dohrn (1875 – 1960), die einige Jahre später als Konstrukteure von Raupenschleppern in Erscheinung traten, glaubten, einen besseren Motortragpflug als

Interessante Technik

Bei den Motortragpflügen handelte es sich um sogenannte Einzweckfahrzeuge mit dem Ziel: Bodenbearbeitung. Dazu war der Motor vor die Antriebsachse montiert und der mehrscharige Pflug befand sich fest am Fahrzeugrahmen befestigt. Ein am Fahrzeugende angebrachtes Stützrad ermöglichte die Fahrt auf Wegen und Straßen. Es gab Motorpflüge in unterschiedlicher Größe und Leistungsstärke, die mal als Beet- (links), mal als Wendepflug (rechts) aufgebaut waren.

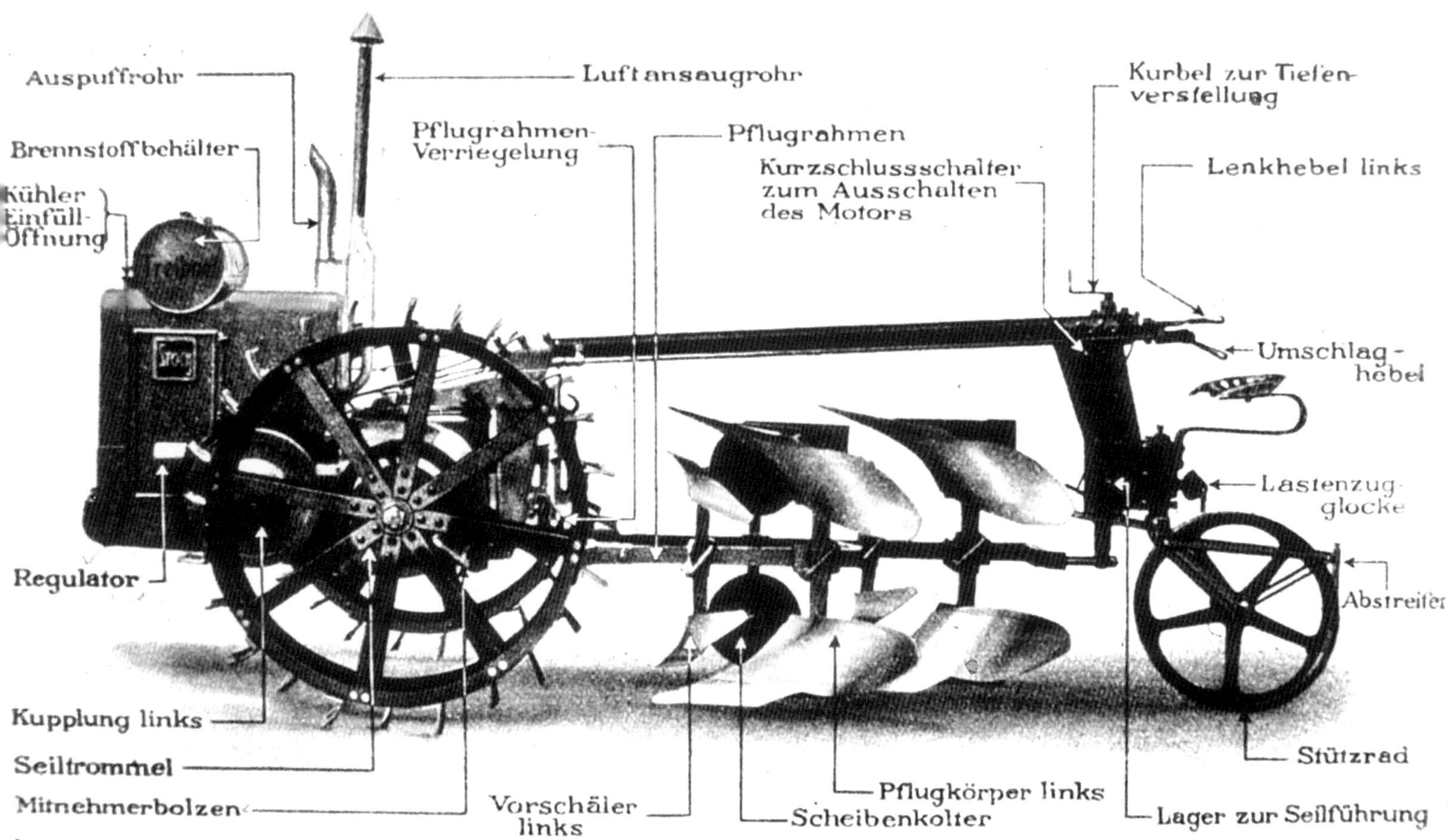

König der Motorpflüge

Der WD 80 von Hanomag zählt zu den stärksten jemals hergestellten Motorpflügen. Sein 4-Zylinder-Motor leistete 80 PS bei einem Eigengewicht von circa 6 Tonnen. Gebaut wurde die vermutlich nur noch in einer Ausfertigung erhalten gebliebene Zugmaschine zwischen 1912 und 1921 in 1030 Einheiten.

Stock entwickelt zu haben, der mit 80 PS nicht nur stärker motorisiert war, sondern das Problem der ungleichen Bodenarbeit durch eine gelenkige Befestigung des Pflugrahmens am Tragrahmen weitgehend gelöst hatte. Leichte Höhenverstellbarkeit des in der Furche laufenden rechten Triebrades zeichnete den WD 80, dem ein 35 PS starker WD 35 zur Seite stand, ebenso aus wie die Länge von 8,80 m und die Breite von 2,80 m.

Dass die Deutsche Kraftpflug GmbH hier ein Flaggschiff konstruiert hatte, lassen auch die anderen Daten erkennen. 1924 war der WD 80 mit einem Gewicht von 7200 Kilo einerseits der schwerste, mit einer Geschwindigkeit von 5,2 Stundenkilometern bemerkenswerterweise aber auch der schnellste aller damals in Deutschland gebauten Motortragpflüge. Mehr noch, der WD 80 gehört zu den schwersten Produkten, die der deutsche landwirtschaftliche Nutzfahrzeugbau in den 1920er Jahren überhaupt hergestellt hat. Der WD 80 überzeugte auch durch seine Leistungsfähigkeit. In zwölf Stunden konnte ein Mann mehr als 6 Hektar mit ihm pflügen beziehungsweise 9 Hektar schälen oder bis zu 30 Hektar grubbern und eggen. Die Firma Hanomag, die mit dieser Maschine ihren Einstieg in die Landmaschinenfertigung nahm, legte damit den Grundstein für ihren jahrzehntelangen guten Ruf. Maschinen dieses Typs arbeiteten übrigens noch bis zu Beginn der 1960er Jahre in Argentinien.

Eine solide, über die ersten Motortragpflüge von Stock hinausgehende Konstruktion wurde ab 1916 in Ostpreußen gefertigt. Die bereits 1854 gegründete Firma F. Komnick hatte zuvor Dampfpflüge, Landmaschinen sowie Rohölmotoren gebaut, nun gliederte sie eine Abteilung als Automobilfabrik aus, um dort verschiedene, auf die Bedürfnisse Ostpreußens ausgerichtete Motortragpflüge herzustellen. Der 6800 Kilo schwere, 85 PS-Motortragpflug von Komnick kam dem WD 80 von Hanomag in Gewicht und Leistung nahe, während es die von Lanz in den frühen 1920er Jahren neben dem „Felddank“ als Lösung der Bodenbearbeitungsprobleme angebotene Fräsmaschine „Landbaumotor“ nur auf 5500 Kilo Gesamtgewicht brachte.

In Werbeschriften versuchte Komnick die Großgrundbesitzer zum Kauf ihrer Produkte durch Hinweise darauf zu veranlassen, *„dass beispielsweise ein sechsschariger Komnickpflug an einem Tag bei Bedienen durch nur einen Mann so viel pflügt wie etwa 12 bis 15 Gespanne zu je vier Pferden, zu denen pro Gespann stets zwei Mann gehören.“*

Kleine Ursache, große Wirkung

Diese Kalkulation stimmte ebenso wenig wie die Leistungsangaben der Konkurrenz. Sie setzten voraus, dass der Tragpflug den ganzen Tag ohne Reparatur einsetzbar bleib. Genau daran aber waren erhebliche

Zweifel angebracht. Und nichts wurde von den Motortragpflugbesitzern so sehr gefürchtet wie die ständigen Reparaturen. Selbst Kleinigkeiten zogen oft große Verluste nach sich. Meist wussten die Bediener nicht Bescheid. Weit und breit war niemand aufzufinden, der die Reparatur ausführen konnte, und einen der wenigen wirklich kundigen Monteure kommen zu lassen, kostete Zeit und Geld. Fehlte gar ein Ersatzteil, das vom Hersteller angefordert werden musste, dann vergingen selbst bei telegrafischer Bestellung oft Tage und Wochen, ehe das Teil eintraf. Die Saison konnte bis zu diesem Zeitpunkt schon gelaufen sein. Viele der Motorpflugbesitzer der „ersten Stunde" haben aus ihrem Unmut keinen Hehl gemacht. *„Es war schon ein großer Fehler, Pferde abzuschaffen."* – *„Am Motorpflug hat der Besitzer nur im ersten Jahr Freude, die bald schwindet."* – *„Der Motorpflug wird umso wirtschaftlicher, je weniger er benutzt wird."* So oder ähnlich lauteten die kritischen Stimmen. Erregte Bauern schrieben an die Zeitungen: *„Der Motorpflug macht mich langsam, aber um so sicherer Bankrott."* – *„Der Motorpflug ist am rentabelsten, wenn er unbenutzt im Schuppen steht."* Und: *„Der Besitzer hat nur zwei glückliche Tage, wenn der Motorpflug angefahren und wenn er wieder abgeholt wird."* Das waren gewichtige Vorwürfe, doch sie entsprachen einer weit verbreiteten Stimmung. Fragt man nach den Ursachen des häufigsten Ausfalls der Motorpflüge, so standen Bedienungsfehler obenan. Der Pferdeknecht von gestern wurde über Nacht zum Motorpflugfahrer, unsachgemäße oder ausbleibende Wartung verhinderten zu Beginn der 1920er Jahre einen erfolgreichen Einsatz der Maschinen über längere Zeit.

Hersteller und Bediener hatten noch einiges zu lernen. So wurde es von den Bauern begrüßt, dass weitere Unternehmen in den Tragpflugbau einstiegen. Eine achtenswerte Lösung boten die 1910 in Gößnitz gegründeten Pöhl-Werke an. 1920 entwickelten sie einen

Klein, aber oho

Die Maschinenfabrik Augsburg-Nürnberg (MAN) stieg 1918 mit einem von Professor Rudolf Bernstein entwickelten Fahrzeug in den Motorpflugbau ein. Mit einer Motorleistung von 25 PS zählte es zu den kleineren Maschinen, konnte dafür aber flexibel eingesetzt werden. Vor allem bei Arbeiten im Kartoffelacker schlug sich der MAN Motorpflug achtbar.

dreischarigen Motorpflug, der weniger durch die Art der Bodenbearbeitung als durch die auf die Räder aufmontierten, drehbaren Stahlgreifer auffiel. Man kam mit dieser Vorrichtung der Lösung des Problems der Bodenhaftung der Motorpflugräder ein Stück näher.

Die Pöhl-Werke, die übrigens schon Anfang der 1920er Jahre ihre unternehmerische Selbständigkeit einbüßten und Tochter der Maschinen- und Kranbau, Düsseldorf, wurden, machten auch mit dem so genannten „Großen Pöhl" Schleppergeschichte, einem Gelenkpflug, bei dem das Bodenbearbeitungsgerät in zwei Gelenken an einem dreirädrigen Schlepper hing. Diesem Fabrikat sah man an, dass Pöhl zunächst Motorlokomotiven für das Zweimaschinen-Seilpflugsystem gebaut hatte. An eine solche weiterentwickelte dreirädrige Motorlokomotive hängte man nun den Pflugrahmen an. Über ein Seil konnte dieser Rahmen beim Transport ausgehoben werden, so dass er über dem Boden schwebte. Auch sonst steckte die Maschine voller technischer Neuerungen: *„Das Getriebe zum motorischen Ausheben des Pfluges war so ausgebildet, dass der herabfallende Pflug den Motor andrehen konnte!"*

Der Greiferproblematik, die die Gemüter bis zur erfolgreichen Einführung des Gummireifens für Ackermaschinen sehr bewegte, kam insbesondere in der kurzen Geschichte der Motortragpflüge große Bedeutung zu. Der AKRA-Motorpflug der Aktienmaschinenfabrik Kyffhäuserhütte, vorm. Paul Reuß, einer Firma die seit 1881 von Artern, Sachsen, aus immer wieder die Landtechnik vorangebracht hatte, bot eine andere Lösung. Die Greifer waren schmaler als das Rad und konnten in Schlitzen aus dem Radkranz vorgeschoben werden. Zur Fahrt auf der Straße wurden sie ganz hinein- und auf dem Acker mehr oder weniger weit hinausgeschoben und dabei von Bolzen gehalten. Interessant war der AKRA übrigens auch wegen seines auf einem besonderen Stahlrahmen sitzenden Pflugkörpers. Dies ermöglichte bereits einen leichten An- und Abbau des Pfluges und das Anbringen anderer Bodenbearbeitungswerkzeuge wie etwa Eggen oder Grubber. Man begann also auch beim Motortragpflug vom Konzept des Einzweckgeräts abzukommen zugunsten des Mehrzweckgeräts.

Kleinere Pflüge für Mittelbetriebe

Ob nun „Großer Stock", „Großer Pöhl" oder gar „WD 80", am Bauern wurde mit diesen Maschinen vorbeikonstruiert. Die großen Motortragpflüge konkurrierten mit den Dampfpflügen, und diese hatten aufgrund ihrer Haltbarkeit noch immer eine beachtliche Lobby. Kleinere, bauerngerechte Motortragpflüge mussten entwickelt werden, wollte man zumindest in den Markt der Mittelbetriebe eindringen. Dies aber war notwendig, um endlich zur Serienfertigung übergehen zu können. Noch dominierte bei allen Motortragpflugherstellern die Einzelherstellung. Das um die Jahrhundertwende häufig geäußerte Motto: *„Weniger erfinden – mehr konstruieren"* wurde in den 1920er Jahren von einem Beobachter der deutschen Motorpflugindustrie so umgewandelt: *„Mehr*

Zügel statt Lenker

Die Böblinger Zugmaschine war ein Motorpflug der ganz besonderen Art. Verzichtet hatten die Konstrukteure auf das Lenkrad und stattdessen eine Fahrzeugsteuerung über Zügel installiert. Zog der Fahrzeugführer am rechten Zügel, fuhr das Fahrzeug rechts, zog man links, ging die Fahrt nach links. Das Bild zeigt die Maschine beim Einsatz in der Hohenheimer Gutswirtschaft.

konstruieren – mehr fabrizieren!" In der Tat, im gesamten Freistaat Preußen wurden im Jahr 1921 nur knapp über 300, 1922 fast 500, 1924 fast 1200 und 1925 rund 2300 Motorpflüge verkauft, also Seilpflüge, Tragpflüge, Radschlepper, Raupenschlepper und Motorfräsen zusammen. Eine Anfang 1927 für Preußen durchgeführte statistische Erhebung, die rund vier Fünftel aller damals vorhandenen Traktoren erfasst haben will, bestätigte die Exklusivität des Traktorenbesitzes.

Im Einzelnen verteilten sich die 6940 ermittelten landwirtschaftlichen Motorzugmaschinen (ohne Dampfpflüge!) wie folgt:

52 Seilpflüge
2073 Motortragpflüge
4075 Radschlepper
627 Raupenschlepper
113 Motorfräsen

Der Blick nach Amerika, wo Ende 1926 die vier größten Landmaschinenhersteller täglich allein etwa 700 Ackerschlepper produzierten, ließ den deutschen Konkurrenten mit Recht angst und bange werden. Allein von den Stückzahlen her war ein Preiswettbewerb etwa mit Fordson, IHC oder John Deere kaum zu bestehen.

Einen interessanten Versuch, mittelbäuerliche Betriebe als Kunden zu gewinnen, unternahm die Firma MAN mit einem Gelenktragpflug nach Professor Bernstein. Ingenieure, die es wissen mussten, gerieten bei dem MAN-Motorpflug ins Schwärmen. Für sie handelte es sich bei dem Gerät um *„den idealen dreirädrigen Motorpflug schlechthin, funktionell viel besser und auch formschöner als der berühmte Stock"*. Bernstein selbst sprach von der Konstruktion als *„vorbildloser Aufgabe"*, die der Tradition der Firma MAN entsprach, neue Wege zu gehen. Erstmals hatte man einen Motorkarrentragpflug konstruiert, eine Maschine mit einer gegen den Pflug lenkbaren zweirädrigen Motorvorderkarre. Durch die Triebräderlenkung wurde die Lenkgenauigkeit wesentlich erhöht, ein ungleiches Differential sorgte für geraden Lauf bei verbesserter Steuerbarkeit. Die rahmenlose Bauweise brachte Gewichtsersparnis (Gesamtgewicht 2000 kg) bei gleichzeitig hinreichender Motorisierung (25 PS). Der an drei Punkten aufgehängte, frei pendelnde Pflugkörper war leicht abzubauen, die gebotene Arbeitsbreite des Apparats wurde von MAN besonders herausgestellt.

Aber wie auch immer, dem MAN erging es wie den anderen Motortragpflügen. Sie alle, ob für den Gutsbesitz oder den Bauernhof konzipiert, fanden kaum Vertrauen. Als erst die Inflation der frühen 1920er Jahre vorbei war und die Betriebe wieder längerfristig kalkulieren konnten, bedeutete dies oft auch schon das Ende für die mit viel Elan und technischem Wissen betriebene Produktion. 1924 konstruierten 11 Motortragpflughersteller mit etwa 20 Erzeugnissen, 1928 führte der Kraftpflug-Führer nur mehr drei auf: Flader, Cerva und Toro. Letzterer wurde von einem Unternehmen gebaut, das nach dem Ersten Weltkrieg relativ kurzfristig in die Motorpflugbranche eingestiegen war in der Hoffnung, bei dem erwarteten landwirtschaftlichen Motorisierungsboom raschen Gewinn zu erzielen.

Dabei war die „Eisenbahn-Signal-Bauanstalten Max Jüdel, Stahmer und Bruchsal AG", wie der Hersteller der Toro-Motorpflüge in den 1920er Jahren hieß, ein durchaus traditionsreiches und renommiertes Werk. Heinrich Büssing beispielsweise arbeitete hier über 30 Jahre als technischer Direktor, ehe er sich auf seine alten Tage eine eigene Firma für Lastwagen und Omnibusse in Braunschweig gründete. Bei Jüdel hingegen hielt man bis nach dem Ersten Weltkrieg an der überkommenen Produktpalette fest und geriet in eine tiefe Krise, als Apparate zur Eisenbahnsicherung kaum mehr gefragt waren. So suchte man nach neuen Produkten und griff zu, als sich die Übernahme des Toro-Kleinmotor-Kippgfluges anbot, den seit 1923/24 die Deutsche Last-Automobilfabrik AG (DAAG) in Ratingen als „Daag-Toro" baute.

Die Konzeption des Toro versprach in der Tat Erfolg. Man hatte ein vierrädriges Motorfahrzeug mit einem seitlich zwischen linkem Furchenrand und Maschinenkörper angebrachten Kipp-Pflug verbun-

Toro und Cerva

Max Jüdel in Braunschweig, eher ein Spezialist für Eisenbahn-Signalanlagen, baute mit dem Toro einen Motorpflug, der auch als Zugmaschine Verwendung finden sollte. Bei Eugen Kiemele in Seifertshofen hat ein Toro die Zeiten überdauert (links). In Thüringen wurde zwischen 1920 und 1931 bei Wesselmann-Bohrer ein Motorpflug namens Cerva produziert. Immerhin 40 PS soll das dreirädrige Fahrzeug gehabt haben, von dem nur schriftliche Zeugnisse erhalten geblieben sind.

den. Der Kipppflug, das heißt ein Gerät aus zwei spiegelbildlich gegenüberstehenden Pflughälften, sollte dabei für eine bei Vor- und Rückwärtsfahrt gleichmäßige Bodenbearbeitung sorgen. Auch konnte der Toro als Zugmaschine eingesetzt werden und zur Antriebsmaschine machte ihn die direkt vom Motor ohne Vorgelege angetriebene Riemenscheibe.

Einiges hielten sich die Hersteller des Toro auf sein Getriebe zugute. Mit Stolz wurde vermerkt, dass es „staub- und öldicht in einem Gussgehäuse eingeschlossen" war. Auch verdiente es damals besondere Erwähnung, dass alle Vorgelegewellen „in kräftigen Kugellagern" liefen. Nun, was Wunder – auch wenn man sich bereits mitten in den 1920er Jahren befand, so war es doch immer die Pionierzeit des landwirtschaftlichen Motorfahrzeugbaus!

Technisch besaß der Toro wie die meisten anderen Motortragpflüge seine Reize. Aber auf Dauer reichten technische Reize allein nicht aus. Immer wieder gingen auch die Toros kaputt, geschäftlichen Erfolg brachten sie nicht. Der Niedergang des von dem Industriemagnaten Hugo Stinnes aufgebauten Wirtschaftsimperiums hinterließ auch bei Jüdel tiefe Spuren. Die rund 300 mit der Toro-Herstellung beschäftigten Mitarbeiter des Braunschweiger Unternehmens bangten lange um ihren Arbeitsplatz, ehe 1929 das endgültige Aus kam. Als vorletzter der typenreichen Maschinengattung verschwand der Toro nahezu spurlos von der Bildfläche. So blieb abschließend nur noch der Cerva. Er wurde als letzter der stolzen Familie der Motortragpflüge gebaut, einer, sieht man von tschechischen und österreichischen Maschinen ab, weitgehend deutschen Konstruktion.

Der Motortragpflug hatte im Vergleich zum vielseitig einsetzbaren Radschlepper keine Chance. Die Stock'sche Idee des über das Feld fahrenden motorisierten Pfluges schien nach nur 20 Jahren erledigt. Doch diese Wertung täuscht. Überlegungen zur Bodenhaftung und damit verbunden zur Greiferkonstruktion, zur Gewichtsverteilung und Triebradgröße oder zur Verstellbarkeit der Antriebsräder wurden am Motorpflug erprobt. Die dort gewonnenen Erkenntnisse gingen ein in die Technik der deutschen Radschlepper der Zwischenkriegszeit, ja mehr noch, sie wurden Allgemeingut der Ackerschlepperkonstruktionen bis auf den heutigen Tag! So war der Motorpflug eine Experimentiermaschine für Techniker, Unternehmer und Bediener.

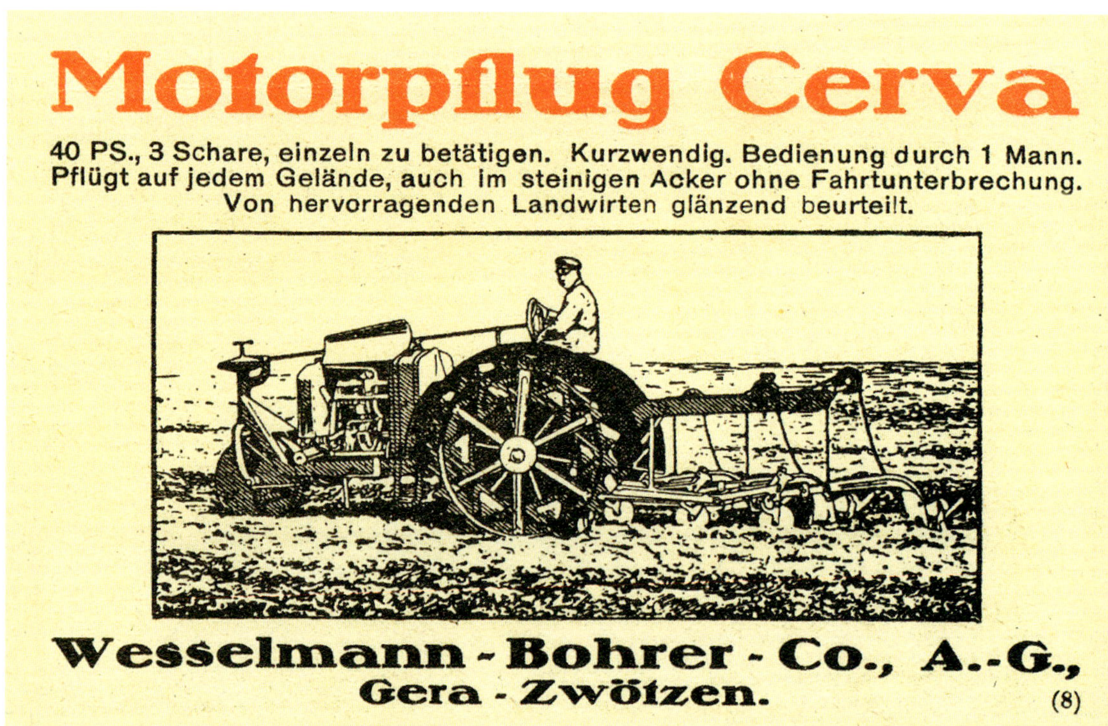

Spätheimkehrer

Die Hanomag-Motortragpflüge WD 35 und WD 80

Steht die Aufarbeitung eines alten Autos an, so gibt es genug Experten und Fachwerkstätten. Dies gilt grundsätzlich auch für alte Traktoren. Bei einem WD-Tragpflug, von der Hanomag in Hannover ab 1912 gebaut, sah die Sache etwas anders aus. Hatte mit der Optik beim WD 80 ein Berufsbildungszentrum noch vergleichsweise leichtes Spiel, so musste die Technik aufwendig nachgebessert werden. – Technisch in besserem Zustand befand sich der letzte WD 35, nur stand der einige tausend Kilometer entfernt im südafrikanischen Kapstadt. Bis zur Wiedervereinigung auf dem Veranstaltungsgelände des Historischen Feldtages in Nordhorn war es ein Kraftakt der besonderen Art.

Mit einer Suchanzeige war es der Hanomag 1959 gelungen, in Argentinien den vermutlich letzten noch existierenden WD-Großpflug, Baujahr 1919, ausfindig zu machen und nach Deutschland zurückzuholen. Im Herstellerwerk wurde lediglich der Kühler getauscht. Über mehrere Stationen gelangte die Maschine nach dem Ende des Schlepperbaus bei der Hanomag 1971 schließlich in private Sammlerhand.

Treffpunkt Kapstadt

Es ist schon ein besonderes Erlebnis, nach über 90 Jahren bei einem Händler einen Ackergiganten zu entdecken, der sich – wieder original lackiert – in vollständigem Zustand befindet.

Da der WD-Pflug über die Jahrzehnte äußerlich sehr gelitten hatte, wurde er im Frühjahr 2001 im Rahmen einer Ausbildungsmaßnahme im Hildesheimer Berufsbildungszentrum als Unterrichtsprojekt genutzt. Unter fachkundiger Anleitung und nach eingehender Recherche wurde der WD 80 mit einem dem ursprünglichen Farbton entsprechenden, heutigen Verkehrsgrau (RAL 7042) lackiert, der mit Hilfe von Mattierungsmittel eine annähernd authentische Oberflächenstruktur erhielt; auch die drei Räder bekamen eine vorbildgetreue Lackierung in Signalrot (RAL 3001). Die aufsteckbaren Greifer an den Triebrädern wurden gesandstrahlt und schwarz lackiert. Die Linierung der Rad-

Historisches Vorbild

Der WD 35-Kleinpflug war in Deutschland lange Zeit weitgehend unbekannt und wurde – vergleichsweise zum WD 80 – nur in kleinen Stückzahlen gebaut. Erfreulicherweise sind auch seine technischen Daten sowie zahlreiche Werksbilder überliefert.

speichen und das Anbringen des Hanomag-Schriftzuges auf der Motorhaube nahm der Lackiermeister persönlich vor, alte Fotos erleichterten ihm dabei die Arbeit.

Nach einem ersten Einsatz bei einem Schlepper- und Oldtimer-Treffen im Freilichtmuseum am Kiekeberg bei Hamburg im Herbst 2001 konnte der WD 80 im November 2001 in neuem „Kleid" auf der Agritechnica in Hannover einem breiten Publikum vorgestellt werden. Nachdem der Motor aber zuletzt nur mühsam gearbeitet hatte und infolge unsachgemäßer Behandlung auch noch Frostschäden an den Zylinderblöcken hingekommen waren, stand zum Herbst 2003 eine komplette Revision der Technik an.

Im Deutschen Traktoren- und Modellautomuseum in Paderborn, wo der WD 80 zeitweise ausgestellt war, wurde der Motor ausgebaut und zwecks Überarbeitung zu einer Motoreninstandsetzung, Firma Erichsen in Gehrden bei Hannover, gebracht. Der Frostschaden an den Zylindern konnte in der Fachschweißerei „Record" in Görlitz behoben werden, wobei sich die gewichtigen Zylinderblöcke, die immer zwei Zylinder ohne Kopf (Sackbohrung) umschließen, glücklicherweise nicht verzogen und anschließend nur gehohnt (leicht überschliffen) werden mussten. Die vier Kolben, die noch aus der Zeit der Herstellung des Motors – 1919 – stammen, waren so minimal verschlissen, dass es mit der Beschaffung neuer Kolbenringe getan war. Von den insgesamt benötigten 20 Stück – fünf Ringe je Kolben – waren bei einem Lieferanten noch neun Stück am Lager, die restlichen 11 mussten angefertigt werden, worüber geraume Zeit ins Land ging. Der Motor schien nicht fertig werden zu wollen ...

Für die ziemlich verschlissenen Auslassventile konnten aus dem Schiffsmotorenbau übergroße Rohlinge beschafft werden, die bei der Firma Erichsen auf Maß abgedreht und direkt in die Zylinderblöcke eingepasst wurden. Bei den Einlassventilen, die samt Ventilsitz eingesetzt und mittels einer Kronenmutter fixiert sind (sogenannte Korb-Ventile), war „nur" ein durchgerissener Sitz zu ersetzen, der durch eine Bayerische Spezialgießerei gefertigt und in Hildesheim von einem für solche Aufgaben prädestinierten Mechanikermeister auf Maß gebracht wurde. Nachdem der Bosch-Lichtbogenzünder, Typ Z 4, bei einem Spezialisten im Spreewald überholt worden war, konnte die Motorüberholung im Frühjahr 2009 endlich abgeschlossen und der Motor wieder eingebaut werden.

Diese Aufgabe übernahmen dann im Frühsommer die Treckerfreunde Nordhorn um Johann Hood, nachdem der Großpflug in die Krone-Niederlassung Isterberg bei Nordhorn geholt worden war. Dr. Bernard Krone, selbst ehemaliger Hanomag-Händler, organisierte

den Transport. Mit Hilfe junger Landmaschinenmechaniker und „alter Hasen“ sorgte er dafür, dass der 15-Liter-Motor endlich wieder an Ort und Stelle kam. Auf dem Historischen Feldtag Anfang August 2010 hatte der WD 80 dann seine Premiere, schließlich stand in dem Jahr Hanomag als Marke im Mittelpunkt der Veranstaltung. Damit konnte der erste Teil einer spannenden Geschichte abgeschlossen werden.

Aufarbeitung in Etappen

Der 16-Liter-Motor des WD 80 war nicht nur durch Frost geschädigt. Kolbenringe und Auslassventile mussten erneuert werden. Auch einige Aggregate mussten überarbeitet oder komplett ersetzt werden, um den Tragpflug für den Einsatz flott zu machen.

Rückkehr nach über 90 Jahren

Belleville bei Kapstadt in Südafrika ist seit mehr als 100 Jahren die Heimat der deutschen Familie Andrag, die sich hier 1904 ansiedelte. Unter dem Namen AGRICO wird an 27 über das Land verteilten Verkaufsstellen Landmaschinenhandel und Service betrieben. Drei Fabriken sind auf die Herstellung von Bewässerungsanlagen spezialisiert, circa 800 Mitarbeiter werden beschäftigt, wichtigster Handelspartner ist heute John Deere.

Martin Andrag, der zweite Sohn von Paul und Anna Andrag, kämpfte im Ersten Weltkrieg für Deutschland. Danach studierte er Maschinenbau in Friedberg, Hessen, und kehrte 1921 nach Afrika zurück. Martin hatte in Deutschland die WD-Pflüge kennen und schätzen gelernt und regte seinen Vater zum Import einer solchen Maschine an. Die Firma Imperial Cold Storage konnte als Kunde gewonnen werden, aber während die georderte Maschine in Deutschland verschifft wurde, fiel der Weizenpreis von 5 auf 1 Pfund pro 100-kg-Sack. Der Verkauf wurde storniert, und da sich die Technik zwischenzeitlich weiterentwickelt hatte, fand sich kein neuer Käufer. Der WD 35 blieb, sozusagen als Ausstellungsstück bei Familie Andrag – zeitweise unter freiem Himmel abgestellt. Im Laufe der Jahrzehnte wurden mehrere neue Farbschichten aufgetragen, je nach den aktuell vertriebenen Marken. Dabei kamen der Anlassmagnet, sämtliche Typenschilder und fast alle Grabenschaufeln abhanden, der Motor konnte nicht mehr gestartet werden und die Maschine war – ohne die dafür erforderlichen Schaufeln – nicht mehr zum Pflügen geeignet.

Immer wieder gab es Kontakte zur Hanomag IG, wo durch die Aufarbeitung des WD 80 Großpflugs bereits ein gewisses Knowhow zu diesen seltenen Maschinen existierte. Auch war hier und da etwas Literatur aufgetaucht, die Familie Andrag in Kopie zur Verfügung

Generalprobe

Wenn ein Einsatz auf einer größeren Veranstaltung wie dem Historischen Feldtag in Nordhorn geplant ist, muss man an alle Eventualitäten denken. Ohne die enorme Unterstützung durch Dr. Bernard Krone und Mitarbeiter der Maschinenfabrik Bernard Krone in Spelle, Emsland, hätte das Projekt wohl kaum so zeitnah umgesetzt werden können.

gestellt werden konnte. Mit einer halbwegs passenden Batteriezündung gelang es Theo Andrag und seinen Mitarbeitern 2011 und 2012, den Motor wieder in Betrieb zu nehmen. Nach Muster wurden 30 neue Grabenschaufeln angefertigt, womit der Maschine die Einsatzbereitschaft wiedergegeben werden konnte. Und mit Hilfe der identifizierten Farben konnte auch der optische Zustand wieder in seine ursprüngliche Form gebracht werden. So präsentierte sich der WD 35 Kleinpflug in einem bemerkenswert guten Zustand, als eine kleine Abordnung der Hanomag-Freunde im Mai 2013 nach Bellville kam, um über die Rückführung nach Deutschland zu verhandeln. Schließlich stand für August der Historische Feldtag in Nordhorn an, wo es sich anbot, im Rahmen der geplanten Sonderschau WD-Hanomag neben dem Großpflug auch den Kleinpflug zu zeigen.

Auch wenn es zunächst in Südafrika keine Einigung gab, der Anfang war gemacht. Zahlreiche E-Mails folgten, Dr. Bernard Krone, selbst über John Deere auch mit Südafrika im Geschäft, bot logistische Hilfe an – und plötzlich ging alles sehr schnell, auch mit der Genehmigung der Ausfuhr aus Südafrika. Lediglich der Luftfilter musste demontiert werden, der Pflug passte diagonal exakt in einen 20-Fuß-Container. Als sich am 23. Juli, fünf Tage später als geplant, der Treckerclub Nordhorn mit dem NDR-Fernsehen zum „Sommerinterview“ traf, ahnten nur wenige den wahren Grund, denn eingeweiht war nur eine handvoll Mitstreiter. Aber als unerwartet ein laut hupender Tieflader vor der Scheune des Clubs vorfuhr, war die Freude riesengroß, auch wenn die Emsländer sich sonst vom Typ her eher zurückhaltend geben mögen! Rasch waren drei Stapler bzw. Teleskoplader zur Stelle, um den „Heimkehrer“ vom Tieflader zu heben. Nun konnte der Feldtag kommen, und mit dieser zusätzlichen Attraktion im Rücken auch bei der Öffentlichkeitsarbeit noch mal ordentlich Gas gegeben werden.

Am Samstag, 10. August, öffneten sich die Scheunentore und der WD 80 Großpflug, Baujahr 1919, und WD 35 Kleinpflug, Baujahr 1922, traten gemeinsam die Fahrt über die Feldwege auf das Veranstaltungsgelände an. Nicht nur für das Publikum ein bewegender Moment, viele Kameras und Handys wurden schussbereit gemacht, um dieses außergewöhnliche Ereignis festzuhalten. Wann hat man so etwas schon mal vorher „live“ gesehen? Und auch auf dem Acker war es eine Begegnung der dritten Art, zwei Motor-Tragpflüge von Hanomag im Einsatz fahren und pflügen zu sehen. Johann Hood, der Geschäftsführer der Schlepperfreunde Nordhorn und Chef-Organisator des Historischen Feldtages, gab sich überwältigt: *„Es ist schon unglaublich, wie es die Hanomag IG immer wieder versteht, für positive Überraschungen zu sorgen und die Szene damit zu erfreuen. Für Nordhorn war diese Aktion ein großer Gewinn, wofür wir uns an dieser Stelle nur ganz herzlich bedanken können. Mit der Hanomag IG sind wir jederzeit gern bereit, ähnlich spektakuläre Dinge auszubrüten!“* Und zur Agritechnica im November 2013 auf dem Messegelände in Hannover, wo Rudolf Diesel im Mittelpunkt einer Sonderschau Historische Landtechnik stand, begeisterte der „kleine WD“ aus Südafrika als Meilenstein für die Entwicklung der Landtechnik auf dem Weg zum Diesel-Traktor im Pavillon 32 unter dem EXPO-Dach die Besucher.

Naheliegend, dass die WD-Pflüge nochmals für das im August 2017 anstehende Jubiläum des Historischen Feldtages in Nordhorn eine besondere Rolle spielen durften. Schließlich wurden zum 25. Feldtag die Höhepunkte der vergangenen Jahre aufgefahren. Dieses Mal hatte das Team um Richard Gussinklo deutlich mehr Zeit, die WD-Maschinen auf diesen Einsatz vorzubereiten. Für alle Beteiligten war es ein bewegender Moment, als die beiden WD-Pflüge gemeinsam mit dem Stock-Motorpflug von Eugen Kiemele aus Seifertshofen/Ostalb und dem einzigen, erhalten gebliebenen und nun wieder einsatzbereiten Lanz-Landbaumotor den Acker des Veranstaltungsgeländes bearbeiteten.

Damit schloss sich der Kreis um die Aufarbeitung, Zusammenführung und den gemeinsamen Einsatz der beiden WD-Motorpflüge. 1155 Stück waren von 1912 bis 1924 in Hannover gebaut worden, offensichtlich haben nur diese beiden überlebt. Fortgesetzt werden soll die Geschichte mit zwei WD-Kettenschleppern, die sich derzeit in umfangreicher Aufarbeitung befinden, mit dem Ziel, eines Tages ein „Gruppenbild mit Vieren“ zu präsentieren.

Wiedervereinigung

Es war sicher eine Sternstunde der Historischen Landtechnik, als nach neun Jahrzehnten die beiden Hanomag-Tragpflüge WD 35 und WD 80 gemeinsam auf dem Feldtag in Nordhorn 2013 im Einsatz gezeigt wurden.

Opel auf'm Acker?

Aus heutiger Sicht scheint es ungewöhnlich, auch die Marke Opel hier zu erwähnen. Doch schon nach zehn Jahren wechselhafter Erfahrungen im Motorwagenbau entdeckt 1910 die Nähmaschinen- und Fahrradfabrik das aufkeimende Marktinteresse für Motorpflüge. Opel bedient sich bekannter guter Vorbilder von Stock und Ihace für seine eigene Neukonstruktion. Also baut auch Opel ein großes „Dreirad".

Die Antriebsachse besitzt gewaltige Stahlräder von über zwei Meter Durchmesser. Sie tragen einen stabilen Rahmen mit bis zu sechs Pflugscharen. An der Spitze der Konstruktion thront einer der stärksten Opel-Vierzylindermotoren mit über 10 Liter Hubraum. Der 60 PS starke Ackergigant von über acht Metern Gesamtlänge kann von einem Fahrer oberhalb der Rahmenebene über ein kleines Spornrad gesteuert werden. Jeder Pflugkörper ist einzeln montierbar und lässt sich über eine mit Motorkraft angetriebene Welle in der Höhe variabel einstellen. Auch die Geschwindigkeit im Gelände wird durch den Austausch der Wechselräder unterschiedlicher Größen den Bodenverhältnissen wie auch der benötigten Zugkraft angepasst. Damit erreicht der Opel-Motorpflug bei mittelschwerem Boden eine Tagesleistung von 10 bis 12 ha Fläche.

Nähmaschinen, Fahrräder, Automobile

Ab 1911 entstehen in Rüsselsheim zuverlässige Antriebe für die ersten motorisierten Flugzeuge, genannt Aeroplane wie auch für die Motorisierung der Landwirtschaft. Vorbilder für moderne Motorpflüge finden die Gebrüder Opel bei Robert Stock in Berlin wie auch bei der International Harvester Company aus den USA, die als Marke Ihace seit 1908 auch auf dem deutschen Markt ihre Produkte anbieten. Der Opel-Motorpflug ist konstruktiv verbessert und wird von einem gewaltigen 60 PS-Vierzylinder-Motor angetrieben (oben). Gute Opel-Lösung: Die sechs Pflugkörper lassen sich über eine vom Motor angetriebene Welle mit Zahnstangengetriebe heben und senken.

Die Herstellung des 60 PS-Opel Motorpflugs wird im Sommer 1911 von einem verheerenden Fabrikbrand überschattet. Beim Wiederaufbau der Werkshallen setzt man in Rüsselsheim neue Prioritäten und entwickelt einen leichteren Motor-Schlepper für variablen Einsatz. Der Opel-Trecker nutzt in seiner Konstruktion die gleiche Rahmenbauweise mit U-Trägern, Traversen, Versteifungen und Knotenblechen wie im Lastwagenbau. Der 6,2 Liter-Vierzylinder-Reihenmotor mit gegossenen Zylindern und Aluminium-Kurbelgehäuse besitzt die bewährte Umlaufschmierung. 35 PS Leistung erlaubt starke Zugkraft und stabile Dauerlaufeigenschaften. Selbst im Straßenbetrieb mit Anhängelast werden

im dritten Gang Geschwindigkeiten von acht Stundenkilometern erreicht. Die Zündung ist eine Bosch-Doppelzündung mit Batterie- und Magnetzündapparat, die getrennt auf die jeweiligen zwei Zündkerzen pro Zylinder wirken. Die Begrenzung der Motordrehzahl übernimmt ein Regulator. Der Spritzvergaser mit automatisch arbeitenden Zusatzluftventilen besitzt eine Kraftstoffvorwärmung, um die damals gängigen Betriebsstoffe zuverlässig verbrennen zu können. Die notwendige stabile Kühlung wird über Pumpe und Ventilator erreicht.

Kolossal wirkt die Gesamtkonstruktion: Die Vorderachse mit 80 cm hohen Rädern wird über eine Drehschemellenkung mit Ketten und Kettentrommel und ein selbsthemmendes Schneckengetriebe gesteuert. Die hinteren Stahlräder mit einem Durchmesser von 1,6 m laufen in Gussnaben mit Bronzebüchsen und übernehmen Antrieb und Bremse. Gangwechsel erfolgt über eine Konuskupplung, die man auch per Handhebel (!) für Vorwärts-Rückwärts oder dem üblichen Fußpedal betätigen kann. Zur Erhöhung der Zugkraft auf dem Acker gibt es ab Werk einhängbare Greiferplatten für die hinteren Räder, die am Schlepper in einer Metallkiste verstaut sind. Die Befestigung am Rad erfolgt einzeln über stramme Federn an der Radnabe innerhalb weniger Minuten, so der Text im Prospekt. Für den stationären Einsatz in der Landwirtschaft kann der Motor-Schlepper mit seitlicher Riemenscheibe als Nebenantrieb geliefert werden. Die Opel-Konstruktion besitzt viele Eigenschaften für einen erfolgreichen Motorschlepper. Doch der Erste Weltkrieg beendet auch diesen Ausflug der Marke Opel in die Landwirtschaft. Seitdem hat Opel die Herstellung von Traktoren für den Einsatz auf dem Acker nicht wieder aufgenommen.

Der Not gehorchend

Gegen Ende des Ersten Weltkriegs müssen fehlende Pferde durch Ackerschlepper ersetzt werden, sodass auch Opel einen 35 PS-Traktor für Transportfahrten und die Feldarbeit auf riesige Räder stellt. Zur Erhöhung der Zugkraft auf dem Acker können für die hinteren Räder mitgeführte Greiferplatten eingehängt werden (unten). Mit Kriegsende wird aber die Produktion bald eingestellt. Nie wieder werden bei Opel Ackerschlepper gebaut. Die kleinen Opel-Schlepper auf 4 PS-Basis Ende der 1920er Jahre werden ausschließlich für den Materialtransport auf ausgebauten Wegen eingesetzt.

Italienische Schlepper
Die Trockenlegung der römischen Campagna

Die Geschichte der Ackerschlepper ist international. Über den Trend der technischen Entwicklung wird früher wie heute auf dem Weltmarkt entschieden. Welches Unternehmen, welches Land vermochte in Anbetracht der engen internationalen Verflechtung der Märkte und der wirtschaftlichen Vorteile einer möglichst großen Serienherstellung noch das hohe finanzielle Risiko einer nationalen oder unternehmerischen Sonderentwicklung im Ackerschlepperbau einzugehen? So werden Traktoren aus Deutschland wie selbstverständlich in Italien, Frankreich, Südafrika oder Skandinavien angeboten; russische, tschechische oder polnische Schlepper bleiben im Absatz keineswegs auf Osteuropa begrenzt, und nordamerikanische Maschinen findet man ohnehin nahezu auf der ganzen Welt. Dem war, wie unter anderem die Beispiele John Fowler und Fordson gezeigt haben, seit den Anfängen der Ackerschlepperindustrie eigentlich immer so. Doch auch hier gilt, dass Ausnahmen, wie beispielsweise der deutsche Motortragpflugbau, die Regel bestätigen.

Eingebettet in die internationale Entwicklung sind auch die Anfänge der italienischen Ackerschlepperherstellung zu sehen. Erste Bemühungen setzten gegen Ende des Ersten Weltkriegs ein, als der Rückgang der heimischen Nahrungsmittelproduktion bedrohliche Ausmaße angenommen hatte. Statt der 150 Kilo Weizen pro Kopf im Jahr 1902 lieferten die italienischen Felder 20 Jahre später nur mehr 123 Kilo (zum Vergleich: Deutschland 192 Kilo je Kopf der Bevölkerung). Eine Intensivierung der Landwirtschaft durch Maschineneinsatz schien zur Überwindung der Wirtschaftskrise in Italien ebenso angezeigt wie eine Ausdehnung der landwirtschaftlichen Nutzfläche. Der Import einer größeren Anzahl ausländischer Ackerschlepper stand jedoch wegen fehlender Devisen außerhalb des Möglichen, weshalb italienische Unternehmen aufgerufen waren, eigene Konstruktionen zu entwickeln. In rascher Folge brachten daraufhin in der Zeit ab 1919 Firmen wie Motomeccanica (Mailand), Landini (Reggio Emilia), Cassani (Treviglio) und auch Fiat (Turin) Traktoren heraus, denen man zumeist

Italien entdeckt den Traktorenbau

Italien besitzt eine traditionsreiche Schlepperindustrie. Neben Fiat stiegen nach dem Ersten Weltkrieg weitere Unternehmen in die Traktorenherstellung ein, darunter die Brüder Francesco und Eugenio Cassani. Aus Cassani wurde 1942 der bis heute international erfolgreiche Traktoren- und Landmaschinenhersteller SAME bzw. SDF.

ansehen konnte, dass ihre Ingenieure zuvor den Fordson eingehend studiert hatten. Manche der in den nordamerikanischen Schlepper erfolgreich eingebauten Details wurden so auch in den Fiat 702 übernommen, der gleichwohl stärker motorisiert (30 PS) und vom Gewicht schwerer als das Vorbild ausgefallen war.

Benzinschlepper aus Turin

Der Fiat 702 stellte die erste in Serie gebaute Ackermaschine der Fabbrica Italiana Automobili Torino (Fiat) dar, eines 1899 von Giovanni Agnelli gegründeten Unternehmens, das sich noch vor dem Ersten Weltkrieg unter anderem erfolgreich im Automobil- (seit 1900) und im Schiffs- und Flugzeugmotorenbau (seit 1907) engagiert hatte. Für die Produkte der Firma waren die italienischen Streitkräfte schon seit Langem ein wichtiger Abnehmer gewesen. Umso empfindlicher traf es Fiat, als ab 1918 die Nachfrage nach Rüstungsgütern nahezu völlig ausfiel. Da kam der von der Regierung wie auch einigen finanzstarken Großgrundbesitzern geäußerte Wunsch nach dem Aufbau einer italienischen Traktorenfabrikation gerade recht. Schon nach kurzer Anlaufzeit konnten in den ausgedehnten Werkshallen von Corso Dante, Turin, die Benzinschlepper des Typs 702 gefertigt werden, deren wichtigste Bewährungsprobe jedoch hunderte von Kilometern vom Herstellungsort entfernt, in der römischen Campagna, stattfinden sollte.

Die Campagna di Roma war in der Antike ein fruchtbares Land mit zahlreichen Städten gewesen. Infolge landwirtschaftlichen Raubbaus, ungenügender Entwässerung und der rigorosen Abholzung, wie sie die Päpste Gregor XIII. und Sixtus V. zum Schutz vor Seeräubern und Banditen im 16. Jahrhundert durchführen ließen, sank die Campagna - wegen ihrer Nähe zu Rom auch Agro Romano genannt – dann aber zu einer menschenleeren, kaum noch landwirtschaftlich genutzten, baumlosen Steppe herab. Wenige Großgrundbesitzer ließen hier eine zumeist wenig ergiebige Weidewirtschaft betreiben. Der Sumpf, eine Folge regnerischer Winter und feuchtwarmer Sommer bei stark Wasser haltenden Böden, nahm eine immer größere Fläche der rund 190.000 Hektar großen Campagna ein. Alfredo Oriani, ein italienischer Dichter,

Es werde Licht

Unter dem Firmenzeichen der 1899 von Giovanni Agnelli gegründeten FIAT begann 1919 in Turin die Produktion des Radschleppers 702. Bis 1924 gebaut, erfreute sich der als formschön beschriebene Schlepper großer Beliebtheit nicht nur in Italien, sondern auch in den USA, Australien und Südafrika.

beschrieb Mitte des 19. Jahrhunderts die Region mit den Worten: *„Trauriges Schauspiel! Wo immer ich mich hinwende, erstrecken sich kahle, erschöpfte, ungleichmäßige Grasflächen. Wenige verkrüppelte Eichen stehen in weiten Abständen wie armselige Überlebende aus großer Verwüstung, wie vom Genius der Zerstörung den Krähen aufgesparte Zufluchtsstätten. Zwischen häufigen Wasserlachen, an den Rändern sich schlängelnder Sümpfe, auf dem Rücken kurzer Erhebungen murmeln Binsen und Röhricht, und ihr Säuseln, kaum vernehmbar im Lärm des Dampfers, verliert sich auf der Suche nach einem Echo, ohne es je zu finden.“*

Aus dieser Landschaft also war der Mensch gewichen, nicht aber die vielen Stechmücken, deren für den Mensch gefährlichste die Anophelesmücke war. Doch wusste man bis 1898 nicht um ihre Eigenschaft als Malariaüberträger. Fassungslos hatte man vielmehr immer vor den gewaltigen Sterbezahlen gestanden, die Jahr für Jahr die verbliebenen Bewohner der Campagna weiter dezimierten. Der amtliche Nachweis für das Jahr 1895 beispielsweise ergab je hunderttausend Einwohner in Gesamtitalien 52,6 Sterbefälle, in der Provinz Rom 86 und im Agro Romano gar 538. Doch dann ermittelten die Ärzte Ross, Grassi, Bignani und Bastianelli die Malariaüberträgerin. Mit Chinin wurden fortan die in der Campagna lebenden Bauern vorbeugend behandelt. Das Chiningesetz vom 23. Dezember 1900 sah unter anderem eine unentgeltliche Abgabe des Heilmittels an Landarbeiter in Fiebergegenden vor.

Mit Traktoren gegen Mücken

Fiebergegend war die Campagna allemal. In den zahllosen besonnten Tümpeln fand die Anophelesmücke günstige Brutstätten für ihre Eier vor. Zwischen der einsetzenden Dämmerung und dem frühen Morgen flog sie dann umher und suchte nach Opfern, die, waren sie erst gestochen, dem häufig tödlich verlaufenden Malariafieber anheimfielen. Um die Seuche nun in den Griff zu bekommen, setzte die italienische Regierung neben der Chininverteilung an die Menschen unmittelbar nach 1900 auf Maßnahmen der Vernichtung der ausgedehnten Brutplätze der Anophelesmücke. Mit dem Dampfpflug versuchte man den Boden vulkanischen Ursprungs aufzureißen und Tümpel wie Sümpfe, die Brutplätze der Mücke, zum Verschwinden zu bringen. Kaum waren erste Erfolge der Trockenlegung erzielt, ging man auch schon dazu über, Land des Agro Romano an Siedler und Kleinpächter aufzuteilen. Doch so leicht gab sich die Malaria nicht geschlagen. Das Fieber brach, obschon es nahezu ausgerottet schien, um 1910 mit stärkerer Heftigkeit als zuvor erneut aus. Kurz vor Ausbruch des Ersten Weltkriegs hatte es den Anschein, als hätten alle Anstrengungen bei der Seuchenbe-

kämpfung nichts genutzt. Mehr noch, von 69 italienischen Provinzen waren nur 17 malariasicher, und die Krankheit dehnte sich weiter aus.

In dieser Situation kamen die italienischen Ackerschlepper auf den Markt. Im Kampf gegen die Brutplätze der Anophelesmücke, der zugleich die Urbarmachung zuvor öde gewordener Landschaften bedeutete, erhielten sie ihre italienische Bewährungsprobe. Fiat begriff die sich hier bietende Chance sogleich. Schon 1919 lud man einflussreiche Beobachter zu einem Schaupflügen in die Campagna und vermochte sie zu überzeugen. Was den sonst in Italien eingesetzten Ochsengespannen nur mit Mühe gelang, nämlich den vierscharigen Pflug durch den regenschweren Boden zu ziehen, leistete der mit Greifern auf den verbreiterten Stahlrädern ausgerüstete „702“ überzeugend. Landarbeit mit Kraftschleppern hatte den Vorteil, so hieß es daraufhin, *„die Zeitwahl unabhängig zu machen von der Rücksicht auf das Arbeitsvieh, das ohnehin im Sommer stark in Anspruch genommen ist; sie verringert zugleich aber auch die Malariagefahr in dem Grad, wie sie gegenüber tierischem Zuge die Pflügensdauer abkürzt.“* Damit war der Schlepper aus der sich über die gesamten 1920er Jahre erstreckenden umfassenden Urbarmachungskampagne in der römischen Campagna nicht mehr wegzudenken.

Immer schnurgeradeaus

Furche an Furche zieht der Fiat 702 mit seinem Anhängepflug in den Boden. Für den Schlepperfahrer heißt dies: Die Spur halten, was bei direkter Lenkung schwerfiel.

Ein Beispiel aus dem heute als Badeort bekannten Ostia mag dies belegen. Hier hatte eine aus 60 Familien – insgesamt rund 200 Personen – bestehende ländliche Genossenschaft rund 750 Hektar zur Urbarmachung übernommen, was die Trockenlegung von Sümpfen, den Bau von Kanälen, ja selbst die Anlage eines Badestrandes sowie nicht zuletzt auch die Flurbestellung bedeutete. Bereits 1926/27 konnten von der Genossenschaft auf 200 Hektar rund 400 Tonnen Getreide, 320 Tonnen Zuckerrüben sowie 400 Tonnen Heu geerntet werden. Mit einem Fuhrpark von 17 Kraftschleppern zählte die *„Cooperativa Agusta fra opperai e coloni Ravenati residenti in Ostia“* denn auch zu den bestmotorisierten Genossenschaften in Italien. In der Sprache der damaligen Zeit, deren Pathos heute schwülstig erscheint, beschrieb ein Beobachter das in der Campagna von den Siedlern mit ihren Tieren, Geräten und Maschinen, darunter ganz wesentlich ihren Schleppern, Geleistete so: *„Der ganze Steppengürtel zwischen Meer und Apenninrand erlebte gleichsam eine Generaloffensive des zu seiner Eroberung ausziehenden Menschen. Bataillone von Motorpflügen rissen die seit Jahrhunderten nicht mehr berührten Schollen auf. Der Tiefpflug warf jungfräulichen Boden ans Licht der Sonne“.* Emotionalisierung also war angezeigt. Was lag näher, als dass der damals in Italien herrschende Faschismus sich der hier bietenden Möglichkeiten bediente?

Mussolini selbst, der sich seinen Landsleuten gelegentlich auch in der werbewirksamen Pose des „Bauern“ präsentierte, ließ es sich denn auch nicht nehmen, hier und dort am Steuer eines Schleppers zu Demonstrationszwecken über das Feld zu fahren. Beim Kampf gegen die Malaria hatte die landwirtschaftliche Zugmaschine den Siedlern gute Dienste erwiesen. Nicht zuletzt deshalb bemächtigte sich die Politik auch dieser Maschine zur Mehrung der eigenen Popularität!

Traktoren im Dienst der Politik

Politiker erkannten die Werbewirksamkeit landwirtschaftlicher Zugmaschinen schon früh. Die Leistung des Fahrzeugs sollte dabei positiv auf die Person des jeweiligen Politikers abfärben. Besonders gefiel sich der italienische Diktator Benito Mussolini in der Pose des Traktoristen.

Bulldogs, Trecker, Traktoren

Die Zwanziger Jahre als Pionierzeit im Ackerschlepperbau

Fakten, Fakten, Fakten

Mit großer Neugierde begegneten Wissenschaftler und Landwirte in den 1920er Jahren neu auf den Markt kommenden Ackerschleppern. Intensiv wurde beobachtet, gemessen und notiert, schließlich wollte man, wie hier auf den Äckern der Landwirtschaftlichen Hochschule Hohenheim, genau wissen, was es mit der Pöhl-Ackerbaumaschine auf sich hat.

Im Wettstreit der landwirtschaftlichen Zugmaschinensysteme hatte der Fordson die Entscheidung zugunsten des Radschleppers herbeigeführt. Von einer Einheitlichkeit im Schlepperbau konnte dennoch nie die Rede sein. Im Gegenteil, in zahlreichen Unternehmen wurde nun auf der Grundlage des Radschleppers experimentiert, und jeder Konstrukteur war davon überzeugt, dass gerade seine Variante die größten Vorteile für die Bauern mit sich brachte. Da standen Vierradschlepper mit Allradantrieb neben solchen mit Zweiradantrieb. Einiger Beliebtheit erfreuten sich zeitweise auch Dreiradschlepper, bei denen nur ein Rad angetrieben wurde, sowie Motorfräsen, deren Kennzeichen der direkte Zusammenbau von Motorwagen und rotierendem Bodenbearbeitungsgerät war. Doch damit nicht genug. Hier hatten sich Hersteller für Vergasermotoren entschieden, während dort Glühkopfmotoren den Vorrang erhielten. Unaufhaltsam war ferner das Vordringen der Dieselmotoren im Ackerschlepperbau.

Kaum weniger bunt ging es bei den für die verschiedenen Ackerschleppertypen vorgesehenen Betriebsstoffen her. Benzin, Benzol. Gasöl, Petroleum, Schweröl und anderes mehr wurde in unterschiedlichster Zusammensetzung von den Fahrzeugherstellern für ihre Schlepper als geeignet erklärt. Doch am Ende standen zumeist Klagen der Fahrzeughalter, deren Schleppermotoren – allzu vielseitig „gefüttert" – keine Leistung mehr erbringen wollten. So blieben die Besitzer von Schleppern mit Vergasermotoren, die es sich leisten konnten, bei Benzin, doch gerade dieser Betriebsstoff zählte in Deutschland – im Gegensatz etwa zu den USA – zu den teuersten. Einflussreiche Stellen in der deutschen Landwirtschaft setzten sich deshalb für die einheitliche Verwendung von Monopolin in Vergasermotoren ein, das von den Landwirten ungleich billiger erworben werden konnte. Monopolin bestand aus einer Mischung von Spiritus und Benzol (zumeist im Verhältnis 70 zu 30), die beide reichlich vorhanden waren. Allerdings lag der Heizwert von Monopolin niedriger als bei den meisten anderen Betriebsstoffen, was wiederum nur aufgefangen werden konnte, wenn die Kompression wesentlich erhöht wurde. Eine höhere Verdichtung aber bedeutete eine stärkere Belastung von Kolben, Pleuel und Zylinder, sodass das beim Betriebsstoff gesparte Geld oft genug für kostspielige Reparaturen wieder ausgegeben werden musste.

Der Motorschlepper am Zügel

Die Vielfalt der Radschleppervarianten ist auch Ausdruck für die Unsicherheit in den 1920er Jahren über den definitiven Trend im Radschlepperbau. Dass in ihrem Gefolge einige wahrlich kuriose Erzeugnisse auf den Markt kamen, zeigt unter anderem der Borsigschlepper, der von der auch im Dampfpflugbau engagierten traditionsreichen Berliner Lokomotivfabrik Borsig, Berlin-Tegel, 1925 auf den Markt gebracht wurde. Man hatte einen Motorschlepper konstruiert, der ohne Handsteuerrad und fast ohne Hebel auskam. Der Bediener hatte vielmehr genau wie beim Pferdegespann Zügel in die Hand zu nehmen. Zog er diese an und trat gleichzeitig auf einen bequem liegenden Fußhebel, dann setzte sich beim Nachlassen der Zügel die Maschine in Bewegung. Wollte man eine Linksschwenkung ausführen, zog man links am Zügel,

Der gute Stern auf dem Acker

Mercedes-Benz versuchte bereits in den 1920er Jahren im Schlepperbau Fuß zu fassen. Beim abgebildeten Schlepper handelt es sich um den Typ OE. Er zählt zu den allerersten landwirtschaftlichen Zugmaschinen überhaupt, die von einem Dieselmotor angetrieben wurden.

bei einer Rechtsschwenkung rechts. Der Schlepper blieb stehen, wenn man gleichzeitig leicht an beiden Zügelseilen zog. Die Absicht der Konstrukteure liegt auf der Hand. Dem maschinentechnisch noch unerfahrenen Landarbeiter, der häufig genug durch schwierige Bedienungseinrichtungen verwirrt wurde, sollte das Gefühl vermittelt werden, er führe wie zuvor ein Gespann, das gleichwohl mit einem Vierzylinder-Viertaktmotor mit einer maximalen Leistung von 25 PS ausgerüstet war und statt mit Heu, Wasser und Hafer mit Schwer-, Misch- und Leichtölen versorgt werden musste. Doch scheint die Firma Borsig das technische Verständnis der Schlepperführer unterschätzt zu haben. Dem „motorischen Gespann", wie man den eigenen Schlepper nannte, war jedenfalls nur ein geringer Verkaufserfolg beschieden.

Größeren Erfolg hatte die Pöhl-Ackerbaumaschine, die zu den ersten Radschleppern in Deutschland überhaupt zählt. 1918 konstruiert, konnten von ihr, die bis Mitte der 1920er Jahre *„unter allen deutschen Schleppern dem Fordschlepper am ähnlichsten erschien"*, im Lauf von acht Jahren rund 1000 Exemplare verkauft werden. Als vorteilhaft hatte sich vor allem die Rahmenbauweise und der aus eigener Herstellung stammende Vierzylinder-Benzinmotor mit einer Leistung von 32 PS erwiesen. Einem größeren Erfolg der Ackerbaumaschine aber stand der hohe Preis entgegen. Obgleich er im Lauf der 1920er Jahre von etwa 12.000 auf 5300 Goldmark gesenkt wurde, war er für die meisten Landwirte immer noch zu hoch. Für die Pöhlwerke jedoch, die auf einen noch besseren Absatz ihrer Ackerbaumaschine gesetzt hatten, brachte die Fehleinschätzung schon 1922 den Verlust der unternehmerischen Selbständigkeit. Doch auch als Tochterunternehmen der Düsseldorfer Maschinen- und Kranbau AG tat man sich nicht leichter. Nachdem schon 1925 vornehmlich auf Lager produziert worden war, ruhte 1926 die Fabrikation der Pöhltraktoren nahezu vollständig. So musste schließlich für den gesamten Konzern Geschäftsaufsicht beantragt werden, ehe in den folgenden Jahren in kleineren Stückzahlen unterschiedlich stark motorisierte Versionen der Ackerbaumaschine hergestellt wurden.

Auf einen ganz anderen Typ des Radschleppers hatte die 1919 von den Firmen Benz & Cie (Mannheim) und Sendling (München) gegründete Benz-Sendling-Motorpflüge GmbH (Berlin) gesetzt. Man entschied sich nämlich für einen Dreiradschlepper, dessen Vorderräder lenkbar waren, während das Hinterrad über eine Rollenkette als Antriebsrad diente. Auf diese Weise war zwar das teure Differentialgetriebe überflüssig geworden, doch hatte die Standfestigkeit des Schleppers merklich gelitten. Als Ausgleich konnte der Bediener deshalb bei der Feldarbeit beiderseits des Hinterrades je ein Stützrad herausschwenken, was jedoch zeitaufwendig und mit einigen Schwierigkeiten verbunden war. Zusammengebaut wurde der in den ersten Jahren mit einem Benzinmotor von Benz ausgestattete Schlepper interessanterweise an keinem der drei Firmenorte Berlin, München oder Mannheim. Die Produktion erfolgte vielmehr bis etwa 1922 im Leipziger Unternehmen Automobil & Aviatik AG, ehe sie zu Rheinmetall nach Düsseldorf und schließlich zu Komnick ins ostpreußische Elbing verlegt wurde. Dieses Umherziehen der Fabrikation macht deutlich, dass es mit den Stückzahlen des Benz-Sendling-Schleppers wohl nie zum Besten gestanden hat. Selbst in guten Zeiten wird die Jahresfertigung kaum über 100 Stück hinausgegangen sein. Nichtsdestoweniger war der Benz-Sendling-Schlepper eine landwirtschaftliche Zugmaschine besonderer Güte. Auf der Ausstellung der Deutschen Landwirtschafts-Gesellschaft in Königsberg wurde er 1923 der staunenden Öffentlichkeit mit einem kompressorlosen Zweizylinder-Viertaktdieselmotor vorgeführt. Damit war der weltweite Übergang im Ackerschlepperbau zum Dieselmotor eingeleitet. Das von Rudolf Diesel (1858 – 1913) entwickelte Prinzip, den Treibstoff durch hohen Druck zur Selbstentzündung zu bringen, war im Lauf von rund 25 Jahren so weit vervollkommnet worden, dass es für den Antrieb von Ackermaschinen genutzt werden konnte.

Der Dieselmotor setzt sich durch

Die Vorteile des Dieselmotors liegen im Wesentlichen in seiner hohen Wirtschaftlichkeit begründet. Der im Benz-Sendling-Schlepper eingebaute Benz-Dieselmotor beispielsweise lief mit Braunkohlenteeröl, das wesentlich billiger als etwa Benzin verkauft wurde. Günstig für den Dieselmotor war ferner, dass bei ihm auf empfindliche Teile des Benzinmotors verzichtet werden konnte. Zündmaschine, Zündkerze und Vergaser waren überflüssig geworden, Motorteile, deren Entwicklung noch am Anfang stand. Eine 1918 vom US-Department of Agriculture durchgeführte Umfrage bei über 900 Ackerschlepperbesitzern zeigte die Störanfälligkeit gerade der Bereiche Zündung und Vergaser bei den Ottomotoren auf. Auf die Frage, wo sie den meisten Ärger mit ihren Ackerschleppern gehabt hatten, nannten die US-Farmer in erster Linie Magnetzündung, Zündkerzen, Getriebe und Vergaser. Doch unproblematisch war der Einbau von Dieselmotoren in Ackerschlepper noch keineswegs. Ein- und Auslassventile, Brennstoffpumpe und Zerstäuberanlage waren Teile, die technisch noch nicht ausgereift waren. Auch erforderte der Dieselmotor seiner niedrigeren Drehzahlen wegen größere Motorabmessungen. So kam der Benz-Dieselmotor, obschon er mit Aluminiumgehäuse und -zylinder leicht gebaut war, Mitte der 1920er Jahre auf ein Leistungsgewicht von 19 kg/PS, während die Vergleichsdaten für den Fordsonmotor bei 14 kg/PS und für den Pöhlmotor der Ackerbaumaschine gar nur bei 12 kg/PS lagen.

Ungenügend war bei den Dieselmotoren der frühen 1920er Jahre ferner die Regulierbarkeit. Die Brennstoffmenge beispielsweise wurde von Hand über eine Reglerschraube gesteuert, weshalb es mit der Feinabstimmung ebenso haperte wie mit der Spritzigkeit der Maschine. Das Anlassen des Dieselmotors war gleichfalls nicht jedermanns Sache. Er wurde von Hand mit verminderter Kompression durchgedreht und durch ein in die Vorkammer eingesetztes, glimmendes Salpeterpapier gezündet. Vater des Benz-Dieselmotors war übrigens Prosper L'Orange, dem es nach vielen Jahren unermüdlichen Forschens und Experimentierens gelang, den Dieselmotor zu dem Ackerschlepperantrieb schlechthin zu gestalten.

Benz-Sendling nahm 1927 den bahnbrechenden Dreiradschlepper mit der Typenbezeichnung S 8 aus dem Produktionsprogramm. Dem Dieselmotor jedoch blieb das Unternehmen, dass die Fertigung der Ackerschlepper 1928 neuerlich, diesmal nach Mannheim, verlegte, treu. Der Benz-Sendling-Vierradschlepper Typ BK wurde mit einem Zweizylinder-Viertaktdiesel, der 1928 in die Fertigung gegangene Typ OE mit einem Einzylinder-Viertaktmotor ausgerüstet. 1930 erfolgte dann die Auflösung der Benz-Sendling-Motorpflüge GmbH; die Daimler-Benz AG übernahm ab sofort den Vertrieb der in Mannheim hergestellten Maschinen.

„Der Motor eines Bauern kann nicht einzylindrig genug sein"

Auf Schwerölmotoren, wenngleich in einer anderen Version als Benz-Sendling, setzte auch die Firma Heinrich Lanz in Mannheim, als man sich nach dem Ersten Weltkrieg Überlegungen hinsichtlich eines neuen Ackerschleppers machte. Dabei gingen die Mannheimer nicht unvorbereitet an die Aufgabe heran. Während des Ersten Weltkrieges hatten sie rund 500 Artilleriezugmaschinen unterschiedlichster Typen zusammengebaut, die mit großen eisernen Rädern ausgerüstet waren, um auch in unwegsamem Gelände Geschütze ziehen zu können. Fritz Huber (1881 – 1942), seit 1916 als Konstrukteur bei Lanz tätig, über-

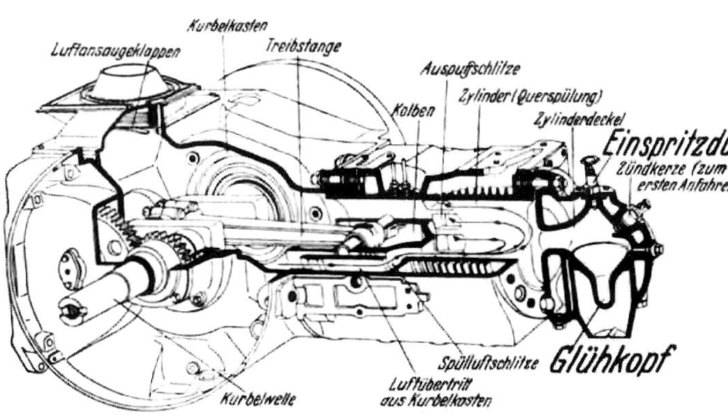

Glühkopfmotor im Schnittbild

Der von Fritz Huber entwickelte und in den Lanz-Bulldog eingebaute Glühkopfmotor wurde bei den Bauern wegen seiner Unverwüstlichkeit sehr geschätzt. Er arbeitete im Zweitakt-Verfahren, kam ohne Vergaser aus und war in der Lage, nahezu alle flüssigen Brennstoffe zu verarbeiten.

nahm nun die Aufgabe, mit noch vorhandenen Resten der Kriegsfertigung eine Maschine zu konstruieren, die, den Bedürfnissen der Landwirtschaft entsprechend, einfach und robust sein sollte. Dazu griff Huber auf den Glühkopfmotor zurück, auf den erstmals 1891 ein Patent erteilt worden war. Der Glühkopf hatte sich seitdem allerdings weder im Groß- noch im Kleinmotorenbau durchsetzen können, wo Diesel- und Ottomotoren das Feld beherrschten. Kennzeichen des Glühkopfmotors war größte Einfachheit. Eine Magnetzündung fehlte ebenso wie Vergaser und Ventile. Auch arbeitete er wirtschaftlicher als die Vergasermotoren, denen er jedoch, was die Regulierfähigkeit und den zunächst sehr engen nutzbaren Drehzahlbereich betraf, unterlegen war. Doch dies focht Fritz Huber wenig an. Überliefert ist sein Ausspruch: *„Entweder ist eine Landmaschine ganz einfach, oder sie ist keine“*. So entschied er sich für einen Einzylinder-Zweitaktglühkopfmotor und ließ sein Motto *„Der Motor des Bauern kann nicht einzylindrig genug sein“* bis in die Nachkriegszeit zur Konstruktionsphilosophie des Schlepperbaus der Firma Lanz werden.

Fritz Huber hatte den Glühkopfmotor auf einen eisernen Rumpf gesetzt. Der Kraftstoffbehälter bildete mit dem Kurbelgehäuse ein Gussstück, an welches der Zylinder angeschraubt war. Die Hohlräume des Rumpfs waren unterteilt in Werkzeugkasten und Wasserbehälter. Eine Kolbenpumpe beförderte das Wasser im Kreislauf durch den Zylinderkühlraum, eine Verdampfungskühlung, bei der Wasser verbraucht wurde, sorgte für die erforderliche Temperatur. Der Antrieb der Hinterräder erfolgte über eine Rollenkette von der Kurbelwelle aus. Das

Heinrich Lanz Denkmale

Auf dem heutigen John-Deere-Werksgelände in Mannheim befindet sich ein eindrucksvolles Denkmal für den Landtechnik-Pionier Heinrich Lanz. Bei Jubiläen und Tagen der Offenen Tür nutzen Oldtimerfreunde die Gelegenheit, ihren Lanz-Bulldog vor dem Denkmal aufzufahren (links). Stolz waren auch die beiden Bulldogfahrer aus den 1920er Jahren, als sie sich mit ihrem Schlepper-Anhänger-Gespann ablichten ließen. Als Schlepperfahrer genossen sie Ansehen bei der Bevölkerung und das tat ihnen offensichtlich gut (rechts).

abnehmbare Lenkrad diente zugleich zum Anwerfen des Motors. Doch bis es soweit war, hatte der Bediener eine rund zehn Minuten währende Prozedur zu vollführen. In der Betriebsanleitung von 1921 ist sie so beschrieben: *„Man setze zunächst die mit blauer, nicht rußender Flamme brennende Heizlampe unter den Zündkopf ... Nach wenigen Minuten Brenndauer der Heizlampe kann man den Motor anwerfen. Man stelle den Hebel H 657/1 auf Mittelstellung, stelle die Düsenschraube H 568/V auf Leerlauf und stelle sich direkt vor das große Schwungrad, welches man mit beiden Händen an den Speichen erfasst, um es einige Male vor- und rückwärts zu pendeln. Ein etwas kräftiger Schwung entgegengesetzt der beabsichtigten Drehrichtung des Motors bewirkt nun eine Zündung und der Motor läuft in der gewollten Richtung, die durch den Pfeil am Schwungrad gekennzeichnet ist. Die Heizlampe ... kann nun entfernt werden.“*

Einfach gestaltet war die Bremsvorrichtung, bei der Bremsklötze über eine Kurbel unmittelbar auf die Triebräder wirkten. Charakteristisch für alle Lanz-Ackerschlepper wurde der in der Form eines Doppelkegels nach oben gerichtete Auspuff, über den sowohl die Abgase des Motors als auch der Abdampf der Kühlung ins Freie gelangten.

Ein Schlepper mit Hundekopf

Der eigentümlichen Form des Zylinderkopfs und der Schutzkappe über dem Zylinderkopf mit den Entlüftungslöchern, die wie Augen neben der Schutzklappe lagen, verdankte die Maschine den Namen Bulldog. Der HL-Bulldog, 1921 in den ersten Exemplaren fertiggestellt, gilt zwar als „Erster Rohölschlepper der Welt“, war aber von Fritz Huber zunächst vorwiegend als feststehende Betriebsmaschine konzipiert, die gleichwohl, unter Mitnahme der Arbeitsgeräte, selbst zu den jeweiligen Einsatzorten fahren konnte. Doch zeigte sich bald, dass der Markt neben dem sogenannten stationären Bulldog andere Versionen forderte. So wurden nach und nach der Selbstfahrerbulldog mit Eisenrädern, der Verkehrsbulldog mit Vollgummireifen sowie schließlich die Bulldoglokomotive für den Feldbahnbetrieb entwickelt.

Der Glühkopf-HL-Bulldog zählt zweifellos zu den markantesten Konstruktionen der Ackerschleppergeschichte überhaupt. Er hat dazu beigetragen, dass bis auf den heutigen Tag die Bezeichnung Bulldog für Schlepper gebräuchlich ist. Dennoch blieb er als Ackermaschine weithin ohne Wirkung. Die Leistung von 12 PS erwies sich auf schwe-

Lanz-Leidenschaft

Lanz-Traktoren erfreuen sich bei Sammlern bis heute hoher Wertschätzung. Dabei ist die Nachfrage in aller Regel höher als das Angebot. Die existierende Anzahl mancher Typen ist überschaubar. Gelangt doch einmal ein „Felddank" (oben links) zum Verkauf, dann geschieht dies zumeist „unter der Hand". Auch der Lanz HP ist eine absolute Rarität. Zwischen 1923 und 1926 wurden exakt 723 „Knicklenker" gebaut (oben rechts). Spektakulär sind die Verdampfer-Bulldogs aus den 1920er Jahren; Relikte einer Zeit, die ohne geschlossene Kühlsysteme bei Traktoren auszukommen gedachte (unten). Mit Preisen im höheren fünfstelligen Euro-Bereich, bleiben sie für jüngere Schlepperliebhaber meist unerschwinglich.

ren Böden als zu gering. Deshalb entschloss sich die Firma Lanz 1923 zum Bau eines 15 PS starken Ackerschleppers, HP-Bulldog oder Ackerbulldog genannt. Als Motor hatte Huber erneut auf einen im Detail verbesserten Einzylinder-Zweitaktglühkopfmotor zurückgegriffen, den er mittels Verdampfer ohne Wasserpumpe kühlte. Man hatte den Wasserbehälter diesmal über Zylinder und Kurbelgehäuse angeordnet und mit diesem in einem Gussstück vereint.

Das Erscheinungsbild des Ackerbulldogs mit Allradantrieb wurde aber noch stärker von den großen Vorder- und kleinen Hinterrädern geprägt. Huber wollte gegenüber dem HL-Bulldog die Zugfähigkeit verbessern, indem er das Gewicht der Maschine auf Vorder- und Hinterräder im Verhältnis zwei zu eins aufteilte, um so bei starkem Zug ein Aufbäumen der Maschine zu verhindern. Neu am Ackerbulldog war ferner eine Knicklenkung, mit der über das Lenkrad eine Schwenkung der Hinterachse um einen weiter vorne liegenden Gelenkpunkt bewirkt

werden konnte. Damit war der Schlepper zwar wendig, für die meisten Bauern aber auch unerschwinglich teuer geworden. Technik hatte eben schon damals ihren Preis. So konnte der Ackerbulldog, der nach einhelliger Ansicht der Fachleute seiner Zeit in der Konzeption weit voraus war, zwischen 1923 und 1926 nur 723 Käufer finden, darunter interessanterweise etliche Franzosen, die den HP seiner geringen Breite von nur 1,1 Meter wegen gerne bei der Arbeit im Weinberg einsetzten.

Lanz musste mit dem Absatz seiner Ackerschlepper insgesamt unzufrieden sein. Die Hoffnungen des Werks richteten sich daher auf einen weiteren, 1923 in die Produktion gegangenen Schlepper, Felddank genannt. Mit dieser Maschine, die über einen 38 PS starken Zweizylinder-Glühkopfmotor verfügte, hoffte das Mannheimer Unternehmen, die Besitzer und Pächter großer Güter im In- und Ausland ansprechen zu können. Eine Berechnung des Jahres 1926 ergab, dass der Felddank auf Gütern mit einer Mindestgröße von 126 Hektar wirtschaftlich sinnvoll einsetzbar war. Zum Vergleich: Ackerbulldog und Benz-Sendling sollten schon auf Betrieben von 42 beziehungsweise 100 Hektar Größe wirtschaftlich arbeiten können. Doch machten die durch die wirtschaftliche Krise finanziell geschwächten Großgrundbesitzer den Absatzplanern von Lanz einen Strich durch die Rechnung. Mit 11.500 RM schien ihnen der von der Leistung her überzeugende Felddank zu teuer. Mehr als 800 Stück der Maschine konnten jedenfalls nicht verkauft werden.

Da kommt Freude auf

Fährt ein so prächtig restaurierter Bulldog, wie der HR 7, Baujahr 1939, des Deutschen Landwirtschaftsmuseums bei einem Feldtag auf, dann ist dem Fahrer die Anerkennung der Besucher sicher.

Erste Fließbandfertigung von deutschen Schleppern

Lanz zog Konsequenzen aus der wenig glücklich verlaufenden wirtschaftlichen Entwicklung. Die Schlepperherstellung in Mannheim war – das hatte man erkannt – zu teuer. Rationalisierung lautete die Losung, die 1926 zur ersten Fließbandfertigung von Ackerschleppern in Deutschland führte. Auf einem Montageband von der damals beträchtlichen Länge von 175 Metern wurden fortan Bulldogs des Typs HR II hergestellt, eine stärker motorisierte Neukonstruktion, die nach und nach Felddank und HP-Bulldog ablöste.

Der HR II, auch Großbulldog genannt, hatte einen 22/28 PS-Einzylinder-Glühkopfmotor, der aus dem HR-Modell weiterentwickelt war. Das Getriebe ließ vier Vorwärtsgänge zu, die dem Schlepper auf Feld und Straße Spitzengeschwindigkeiten von 8,0 beziehungsweise 12,5 km/h gestatteten. Die Rückwärtsfahrt hingegen erfolgte durch Umkehr der Motordrehrichtung. Das Aussehen des HR II, der mit Verdampfer gekühlt wurde, hatte sich nun auch dem durch den Fordson populär gewordenen Bild des Ackerschleppers mit kleinen Vorder- und großen Hinterrädern angepasst. Bei den Käufern kam die Maschine in den beiden Versionen Acker- und Verkehrsschlepper gut an. Zwischen 1926 und 1931 konnten immerhin 7230 Stück zum Preis von rund 5600 Reichsmark verkauft werden.

Die Verdampfungskühlung des Lanz-Bulldogs wurde in den wasserreichen Gegenden Mitteleuropas als wenig hinderlich empfunden. Aus den tropischen Landwirtschaften hingegen kam Kritik am hohen Wasserverbrauch des Kühlsystems von etwa vier Litern je Stunde Volllast. Und obwohl Lanz rund 80% seiner Schlepper in Deutschland verkaufte, gingen die Ingenieure auf die Einwände ein und entwickelten einen Schlepper mit Kühler, den Typ HR4, auch Kühlerbulldog genannt. Die ersten 50 Maschinen dieses Typs wurden denn auch restlos ins Ausland verkauft, *„um den Inlandsmarkt nicht zu beunruhigen"*. Doch diese Vorsicht war überflüssig. Der HR 4 befriedigte vor allem im Aufbau der verschiedenen Aggregate nicht, infolgedessen wurde der Aufbau des Kühlerbulldogs geändert, indem der Tank unmittelbar auf das Kurbelgehäuse gesetzt wurde und sich dem Kühler harmonisch anschloss. In der Version als HR 5 mit einem 15/30 PS leistenden Einzylinder-Glühkopfmotor oder als HR 6 mit einem 22/38 PS-Glühkopfmotor konnten bis 1935 über 11.500 Kühlerbulldogs im In- und Ausland verkauft werden. Die Konstruktion fand sogar Nachahmer in Ungarn, Frankreich, Italien und Australien, die jedoch nur in einem Falle (Landini/Italien) von dem Mannheimer Unternehmen als ernsthafte Konkurrenz empfunden wurden.

Die Bulldog-Schlepperreihe erwies sich für die Firma Lanz, nachdem erst die Anlaufschwierigkeiten überwunden waren, über Jahrzehnte als Glücksfall. Das Huber'sche Prinzip des einfachen, robusten Motors fand schließlich bei den Bauern unerwartet großen Anklang, und was zunächst als Nachteil gesehen wurde, das Vorglühen mit der Lötlampe, entwickelte sich sogar zum Gütezeichen. Der Bauer, den täglichen Umgang mit Pferden und Zugochsen gewohnt, sah nämlich in den Vorbereitungen zur Fahrt eine positive Verbindung zwischen Mensch und Gerät. Wurde früher das Pferd gestriegelt, so glühte man nun den Bulldog vor. Der Schlepper besaß damit beinahe schon tierähnliche Eigenschaften. Hinzu kam ferner die lautmalende Bezeichnung Bulldog, die so gut mit dem Arbeitsgeräusch der Maschine übereinstimmte. Oberflächlichkeiten, möchte man meinen. Doch weit gefehlt. Geht man der Einstellung nach, mit der in den 1920er Jahren die Pionier-Landwirte ihren Ackerschleppern gegenüberstanden, dann stößt man häufig genug auf Irrationalitäten. Der Bulldog war der Arbeitskamerad „Maschine", und als solcher wurde er behandelt. Ja, es wird berichtet, dass mancher Bauer sich mit seiner Maschine zu „unterhalten" pflegte.

Qualität hat ihren Preis

Eine so starke emotionale Bindung zu den eigenen Erzeugnissen konnte der um 1925 führende deutsche Ackerschlepperhersteller, die Firma Hanomag aus Hannover, nicht aufbauen. Dabei war es den beiden Konstrukteuren Wendeler und Dohrn im Jahr 1924 wie zuvor keinem anderen in Deutschland gelungen, mit dem WD-Radschlepper R 26 einen auch international vorzeigbaren Konkurrenten zum Fordson zu entwickeln. Die rahmenlose Blockbauweise, das niedrige Maschinengewicht, die Gewichtsverteilung, ja selbst den Einbau eines Vierzylinder-Vergasermotors hatte man dem amerikanischen Vorbild entlehnt. Das Leistungsgewicht mit 85 kg/PS lag zwar gegenüber dem Fordson mit 62 kg/PS ebenso um einiges ungünstiger wie die Höchstgeschwindigkeit (8,7 km/h zu 13,9 km/h), aber man bot immerhin deutsche Qualitätsarbeit an. Als auf der DLG-Ausstellung 1924 der Schlepper erstmals vorgestellt wurde, erkannten die Landwirte bald, dass Hanomag mit diesem Gerät binnen kurzer Zeit den Anschluss an eine international schon rund ein Jahrzehnt währende Entwicklung hatte herstellen können. Selbst mit dem Preis, der rund 1000 Reichsmark über dem Fordson lag, konnte sich der Hanomag sehen lassen. Doch nicht nur in der Fertigung legte das hannoversche Unternehmen auf Wirtschaftlichkeit großen Wert. Da damals Petroleum billiger als Benzol war, hatten die Ingenieure den Motor eigener Fertigung so eingerichtet, dass er nach einer Vorwärmphase mit Benzol auf Petroleum umgestellt werden konnte.

1927 brachte Hanomag das stärker motorisierte Modell R 28 an den Markt, das als gelungene Verbesserung des Vorläufermodells angesehen wurde. In den Versionen als Acker- und als Straßenzugmaschine – wesentliche Unterschiede bestanden bei Getriebe, Rädern und Karosserie – hielt sich der Hersteller einiges auf die geringe Reparaturanfälligkeit seiner Maschinen zugute. An der ersten „Blütezeit der deutschen Schlepperindustrie", wie die Jahre vor der Weltwirtschaftskrise gelegentlich bezeichnet wurden, konnte Hanomag jedenfalls mit einem durchkonstruierten Modell teilhaben, von dem an besonders günstigen Tagen auch schon einmal bis zu 100 Stück verkauft worden sein sollen. Hinter den Marktführern Ford, Lanz und Hanomag bemühte sich während der 1920er Jahre eine ständig wechselnde Anzahl zumeist kleiner Schlepperhersteller, ihre Fahrzeuge an die Bauern zu verkaufen. Ihnen sämtlich nachzugehen, ist hier nicht möglich, wenngleich sowohl die Hersteller wie auch ihre Erzeugnisse Aufmerksamkeit verdient hätten. Wer weiß denn heute noch, dass damals unter anderem in Weinheim (Badenia) und Detmold (Lippische Werkstätten), in Ansbach (Ansbacher Motorenfabrik) und Bremen (Hansa-Lloyd-Werke) Ackerschlepper gefertigt wurden? Aber der Markt ist ein unerbittlicher Richter. Was sich nicht verkaufen lässt, scheidet aus dem Wettbewerb aus und gerät in aller Regel in Vergessenheit.

Deutz entdeckt den Bauern

Während diverse Unternehmen ihre Produkte infolge Konkurrenzdruckes einstellten, gelang anderen Unternehmen der große Durchbruch. Dazu gehört das Kölner Maschinenbauunternehmen Klöckner-Humboldt-Deutz AG. In den 1920er Jahren operierten anstelle des einen noch drei selbständige Unternehmen, die Motorenfabrik Deutz AG, die Maschinenbauanstalt Humboldt AG sowie die Motorenfabrik Oberursel AG, an denen der Ruhrindustrielle Peter Klöckner (1863 – 1940) finanziell maßgeblich beteiligt war. Dieser schickte sich gerade an, die durch die Wirtschaftskrise in Mitleidenschaft gezogenen Betriebe zusammenzuführen und auf zukunftsträchtige Produkte auszurichten. In den notwendigen Strukturwandel passte nach Ansicht Klöckners und seiner Berater der Schlepperbau durchaus hinein, umso mehr, als man sich während des Ersten Weltkriegs technisches Wissen auf dem Gebiet des Artillerie-Schlepperbaus erworben hatte.

Schon bald nach Kriegsende nahm man daher in Deutz auf der Grundlage noch aus der Rüstungsindustrie vorhandener Bauteile die Herstellung dieser Heereszugmaschinen wieder auf. Der eingebaute 100 PS-Benzolmotor jedoch war den Konstrukteuren für die in Forst- und Landwirtschaft anfallenden Aufgaben zu überdimensioniert. Die Deutzer entschieden sich für einen nur 40 PS starken Benzolmotor, der hinreichen sollte, um Ackerwagen ziehen und Bäume entwurzeln zu können. Vornehmlich in der Ausführung von Transporten aller Art sahen die Hersteller die Hauptmöglichkeiten des „Deutzer Motor-Treckers", wie sie die Maschine nannten. Der Aufgabenstellung entsprach der Einbau von gefederter Vorder- und Hinterachse, ein Luxus, den sich um 1923/24 nur wenige landwirtschaftliche Zugmaschinen leisteten. Auch die kleine Ladepritsche hinter dem Führerhaus deutet darauf hin, dass der Deutzer Motor-Trecker dem Bauern eher helfen sollte, seine umfangreichen Transportaufgaben auszuführen, denn die Feldbestellung zu erledigen. Im Acker wirkte das hochrädrige Gefährt in der Tat hilflos, nicht zuletzt wegen seiner Vollscheiben-Vorderräder.

Die Absatzzahlen des Deutzer Treckers blieben selbst dann bescheiden, als eine Spezialausführung für die Moorkultivierung gebaut wurde. Wichtiger für das Unternehmen war, dass man überhaupt in die Ackerschlepper-Branche eingestiegen war. Die dort gewonnene wirtschaftliche Position konnte später ausgebaut werden, zumal man als

Deutzer Spezialitäten

Kriegserfahrungen aus dem Bau von Artilleriezugmaschinen nutzte die Gasmotorenfabrik Deutz, als sie 1919 den 40 PS starken „Deutzer Trecker" vorstellte (oben). Eher für den Antrieb stationärer Maschinen der Haus- und Hofwirtschaft geeignet war der MTH 222 (unten).

Gasmotoren Fabrik
Deutz

Hersteller von stationären Leichtöl- und Dieselmotoren für die Landwirtschaft bereits einen guten Namen besaß. Die sich hier bietende Verbindung nutzte das Unternehmen im Jahr 1926. Unter der Bezeichnung MTH 222 wurde ein Schlepper konstruiert, dessen 14 PS starker Einzylinder-Dieselmotor sich zuvor schon als Stationärmotor in großen Stückzahlen in der Landwirtschaft bewährt hatte. Doch viel mehr als ein auf Räder gesetzter Stationärmotor war der MTH 222 auch nicht. Die Motorenfabrik Deutz selbst sah den Schlepper denn auch „hauptsächlich für den Verkehr innerhalb der Ortschaften und auf guten Landwegen“ einsetzbar.

Anders wertete die Firma hingegen den mehr in der Rubrik Verkehrs- denn Ackerschlepper eingestuften „Deutz-Zug“ mit 18 PS, der mit einem stehenden, kompressorlosen Zweizylinder-Dieselmotor ausgerüstet war. Schleppleistungen bis zu 12 Tonnen machten ihn zu einem Fahrzeug vornehmlich für Lagerhausbesitzer und Kohlenhändler, denen unter anderem die den Motor vollständig umschließende Karosserie als Schutz vor Schmutz und Ölfilm wichtig war. Das frühzeitige Bekenntnis der Motorenfabrik Deutz AG zum Einsatz von Dieselmotoren eigener Fertigung in landwirtschaftlichen Zugmaschinen unterstrichen die Ende der 1920er Jahre vorgestellten Ackerschlepper MTZ 120 und MTZ 220. In beiden Fällen hatte man auf ein Fahrgestell aus Profileisen einen Zweizylinder-Viertakt-Dieselmotor mit 27/30 PS Leistung aufmontiert. Ein Getriebe mit drei Vorwärtsgängen und einem Rückwärtsgang machte die Schlepper bis zu 6,3 km/h schnell, was der Leistung des damals von Lanz gebauten Großbulldogs entsprach. Überhaupt betrachtete Deutz die „Glühköpfe“ aus Mannheim als die entscheidende Konkurrenz. Jeder Ackerschlepper-Interessent wusste, welches Fabrikat gemeint war, wenn die Deutzer immer wieder darauf hinwiesen, dass das Anlassen der eigenen Fahrzeuge *„durch die mitgelieferte Andrehkurbel sehr leicht auszuführen ist, ohne Anheizlampe oder Holzkohlenfeuer, so dass jede Feuergefährlichkeit ausgeschlossen ist.“* Und man fand Anerkennung: 1931 erhielt der MTZ 220 die begehrte Silberne Preismünze der DLG zuerkannt.

Ein Seitenhieb gegen die Bulldogs war auch die Hervorhebung der bei den MTZ-Versionen eingebauten Umlaufkühlung mit Zentrifugalpumpe und Ventilator. Während bei den Lanz-Schleppern tagaus, tagein viele Liter Wasser verdampften, brauchte bei den Deutz-Schleppern kein Kühlwasser nachgefüllt zu werden. Doch von nichts liefen auch die Deutz-Schlepper nicht. Während eines zehnstündigen Arbeitstages wurden unter anderem gut und gerne 2,5 Liter Schmieröl verbrannt oder aber aus dem Motor herausgeschleudert.

Schulen für Traktoristen

So trifft das Bild des Traktoristen von damals zu, der im wahrsten Sinne des Wortes ein „Schmiermaxe“ war, der – man denke nur an die Bandscheibengefährdung durch ungefederte Fahrzeuge und spartanische Fahrersitze – nicht nur des ihn ständig einnebelnden Ölfilms wegen seine Gesundheit aufs Spiel setzte, dafür aber auf dem Lande hohe Wertschätzung genoss. Wer mit einem rauchenden, stinkenden, gelegentlich bockenden stählernen Ackergaul gute Arbeit in Feld und Flur verrichten wollte, musste schon ein rechter Kerl sein! So herrschte an Traktorfahrern eigentlich nie Mangel, eher schon an fähigen Traktoristen. Es war ja nicht damit getan, sich auf einen Schlepper zu setzen und loszufahren. Der Traktorist musste qualifizierte Arbeit mit der Maschine leisten und Reparaturen ausführen können, was um so wichtiger war, als es ein über das Land verteiltes Landmaschinenmechaniker-Handwerk noch nicht gab.

Hier hat sich die „Deulakraft“, Deutsche Landkraftführerschule, in Zeesen bei Königs Wusterhausen große Verdienste erworben. Mit ortsfesten und sogenannten Karawanenschulen hat diese von Oberstleutnant Ernst Reiners (1878 – 1945) betreute Einrichtung seit den 1920er Jahren unermüdliche technische Aufklärung betrieben. Allein im Jahr 1930 führte die Deulakraft 60 vierwöchige Kurse im Deutschen Reich durch, wozu ihr allein für die Schlepperausbildung 30 Ackerschlepper mit Anhängeräten zur Verfügung standen. Bulldogs, Trecker und Traktoren der verschiedensten Hersteller – mehr oder weniger unterschiedlich konstruierte landwirtschaftliche Nutzfahrzeuge – rangen in der Zwischenkriegszeit miteinander um die Gunst der insgesamt doch klein gebliebenen Käufergruppe. Gemeinsam aber war ihnen, dass sie als Kraftmaschinen vom landwirtschaftlichen Arbeitsgerät getrennt blieben. Darin unterschieden sie sich von den Motorfräsen, bei denen der Motorwagen fest mit einem Gerät rotierender Bodenbearbeitung verbunden war. Diese unmittelbar aus den selbstfahrenden Dampflokomobilen entwickelten Fahrzeuge erfreuten sich in den 1920er Jahren einiger Beliebtheit – allerdings mehr bei den Herstellern als bei den Käufern.

Die Firma Lanz beispielsweise hielt länger als ein Jahrzehnt an ihrem 80 PS starken Landbaumotor fest, einer Maschine, die aus der Köszegi-Fräse entwickelt worden war. Mit größerem Aufwand noch als Lanz aber engagierten sich, beginnend 1912, die Siemens-Schuckert-Werke, Berlin, im Motorfräsenbau. Von Konrad von Meyenburg (1870 – 1952) hatte man Patente über federnde Haken als Werkzeuge einer bodenschonenden Landbearbeitung erworben. Auf dieser Basis konstruierte man nun eine Gutsfräse, die einem Dreiradschlepper mit angebauter Frästrommel glich. Der Motorisierung der SSW-Gutsfräse diente anfangs ein Vierzylinder-Viertakt-Benzinmotor mit 20 PS, ehe man dazu überging, Elektroantriebe zu installieren. Doch mit dem elektrischen Antrieb (25 bzw. 50 PS) mochten sich die Bauern noch weniger als mit den Ottomotoren anfreunden. So baute Siemens 1924 wieder einen 30 PS-Benzinmotor, geliefert von der Motorenfabrik H. Kämper, Berlin, in seine Fräsen ein.

Der Einstieg von Siemens in den für den Elektrokonzern neuartigen Ackermaschinenbau war dem guten Ruf des Hauses entsprechend aufwendig. 1917 erwarb das Unternehmen das bei Niederbarnim im Oderbruch gelegene Versuchsgut Gieshof, gleichzeitig Lehranstalt für Fräsenführer. Unter der Leitung von Professor Hans Holldack (1880 – 1950) sollte hier zum einen die Konstruktion der Maschinen verbessert, zum andern aber auch die Auswirkungen des Fräsens auf Boden und Pflanzen untersucht werden. Zehn Jahre lang leistete sich Siemens diesen Luxus, der dann jedoch mangels Zukunftsperspektive aufgegeben wurde. Welch große Erwartungen Siemens in das Projekt investiert hatte, verdeutlicht auch die Tatsache, dass das Unternehmen noch 1922 in Berlin-Tempelhof eigens ein neues Werk zur Fräsenherstellung errichten ließ. Doch auch dies nützte dieser Technologiesparte wenig: Die Gutsfräse verkaufte sich einfach schlecht.

Daneben aber hatte Siemens noch eine Garten- und eine Plantagenfräse entwickelt. Die Fräsen mit Einzylinder-Benzinmotoren von 4 bis 8 PS Leistung wurden von den Bedienern abgesessen geführt. Sie bilden die Frühform der Einachsschlepper bzw. Motorhacken, die bis heute in den Gartenbaubetrieben gute Aufnahme finden. Durch ordentliche Verkaufszahlen vermochten sie die Enttäuschung des Herstellerwerks bei den Gutsfräsen einigermaßen auszugleichen. Nichtsdestoweniger trennte sich Siemens 1935 vom gesamten Motorfräsenbau. Man verkaufte alle Rechte und Pläne an die Firma Bungartz & Co. in München, welche die Frästechnik während der Nachkriegszeit zu einer neuen Blüte entwickeln konnte.

Neue Entwicklungen in den USA

Die Typenvielfalt im deutschen Radschlepperbau hatte in der nordamerikanischen wie auch der sonstigen mitteleuropäischen Traktorenherstellung ihre Entsprechung. Firmen, Konstrukteure und Kaufinteressenten befanden sich überall noch in einer Phase des Suchens und behutsamen Vortastens. Einige Trends im Ackerschlepperbau zeichneten sich dennoch bereits deutlich ab. Dies gilt vor allem für die Entwicklung hin zu schweren Maschinen in den USA. Dabei ergab sich das im Vergleich zum Fordson rund um ein Viertel höhere Gewicht der neuen US-Schlepper weitgehend als Folge der von den Farmern geforderten robusten Motorenteile. So sollte den häufigen Motorschäden begegnet werden, die in kurzer Frist die Technikgläubigkeit manches Bauern gründlich zerstört hatten. Die zugleich auf durchschnittlich 35 PS angehobene Motorenleistung entsprach der allgemeinen Neigung zum Einsatz von schwereren Anhängegeräten. „Two-plough-tractors" und „three-plough-tractors", Zugmaschinen für Zwei- und Dreischarpflüge, begannen sich insbesondere in den dünnbesiedelten Gebieten des mittleren Westens rasch durchzusetzen.

Die auf Cyrus Hall McCormick (1809 – 1884) zurückgehende International Harvester Corp. (IHC) gab sich jedoch mit der Entwicklung im Schlepperbau nicht zufrieden. Als Mangel erkannte man vor allem, dass die im Handel befindlichen Vierradschlepper auf den ausgedehnten nordamerikanischen Mais- und Baumwollfeldern kaum einzusetzen waren. Die hier zwischen den Pflanzenreihen anfallende Hackarbeit blieb zumeist den gespanngezogenen Hackmaschinen überlassen, was nicht im Sinne der Farmer sein konnte, die einen Schlepper besaßen. Zwar hatten sich verschiedene Konstrukteure bereits zwischen 1915 und 1920 dieses Problems angenommen, doch die von ihnen entwickelten Motorkultivatoren arbeiteten letztlich noch unbefriedigender als die Vierradschlepper nach Fordson-Vorbild. Sie waren weitgehend Einzweckmaschinen der Pflanzenpflege, die für den Zug von Pflügen oder als Antrieb von Dreschmaschinen nicht eingesetzt werden konnten.

An diesem Problem setzte Bert R. Benjamin, Konstrukteur bei IHC, an. In den Jahren nach 1921 konstruierte er mehrere Prototypen, die zur Pflanzenpflege und zum Transport, zum Zug und als Kraftantrieb gleichermaßen verwendbar sein sollten. Doch die ersten Lösungen überzeugten nicht. Da bauten Benjamin und seine Mitarbeiter einen Dreiradschlepper oder, um genau zu sein, einen Vierradschlepper, bei dem die beiden Fronträder sehr klein und dicht beieinander gestellt waren. Dies verlieh dem Traktor, zumal die Hinterräder einzeln zu bremsen waren, höchste Wendigkeit, wie sie am Feldrand oder auch zwischen den Pflanzenreihen verlangt wurde. Die beiden kleinen Fronträder waren so beschaffen, dass sie zwischen den Pflanzenreihen laufen konnten, während die Hinterachse hochgestellt war, um über ein Meter hohe Pflanzen hinwegzurollen, ohne sie zu beschädigen. Das senkrechte Lenkrad erlaubte dem Fahrer eine gute Steuerbarkeit, drei Vorwärtsgänge und ein Rückwärtsgang verliehen dem Schlepper bei der zunächst bescheiden anmutenden Motorleistung von 10/18 PS eine brauchbare Kraftentfaltung.

Neuartig, wenn nicht gar revolutionierend für den Schlepperbau, hatten die Ingenieure von IHC aber die Frage der Ankoppelung von landwirtschaftlichen Arbeitsgeräten gelöst. Diese konnten, je nachdem, wie es für den Einsatz oder für den Bediener nützlich war, sowohl vor, unter, als auch hinter der Maschine befestigt werden. Daneben gab es selbstverständlich Riemenscheibe und Zughaken, sodass die von IHC für das Gefährt eingeführte Bezeichnung „Farmall" dem Leistungsvermögen des Schleppers weitgehend entsprach. Ein deutscher Beobachter, der 1926 in den USA verschiedene Farmall im praktischen Einsatz beobachtete, kam aus dem Staunen nicht mehr heraus. Lobend berichtete er über die Maschine: *„Die Hackvorrichtung wird in verschiedenen, dem Verwendungszweck angepassten Ausführungen für die gleichzeitige Bearbeitung von zwei oder vier Pflanzenreihen geliefert und kann leicht angeschraubt oder abgenommen werden. Die Handhabung der sehr wendigen Maschine ist einfach; ihre Leistung war hinsichtlich Menge und Güte sehr gut".*

Diese positive Einschätzung teilten in Nordamerika schon bald zahlreiche Farmer. Nach verhaltenem Produktionsbeginn im Jahr 1924 mit 200 Farmall stieg die Zahl der Bestellungen bei IHC im folgenden Jahr stark an. Am 12. April 1930 bereits konnte der 100.000ste Farmall ausgeliefert werden. Der Farmall schickte sich an, in der Popularität Nachfolger des Fordson zu werden und wurde wie dieser zum Vorbild zahlreicher nur geringfügig modifizierter Nachbauten. Der Oliver Row Crop, der Case CC-General Purpose oder auch der Huber Modern Farmer sind Beispiele dafür, dass IHC die Entwicklung eines erfolgreichen Systems auf Radschlepperbasis gelungen war. Selbst nach Europa schwappte die Farmall-Welle über. 1931 stellte die Firma Lanz als erster europäischer Landmaschinenhersteller einen dreirädrigen Hackschlepper her, der, aus dem Bulldog-Programm entwickelt, die enge Verwandtschaft zum Farmall nicht verbergen konnte. Im Gegensalz zum US-Vorbild aber konnte sich die deutsche Version bei den Bauern nicht durchsetzen. Diese favorisierten nach wie vor die starke Zugmaschine, eine Folge nicht zuletzt der auf dem Kontinent noch fehlenden Anbaugeräte und uneinheitlicher Reihenabstände bei den Reihenkulturen. In Nordamerika hingegen hielt sich der Farmall in den unterschiedlichsten Versionen, so als F 12, F 14, F 20 und F 30, als 450, 806 oder 1206 turbo bis in die jüngste Vergangenheit hervorragend im Geschäft.

Der Lanz-Landbaumotor

Ein Ungetüm taucht wieder auf

Die Heinrich Lanz AG in Mannheim zählte einst zu den bedeutendsten Herstellern von Traktoren und Landmaschinen in Europa. Die Geschichte dazu ist vielfältig aufgearbeitet und in zahlreichen Museen und privaten Sammlungen mit interessanten Exponaten gut dokumentiert. Eine kleine Lücke gab es aber immer noch: die vierrädrigen Zugmaschinen aus der Zeit vor Beginn des Ersten Weltkriegs. 1912 hatte man bei Lanz mit dem Bau einer futuristisch anmutenden Konstruktion begonnen: dem Lanz-Landbaumotor. Die für die Landwirtschaft entwickelte selbstfahrende Bodenfräse diente während des Ersten Weltkriegs auch als Artillerie-Zugmaschine. Außer Bildern, Prospekten und Artikeln in zeitgenössischen landwirtschaftlichen Zeitungen, wies aber nichts darauf hin, dass außer einem Exemplar, das sich im Fundus von John Deere in Mannheim befand, ein weiteres Fahrzeug überlebt hätte.

Im „Pionier“ hatte der Lanz-Bulldog-Club Holstein (LBCH) allerdings von einer Maschine berichtet, die Vereinsmitglieder 2011 in einem kleinen Privatmuseum in Island entdeckt hatten. Dieser Landbaumotor, System Köszegi – so benannt nach seinem ungarischen Kon-

strukteur – wurde zwischen 1912 und 1926 in Mannheim in circa 500 Exemplaren gebaut, die weltweit exportiert wurden. Sieben davon sollen nach Island gelangt sein.

Das Exemplar, das bei John Deere in Mannheim überlebt hatte, war aber im Laufe der Jahrzehnte mächtig eingestaubt und kam deshalb für eine Ausleihe für die Ausstellung „100 Jahre Effizienz – Rudolf Diesel und die Landtechnik" auf der Agritechnica 2013 nicht infrage. Es bedurfte einer erheblichen Überzeugungsarbeit seitens des heute größten deutschen John-Deere-Händlers, um an diesen Ackergiganten der Landtechnik heranzukommen. Nach mehreren Versuchen gelang es, die Maschine buchstäblich fünf vor zwölf vor dem Vergessen zu bewahren. Im März 2016 gelang es endlich den 6 Tonnen schwere Koloss per Tieflader als Leihgabe nach Spelle ins Emsland zu holen. Dort ist er ein zentrales Exponat des neu gegründeten Krone-Museums. Aber da sollte er nicht nur herumstehen und verstauben!

Schon wenige Tage später trafen sich daher vor Ort die Fachleute, die sich der Aufgabe stellen wollten, die betagte Maschine zu restaurieren. Und die kamen wieder einmal aus dem nahen Nordhorn, aber vor allem auch aus den Niederlanden. Bewährt hat sich diese Zusammenarbeit mehrfach, nicht nur bei den großvolumigen Hanomag-Motortragpflügen, Bauart Wendeler und Dohrn, die von Richard Gussinklo und einem engagierten Team wieder mit eigener Motorkraft versehen und auf den Acker zurückgebracht wurden.

Nach einer ersten Bestandsaufnahme konnte in Spelle zeitnah der 4-Zylinder-Benzinmotor mit einem Hubraum von 14,3 Litern ausgebaut und in ein eigens für Transporte bei Krone angefertigtes Gestell montiert werden. In den Niederlanden übernahmen Richard Gussinklo, Pim Schieven und Hugo Toonk, allesamt Spezialisten für großvolumige, alte Benzinmotoren, die Demontage des Motors. Der hatte bestimmt gefühlte 50 Jahre nicht mehr gedreht, war aber dennoch in einem erstaunlich guten Allgemeinzustand!

Ein „Lanz-Puzzle" aus vielen Einzelteilen

Bevor die Reparatur des Motors angegangen werden konnte, musste dieser zunächst in seine Einzelteile zerlegt und gründlich gereinigt werden. Erfreulicherweise waren fast alle Bauteile nicht nur vorhanden, sondern auch reparabel.

Wie schon bei den Hanomag-Motoren, Bauart Kämper, sind auch beim Landbaumotor jeweils zwei Zylinder in einem Block vergossen, Zylinder und Zylinderkopf sind quasi ein Teil, der Brennraum darin durch eine sogenannte Sackbohrung geschaffen. Zwar waren die Kolben reichlich verdreckt und verklebt, ließen sich aber mit Schlupfen und Kran Schritt für Schritt ziehen. Auch hier konnten keine größeren Schäden festgestellt werden. Neben ausgeschlagenen Kolbenbolzen waren zwei der drei Hauptlager der Kurbelwelle ausgelaufen, so das Ergebnis der ersten Bestandsaufnahme. Und jede Menge Dreck in Form von Ölkohle, meist so verklebt und verhärtet, dass hier nur mit Heißdampf und härteren Reinigungsmitteln überhaupt erstmal wieder Grund geschaffen werden musste. Auch alle Ventile und Federn wurden demontiert, die Fachleute aus den Niederlanden berichteten meist

freitags spätabends über einen kleinen, internen Verteiler von Richard, denn ein Großteil der Arbeit passiert in der Freizeit bzw. nach Feierabend, alle Beteiligten gehen beruflich andere Wege.

Parallel wurde im Austausch mit dem Lanz-Bulldog-Club Holstein, dem Archiv Karl Prillinger in Wels, Österreich, dem John-Deere-Archiv in Mannheim und anderen Traktor- und Landtechnikfreunden nach Literatur gesucht. Es fanden sich dabei erfreulicherweise mehrere verschiedene Betriebsanleitungen und auch einige historische Bilder, nur noch keine Ersatzteilliste, nicht mal als Kopie. Sie kam später als Repro von der Firma Delegro aus den Niederlanden, die noch ein Exemplar in ihrem Archiv besitzt. Auch ein Ersatz für den verschwundenen, doppelt wirkenden Magneten konnte nach einiger Suche gefunden und in Funktion gebracht werden: eine in der Landtechnik ungewöhnliche Form der Zündung – mit zwei Zündkerzen je Zylinder – im Flugzeugbau aus Sicherheitsgründen durchaus gängige Praxis.

Inzwischen hatte Henk, der Vater von Pim Schieven, der schon öfter mit solchen Spezialfällen konfrontiert war, die beiden ausgelaufenen Hauptlager vorbereitet und in einer Spezialvorrichtung bei 550°C mit Weißmetall ausgegossen. Anschließend wurde die Kurbelwelle in unzähligen Arbeitsgängen auf das gewünschte Maß in die Lagerschalen eingepasst, wozu das Weißmetall nach und nach auf die erforderliche Stärke abgeschabt werden musste. Erst als die Kurbelwelle wieder in allen Lagern leicht von Hand zu drehen ging, war diese Arbeit abgeschlossen. Eine weitere Baustelle war die mehrstöckige Ölförderpumpe, die mit drei Zahnradsätzen auf drei Ebenen dafür sorgt, dass nicht nur der nötige Druck aufgebaut wird, sondern dass zu allen Schmierstellen im Motor das nötige Öl gelangt. Sie war völlig verdreckt, konnte aber ohne Probleme gereinigt und mit neu angefertigten Papierdichtungen wieder komplettiert werden.

Freunde des Hauses Gussinklo hatten derweil die Kolben und Ringe vermessen und die Laufbahnen der Zylinder minimal gehohnt (fein nachgeschliffen), um einige kleinere Ablagerungen zu beseitigen. Die Kolben hatten alle keine Schäden, die je vier Kolbenringe aller Zylinder noch die nötige Vorspannung; sie konnten daher nach gründlicher Reinigung wieder eingebaut werden. Auch die Wasserpumpe hatte vergleichsweise nur geringe Schäden, die Hauptwelle war aber so von Rost angefressen, dass sie durch eine neu anzufertigende ersetzt werden musste. Aber Schaufelrad und auch Gehäuse waren ansonsten

Neue Lager für die Kurbelwelle

Eine sorgfältige Reinigung brachte die Schwachstellen zutage (oben). Unter anderem waren die früher üblichen Gleitlager der Kurbelwelle waren verschlissen. Selbst für Fachleute keine ganz leichte Übung, diese mit Behelfsmitteln so zu erneuern, dass der Motor wieder zuverlässig ans Laufen gebracht werden konnte. Um die Aufgabe zu lösen, ging man mit Weißmetall zu Werke (Reihe rechts).

tadellos – eine der ersten Arbeiten, die rasch zum Abschluss kamen. Von Heinrich Gerdes aus Tinnen, selbst ein großer Sammler von Oldtimer-Traktoren, wurde parallel ein neuer Tank mit dem markanten, eingeprägten HL-Emblem angefertigt, um den völlig zerfressenen zu ersetzen. Schon beim Ausbau des Motors war es zudem gelungen, die über eine Kette und vier Umlenkrollen gesteuerte Lenkung wieder gängig zu machen und die erschlaffte Kette noch um ein Kettenglied zu erleichtern, damit sie die Maschine zukünftig wieder gut in der Spur

Fehlteile und Sonderkonstruktionen

Pim Schieven und Hugo Toonk hatten ihre Mühe, bei der Demontage keine Schäden anzurichten. Derweil schulterte Richard Gussinklo einen der größten je hergestellten Lanz-Kolben. Für die Zündung wurden zwei Magnete parallel geschaltet.

halten kann. Da aber bis zur Einsatzbereitschaft der Maschine mit dem festsitzenden 3-Gang-Getriebe und der stark beschädigten Anbaufräse und einem löchrigen Wabenkühler noch weitere, größere Baustellen warteten, entschieden die Aktiven in Sachen Lanz-Landbaumotor, zum Historischen Feldtag Nordhorn 2016 nur einen Zwischenstand zu zeigen; dies gelang mit der Vorführung des Motors als Herzstück dieser Maschine sehr eindrucksvoll. Gerade für die technisch interessierten Besucher dürfte es spannend gewesen sein, zu verfolgen, wie das seltene Gefährt nach und nach wieder zum Leben erweckt wurde. So arbeiteten die Experten bei Krone in den Wintermonaten 2016/17 auch hart daran, die Bodenfräse einsatzbereit zu machen, das Getriebe zu säubern und auf Funktion zu prüfen sowie den Motor wieder einzubauen.

Im März 2017 kam es dann zum großen Treffen im Krone-Museum in Spelle für den ersten Probelauf. Auch Dr. Krone war frühmorgens gleich mit dabei, denn die Spannung war bei allen Akteuren greifbar. Für Richard und Pim genügten wenige Handgriffe, um den Motor in der Maschine erstmals von Hand zum Laufen zu bringen. Die Begeisterung war enorm, als dieser ganz ruhig vor sich hin lief – zumal nach so langer Zeit. Das war schon ein sehr bewegender Moment!

Hugo Toonk hatte bereits hinter dem Tank Platz genommen und fuhr die Maschine sehr behutsam, aber auch unglaublich souverän rückwärts aus der Museumswerkstatt auf den Hof, wo alle Schaltvorgänge mühelos probiert werden konnten. Auch die Anbaufräse drehte zu diesem Zeitpunkt bereits, auch wenn leider keine Flächen für einen eingehenden Test in der unmittelbaren Nachbarschaft zur Verfügung standen. Die Generalprobe erfolgte dann Mitte Juni; der 25. Feldtag konnte kommen.

Nach dem erfolgreichen Abschluss der Arbeiten ließ es sich Dr. Bernard Krone nicht nehmen, die geradezu sprichwörtliche Gastfreund-

Auftritt der Superlative

Nachdem der Lanz-Landbaumotor diverse Tests absolviert hatte, rückte der 25. Historische Feldtag in Nordhorn näher. Nachdem die Maschine exklusiv dem begeisterten Publikum vorgestellt worden war, kam es am zweiten Tag zur großen „Parade" des Lanz gemeinsam mit einem Stock-Motorpflug und den beiden WD-Motortragpflügen. Schöner geht historische Landtechnik wohl kaum ...

schaft mit einem schmackhaften Festessen für alle Helfer abzuschließen – auch dafür kommt man gern nach Spelle! Rechtzeitig zu seinem 100-jährigen Jubiläum wurde der Lanz-Landbaumotor beim 25-jährigen Jubiläum des Historischen Feldtags im August 2017 als eine der größten Attraktionen erstmals der Öffentlichkeit im Einsatz vorgeführt. In einer neu geschaffenen Arena konnte die Maschine zur Eröffnung dieses Jubiläums-Feldtags vor hunderten Gästen feierlich enthüllt und erstmals gestartet werden: Gänsehaut pur! Der Feldtag hatte seine ganz besondere Attraktion, und die Historische Landtechnik war um eine einsatzbereite, großvolumige historische Landmaschine reicher geworden. Und so war es auch rasch beschlossen, den „Ackergiganten" im März 2018 in der gleichnamigen Sonderschau auf der Retro Classics in Stuttgart zu präsentieren. Ansonsten kann der Lanz-Landbaumotor die kommenden Jahre als besonderes Exponat im Krone-Museum in Spelle bestaunt werden.

Härtetest für Diesel in der UdSSR

Aus dem Tagebuch eines Hanomag-Ingenieurs

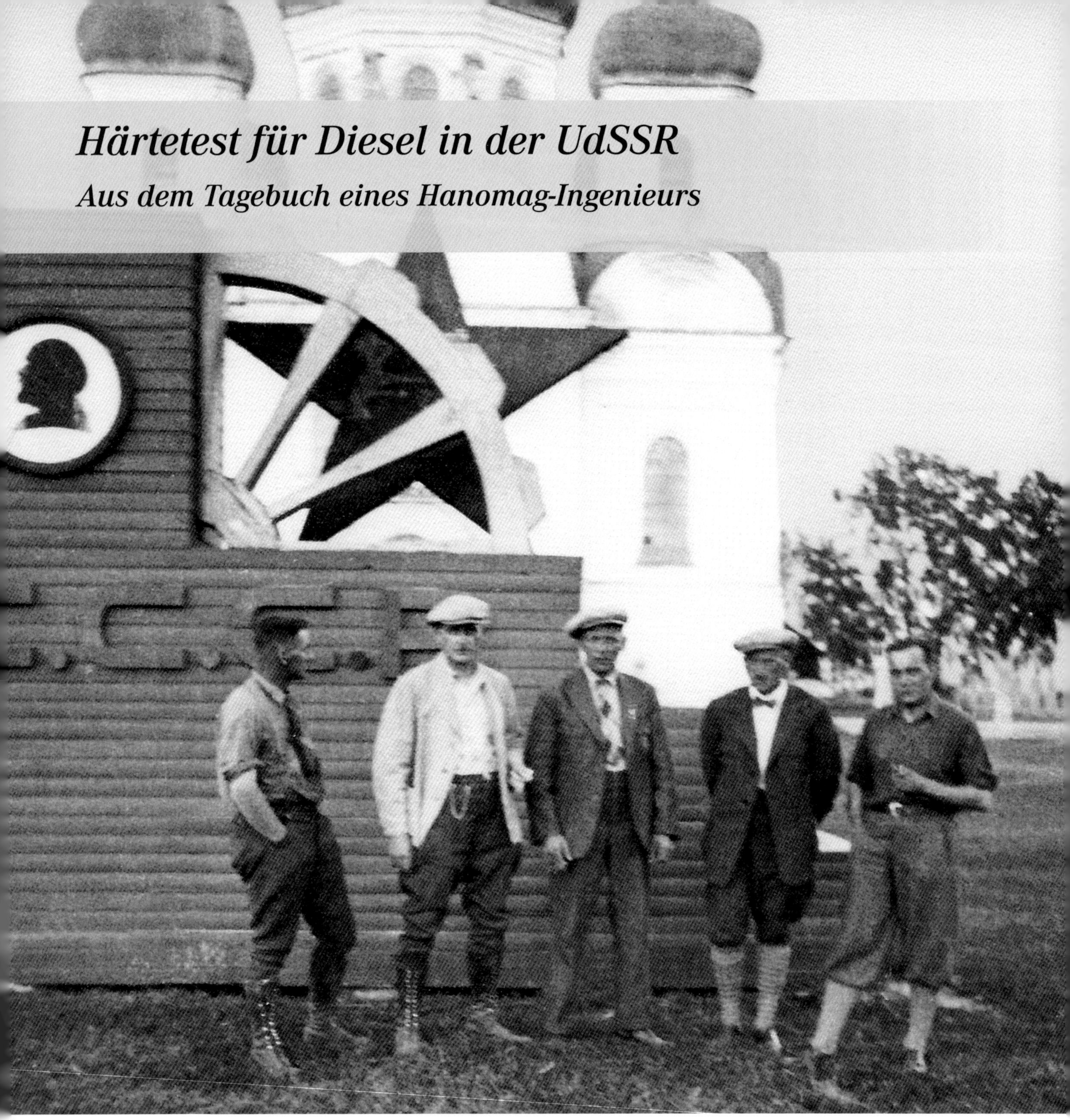

Die wirtschaftliche Lage in Russland nach der Revolution ist hinreichend bekannt. Um Abhilfe zu schaffen, wurden landwirtschaftliche Schlepper zur Steigerung der Produktion beschafft. Um nicht nur auf den amerikanischen Fordson angewiesen zu sein, wurde auch bei deutschen Firmen angefragt. Neben Lanz, Mannheim, und Linke-Hofmann, Breslau, gehörte auch die Hanomag aus Hannover dazu. Richard Binder war 1931 für den mehr-

Im Dienste der KPdSU

Die Ingenieure Binder, Oehlmann und die Monteure Busset, Bleibohm und Drews posieren vor dem Lenin-Denkmal in Mologa (v.l.). Stadelmann, ein vierter Monteur, befand sich zur Zeit der Aufnahme im Nordkaukasus.

Ein ungewöhnlicher Auftrag

Im mondänen Central Touring Hotel in Algier erreichte Richard Binder 1931 die Nachricht, ein Projekt in der Sowjetunion zu übernehmen.

monatigen Auslandseinsatz mit 20 Maschinen – je 10 Ketten- und Radschlepper, hälftig mit Dieselmotoren angetrieben – unter erschwerten Bedingungen verantwortlich.

Am 23. Mai 1931 begrüßte mich der kleine, kugelige Direktor des Hotel Touring in Algier mit den Worten: *„Monsieur Biindäär, un telegramme."* Über den sensationellen Inhalt der Drahtung war ich überrascht: *„Arbeit beenden – schnellstens zurückkommen – Einsatz UdSSR vorgesehen."* – *„Ich reise in die Sowjet-Union"*, sagte ich zum Hoteldirektor. Er hob beschwörend die Hände: *„Mon Dieu, de l'Algérie à la Russie!"* Wie recht er hatte!

Zwar war der Einsatz in den ausgedehnten Weinbaugebieten Nordafrikas zuweilen auch schwierig, die Anforderungen an die Maschinen oft sehr hoch und das einheimische Personal wenig erfahren. Aber das Leben war herrlich – mit schönstem Sonnenwetter, angenehmen Menschen und sonstigen Freuden des Lebens.

Es ist heute notwendig zu beschreiben, vor welchem politischen und wirtschaftlichen Hintergrund das geplante Unternehmen ablaufen sollte. Als Folge der erdrückenden Reparationslasten wurde die Lage der deutschen Wirtschaft von Jahr zu Jahr katastrophaler. Ein Satz aus dem Geschäftsbericht der Firma Hanomag mag das dokumentieren: *„Die Politik ruiniert die Wirtschaft."* Mehrere Fabrikationszweige mussten denn auch bereits aufgegeben werden. Die Reichsbahn bestellte im ganzen Jahr nur zehn Lokomotiven. Andere Aufträge gab es kaum noch.

Im Jahre 1912 war die Firma mit Erfolg in die Landtechnik eingestiegen. Der WD-Motortragpflug wurde in 1155 Exemplaren gebaut, ehe ab 1925 im Wettbewerb mit dem US-amerikanischen Fordson-Traktor ein Hanomag-Acker-Schlepper auf den Markt gebracht wurde. Nicht besser ging es der Landwirtschaft. Hoch verschuldet übte man Kaufenthaltung und der Landbund propagierte Käuferstreik für Landmaschinen. In dieser schwierigen Lage musste grundlegend Neues entwickelt und auf den Markt gebracht werden, um die Chance zum Überleben zu nutzen.

Eine aussichtsreiche Möglichkeit lag in der Entwicklung von Diesel-Motoren für Rad- und Kettenschlepper. Die Betriebskosten für benzingetriebene Motoren waren einfach zu hoch. Das Ausweichen auf Petroleum als Treibstoff für Otto-Motoren war ein unbefriedigender Kompromiss, da die äußere Gemischbildung im Doppelvergaser nur unvollkommen möglich war. Das Katalex-Verfahren (Hocherhitzen des Treibstoffs an einer auspuffbeheizten Kupferplatte) bedeutete wohl einen gewissen Fortschritt, änderte jedoch nichts an der Tatsache, dass Mitteltreibstoffe für Otto-Motoren wenig geeignet sind.

Eine solche Lösung konnte nur in einem Fahrzeug-Dieselmotor gefunden werden. Aber die Zeiten, da in den Inseraten „Kompressorlose Dieselmotoren" angeboten wurden, lagen noch nicht weit zurück. War es doch zunächst nicht gelungen, Diesels Idee der „inneren Gemischbildung" ohne Druckluft, zu realisieren. Erst die geniale Idee der Vorkammer (Patente der Rheinischen Gasmotoren-Fabrik Benz & Cie. von 1909 und 1919) befreite den Dieselmotor von der Druckluftanlage.

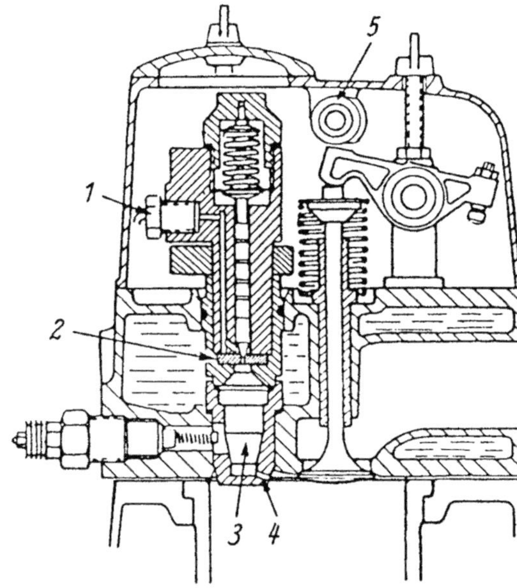

Durch sie war der Diesel-Fahrzeugmotor möglich geworden. Die Werksleitung fand in Dipl.-Ing. Lazar Schargorodzky einen erfahrenen Chefkonstrukteur, der eine robuste Grundkonzeption entwickelte, die sich über 30 Jahre lang in verschiedenen Varianten bewährte. Das Herzstück dieses Motors war die robuste Hanomag-Schrägnocken-Einspritzpumpe mit veränderlichem Hub.

Aber, wie überall, steckte auch hier der „Teufel im Detail". Von der Idee bis zur Fertigungsreife waren viele Probleme zu lösen:

- Wie konnten Lokomotivenbauer eine Fertigung mit der Präzision der Feinmechanik schaffen?
- Wie fertigt man Einspritzventile, die nicht nachtropfen und bei Wärmeschwankungen nicht hängen bleiben?
- Wie werden Kurbellager und Kurbelwelle mit den harten Schlägen bei Zündverzug fertig?
- Wie waren Bohrungen und Strahlrichtung in der Vorkammer zu gestalten?

Doch Beharrlichkeit führt zum Erfolg! Im Januar 1931 stellte die Firma auf dem Salon International de la Machine Agricole in Paris erstmalig einen Diesel-Ackerschlepper aus. Schon im Frühjahr desselben Jahres konnte ich einen Diesel-Kettenschlepper in Schmalspurausführung im Weinbau um Oran/Algerien praktisch erproben und einsetzen. So standen die Dinge, als ich aus Algier zurückgerufen wurde, um mit fünf Mitarbeitern in die UdSSR zu reisen.

Deutsche Traktoren gegen russischen Hunger

Die wirtschaftliche Misere der UdSSR in jenen Revolutionsjahren ist heute noch ausreichend bekannt. Die Bevölkerung hatte schwere Hungerjahre durchstehen müssen. Um Abhilfe zu schaffen, sollte die landwirtschaftliche Produktion erheblich gesteigert werden. Der Traktor wurde zum vordringlichen Produktionsmittel. Mit seiner Hilfe wollte man nicht nur die Ernährung der Bevölkerung sichern, sondern man hoffte sogar, große Getreidemengen für Export und Devisenbeschaffung erzeugen zu können.

US-Fordson-Traktoren wurden gekauft und die Fabrikation des ersten Fordson-Traktors mit allen Einrichtungen übernommen. Aber auf diesem amerikanischen Klavier spielte es sich nicht so einfach, der Eigenbau hatte manche Schönheitsfehler. Die russischen Ingenieure sagten selbst, dass diese Schlepper nur acht Tage liefen (was vielleicht ein bisschen übertrieben war). Den Staat kosteten diese Investitionen eine Menge der mehr als knappen Devisen. Kein Wunder, dass sich die Staatsführung nach günstigeren Möglichkeiten umsah. Die Verhältnisse im Deutschen Reich kamen ihr entgegen. Die schwierige Lage der deutschen Industrie bewog die Reichsregierung nämlich, Auslandsgeschäfte in großer Höhe zu kreditieren. Von solchen Möglichkeiten macht die Regierung der UdSSR ja bis heute gerne Gebrauch. Kurz und gut, man beschloss, deutsche Traktoren zu beschaffen. Sie sollten aber zunächst in einer mehrmonatigen Prüfung ihre Eignung beweisen.

Die Firma Hanomag, Hannover, entsandte je zehn Rad- und Kettenschlepper, davon je die Hälfte mit Dieselmotoren, die Firma Heinrich Lanz, Mannheim, schickte mehrere Bulldogs, die Firma Linke-Hofmann, Breslau, stellte einen Kettenschlepper zur Verfügung. An Personal entsandte die Firma Hanomag für den Motorensektor Ing. Walter Oehlmann, für den praktischen Einsatz mich. Uns zur Seite standen

Die Schrägnocken-Einspritzpumpe von Hanomag

Im Schnitt durch den Zylinderkopf des Hanomag-Diesel ist deutlich die Positionierung der Vorkammer (3) und der Einspritzdüse im Wasserkreislauf zu erkennen: 1. Einspritzleitung , 2. Düsenplatte mit Nadelsatz, 4. Vorkammer und Schusskanäle. Im Foto erkennt man die Schrägnocken-Steuerung.

Alternativen zum Fordson

Im Rahmen einer Kampagne zur Produktionssteigerung in der Landwirtschaft war die Regierung der Sowjetunion in den 1930er Jahren an der 50 PS-Raupe und dem Hanomag-Dieselschlepper 36/40 PS interessiert.

die erfahrenen und zuverlässigen Monteure Bleibom, Drews, Stadelmann und Zeisset. Am Einsatzort verstanden wir uns mit den Kollegen der anderen Firmen von Anfang an ausgezeichnet. Frei von jedem Konkurrenzdenken halfen wir uns gegenseitig bis zum Austausch von Normteilen (z.B. Kugellagern). Schwierigkeiten gab es schon im Vorfeld des Unternehmens mehr als genug. Dem eingeplanten Dolmetscher und Russlandkenner wurde im letzten Augenblick die Einreisegenehmigung verweigert, was zu einer Komplizierung im Reiseverkehr und im Umgang mit den Behörden führte.

Die anfallenden Personalkosten waren beachtlich, da der recht wertlose Rubel zu dem Goldkurs (1 Rubel = 2,16 RM) eingelöst werden musste. Das erforderte in Moskau Tagesspesen in Höhe von 63 RM, damals eine enorme Summe, auf dem Lande 50 RM. Jeglicher Postverkehr ging über Zensur nach Moskau, sodass Briefe eine Laufzeit von 17 Tagen hatten. Die Verpflegung war schwierig und nur mit mitgeführten Konserven einigermaßen zu regeln. Gesundheitliche Störungen waren nicht zu vermeiden. Über Unterkünfte und sonstige hygienische Probleme sei aus Höflichkeit geschwiegen.

Einsatzgebiet und Prüfungsprogramm

Wo heute die erste Staustufe der Wolga liegt, das Rybinsker Staubecken (knapp 300 km nördlich von Moskau, Anm. d. Hrsg.), da floss früher die Mologa in die Wolga, die hier ihren nördlichsten Punkt erreicht. Ein erheblicher Teil dieses Geländes war versumpft und wurde in besseren Tagen als Weidegebiet verwendet. Vorfluter, Abzugsgräben und Koppelzäune waren verfallen. Der Boden war stark versauert mit hohen Bülten und Wassertümpeln. Das waren schlechte Vorbedingungen für eine mechanische Bodenbearbeitung. Erfreulicherweise gab es aber auch höhergelegene Ackerflächen, auf denen normal gearbeitet werden konnte. Die Mückenplage war fürchterlich. Da die Maschinen im 24-Stunden-Betrieb eingesetzt werden sollten und es nachts nicht dunkel wurde, war diese Zugabe wirklich lästig. Die Traktoristen machten aus den Resten der Zäune gerne ein schwelendes Feuer und legten sich zum Schlafen in den Rauch – der beste Mückenschutz!

Der weiträumige Einsatz der Maschinen ergab zuweilen einen Gesamtweg von 70 km. Anfänglich stand uns nur ein klappriges Wägelchen mit einem ausgemergelten Rösslein zur Verfügung. Die

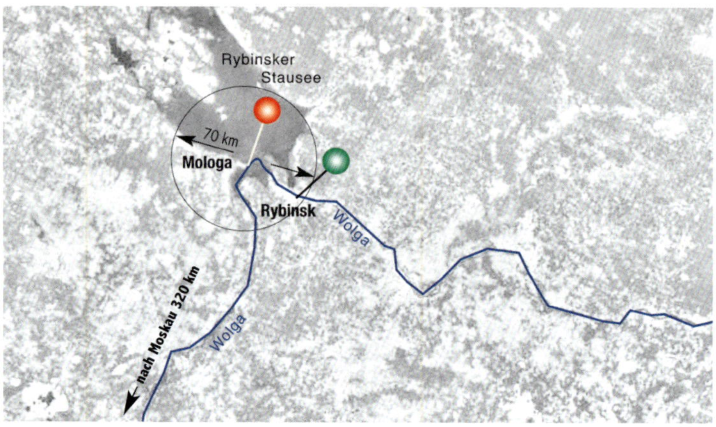

Mologa, die Stadt an der Wolga

Mologa, die Stadt an der Wolga, in der Richard Binder mit seinen Kollegen im Einsatz war, liegt heute unter den Wassern des Rybinsker Stausees, der zwischen 1941 und 1947 geflutet wurde. 1780 hatte Katharina II. einen Entwicklungsplan genehmigt, nach dem die Stadt in einem geometrischen Muster angelegt wurde. Mit Beginn der Arbeiten am Wolga-Baltik-Kanal 1802, der nach Plänen Peters des Großen die Wolga mit der Ostsee verbinden sollte, wuchs die Bedeutung Mologas als Poststation und Fährverbindung über die Wolga. Die Stadt und die Siedlungen im ganzen Umkreis waren von großen Flächen Sumpf und Morast umgeben. 1935 hatte die Verwaltung grünes Licht für den Bau eines Staudamms gegeben, dem zwei Städte und etwa 700 Dörfer, 40 Kirchen, 3 Klöster und Dutzende von ehemaligen Herrenhäusern geopfert wurden. 150.000 Menschen wurden aus dem Gebiet umgesiedelt. Laut Aussagen der dort lebenden Bauern lieferte die Gegend das beste Heu Russlands, die Grundlage für eine Landwirtschaft, die beste Milch und hervorragenden Käse produzierte. Wer heute eine Flusskreuzfahrt von Moskau nach St. Petersburg unternimmt, kann bei Niedrigwasser nach der Einfahrt in den Rybinsker Stausee linker Hand Reste des untergegangenen Städtchens finden.

Firma sandte uns dann zwei Fahrräder mit Hilfsmotoren, die gute Dienste leisteten. Zunächst mussten die Schlepper mit Fähren über die Wolga gesetzt werden, ein Ereignis für die Bevölkerung, da in dieser Gegend bislang noch keine Ausländer im Einsatz gewesen waren. Zu unserem Glück machte sich eine junge Frau bemerkbar, die einwandfrei deutsch sprach und somit von großem Nutzen für uns war. Sie übersetzte die Worte einer alten Frau, die diesem Spektakel zusah: *„Jetzt kommen sie auch noch mit ihren Teufelsmaschinen, jetzt wird gar nichts mehr wachsen auf unseren Feldern.“* Darin zeigt sich wieder einmal besonders krass die Scheu des Landmenschen alten Schlages vor der großen Unbekannten, der Technik.

Der erste Schleppereinsatz bestand in einem Demonstrationszug durch den Ort, wobei die Bevölkerung pflichtschuldigst mitmarschierte. Das gesamte Prüfungsprogramm sah folgende Abschnitte vor:

1. Zerlegen, Vermessen, Kopieren und Photographieren der Maschinen und Maschinenteile;
2. Prüfstanderprobung der Motoren;
3. Zugkraft- und Leistungsprüfungen;
4. Praktischer Dauereinsatz.

Als sehr belastend erwies sich für uns die sogenannte „Ewige Produktionswoche“ infolge des 24-Stunden-Einsatzes. Der Sonntag als allgemeiner Ruhetag war abgeschafft worden. Jeder arbeitete fünf Tage und hatte den sechsten Tag frei, verteilt über die alte Kalenderwoche. Der Betrieb stand also niemals still. Für uns bedeutete das, dass wir zehn Wochen hintereinander ohne einen freien Tag im Einsatz waren.

Personal und Betriebsmittel

Die russischen Ingenieure waren, mit wenigen Ausnahmen, alle „Schmalspur-Techniker“. Sie verhielten sich durchaus kollegial und waren bereit, von uns zu lernen. Sie waren einsichtig, wenn man auf die unmöglichen Einsatzbedingungen hinwies. Aber keiner hätte ge-

Traktorista mit Hanomag-Raupe

Die jungen Traktoristas waren in punkto Zuverlässigkeit und Pflichtbewusstsein ihren männlichen Kollegen voraus.

wagt, eine Änderung auch nur vorzuschlagen. Dieser Einsatz deutscher Schlepper war irgendwo von oben her dilettantisch und praxisfremd befohlen worden. Eigentlich waren den russischen Kollegen Kontakte mit uns untersagt, aber ohne unseren ständigen Eingriff wäre das ganze Unternehmen bald zum Stillstand gekommen.

Die Besetzung der Maschinen mit Fahrern war ein besonders trübes Kapitel. Lobenswert waren die weiblichen Traktoristas. Sie waren leidlich zuverlässig und pflichtbewusst. Anders sah es – mit Ausnahmen – bei den Männern aus. Man muss berücksichtigen, dass ihre Lebensbedingungen erbärmlich waren. Die meisten hatten nur Hemd und Hose auf dem Körper, und mit Schuhwerk sah es schlecht aus. Verpflegung und Unterkunft waren offensichtlich nicht ausreichend geregelt. So herrschte immer eine verdeckte Streikstimmung; gelegentlich verschwand auch mal der eine oder der andere. Doch der „lange Arm" holte sie immer wieder zurück. Fast alle Fahrer waren angelernt und ohne technische Ausbildung. Oft waren sie auch körperlich den Anforderungen nicht gewachsen. So sollte z. B. ein junger Mann, der an einer Krücke ging, einen Kettenschlepper fahren. Gleich beim ersten Versuch im Ort verlor er die Gewalt über die Maschine und ließ sich rückwärts vom Schlepper fallen. Der rollte direkt auf die Wolga zu und blieb in vier Meter Tiefe liegen.

Die Qualität der Betriebsmittel blieb noch hinter unseren Erwartungen zurück. Das galt insbesondere für den Diesel-Treibstoff, von dem das Motorenöl kaum zu unterscheiden war. So ist es tatsächlich vorgekommen, dass ein ganzes Fass Motorenöl als Treibstoff verbrannt wurde. Nicht vorhandenes destilliertes Wasser wurde durch Regenwasser ersetzt.

Der Werkstattbetrieb

Als Werkstatt diente eine Kirche mit bemerkenswert guter Ausgestaltung. Der Altarraum, durch eine Bretterwand abgetrennt, war das Ersatzteillager. Im linken Seitenschiff wurde auseinander- und wieder zusammengebaut. Demontieren gefiel den Männern am besten, weil ihre Neugier befriedigt wurde. Im Montieren waren sie weniger eifrig. Es gab aber auch Dinge, die sehr nach Sabotage rochen. So krachte beim Anfahren das Getriebegehäuse eines Kettenschleppers auseinander. Jemand hatte einen langen Schraubenschlüssel ins Getriebeöl fallen lassen. Wir waren mit Ersatzteilen gut bestückt, aber nicht verschleißende Gehäuse hatten wir nicht. Also musste ein Getriebekasten zusammengeflickt werden, wobei wir erstmalig Gelegenheit hatten, die Findigkeit der örtlichen Schmiede zu bewundern. Im Mittelschiff standen die Schlepper, im rechten Seitenschiff wurden die Motoren nach alter Art mit dem Pronyschen Zaum gebremst, sodass das ganze Kirchenschiff unter Wasser stand.*

Die Montagearbeiten dienten dem Zweck, genaue Kenntnisse über den Aufbau der Maschinen zu erhalten. Alle Teile wurden vermessen, zeichnerisch festgehalten und photographiert. Man hatte dabei uns gegenüber keinerlei Hemmungen. Im Gegenteil, wir sollten noch die

*Pronyscher Zaum: Mechanische Bremseinrichtung zur Messung des Drehmomentes bzw. der Motorleistung. Die Bremsscheibe wird durch Wasser gekühlt, das man in diesem Falle einfach auf den Boden fließen ließ.

Kenntnisse über Material und Fertigungsmethoden beisteuern. Das war eine heikle Angelegenheit, denn schließlich sollte der Einsatz Aufträge erbringen.

Feldeinsatze mit Überraschungen

Die versumpften Flächen sollten also mit Hilfe der deutschen Traktoren kultiviert werden. Das hatte man sich irgendwo ausgedacht. Dieser Befehl aus der Ferne war schlechterdings nicht ausführbar. Dies lag in erster Linie daran, dass geeignete Bodenbearbeitungsgeräte fehlten. Aber auch die ganze Methode des Maschineneinsatzes war dilettantisch geplant. Man stelle sich auf diesen Böden Rad- und Kettenschlepper hintereinander pflügend vor, mit russischen Ackerpflügen, die absolut ungeeignet waren! Entweder ritten die Pflüge nach wenigen Metern Fahrt auf einem Berg von Bülten – oder der Schlepper war versackt. Den Fahrern machte das auch keinen Spaß, und so wurde gelegentlich ein bisschen sabotiert. So lenkte einer der Traktoristen seine Maschine senkrecht zur Furche direkt ins gepflügte Moor hinein, wo sie nach wenigen Metern gründlich versackte. Seile oder Ketten gab es nicht. Also schraubten wir Gestängeteile von den Pflügen zusammen und holten den Schlepper mit Hilfe einer Raupe heraus, wobei wir dem Manne Unerfahrenheit zugute hielten. Er belehrte uns sofort aber eines anderen, denn nach 20 Metern machte er demonstrativ dasselbe Manöver Darauf gaben auch wir auf und verschwanden. Man musste unter solchen Verhältnissen sehr gute Nerven haben. Die Motoren liefen dabei pausenlos weiter, denn ein versackter Schlepper ist von Hand schlecht wieder anzuwerfen.

Unvermögen oder Sabotage?

Im moorigen Gelände des Rybinsker Beckens gerieten die Einsätze mit dem ungeschulten und wenig motivierten Personal des öfteren zum Desaster.

Flächenleistung und Verbrauch konnten natürlich unter solchen Bedingungen nicht befriedigen. Der Erfolg war mäßig. Alle Vorstellungen bei den russischen Ingenieuren blieben ohne Erfolg. Von denen wollte sich keiner die Finger verbrennen. Eine Variante zu diesen unmöglichen Arbeitsbedingungen war der Einsatz auf Waldböden. Hier hatte der Schlepper wohl Halt, aber die Pflüge ritten nach wenigen Metern Fahrt auf einem Hügel von Heideboden und Wurzeln.

Dann endlich gab es einen Lichtblick: Wir fanden zufällig zwei alte, schon etwas klapprige Moor-Spezialpflüge der Firma Eberhardt, Ulm. Marke „Moor-Gomellus". Mit diesen ausgezeichneten Pflügen gelang es dann doch noch, gute Arbeit und Leistung zu erbringen. So viel zu den Einsatzbedingungen auf den Moor- und Waldböden. Auf den Mineralböden dagegen ging die Arbeit gut voran, immer in einer Staubwolke allerdings.

Zur Erntezeit kamen eines Tages russische Mähbinder. Man suchte junge Mädchen und alte Frauen zusammen, die sie bedienen sollten. Ein junger Ingenieur versammelte sie um sich und erzählte ihnen etwas über die Bedienung. Dann verschwand er, aber keine konnte das Bindegarn einfädeln. Das Vorgewende wurde von Spatengreifern der Schlepper niedergewalzt, es wurde auch bei strömendem Regen gemäht und nicht eine einzige Garbe gebunden. Die armen Dorfbewohner hätten am liebsten revoltiert. Doch nach kurzer Zeit brach in jeder

Die Himmelswerkstatt

Eine leerstehende Kirche diente als gut ausgestattetes „Servicecenter". Selbst eine Teststation für Bremsen stand den Monteuren zur Verfügung.

Testfahrten für den Abschlussbericht

Zur Dokumentation wurden unter anderem Zugkraftmessungen, wie hier mit dem Hanomag-Kettenschlepper, durchgeführt.

Maschine das gleiche Kettenrad. Zunächst half man sich mit Ausschlachten anderer Maschinen. Aber das ging auch schnell vorbei, dann waren alle Maschinen kaputt. Die Schmiede flickten mit bewundernswertem Talent die Räder wieder zusammen. Aber für die Schlepper bedeutete jeder Ausfall Leerlauf, keine Leistung.

Die größte Schwachstelle im ganzen System war aber zweifellos das geringe Interesse der meisten Traktoristen. Auch bei kleinsten Störungen hielten sie an und legten sich unter die Maschine, um zu schlafen. Oft entdeckten wir sie erst nach Stunden, und auf die Frage nach der Ursache gab es immer die gleiche Antwort: „Traktor kaputt." Meist waren nur Kleinigkeiten oder falsche Bedienung die Ursache für den Ausfall. Dafür zwei Beispiele: Einmal fand ich nach langem Suchen heraus, dass der Kraftstoff vertauscht worden war – im Anlasstank befand sich Petroleum statt Benzin. Beim Fehlen jeglicher Hilfsmittel dauerte es von Mitternacht bis in die Morgenstunden, ehe die Tankinhalte gewechselt und die Leitungen vom falschen Treibstoff befreit waren. Ein andermal war der Regen schuld: in den offenen Fässern steckten meist große Trichter, die bei strömendem Regen reichlich Wasser sammelten, das dann in den Motoren zu Störungen Anlass gab. Pannen dieser Art waren nicht durch unsere Maschinen verursacht, gingen letztlich aber zu Lasten des Ergebnisses. Ernste Schwierigkeiten entstanden erst, als an den Endantrieben einiger Kettenschlepper schwere Kugellagerbrüche auftraten. Die Fahrer bemerkten diesen Schaden gar nicht; so wurde das Stahlgussgehäuse durch das schräg stehende Zahnrad durchgefräst. Die Ursache dieser Brüche konnten wir mit unseren beschränkten Mitteln nicht feststellen. Später ergaben die Laboruntersuchungen einiger Stücke, die ich durch den Zoll gemogelt hatte, dass die Lagerringe überhärtet waren. Die geätzte Oberfläche zeigte ein Netz feinster Haarrisse. Das waren die einzigen echten Minuspunkte auf unserem Konto.

Die geschilderten Einsatzbedingungen lassen erkennen, dass von einer objektiven Aussage über die Leistungsfähigkeit unserer Schlepper keine Rede sein konnte.

Die Zugkraft- und Leistungsmessungen

Mein russischer Kollege, der die Messungen durchführte, war ein echter Schmalspur-Ingenieur, ein umgänglicher und gutmütiger Russe. Auch er konnte nicht mit dem Rechenschieber umgehen (da es keine gab) und sprach, wie er sagte: „tolko russky" – nur russisch. Er zeichnete immer gleich Kurven. Als sich an einer Maschine ungenügende Leistungen zeigten, war mir sofort klar, dass jemand in unserer schönen Kirche an der Bremse den Regler verstellt hatte. Während

Das Projektziel

Mit modernen Zug- und Erntemaschinen sollten im Kollektiv schneller höhere Erträge erzielt werden. Hanomag-Kettenschlepper im Einsatz mit drei gezogenen Mähbindern.

mein Kollege, umgeben von seinen Helfern, auf der Erde saß und Kurven zeichnete, drückte ich den Kugelkopf vom Reglergestänge ab und drehte ihn einige Male herum. Der Motor heulte auf, aber keiner bemerkte die Veränderung. Von da ab gab es immer einen senkrechten Knick in den Kurven, an denen mein Kollege herumrätselte (dasselbe geschah auch später zu Hause, als eine Arbeitsgruppe den Gesamtbericht studierte; hier konnte ich die Ursache preisgeben).

Das Rätsel um den Dieseltreibstoff

Die hohe Viskosität der Dieseltreibstoffe machte uns von Anfang an misstrauisch. Man konnte das Dieselöl vom Motorenöl kaum unterscheiden. Beide waren schwarz. Aber rieb man Dieseltreibstoff zwischen den Fingern, so war deutlich zu fühlen, dass sich Fremdstoffe darin befinden mussten. Die robusten Motoren fraßen den Treibstoff ohne Leistungsabfall. Aber nach einigen Wochen machten wir eine merkwürdige Beobachtung: In den Einspritzventilen stand die stumpfe Düsennadel auf der Düsenplatte und verschloss die Bohrung von 0,7 mm Durchmesser. Wir stellten fest, dass sich die Bohrung nach unten trichterförmig erweitert hatte. Diese Platten bestanden aus hochwertigem Stahl und waren durchgehärtet. Im Treibstoff mussten also Mineralien enthalten sein, die härter waren als Stahl! Unerklärlich war, dass die Partikel die sehr feinen Filtersiebe passierten, deren Maschenweite 0,1 mm betrug. Versuche, den Treibstoff mit primitiven Filtern zu reinigen, blieben erfolglos. Die Düsenplatten verschlissen weiter, doch war das Erstaunliche dabei, dass die Motoren ohne Leistungsabfall weiterliefen.

Ein auf unsere Reklamation hin angereister Professor war offensichtlich ein Könner alter Schule. Er hatte in Charlottenburg studiert und sprach akzentfreies Deutsch. Er sah sich den Treibstoff an, doch war er klug genug, sich jeglichen Urteils zu enthalten. Man lebt gefährlich in solchen Systemen. Ich mogelte eine Flasche dieses Treibstoffs mit über die Grenze, das Werkslabor brachte endgültige Klarheit: In diesem Treibstoff waren Kieselsäureverbindungen in Form von Quarzpartikeln enthalten.

Das Erstaunliche daran war der Feinheitsgrad, denn bei 500facher Vergrößerung des Filtergewebes (d.h. 0,1 mm = 50 µm im Mikrobild) sah man Partikel von 2 bis 3 mm scheinbarer Größe, die jeden Filter passierten. Diese unerwünschte Zugabe hat die robusten Motoren nicht ernstlich stören können. Auch die Düsennadeln und Pumpenelemente erlitten keinen Schaden. Die Partikel waren zu winzig, um Verschleiß zu bewirken, solange der Treibstoff sich langsam bewegte. Erst die enorme Beschleunigung beim Einspritzvorgang löste die korrodierende Wirkung aus. Am Ende der Dauerprüfung waren alle Motoren intakt.

Das offizielle Prüfungsprotokoll

Von allen Schwierigkeiten, die Mensch, Material und Gelände verursachten, stand im russischen Abschlussbericht kein Wort. Der Bericht wurde auch nicht vom leitenden Oberingenieur verfasst, sondern die Formulierung lautete: *„Die Kommission (Zusatz des Verfassers: in Moskau) wolle beschließen, dass die Prüfung so und so ausgefallen sei.“* Unsere eigenen Berichte waren natürlich den Russen bekannt, da unsere gesamte Post die Zensur durchlief. Zum Glück hatte ich eine Kleinbildkamera bei mir, damals noch ganz neu und vor Ort völlig unbekannt. So hat niemand gemerkt, dass ich zahlreiche Aufnahmen gemacht hatte. Sie gaben eine solide Basis ab für einen objektiven Gegenbericht.

Am Ende, die Frage nach dem Erfolg

Trotz dieser vielen Erschwernisse und großen Beanspruchungen waren im Herbst die Maschinen intakt und wurden von den Russen übernommen. Für uns endete damit eine schwierige Mission. Für einige Monate waren wir von der Außenwelt ziemlich abgeschnitten gewesen. Die wenigen Nachrichten aus der Heimat waren nicht immer erfreulich. Das Gesuch des Reichspräsidenten von Hindenburg an den US-Präsidenten vom Juni 1931 um ein Moratorium der erdrückenden Reparationslast ließ nichts Gutes ahnen. Als wir in der Heimat eintrafen, hatte sich die Lage der deutschen Wirtschaft katastrophal verschlechtert. Auch unserem Hause blieb das Schicksal vieler Firmen nicht erspart: Am 17. Dezember musste die Firma ihre Werkstore schließen, alle Mitarbeiter standen auf der Straße. So ist dem Unternehmen „Schlepper-Einsatz UdSSR" kein finanzieller Erfolg beschieden gewesen. Aber der robuste Hanomag-Dieselmotor dieser ersten Generation hat die Zeiten überstanden.

Bis in die sechziger Jahre haben etwa 300.000 Motoren – bei stufenweiser Weiterentwicklung der Grundkonzeption von 1931, aber unter Beibehaltung der unverwüstlichen Schrägnockenpumpe – das Werk verlassen. Diese Einspritzpumpe war das Herzstück des Motors, Musterbeispiel einer unverwüstlichen, zuverlässigen Konstruktion. Ihr Schöpfer, Chefkonstrukteur Lazar Schargorodzky, ist im hohen Alter von 85 Jahren im Jahre 1967 verstorben. Zum Erfolg seiner Konstruktion haben auch jene Männer des Russland-Einsatzes von 1931 beigetragen, von denen heute (1981) nur noch der Verfasser dieses Berichtes lebt.

Ein Leben für die Hanomag

Richard Binder (rechts) am Hanomag-Stand auf der Kölner DLG-Ausstellung 1953. In der Mitte der legendäre Dampfpflüger Carl Gross; links mit heller Jacke Hanomag-Finanzvorstand Dr. Ernst Korte.

Richard Binder (1901 – 1982)

Der Umgang mit Arbeitspferden bestimmte seine Jugend. Umso mehr beeindruckten ihn nach dem Ersten Weltkrieg die auf den über 600 ha großen Gutsbetrieb kommenden Lkw und Ackerschlepper. Ihre technischen Unzulänglichkeiten empfand er als Herausforderung, denen er mit großem Improvisationsgeschick begegnete.

In einer Ausbildung zum Ingenieur eignete er sich das theoretische Wissen an und schuf zugleich die Voraussetzung, ab 1925 in die Dienste des hannoverschen Maschinenbaukonzerns Hanomag zu treten. Dort erkannte man rasch seine besonderen Fähigkeiten, landwirtschaftliches und technisches Wissen zu kombinieren. Im Rahmen der technischen Verkaufsförderung bereiste Richard Binder fortan Europa und führte in vielen Ländern, so in Frankreich, Nordafrika und der Sowjetunion, intensive Praxiserprobungen mit Hanomag-Zugmaschinen durch. Aus dem Norden Russlands stammt auch der Bericht. Als enger Mitarbeiter des Motoren-Chefkonstrukteurs Lazar Schargorodsky hatte Richard Binder unmittelbaren Anteil an der Entwicklung der ersten Hanomag Dieselmotoren der Baureihe D 52.

Nach einigen Jahren der Unterbrechung kehrte Richard Binder 1948 in den Dienst von Hanomag zurück. Der Wiederaufbau der Schlepperproduktion bestimmte anfangs seine Arbeit, ehe er ab 1950 als Abteilungsleiter mit Chefkonstrukteur Dr.-Ing. Hans Kremser zusammenarbeitete. Seine Aufgabe bestand nun darin, die von Kremser entwickelten revolutionären 2-Takt-Dieselmotoren der Baureihen D 600 und D 700 in den Markt einzuführen, was aber nur teilweise gelang.

Größerer Erfolg war Binder beim Aufbau der technischen Dokumentation des Hanomag-Konzerns beschieden. Als „Abteilungsleiter Dokumentation, Fachbibliothek und Archiv" trat Richard Binder 1967 in den Ruhestand, den er unter anderem dazu nutzte, den Konstrukteuren Schargorodsky und Kremser auch heute noch gut lesbare literarische Denkmale zu setzen. 1982 verstarb Richard Binder im Bewusstsein, Mitwirkender des „Pionier-Zeitalters des Dieselmotors im Traktorenbau" gewesen zu sein. Einige seiner technischen Unterlagen befinden sich heute im Archiv des Deutschen Landwirtschaftsmuseums Hohenheim.

Der Motormäher – das Werk süddeutscher Tüftler

Es erscheint auf den ersten Blick merkwürdig, dass gegen Ende der 1920er Jahre nahezu zur gleichen Zeit in einer begrenzten Region mehrere Menschen – unabhängig voneinander – auf den Gedanken kamen, eine Mähmaschine mit einem Motor zu kombinieren und dass daraus eine selbstfahrende Motormähmaschine entstand. Sicher bestand eine Grundvoraussetzung für diesen bemerkenswerten Umstand in dem immer stärker werdenden Bedürfnis der Kleinbauern nach einer maschinellen Entlastung bei der mühsamen Heuerntearbeit. Dazu muss man wissen, dass gerade in Süddeutschland der Grünlandwirtschaft große Bedeutung zukommt. Hier, wo der Boden einerseits über weite Strecken zu arm für intensiven Getreidebau ist, andererseits aber saftige Weiden trägt, existiert seit alters eines der Zentren der deutschen Viehwirtschaft. Das dazu erforderliche Grünfutter wurde lange mit der Sense geschnitten, ehe seit der vorletzten Jahrhundertwende der gespanngezogene Grasmäher eine wesentliche Erleichterung dieser anstrengenden Arbeit brachte. Doch noch immer waren Mensch, Tier und Maschine über die Maßen durch die Heumahd belastet. Zu einer weiteren Leistungssteigerung schienen sie, beließ man es bei den traditionellen Ernteverfahren, kaum mehr fähig.

Abhilfe zu schaffen und zugleich Energie der hart arbeitenden Landbevölkerung für andere Zwecke freizusetzen, war der wohl wichtigste Anreiz für Emil Kramer (1897 – 1932) aus dem badischen Gutmadingen, als junger Bursche erste Überlegungen anzustellen, wie wohl die Maschine beschaffen sein müsste, sollte sie den Bauern der näheren Umgebung mit ihren speziellen Bedürfnissen gerecht werden. Doch zu mehr als einigen Plänen brachte es Kramer nicht. Der Erste Weltkrieg bestimmte vielmehr in den nächsten Jahren das Geschehen

und ließ für landtechnische Experimente keinen Raum. 1918 schuf sich Emil Kramer dann für seine Überlegungen eine neue Plattform. Er wandte sich dem Landmaschinenhandel zu, dem er schon bald eine Reparaturwerkstätte angliederte. Damit aber konnte das Tüfteln und Basteln erst richtig losgehen. Seine Brüder, vier an der Zahl, beteiligten sich an den Konstruktionsversuchen, jeder nach seinen besonderen Fähigkeiten. Der Lehrer fertigte Planskizzen an, der Händler trieb Ersatzteile auf und der Mechaniker schließlich stellte fehlende Teile in Einzelanfertigung selbst her. Gemeinsam wurden die Teile dann in der bescheidenen Werkstatt zusammengefügt – der Motormäher nahm Gestalt an.

Kurz vor dem Weihnachtsfest 1925 war es soweit. Die Gebrüder Kramer hatten die erste motorisierte Mähmaschine fertiggestellt und wollten ihr Werk den Bauern der Umgebung vorstellen. Ostwind pfiff über die Wiesen und Felder, als die Maschine noch in der Weihnachtswoche des Jahres 1925 einer überschaubaren Bauernschar auf dem Hof der Kramer-Werkstätte vorgeführt wurde. Mit Skepsis betrachteten die Bauern das schmucklose, eisenbereifte Fahrzeug, bei dem ein gewöhnlich stationär eingesetzter DKW-Zweitakt-Vergasermotor auf einem umgebauten Gespannmäher montiert worden war. Unter den Deichselholm hatten die Kramer-Brüder eine Vorderkarre angeschraubt und so ein vierrädriges Gefährt erhalten. Die Kraftübertragung von dem auf dem Deichselholm aufsitzenden 4 PS-Motor erfolgte über Ketten, Reibungskupplung und Zweiganggetriebe auf die Hinterachse.

Weit eindrucksvoller aber war, dass der Mäher außerdem über eine Exzenterwelle das zwischen den Achsen befestigte Mähwerk antreiben konnte. Zwar musste wetter- und jahreszeitbedingt eine größere Demonstration des Grasschneidens unterbleiben, doch waren sich alle Anwesenden darin einig, dass die Gebrüder Kramer die erste deutsche selbstfahrende Mähmaschine entwickelt hatten. Unabhängig von der Jahreszeit ließen sich hingegen die anderen Eigenschaften der Kramer'schen Maschine vorführen. Ausgerüstet mit einer Anhängevorrichtung konnte sie Ackerwagen ziehen, während das gleichfalls vorhandene Vorgelege dazu diente, landwirtschaftliche Arbeitsmaschinen der Haus- und Hofwirtschaft anzutreiben.

Basteleien mit Tiefgang

Am Anfang stand die Umrüstung von Gespann-Grasmähern zu Selbstfahrern, die billig und leicht zugleich sein sollten. Doch schon bald entwickelten sich aus den Basteleien von den Bauern geschätzte Kleinschlepper. Die Gebrüder Kramer aus Gutmadingen bauten 1925 einen 4 PS starken Motormäher (links) und Vater und Sohn Fendt folgten 1928 mit einem Grasmäher mit Benzinmotor, den Professor Rudolf Franke von der TH Darmstadt 1980 einer gewissenhaften Prüfung unterzog. In seiner Expertise heißt es: „Der auf einen Rahmen gesetzte Benzinmotor trieb die Fahrkupplung und das Schaltgetriebe mit drei Vorwärts- und einem Rückwärtsgang über Kettentriebe, Ritzelwelle und Innenverzahnung bis zur Hinterachse an. Die Hinterachse war vom Gespann-Grasmäher übernommen und besaß an jedem Triebrad ursprünglich einen Knacken-Freilauf, durch den beim gezogenen Mäher der Bodenantrieb des jeweils kurveninneren Rades abgeschaltet wurde." Diesen Schwachpunkt schalteten Vater und Sohn Fendt aus, indem sie das rechte Rad starr mit der Hinterachse verbanden und auch sonst ließen sie sich einiges einfallen, um das Fahrzeug praxistauglich zu machen (Seite 148).

Die Idee einer solchen vorrangig für die Heuernte, in bescheidenem Umfang aber auch für Antrieb und Zug einsetzbaren Maschine war indes keineswegs neu. Jenseits des Atlantiks hatte bereits 1898 einer der Großen der Landmaschinenindustrie, die McCormick Harvesting Machine Company, einen selbstfahrenden Motormäher entwickelt, der den bezeichnenden Namen „Auto-Mower" (Auto-Mäher) trug. Allerdings blieb dieser Konstruktion der Erfolg verwehrt. Pferde zogen in jener Zeit noch die Grasmähmaschine über die Wiesen und Weiden; motorisiertes Grasschneiden schien den kostenbewussten Nordamerikanern zur vorletzten Jahrhundertwende dann doch noch zu teuer.

Es ist nicht anzunehmen, dass die Kramer-Brüder um den „Auto-Mower" wussten. Sie haben diese Erfindung vielmehr erneut getätigt, an einem anderen Ort, zu anderer Zeit, unter anderen Umständen. Und die Kramer'sche Motormähmaschine machte in der näheren Umgebung Gutmadingens Furore. Die Bauern des Schwarzwalds und der Baar bestellten das auf den ersten Blick bescheidene, in Tätigkeit aber durchaus überzeugende Gefährt. Alle Erwartungen waren schließlich übertroffen, als man zu Beginn der nächsten Saison mit 35 verkauften Maschinen aufwarten konnte.

Daher beschlossen Emil und Hans Kramer ihren Motormäher auch über die Grenzen der eigenen Heimat hinaus bekannt zu machen. Zum Anlass nahmen sie die nächste DLG-Ausstellung, die 1927 in Dortmund stattfand. Knatternd, so berichteten Augenzeugen, fuhr der immer häufiger als „kleiner Kramer" bezeichnete südbadische Motormäher durch die Zeltstadt der landwirtschaftlichen Leistungsschau. Dabei stieß er bei Neugierigen und Fachleuten gleichermaßen auf nachhaltiges Interesse. Der Bestelleingang im Anschluss an die Dortmunder Ausstellung stieg stark an und setzte sich in den nächsten Monaten fort. Auf der

Vom Motormäher zum Allesschaffer

Die Gebrüder Kramer aus dem badischen Gutmadingen zeigten in den 1930er Jahren exemplarisch, wie aus einem kleinen Motormäher ein vielseitig einsetzbarer Kleinschlepper wurde. Solider Rahmen, robuster Motor, gut zu bedienendes Mähwerk, selbst an Beleuchtung und Kotflügelsitze hatten die Schlepperpioniere aus dem Südschwarzwald gedacht. Da bot sich der Name „Allesschaffer" für ihre Traktoren geradezu an.

nächsten DLG-Schau in München verkauften die Gebrüder Kramer allein an wenigen Ausstellungstagen über 250 ihrer inzwischen mit einem 8 PS-Benzinmotor ausgerüsteten Maschinen. Erprobt hatte diesen stärkeren Kramer-Mäher übrigens ein weiterer Bruder, Anton Kramer. Sein Praxistest in der eigenen Landwirtschaft lieferte den älteren, vornehmlich in der Konstruktion tätigen Brüdern wichtige Entscheidungshilfen für die neuaufgebaute, mit einem Dreigang-getriebe ausgerüstete Motormähmaschine.

Vom Motormäher zum Kleinschlepper

Die Wirtschaftskrise der Jahre 1929 bis 1932 erschütterte auch das badische Familienunternehmen Kramer. Patente mussten verkauft werden, um die finanzielle Durststrecke überstehen zu können. Doch in Lethargie verfielen die Kramer-Brüder deshalb nicht. Noch 1930 stellten sie eine Maschine mit einem 12/14 PS starken Zweizylindermotor vor, die sich auch im Aussehen von ihren Vorläufern unterschied. Man begann sich in Gutmadingen konzeptionell von dem Image des reinen Motormähers zu lösen. Es war das Ziel, für das eigene Erzeugnis als Kleinschlepper neue Freunde zu gewinnen. Der „kleine Kramer" sollte zum „Kramer-Kleinschlepper" werden, dessen deutlich sichtbares Kennzeichen allerdings nach wie vor der abklappbare Mähbalken blieb.

Verstärkt wurde diese Hinwendung der Firma Kramer zum Kleinschlepperbau 1932 durch das Modell A 31. Stärkere Motorisierung (12/14 PS), höhere Geschwindigkeit (8 km/h) und leistungsfähigeres Getriebe (Rückwärtsgang, Leerlauf) machten es möglich, dass die ursprünglich für die Heuernte geschaffene Maschine nun unter günstigen Voraussetzungen durchaus in der Lage war, bis zu drei Pferde vor dem Bindemäher zu ersetzen. Damit allerdings hatten die Kramer-Brüder die Grenze der Möglichkeiten ihrer ursprünglichen Typenreihe erreicht. Im gleichen Jahr, 1932, wagte Franz Kramer daher die Einführung eines neuen Schleppermodells, das unter der Bezeichnung K 12 erstmals mit einem Dieselmotor ausgerüstet wurde. Die Firma Güldner, Aschaffenburg, hatte den 11 PS leistenden stationären Einzylinder-Viertaktmotor geliefert, mit dem sich die Gebrüder Kramer dem allgemeinen Trend in der Schlepperherstellung anschlossen, der auf einen Ersatz der Benzin- durch Dieselmotoren hinauslief. Benzin war für die Landwirtschaft zu teuer geworden, während der Dieselkraftstoff nach wie vor einen wirtschaftlichen Einsatz von motorgetriebenen landwirtschaftlichen Zug- und Arbeitsmaschinen zuließ.

Von der Bastelei der Anfangsjahre hatten sich die Kramer-Werke mit dem K 12 ein gutes Stück weg entwickelt, auch wenn der Zusammenbau der Maschine noch immer von Hand erfolgte. Doch tat dies der Solidität des K 12 keinen Abbruch, der darüber hinaus mit einigen, für eine weiterentwickelte Motormähmaschine wahrlich bemerkenswerten Details aufwarten konnte. So warben die Gebrüder Kramer damit, bei dem Modell K 12 die ersten unfallsicheren „Kotflügelsitze" in den Ackerschlepperbau eingebracht zu haben. Auch verschloss man sich dem Wunsch der Kundschaft nicht, den K 12 in einer stärkeren Version kaufen zu können. Jedenfalls wurde schon 1932 der K 18 vorgestellt, dessen wesentliches Kennzeichen ein Einzylinder-Viertakt-Dieselmotor mit einer maximalen Leistungsabgabe von 20 PS war. Mit dieser Maschine hatten die Gebrüder Kramer endgültig den Durchbruch zum Schlepperbau vollzogen, Spitzengeschwindigkeiten bis zu 15 km/h passten nicht zu den schlichten Motormähern der 1920er Jahre!

Die Baureihen K 12 und K 18 erwiesen sich für das südbadische Familienunternehmen als Glücksfall. Wegen ihrer vielseitigen Einsatzmöglichkeiten mit dem Namen „Allesschaffer" versehen, fanden sie Freunde in allen Teilen des damaligen Deutschen Reiches. So konnte

An Farbe soll's nicht fehlen

Unter Restauratoren ist die Farbgebung der Oldtimer ein häufiger Gesprächsgegenstand. Die Palette der Möglichkeiten reicht von Patina über Original bis Hochglanz.

schließlich der Nachfrage mit dem traditionellen Herstellungsverfahren nicht mehr entsprochen werden. 1934 ging man bei Kramer deshalb zur Fließbandfertigung über – der Motormäher war zum Großserienfahrzeug aufgestiegen! Bis 1939 konnten über 10.000 Kramer-Ackermaschinen (Motormäher, Kleinschlepper, Schlepper) verkauft werden.

Einstieg der Familie Fendt in den Schlepperbau

Noch nicht einmal 150 km Luftlinie von Gutmadingen entfernt liegt im Bayerischen Allgäu der Ort Marktoberdorf. Dort lebte und arbeitete die Familie Fendt, schon seit einigen Jahrhunderten angesehene Handwerker, die sich insbesondere auf die Herstellung von Bleizugmaschinen spezialisiert hatten. Die Maschinen stellten jene Profilformen für Bleizüge her, ohne deren Hilfe die bunten Kirchenfenster oder auch Butzenscheiben nicht eingesetzt werden können. Franz Xaver Fendt (1834 – 1899) besaß einige Patente auf Bleizüge, stellte aber auch mit beachtlichem Geschick Kirchturmuhren her. In der nächsten Generation erweiterten die Fendts ihre geschäftlichen Aktivitäten zusätzlich durch den Vertrieb stationärer Einzylinder-Benzinmotoren, was gleichzeitig den Einstieg ins Landmaschinengeschäft bedeutete. Denn mit einem solchen, 1927 von Fendt an den Wagnermeister Lukas Heel in Schwangau ausgelieferten Benzinmotor nahm der bis heute weltweit bekannte Fendt'sche Ackerschlepperbau seinen Anfang. Lukas Heel koppelte den Motor so mit einem früher gespanngezogenen Grasmäher, dass eine eigenwillige, halb eiserne, halb hölzerne selbstfahrende Maschine entstand, bei der der Bediener vor dem Motor auf der verlängerten Deichsel des Mähers zu sitzen kam. Diesen Eigenbau sah Johann Georg Fendt und schlug seinem Sohn Hermann vor, doch selbst einmal den Zusammenbau von Motor und Mähmaschine zu wagen.

Im Mai 1928 war es endlich so weit. Wie die Gebrüder Kramer und Lukas Heel hatte auch Hermann Fendt einen stationären 4 PS-Benzinmotor auf einen Grasmäher montiert. Seine besondere Aufmerksamkeit galt dabei der Kraftübertragung vom Motor sowohl auf die Antriebsachse als auch auf den Mähbalken. Fendt ließ diese Maschine wie das Schneidwerk über die Motorkupplung antreiben, was insofern problematisch blieb, als bei jedem Auskuppeln des Motors auch gleich das Schneidwerk stillstand. Ein Freischneiden bei stehender Maschine gab es somit nicht, was letztlich den Ausschlag dafür gab, dass in dem Fendt'schen Anwesen noch 1928 nach neuen Lösungen gesucht wurde.

Das Ergebnis dieser Bemühungen stellte Fendt im darauffolgenden Jahr den Bauern im Allgäu vor. Als erster Motormäherkonstrukteur hatte er den Einbau eines stationären Einzylinder-Dieselmotors mit Verdampfungskühlung, geliefert von Klöckner-Humboldt-Deutz (KHD) gewagt. Den Ausschlag für diesen Schritt gaben Berechnungen, nach denen bei einem jährlichen Arbeitseinsatz der Maschine von 800 Stunden ein Dieselmotor Kraftstoffkosten von 156 Reichsmark verursachen würde, während man bei dem Benzinmotor mit 551 Reichsmark zu rechnen hatte. Der Mehrpreis für den Dieselmotor, 850 Reichsmark gegenüber 453 Reichsmark für den Benzinmotor, war somit schon im

Fendt Dieselross

Zunächst wollten die Fendts ihren Diesel-Kleinschlepper „Motorpferd“ nennen. Doch dann kam der Marktoberdorfer Brauereibesitzer Franz Sailer auf die Idee, das Fahrzeug „Dieselross“ zu taufen. Mit diesem Namen traf er den Nagel auf den Kopf, schließlich verbanden die Bauern mit Rössern positive Eigenschaften wie Stärke, Eleganz und Zuverlässigkeit. Genau diese Merkmale erhofften sie sich fortan bei ihren Fendt Traktoren.

ersten vollen Betriebsjahr fast ausgeglichen. Die Konstruktion hatte also einiges für sich, was die ersten Käufer der Maschine schnell erkannten. Aber noch fehlte ein überzeugender Name für das Gefährt. Der Landwirt und Brauereibesitzer Franz Sailer, Käufer des zweiten Fendt-Dieselkleinschleppers in vollgummibereifter Ausführung, gab den entscheidenden Hinweis. „Dieselross“ sollte die Maschine heißen, weil sie nicht nur mähen und antreiben, sondern auch ziehen konnte. Zudem war der inzwischen eingebaute stärkere 6 PS-Motor sparsam genug – nur 1,3 l Dieselkraftstoff wurden je Betriebsstunde benötigt!

Hermann Fendt hatte die bei seinen ersten Motormähern gewonnenen Erfahrungen in die Konstruktion des „F9“ eingebracht. Dies gilt besonders für den separaten Antrieb der Mähmaschine, wodurch sich ein verstopftes Mähwerk nun ohne weiteres im Stand freischneiden konnte. Über einen Friktionsantrieb (Reibungsabtrieb) konnte das Mähwerk auch während der Fahrt ein- und ausgeschaltet werden, was die Operationsmöglichkeiten des Bedieners ebenso nachhaltig verbesserte wie einfache Vorrichtungen zum Gerätebau. Werkzeuglos konnte ein Einscharpflug mit zwei Steckbolzen an- und abgebaut werden. Das Dieselross war zu einer ernsthaften Maschine für den landwirtschaftlichen Einmannbetrieb geworden!

Von der handwerklichen zur industriellen Produktion

1933 ging Fendt zur Serienproduktion des F9-Dieselross über, was allerdings nicht an heutigen Maßstäben gemessen werden darf. Bis 1936 wurden nämlich insgesamt nur 273 Maschinen hergestellt. Größere Produktionszahlen vermochte das Werk erst mit dem 1936 gebauten Fendt F18-Dieselross zu erzielen, das mit seinem verdampfungsgekühlten 16 PS-Motor durchaus als Schlepper bestehen konnte. Ein leistungsfähiges Getriebe, der bewährte fahrunabhängige Friktionsantrieb für das abnehmbare Seitenmähwerk sowie die serienmäßig vorhandene Zapfwelle zeigen, dass Fendt nach einigen Jahren des Experimentierens den Sprung vom Zusammenbasteln von Motormähern hin zur Schlepperfertigung geschafft hatte.

In dem süddeutsch-österreichisch-schweizerischen Raum vollzogen noch andere Fabrikanten den Übergang von der handwerklichen zur industriellen Herstellung von Motormähern. Der bekannteste von ihnen neben Fendt und Kramer wurde Hermann Lanz aus dem oberschwäbischen Aulendorf. Mit dem großen Mannheimer Landmaschinenunternehmen Lanz hatte er außer dem Familiennamen nichts gemeinsam, er betrieb vielmehr seit 1914 eine Werkstatt, in der auch kleinere Landmaschinen hergestellt wurden. Und die Geschäfte gingen in der von der Landwirtschaft bestimmten Gegend gut.

So musste Hermann Lanz 1922 eine erste richtige Werkhalle errichten, in der er einige Jahre später ebenfalls begann, Motormäher zusammenzubauen. 1929 präsentierte er seinen Kunden eine solche Maschine, deren Bezeichnung Samson an den alttestamentarischen Helden erinnerte, der bei entsprechender Haarlänge zu besonderer Leistung fähig war. Vielleicht zielte Hermann Lanz auf die Vorstellung ab, dass sein Samson sich dann am stärksten präsentieren könne, wenn das Gras besonders hoch stand? Im Übrigen handelte es sich bei dem Samson um einen „echten“ Motormäher, der, von einem leichten DKW-

Samson aus Aulendorf

Ab 1929 baute Hermann Lanz aus Aulendorf fast ein Jahrzehnt lang unterschiedliche Versionen des Kleintraktors Samson. Nacheinander kamen DKW-, Deutz- und Güldner-Motoren zum Einbau.

Zweitaktmotor getrieben, sonst nur noch als stationärer Antrieb etwa von Futterschneid- oder Dreschmaschinen einzusetzen war. Doch auch Hermann Lanz erkannte die Zeichen der Zeit. Schon bald erweiterte er das Produktionsprogramm um einen Diesel-Samson, bei dem man einen 15 PS-Motor auf einen stabilen schmiedeeisernen Rahmen montiert hatte. Hinzu kamen ein gleichfalls massives Gusseisengetriebe sowie mit herausdrehbaren Greifern versehene Stahlräder, so dass der Diesel-Samson von den verbesserten Motormähervarianten der verschiedenen süddeutschen Hersteller eine Zeitlang sogar im Ruf stand, am ehesten „zum Pflügen geeignet" zu sein.

Damit erschöpft sich die Motormäherparade der 1920er und 1930er Jahre keineswegs. Erinnert sei nur an die im westfälischen Warendorf ansässige Firma Hagedorn, die gleichfalls umgerüstete Gespannmähmaschinen mit Vergaser- und Dieselmotoren ausrüstete. Fragt man aber nach den Unternehmen, die die Entwicklung der schlichten Arbeitsmaschine „Motormäher" zum Ackerschlepper am konsequentesten vorangetrieben haben, dann begegnet man den Firmen Fendt, Kramer und Hermann Lanz. Getragen von einer relativ zahlreichen standortnahen Kundschaft, haben sie sich im Laufe der Jahre die Wünsche ihrer Abnehmer nach größeren Ackerschleppern zu eigen gemacht, um nicht aus dem Wettbewerb auszuscheiden.

Große Leistungen in kleinen Betrieben

Waren die meisten Motormähmaschinen durch ein vierrädriges Fahrgestell und ein seitlich angebautes Mähwerk gekennzeichnet, so gab es daneben um 1930 eine Vielzahl drei- oder zweirädriger Motormäher, die schon bald zu Einachsschleppern weiterentwickelt wurden. Erwähnenswert sind unter anderem die Motormäher von Irus, Grunder, Rapid und Holder. Bei der erstgenannten Maschine handelte es sich um ein im württembergischen Dusslingen gebautes Fabrikat, das sich von den anderen Erzeugnissen seiner Art dadurch abhob, dass man bei ihm das Mähwerk vor ein auf drei Rädern laufendes Fahrgestell montierte. Grunder und Rapid hingegen waren zweirädrige schweizerische Konstruktionen, die mit Holder, Metzingen, um den Handmotormähermarkt stritten.

Das letztgenannte schwäbische Unternehmen stieg 1930 in den Motormäherbau ein, nachdem Max Holder im Jahr zuvor, während eines Praktikums in der US-Automobilfabrik Nash Motors Comp., die Möglichkeiten der Motorisierung kennengelernt hatte. Warum sollte nicht auch ein Schlepper für die zahlreichen kleinbäuerlichen Betriebe des deutschen Südwestens zu konstruieren sein? Dabei schwebte ihm ein Universal-Einachsschlepper vor, der im Frühjahr 1930 den Landwirten unter der Bezeichnung „Pionier" angeboten wurde. Man hatte den auch andernorts verwendeten 6 PS-DKW-Zweitaktmotor auf einen gusseisernen Rahmen gebaut, wo er zusammen mit dem dahinterliegenden Getriebe und den beiden Greiferrädern eine leistungsfähige einachsige Zugmaschine ergab. Die Beschäftigung mit dem Pionier wurde dem Juniorchef Max Holder alles andere als leicht gemacht. Unversehens war er in den Generationskonflikt hineingeraten. Max Holder schildert die Anfänge des Schlepperbaus so: *„Vater ließ mich gewähren. Die Übrigen im Betrieb begeisterten sich bald für meine Absichten. Wir hatten unsere stille Freude an dem Unbehagen, mit dem Vaters alte Mitarbeiter hin und wieder unser Tun beobachteten. Im Frühjahr 1930 konnte ich mit dem ersten 6 PS-Holder-Einachsschlepper ‚Pionier' mit Einzelradlenkung die ersten Furchen ziehen. Und siehe da, die Maschine ging beim Pflügen ganz alleine den Acker entlang. Sie zeigte auch beim Mähen, Schleppen, Hacken und bald darauf beim Fräsen Leistungen, die überraschten. Bis hierhin ging alles gut, nur die Kauflustigen fehlten. So musste ich wohl oder übel selbst mit Lieferwagen über Land fahren, um meinen Einachser vorzuführen. Selten kam dabei ein Verkauf zustande, eher gab es mal eine gute Vesper."*

Als verkaufsfördernd erwiesen sich damals wie heute Ausstellungsbesuche und die dort erzielten Auszeichnungen. Von Paris brachte Holder einen Auftrag über 50 Maschinen mit, doch viel mehr kam 1930 auch nicht zustande. Bis Ende dieses Jahres konnten ganze 82 Stück verkauft werden, und auch in den folgenden Jahren stieg die Absatzzahl nur geringfügig. 1938, im Jahr des 50-jährigen Firmenjubiläums, wartete man bei Holder mit einer neuen Maschine auf, NHT oder „Neuer Holder Traktor" genannt. Rahmenlose Bauart, drei Vorwärtsgänge, ein Rückwärtsgang, Innenbackenbremsen, Vollölbad, Holmenschnellverstellung und Ilo-Motor bedeuteten gleich in mehrfacher Hinsicht technisches Neuland. Die Käufer der Maschine, vornehmlich Gärtnereien, Gemüsebetriebe und auch Bauern, äußerten sich denn auch sehr zufrieden über die Arbeit des NHT, der in der Tat zum Besten gehörte, was vor dem Zweiten Weltkrieg an Einachsmotormähern oder, wie die Hersteller zu sagen pflegten, Einachsschleppern, überhaupt angeboten wurde. Als Basteleien konnten die Maschinen jedenfalls nicht mehr bezeichnet werden. Es handelte sich vielmehr um technische Spitzenerzeugnisse für die kleinbäuerliche Landwirtschaft, die mit den großen Vierradschleppern allein schon wegen der Betriebsgröße wenig anfangen konnte.

Eine Achse tut's auch

Für zahlreiche Kleinbetriebe begann die landwirtschaftliche Motorisierung mit Einachsschleppern. Max Holder hatte solche Fahrzeuge in den USA kennengelernt und präsentierte 1930 in Metzingen am Fuß der Schwäbischen Alb eine Eigenkonstruktion. „Pionier" nannte er das vielseitig einsetzbare Fahrzeug, das zum Vorbild für viele andere Einachser wurde.

Bauernschlepper oder Ackergaul?

Die Alternative der 1930er Jahre

Dass Herstellung und Verkauf von Schleppern hin und wieder von der „großen" Politik abhängig sind, bekam die deutsche Schlepperindustrie während der Weltwirtschaftskrise (1929 – 1932) vor Augen geführt, als die Landwirtschaft kein Geld mehr besaß, um Schlepper in größerer Stückzahl zu erwerben. Bei einigen Firmen ruhte die Fertigung, andere produzierten „auf Halde". Nur wenige Unternehmen besaßen die Zuversicht, an einer Weiterentwicklung der bekannten Typen zu arbeiten.

Verstärkt wurde diese für die Motorisierung der Landwirtschaft wenig förderliche Tendenz 1933 durch die Machtergreifung Hitlers. Zusammen mit dem neuen Reichsbauernführer Darré erhielten Agrarpolitiker Einfluss, deren Vorstellungen an der Landwirtschaft des

Pferde als Helfer der Bauern

Zu Beginn der landwirtschaftlichen Mechanisierung waren Pferde unverzichtbare Helfer der Bauern. Sie zogen Egge, Pflug und Mähmaschine und auch bei den zahlreich anfallenden Transportarbeiten war auf sie Verlass. Auf dem Lande hieß es: „Zeige mir die Pferde, dann sage ich Dir, wie es um den Betrieb bestellt ist." Und nicht wenige Bauern wussten die Arbeit ihrer Tiere zu schätzen. Sie gewährten den Pferden Gnadenbrot und sprach man die Kinder auf die Tiere an, dann pflegten sie zu sagen: „Der Gaul gehört zur Familie".

Zugtiere als Sympathieträger

Zugtiere bringen Leben ins Bild. Sie vermitteln Raupenschlepper und Drillmaschine auch ohne Worte die positiven Einschätzungen von Kraft und Eleganz.

19. Jahrhunderts, frei von Landmaschinen und Ackerschleppern, ausgerichtet waren. Einige ihrer Anhänger betätigten sich 1933 als „Maschinenstürmer", indem sie unter anderem Schlepper betriebsuntauglich zu machen versuchten. Zuckerwürfel im Betriebsstofftank, mit Putzwolle verstopfte Auspuffanlagen und durchtrennte Kabel gehörten zum Repertoire der „braunen Schleppergegner". Hinter dieser Maschinenstürmerei steckte nicht zuletzt die Absicht, industrielle Produktionskapazitäten in immer größerem Umfang der Rüstungsindustrie zur Verfügung zu stellen.

Vor dem Hintergrund dieser für die Landtechnik insgesamt ungünstigen Stimmung wurden vermehrt wieder die Stimmen laut, die im Pferd den natürlichen Helfer des Bauern sahen und an ihm als landwirtschaftlichem Zugtier festhalten wollten. „Sachverständige" bezeichneten Motorpflüge als „Schädlinge der Landwirtschaft", Pferdezuchtverbände beschworen eine ernsthafte Gefährdung der Leistungen der Pferdezucht, und Pferdebesitzer fürchteten um den Absatz ihrer Fohlen, würden weitere Schlepper in der Landwirtschaft eingesetzt. Man arrangierte fragwürdige Vergleiche zwischen Pferd und Motor, bei denen der Gewinner von vornherein feststand. Sie verliefen ungefähr so, wie jene Vorführung anlässlich der Berliner „Grünen Woche" gegen Ende der 1920er Jahre.

Damals ließ man von zwölf ausgesucht starken Pferden einen mit 4 Tonnen Steinen beladenen Lastwagen durch eine tiefe Sandgrube schleppen. Dies geschah unter lautem Zurufen und fortwährendem Peitschen, aber die Tiere lösten die schwere Aufgabe. Zum Vergleich wurde anschließend ein 4-Tonner-Motorlastwagen in den gelben Sand geschickt. Diesmal endete das Unterfangen hoffnungslos. Die Vorderräder des Lastwagens wühlten sich ein, das Gefährt ließ sich nicht mehr steuern. Sofort hieß es, zwölf Pferde hätten in überzeugender Manier gegen einen 50 PS-Lastkraftwagen gesiegt.

Pferdezüchter wittern Morgenluft

Das vorwiegend städtische Publikum war von der Demonstration beeindruckt. Doch der Schein trog. Nicht der für die Straße gebaute Lastkraftwagen hätte eingesetzt werden dürfen, sondern ein Raupenschlepper. Nun, den veranstaltenden Pferdezuchtverband störte dies wenig. Er hatte erreicht, was er wollte: eine dem Motor gegenüber kritische Stimmung.

Die rund 20.000 Schlepperbesitzer (1932) und die mit ihnen verbundene Schlepperindustrie nahmen solche Einseitigkeiten nicht hin. Sie veranlassten ihrerseits Vergleichsberechnungen, nach denen ein 28 PS-Hanomag an einem Arbeitstag zwei Hektar, zwei Pferde aber nur 0,45 Hektar Saatfurche 23 Zentimeter tief umpflügen konnten. *„Der Schlepper leistet ebensoviel wie 8,9 Pferde"*, lautete das wissenschaftlich untermauerte Fazit. Für den 15 PS-Allzweckbulldog wurden sogar noch günstigere Relationen ermittelt. Er sollte beim Saatpflügen die Arbeit von nicht weniger als zwölf Pferden erledigt haben, wobei noch hinzukam, dass zur Führung des Schleppers gelegentlich auf eine vollwertige Arbeitskraft verzichtet werden konnte. *„Ich habe in Süddeutschland wiederholt Schulmädchen den Kleinschlepper führen sehen"*, heißt es 1932

in einer der zahlreichen Studien zum Thema „Pferd oder Motor in der Landwirtschaft?“ – Anzumerken ist, dass dieses Argument angesichts Millionen Arbeitsloser den Schlepperbefürwortern eher schadete als nützte. Arbeitssparende Maschinen waren nach den Vorstellungen der Nationalsozialisten in den Jahren 1933/34 gerade nicht gefragt!

Nachhaltigen Eindruck hinterließen zweifellos die einprägsamen Schilderungen vom unterschiedlichen Leistungsvermögen von Schleppern und Tieren. Der Berliner Landtechnik-Professor Dencker hatte einmal im Westfälischen bei einem Vortrag herausgestellt, was ein mit Zapfwelle und Frontlader ausgerüsteter Schlepper selbst im Stand alles zu leisten vermöchte, als er kurz einhielt. Vor ihm saßen Bauern, die – wie ihre Gesichtsausdrücke erkennen ließen – eindeutig gewillt waren, weiterhin an ihren Ackergäulen festzuhalten. Dann fuhr Dencker, direkt an die Bauern gerichtet, fort: *„Und Ihre Pferde, was können die im Stand? Furzen, sonst nichts!“*, womit der Referent die Zuhörer zumindest teilweise für seine Ausführungen gewonnen hatte.

Die Front der Schleppergegner im nationalsozialistischen Machtapparat bröckelte in den folgenden Jahren in dem Maße ab, wie sich die Konjunktur besserte. 1936 bereits herrschte in der Industrie Facharbeitermangel. Das Landarbeiterpotential sollte Entlastung bringen.

Ein Verzicht der Landwirtschaft auf Tagelöhner, Schnitter und Pferdeknechte war aber nur dann ohne Einbußen bei der Nahrungsmittelproduktion möglich, wenn der Schlepperbestand fühlbar aufgestockt werden würde. So warfen die Nationalsozialisten, allen voran Staatssekretär Backe, das Ruder herum und setzten mit aller Kraft auf Mechanisierung. *„Wir brauchen noch 500.000 Ackerschlepper,“* hieß es 1938. Die Schlepperindustrie vernahm solche Erklärungen mit Freude. Statt der 2500 Schlepper im Jahr 1934 stellte sie 1938 schon 30.000 Stück her und konnte mit der Nachfrage doch nicht Schritt halten.

Die Zahl der Ackerpferde verringerte sich zwischen 1930 und 1940 im Deutschen Reich von 1,54 auf 1,40 Millionen. Der Rückgang hielt sich also in Grenzen. So verebbte der 1933/34 ideologisch geschürte Streit zwischen Pferdehaltern und Schlepperbefürwortern bei gleichzeitig sich durchsetzender Erkenntnis, dass Schlepper und Pferde durchaus auch nebeneinander im landwirtschaftlichen Betrieb eingesetzt werden konnten. Die Devise lautete auf zahlreichen Bauernhöfen nun nicht mehr „entweder oder“, sondern „sowohl als auch“. Dabei kam den Maschinen häufig die Rolle des Spitzenbrechers zu. Ging in den Hauptarbeitszeiten Frühjahr, Sommer und Herbst nichts mehr, dann setzte man den Schlepper ein, und dieser enttäuschte dank seiner vielseitigen Ausrüstung nur noch selten. Wie sehr Schlepper und Pferd jetzt in der Landwirtschaft nebeneinander gestellt wurden, zeigt ein Vers, mit dem die Bauern zur vermehrten Schlepperpflege aufgefordert wurden:

„Pflege den Schlepper wie Deinen Gaul,
sieh ihm – wie diesem – auch mal ins Maul;
denn er verlangt wie jener sein Recht,
ohne dem geht's nicht – oder nur schlecht.“

Die Schlepperentwicklung verlief in den Jahren vor dem Zweiten Weltkrieg hin zum Dieselmotor. Günstige Treibstoffpreise für Diesel spielten hier ebenso eine Rolle wie der Umstand, dass man inzwischen gelernt hatte, mit dem Dieselmotor umzugehen. Auf lange Zeit offene Fragen wie das Starten, die Regulierung der Einspritzmenge, die Steigerung von Drehzahlen und Motorleistung hatte man brauchbare Antworten gefunden. Auch gelang eine Verringerung des Gewichts der

Tier und Technik

Bis in die 1950er Jahre wurden selbst von motorisierten landwirtschaftlichen Betrieben Pferde als „Spitzenbrecher“ vorgehalten. Einsatzgelegenheiten gab es zur Genüge. Bei der Abfuhr der Hackfrüchte in morastigem Untergrund zeigten die Pferde, was PS zu leisten vermögen, wenn sie vierbeinig sind.

Schlepper-Werbung

In den 1930er Jahren wurde die landwirtschaftliche Tätigkeit zur „Erzeugungsschlacht". Alle – Mensch, Tier und Maschine – waren gefordert. Die Fendt-Werbung trug der Herausforderung schnörkellos Rechnung.

Dieselmotoren, indem man sich für mehrzylindrige und schneller laufende Motoren entschied. Kurz vor dem Zweiten Weltkrieg begannen die Motorenbauer bereits, ihre Aufmerksamkeit der Verringerung des Kraftstoffverbrauchs und höherer Haltbarkeit zuzuwenden.

Eine Erhebung des Statistischen Reichsamtes lässt den steigenden Anteil der Dieselschlepper am Gesamtbestand der zulassungspflichtigen Schlepper deutlich werden.

Einteilung der zulassungspflichtigen Schlepper nach Antriebsarten

	1937	**1938**
Vergasermotor	10.792	10.773
Dieselmotor	14.894	23.947
Glühkopfmotor	13.986	19.318
Gasgenerator	76	88
Dampfmaschine	36	35
Elektromotor	304	305
Flüssiggas	} 136	208
Hochdruckgas		8
ohne Angaben	13	9
insgesamt	40.237	54.691

Während zahlreiche Hersteller den Dieselschleppermarkt unter sich aufteilten, gehörten die Schlepper mit Glühkopfmotoren nahezu ausschließlich zur Familie der Lanz-Bulldogs. Ob in den HN-Versionen (bis 25 PS), in den ab 1934 gebauten Typen HR 7 und HR 8 (35 und 45 PS) oder in der populären D-Reihe der unmittelbaren Vorkriegszeit (15 bis 55 PS), sie bestimmten in Nord- und Ostdeutschland das Bild der landwirtschaftlichen Motorisierung. Die Unverwüstlichkeit der Maschinen gab den Ausschlag. Kaum ein anderer als der von Lanz gebaute Zylinder hielt 5000 bis 8000 Betriebsstunden aus, ohne ausgeschliffen zu werden. Ein Landmaschinenberater von damals erinnert sich: *„Die Robustheit der Glühkopfmaschinen entsprach dem unerfahrenen Landarbeiter, der sich einen Dieselmotor noch nicht zutraute und beim Kauf eines neuen Schleppers nicht selten das letzte Wort hatte."*

Neuer Geschwindigkeitsrekord mit dem Eilbulldog

1934 und 1936 entwickelte Lanz zwei Spezialbulldogs, die ihrer Leistungsstärke und ihres wuchtigen Aussehens wegen schon bald ganz oben in der Gunst aller Schleppereigner standen: Die Bulldograupe HRK sowie den Eilbulldog HR 9. Beide Maschinen verfügten über einen 55PS-Einzylindermotor mit über 10 Litern Hubraum! Mit einigem Stolz wies man bei Lanz darauf hin, dass die Drehzahl von 540 auf nunmehr 750 U/min erhöht worden sei. Der Eilbulldog hat vor allem hat dazu beigetragen, das Transportproblem der Landwirtschaft zu bewältigen.

Ob als offene Maschine mit seitlichen Türen oder als Führerhausmaschine – er konnte 31 km/h schnell fahren. Und wenn der Eilbulldog auch einen gewaltigen „Durst" hatte, so erlaubte ihm der 200 Liter fassende Kraftstoffbehälter doch einen beachtlichen Aktionsradius. Bahnferne Betriebe rückten plötzlich in Bahnnähe, weitab liegende Felder konnten intensiv bewirtschaftet werden. Die rasche Erledigung der schweren und zuvor zeitraubenden Transportarbeiten mit dem Eilbulldog führte sogar zu einer Ausdehnung des Hackfruchtbaus (Kartoffeln, Rüben), der für die Bauern zwar mehr Arbeit, zugleich aber auch höheres Einkommen bedeutete. Und selbst auf den Schlepperfahrer übertrug sich die Ausstrahlung der Maschine! Alt und Jung staunten, wenn der Schlepper mit dem serienmäßig eingebauten Anlasser in Gang gesetzt wurde. Der Traktorfahrer musste schon ein richtiger Zauberkünstler sein!

Als wichtigste Konkurrenten der großen Bulldogs stritten Hanomag, MAN und FAMO mit ihren großvolumigen Dieselschleppern um die Marktanteile. Hanomag hatte dabei mit dem besonders in Norddeutschland gut eingeführten R 38, später R 40, die Nase vorn. Sein Vierzylindermotor galt als leistungsstark und zeichnete sich, was an-

gesichts der Betriebsstoffknappheit zunehmend an Bedeutung gewann, durch relativ niedrigen Kraftstoffverbrauch aus. Diesen Vorzug teilte die Maschine mit dem 50 PS-Ackerdiesel von MAN, der sich um 1940 eben anschickte, Teile der angestammten Lanz-Kundschaft zu erobern. Einige der für die Bewirtschaftung von Landmaschinen zuständigen Maschinenberater hatten dabei ihre Hände im Spiel. Sie wollten den Bauern helfen, Betriebsstoffengpässe zu überwinden.

Die Landwirte reagierten zunächst überrascht; einige Lanz-Händler intervenierten, doch die Fakten sprachen für den MAN-Motor. *„Die Schlepperfahrer zogen den ruhigen MAN dem stoßenden Bulldog vor, sie konnten sogar mit der gleichen Kraftstoffmenge die doppelte Fläche pflügen.“* Auf vielen Höfen wurden alte Bulldogs stillgelegt und durch MAN-Schlepper ersetzt, wobei MAN geschickt genug war, Lanz-Händler zum Vertrieb der MAN-Ackerdiesel zu gewinnen. Die Überlegenheit des MAN-Vierzylindermotors mit Strahleinspritzung blieb der Firma Lanz nicht verborgen. In Mannheim wurde sogar auf Vorstandsebene überlegt, den MAN-Motor für die Bulldogs zu übernehmen, doch der Krieg machte solchen Überlegungen ein rasches Ende.

Effiziente Technik zu fairem Preis

Traktoren wurden rasch zu Leitmaschinen für die landwirtschaftliche Mechanisierung. Konkret bedeutete dies: Je stärker der Traktor, desto größer konnte die angehängte Arbeitsmaschine sein. Je besser die technische Ausstattung des Traktors, desto anspruchsvoller durfte die mitgeführte Landmaschine ausfallen. Zum Lanz- Bulldog passte so der 1936 von Claas gebaute Mähdrescher MDB (links). Auch für den zur gleichen Zeit von KHD auf den Markt gebrachten Elfer-Deutz gab es passende Arbeitsmaschinen wie etwa kleinere Mähbinder (unten). Solche Gespanne fügten sich ebenfalls zu funktionierenden Einheiten zusammen und genau das war es, was die Bauern von der Technik erwarteten: effiziente Arbeit zu einem als fair empfundenen Anschaffungspreis.

Klein, aber oho: der Bauernschlepper

Die schweren Ackerschlepper mit einer Leistung von über 25 PS wurden vornehmlich von Gutsbesitzern gekauft. Die von den Nationalsozialisten politisch geförderte bäuerliche Schicht konnte sich solche

Der Preis ist heiss

Der Anschaffungspreis war von Anfang der Motorisierung an ein wichtiges Argument für den Kauf eines Traktors. Einige Male versuchte KHD über Preissenkungen, zusätzliche Käufer für den Elfer-Deutz zu gewinnen. Wichtig war außerdem staatliche Unterstützung. Förderprogramme signalisierten den politischen Willen für mehr Technik auf den Bauernhöfen.

Maschinen weder leisten noch existierten auf ihren Höfen hinreichende Einsatzmöglichkeiten. Für sie kam nur der Kleinschlepper, auch Bauernschlepper genannt, infrage. Er kostete immer noch um 3000 bis 4000 Reichsmark, entsprach mit einer Leistungsstärke zwischen 11 und 20 PS aber den Erfordernissen der im bäuerlichen Betrieb anfallenden Arbeiten.

Um die Entwicklung des Kleinschleppers hat sich Klöckner-Humboldt-Deutz besondere Verdienste erworben. Der 1936 gebaute 11 PS-Bauernschlepper, schlicht als „Elfer Deutz" bezeichnet. wurde zum Wegbereiter der ganzen Gruppe der kleinen Allzweckschlepper. Zusätzlich zu dem vielfach bewährten Deutz-Diesel mit 1,1 Liter Hubraum hatte man sich für die Blockbauweise entschieden, bei der die einzelnen Bauelemente so zusammengefügt wurden, dass auf einen Rahmen verzichtet werden konnte.

Serienmäßig lieferte KHD den „Elfer" mit Riemenscheibe und Mähwerkantrieb aus, während die Zapfwelle noch als Sonderausstattung geführt wurde. Bei den Bauern kam diese Lösung gut an. Schon bald wurden in Köln monatlich über 100 dieser Kleinschlepper hergestellt. Bis zur kriegsbedingten Einstellung der Produktion hatten mehr als 10.000 Bauern über den „Elfer" zur motorisierten Landwirtschaft gefunden.

Andere Schlepperhersteller erschienen Ende der 1930er Jahre ebenfalls mit Kleintraktoren auf dem Markt. Die süddeutschen Motormäherfabrikanten beispielsweise mussten ihre Gefährte nur geringfügig abändern. Fendt und Kramer griffen auf Deutz-Motoren zurück, die sie in Fahrgestelle eigener Fertigung einbauten. Ähnlich verfuhren auch die meisten anderen Kleinschlepperhersteller. Sie kauften bei Güldner, KHD oder MWM die Motoren, die Getriebe steuerte häufig die Zahnradfabrik Friedrichshafen (ZF) bei. So konnten sie sich ganz auf technische Details wie Mähwerk, Kraftheber, Zapfwelle, Beleuchtung usw. konzentrieren.

Vor dem Zweiten Weltkrieg war der Kleinschlepper beinahe schon so etwas wie ein landwirtschaftliches Modefahrzeug geworden. Firmen wie Brummer, Deuliewag, Eicher, Fahr, Fendt, Güldner, Kramer, Lanz Aulendorf, Martin, MIAG, Normag, Orenstein & Koppel, Primus, Reima, Schlüter, Stock und Zettelmeyer brachten ihre Erzeugnisse auf den Markt und die Liste lässt sich noch verlängern. Es schien den Verantwortlichen an der Zeit, angesichts der kaum noch übersehbaren Typenvielfalt Klarheit zu schaffen. Das Schlepper-Prüffeld Bornim führte deshalb 1937/38 eine Kleinschlepper-Vergleichsprüfung durch, der sich sechzehn verschiedene Typen unterzogen. Nach über einjährigen Tests, die aus einer technischen Untersuchung und der Bewährung bei der praktischen Arbeit bestanden, konnten vier Traktoren als gut brauchbar, sechs als brauchbar und vier als unbrauchbar eingestuft werden. Zwei Schlepper wurden bereits während der Prüfung vom Hersteller wieder zurückgezogen. Das Ergebnis war ernüchternd. Mehr als ein Drittel der getesteten Fabrikate war nicht empfehlenswert!

Auch große Firmen bauen kleine Schlepper

Der Kleinschlepperbau lag weitgehend in den Händen kleiner und mittelständischer Firmen. Doch mit steigenden Verkaufszahlen entdeckten auch die großen Firmen diesen Markt. 1939 präsentierte Lanz auf der Leipziger DLG-Ausstellung den 15 PS-Allzweck-Bauernbulldog mit elektrischem Anlasser, verstellbarer Spurweite, groß dimensionierten Antriebsrädern und hydraulischem Kraftheber. Mit dem Reichslandwirtschaftsministerium hatte Lanz Gespräche hinsichtlich eines bauernfreundlichen Verkaufspreises geführt. 2750 Reichsmark machten denn auch den Allzweck-Bulldog zum preiswertesten deutschen Ackerschlepper zu Beginn des Zweiten Weltkriegs. Und wo Lanz aktiv wurde, da fehlte Hanomag nicht. Schon seit 1937 lieferten die Hannoveraner den RL 20 aus, der vor allem durch sein von allen anderen Schleppern abweichendes Aussehen auffiel. Er ähnelte mehr einem Automobil als einem Ackerfahrzeug, was seiner Beliebtheit bei den Bauern aber keinen Abbruch tat. Vom Personenkraftwagen Typ Rekord

stammte auch der schnell laufende Vierzylinder-Dieselmotor, der dem Fahrzeug ein sonst bei Dieselfahrzeugen selten anzutreffendes Durchzugsvermögen verlieh.

Der Typenwirrwarr bei den Ackerschleppern war den Nationalsozialisten ein Dorn im Auge. Am 2. März 1939 erließ Hermann Göring deshalb in seiner Eigenschaft als Beauftragter für den Vierjahresplan eine Verordnung, mit der eine Typenbegrenzung angestrebt wurde. Der Entscheidung lagen mehrere Überlegungen zugrunde: *„Der zur Verfügung stehende Werkstoff muss unbedingt der besten Ausnutzung zugeführt werden. Andererseits sollen die Schlepper auch billig sein, was nur bei einer scharf durchdachten Herstellung bei großen Stückzahlen erreicht werden kann, und nicht im Einzelbau."* Dies bedeutete das Ende für so manchen der kleinen Hersteller – Reglementierung und Kontingentierung, Elemente der sich abzeichnenden Kriegswirtschaft, hatten nun neben fast allen anderen Lebensbereichen auch Landwirtschaft und Landmaschinenindustrie erfasst.

Ritscher Dreirad

Die Moorburger Treckerwerke (MTW) erlangten einige Berühmtheit durch den Bau des unkonventionellen Ritscher Dreirads. Dabei handelte es sich um eine leichte, schwach motorisierte Zugmaschine, die vor allem durch Wendigkeit überzeugte.

Trecker-Spezialitäten

Der Inhaber der Berliner Primus Traktoren Gesellschaft, Johannes Köhler, war ein technischer Tausendsassa. Mit Elektroschleppern hoffte er, die Pferdefuhrwerke umweltfreundlich aus dem Berliner Stadtverkehr verdrängen zu können (links). Ein anderes Ziel verfolgte Normag-Konstrukteur Erwin Peucker: Bauern und Fuhrleute sollten mit der Hilfe seiner Traktoren schlagkräftiger werden (rechts).

Zapfwelle, Dreipunktanschluss, Gummireifen

Auf die technischen Beigaben kommt es an!

Schlepper und Gerät als Einheit

Der Ire Harry Ferguson verband 1934 Traktor und Arbeitsgerät dank der Hinzufügung von Dreipunkt-Aufhängung und Hydraulik zu einer Einheit. Ab sofort war der Traktor mehr als nur Zugmaschine. Er wurde zur Zentrale der landwirtschaftlichen Tätigkeit, was allerdings – sollte sie optimal genutzt werden – vom Bediener höchste Aufmerksamkeit verlangte.

Kaum bewährte sich der Schlepper als Zugmaschine, überlegten die Konstrukteure, wie die Motorkraft unmittelbar für die landwirtschaftliche Arbeitsmaschine zu nutzen war. Der Gedanke lag nahe, da die angehängte Maschine immer noch wie zu Zeiten des Gespanns weitgehend ein Eigenleben führte. Angetrieben vom Laufrad, musste ein Bediener zusätzlich mitfahren, wollte man den Arbeitsablauf von Kartoffellege-, Hack- oder Sämaschine beeinflussen. Dabei hatten Schlepperfahrer und Bediener zusammenzuarbeiten – Missverständnisse waren an der Tagesordnung.

Albert Gougis, ein französischer Ingenieur, löste als erster das Problem der Kraftübertragung vom Schleppermotor zur Landmaschine. 1906 schuf er eine Vorrichtung, von der aus mittels einer freilaufenden Gelenkwelle Schlepper und angehängter Getreidemäher verbunden

Die Zapfwelle kommt aus Frankreich

Ingenieur Albert Gougis aus Auneau im Loiretal erfand 1906 die Zapfwelle. Erstmals in Serie gebaut wurde sie durch IHC im Jahre 1918.

wurden. Diese Vorrichtung am Schlepper, an der die Kraft „abgezapft" wird, heißt bis heute Zapfwelle.

Gougis präsentierte seine Konstruktion auf einer Maschinenausstellung, aber sie erregte kaum Aufmerksamkeit. Zu den wenigen, die sie beeindruckt zur Kenntnis nahmen, gehörte ein Vertreter des US-Konzerns IHC. Er übernahm kurz entschlossen Gougis Erfindung, doch IHC hielt die Zeit für eine Nutzung und Weiterentwicklung der Kraftübertragungsvorrichtung noch nicht für gekommen. Während des Ersten Weltkriegs besann sich das Unternehmen dann der Konstruktion. Viele Mähbinder konnten damals nicht eingesetzt werden, weil die Landarbeiter, die sie sonst bedienten, als Soldaten im Krieg standen. Die Zapfwelle, 1918 erstmals serienmäßig in das IHC-Modell 8-16 eingebaut, bot sich in dieser Situation als Ausweg an.

Die von IHC entwickelte Lösung erwies sich als zukunftsweisend. Oberhalb der Vorrichtung, an der das Arbeitsgerät am Schlepper befestigt wurde, ragte die Zapfwelle aus der hinteren Getriebewelle vor. Sie lag in einer Richtung mit den längs im Schlepper angeordneten Getriebewellen. Technisch gestaltete sich die Zapfwellenkonstruktion nicht allzu schwierig. Umso gravierender aber schlugen die Vorteile zu Buche. Endlich konnte der Schlepperfahrer auch das Arbeitsgerät beeinflussen. Der gleichmäßige Antrieb der Arbeitsmaschine gewährleistete bessere Feldarbeit und selbst der Kraftstoffverbrauch der Zugmaschine verringerte sich. Die Kraftübertragung vom Boden auf das Antriebsrad war eben doch mit hohen Reibungsverlusten und großem Brennstoffverbrauch verbunden.

Die nordamerikanischen Konkurrenten von IHC registrierten die Zapfwelle umgehend. Der Nachbau, geringfügig abgewandelt, ließ nicht lange auf sich warten. Patentschutz, aber auch die Vorstellung mancher Techniker, eine noch bessere Lösung als IHC anbieten zu können, führten schließlich zu einer bunten Vielfalt von Zapfwellen. Da stand nun der Farmer! Gerade hatte er sich einen IHC-Zapfwellenschlepper gekauft, da passten seine Anbau- und Anhängegeräte nicht mehr zusammen. Also musste er alles von einem Hersteller erwerben, wollte er keine unliebsamen Überraschungen erleben. Glühbirnen und Fassungen, Traktoren und Arbeitsgeräte: Jedes Teil wurde für sich entwickelt, nichts harmonierte miteinander.

Erst freiwillige Vereinbarungen zwischen den Herstellern ermöglichten, noch bevor es zu einer endgültigen Normung kam, eine befriedigende Nutzung der Zapfwelle durch den Landwirt.

Erst die Normung macht die Zapfwelle salonfähig

In Deutschland erkannte man die in der Zapfwelle steckenden Möglichkeiten noch lange nicht. 1927 baute man sie, weithin unbeachtet, erstmals in einen deutschen Schlepper ein. Doch anders als in Nordamerika verhielten sich in Mitteleuropa die meisten Schlepperhersteller der technischen Neuerung gegenüber weiterhin reserviert. Bei Lanz mag mitgespielt haben, dass sich beim Bulldog das Getriebe quer eingebaut befand. Eine komplizierte Konstruktion über Vorgelegewelle und Kegeltrieb war zu entwickeln, ehe die Zapfwelle schließlich seitlich von der Schleppermitte angelegt werden konnte. Für die so dringend erforderliche Normung bedeutete dies eine weitere Erschwerung.

Um 1940 begriff man aber auch in Deutschland, dass eine Abstimmung zwischen Schlepper- und Landmaschinenherstellern unbedingt erforderlich war, sollten die Vorteile der Zapfwelle genutzt werden können. Deshalb wurden Drehzahl, Querschnitt und Drehrichtung der Zapfwelle einheitlich festgesetzt, wobei man sich nicht scheute, auf bewährte Vorgaben aus dem Ausland zurückzugreifen. Einmal genormt, gab es kein Halten mehr. Immer neue Aufgaben wurden der Zapfwelle zugewiesen. Ursprünglich fast nur zum Antrieb des Mähbinders benutzt, musste sie bald schon Fräsen, Grasmäher, Kartoffelernter, ja selbst Mähdrescher antreiben. Auch wurden neue Anbauvariationen wie Seilwinden, Pumpen und Mähwerke entdeckt. Die Zapfwelle war

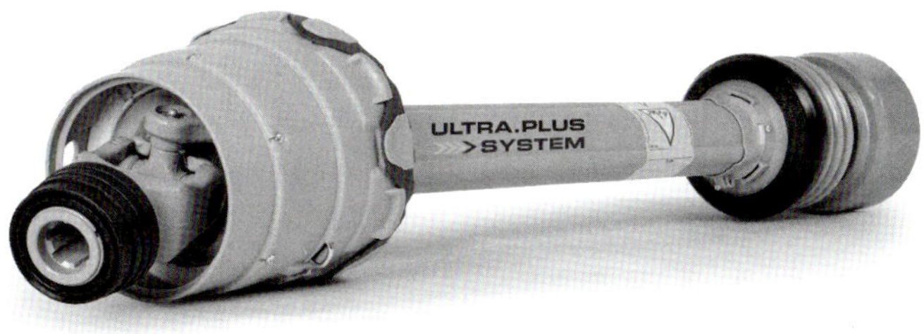

zum verkaufsfördernden Schlepperzubehör geworden, und bald schon gingen einzelne Hersteller dazu über, etwa für das Seitenmähwerk einen zweiten Zapfwellenantrieb vor die Hinterräder zu legen.

Ein Nachteil aller Zapfwellen bestand bis 1947 darin, dass sie zusammen mit dem Motor ausgekuppelt wurden. Immer wenn der Fahrer einen höheren oder niederen Gang schaltete, blieben das Mähmesser, die Fräse oder die Strohpresse stehen. Zeitverlust und unsaubere Arbeit waren die Folge. Da gelang dem zuvor wenig bekannten kanadischen Schlepperhersteller Cockshutt Plow Comp. die Konstruktion eines Getriebes mit zwei Kupplungen, die beide mit einem Pedal zu bedienen waren. Trat der Schlepperfahrer das Pedal bis zu einer ersten Stufe nieder, kuppelte nur der Motor aus. Erst bei Erreichen einer zweiten Stufe wurde auch die Zapfwelle unterbrochen. Damit war die unabhängig und frei laufende Zapfwelle gefunden, die zahlreiche Schlepperhersteller schon bald als Standardausrüstung in ihre Traktoren einbauten.

Zapf- und Gelenkwelle machten die Traktoren zu „selbstfahrenden Kraftzentralen". Weitere Vorteile versprach man sich, wenn es gelang, Motor und Arbeitsmaschine noch enger zu verbinden. Bahnbrechend wirkte hier der Ire Harry Ferguson, der 1918 den britischen Farmern, die soeben Fordson-Schlepper erworben hatten, einen Anbaupflug anbot, den der Fahrer vom Sitz aus leicht bedienen konnte. Bei der Kombination Schlepper/Gerät verlagerte sich im Vergleich zu dem Schleppergespann der Schwerpunkt der Maschine weiter nach vorn, und so einfach diese Lösung auch war, sie beseitigte eine der entscheidenden Schwächen des leicht gebauten Fordson: das Aufbäumen und rückwärtige Umschlagen, das der Fahrer immer dann zu befürchten hatte, wenn der angehängte Pflug auf ein Hindernis stieß.

Henry Ford schätzte Fergusons Anbaupflug sehr. Er sah seinen Schlepper durch das Gerät aufgewertet und hatte nichts dagegen einzuwenden, als auch in den USA Fordson-Schlepper und Ferguson-Pflüge immer häufiger als Kombination verkauft wurden. So nahm der Ire Ferguson unmittelbar an den Verkaufserfolgen des Fordson teil, was ihn zu einem reichen Mann machte. Hart traf ihn deshalb die Entscheidung Henry Fords vom Jahr 1928, den Schlepperbau in den USA einzustellen. Ferguson merkte, dass er, beeindruckt vom wirtschaftlichen Erfolg, als Ausrüster in Abhängigkeit von dem Partner geraten war. Wohlhabend, aber dennoch verärgert, zog sich Ferguson aus Nordamerika zurück. Er begann wieder zu konstruieren, um eine noch bessere Regelung für Schlepperanbaugeräte und ihre Bedienbarkeit zu finden.

Bis 1934/35 dauerte es, ehe Ferguson so weit war, der Welt ein neues System vorzustellen. Er führte einen Schlepper vor, der erstmals eine hydraulische Hebevorrichtung für Anbaugeräte besaß. Die Resonanz auf diese arbeitssparende Konstruktion war beachtlich, jedoch fehlten Ferguson die Produktionskapazitäten für die Herstellung einer größeren Serie. Genau zu dieser Zeit beabsichtigte der führende britische Hersteller von Getrieben, die David Brown Company, eine Ausdehnung ihrer Geschäftsaktivitäten. Fergusons Schlepperhydraulik eröffnete neue Perspektiven. So tat man sich in der Absicht zusammen, bei Brown einen Schlepper nach Fergusons Vorstellungen zur Marktreife hin zu entwickeln.

Der Ferguson-Brown Traktor zeichnete sich im Gegensatz zu vielen anderen Nutzfahrzeugen nicht durch seinen Motor oder sein Fahrgestell aus. Auffallend waren die hydraulische Hebevorrichtung und die konvergierende Dreipunktaufhängung der Anbaugeräte. Dabei verdient

Jahrhundertwerk

Die Dreipunkt-Aufhängung des Ferguson-Pflugs zählt zu den absoluten Meilensteinen der Landtechnik. Obschon über 80 Jahre alt, hat sie nichts von ihrer Bedeutung eingebüßt und ist zum unverzichtbaren Standard geworden.

die Dreipunktaufhängung besondere Beachtung. Sie löst das Problem der Bodenhaftung durch die konsequente Anwendung des Parallelogramms der Kräfte in der Gerätekupplung. Bei der Vorwärtsfahrt wird der Zug am Gerät als Folge des Hebelgesetzes auf die Zugmaschine übertragen. Der untere Hebelarm ist dabei auf Zug beansprucht, während der obere als Druckstange wirkt und den Traktor umso mehr auf den Boden drückt, je stärker der Zug wirkt. Die Bodenhaftung der Räder steigt also mit der Zugleistung, und da gleichzeitig eine Druckübertragung auf die Vorderachse stattfindet, können sich die Vorderräder nicht mehr vom Boden abheben.

Landarbeit im Sitzen

Die Bauern vernahmen die Kunde gerne. Endlich gab es einen Schlepper, der die Vorzüge leichter Bauweise mit vielseitiger Verwendbarkeit auch auf schwierigen Böden zur Geltung kommen ließ. Diese positive Bewertung wurde verstärkt durch die eingebaute Hydraulik, die es gestattete, mit einem einzigen Hebel Pflug, Egge und sonstige Geräte nach Belieben zu senken oder anzuheben. Euphorisch hieß es: Erstmals in der Menschheitsgeschichte existiert hier ein Schlepper und eine große Anzahl landwirtschaftlicher Geräte und Maschinen, die

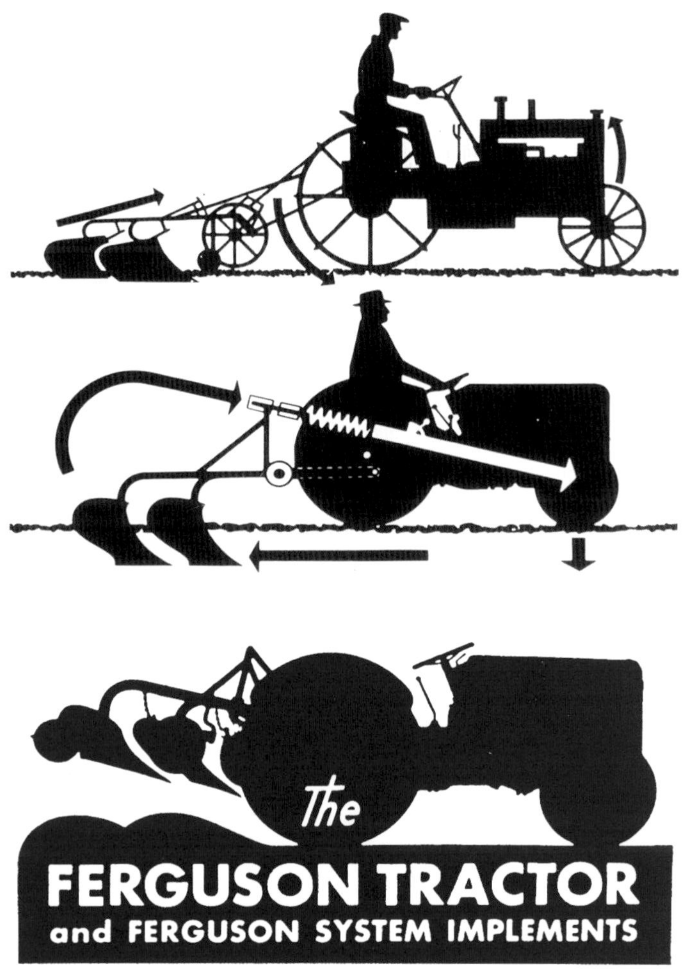

Die Wirkung der Kräfte am Traktor

Der angehängte Pflug entlastete früher bei der Zugmaschine die Vorder- und belastete die Hinterachse. Häufig hoben dabei die Vorderräder vom Boden ab, während die Hinterräder durchrutschten. Das von Harry Ferguson entwickelte Dreipunkt-System hatte dagegen eine gleichmäßige Belastung der Achsen zur Folge. Trotz Pfluggewicht und Bodenwiderstand bäumte der Traktor nicht mehr auf, wurden die Hinterräder nicht überbelastet.

Zukunftweisend in Technik und Form

Sobald Ferguson-Technik bei Feldvorführungen zum Einsatz gelangt, ist ihr die Aufmerksamkeit des Publikums sicher.

jeder Arbeit auf dem Lande entsprechen und unter allen Bedingungen einsetzbar sind. Leichte und schwere Arbeiten können auf weichem, hartem und steinigem Untergrund auf die gleiche Weise erledigt werden. Zur Bedienung reicht ein Mann aus. Landarbeit aus dem Schleppersitz ist nicht mehr länger ein Traum, sondern Wirklichkeit für den nüchtern kalkulierenden Bauern.

Zwischen 1936 und 1939 bauten David Brown und Harry Ferguson 2000 Schlepper und etwa 5000 Anbau-Gerätesätze. Die Kritik blieb nicht aus. Sie erwuchs weitgehend aus dem immer offener zur Schau gestellten Selbstbewusstsein des mit irischer Dickköpfigkeit ausgestatteten Harry Ferguson. Mit missionarischem Eifer verband er seine landtechnischen Ideen mit einer von ihm als Wirtschaftsphilosophie bezeichneten Konzeption, die neue Methoden der Landwirtschaft forderte. Sollte der Hunger überwunden werden, dann nur, wenn eine Verringerung der Produktionskosten der Nahrungsmittel gelingen würde. *„Dazu aber sind neue Geräte zu entwickeln, Geräte, die erstmals in der Geschichte genügend Nahrungsmittel für alle Menschen produzieren können.“* Das waren eindeutige Winke mit dem Zaunpfahl, die die Konkurrenz sehr wohl registrierte.

Gelenkwellen-Mähbinder

Jahrzehntelang wurden Mähbinder mittels Bodenrad angetrieben. War der Untergrund feucht oder uneben, streikte die Technik. Durch den Einsatz von Zapf- und Gelenkwelle änderte sich das. Nun wurde die Kraft des Schleppermotors an den angehängten Mähbinder weitergeleitet, was ein Arbeiten selbst bei ungünstigen Boden- und Witterungsverhältnissen möglich machte.

Fergusons Traktor ähnelte – sieht man von dem neuartigen Anbau und Steuerungsvorrichtungen ab – dem alten Fordson-Schlepper weitgehend. Fergusons Slogan lautete: *„Die Geräte mit ihrer einzigartigen Arbeitsweise verkaufen den Schlepper“* Den Anspruch, etwas Besonderes zu bieten, ließ sich Ferguson von seinen Kunden ordentlich bezahlen. 1938 kostete der Ferguson-Brown in der Version mit Stahlrädern 224 britische Pfund, ein in der Leistung vergleichbarer Fordson hingegen nur 155 Pfund. Während letzterer mit herkömmlichen Anhängegeräten eingesetzt wurde, erforderte der Ferguson-Brown noch die Anschaffung einer kompletten Gerätereihe.

Zwischen Ferguson und Brown kam es 1939 zum Bruch. Ferguson wird nachgesagt, dass er mit niemandem auf Dauer zusammenarbeiten konnte, außer mit sich selbst. Als rebellischer Geist ordnete er sich auch geschäftlichen Zwängen nicht unter. Unkonventionell ging Ferguson aber auch bei der Suche nach neuen Partnern vor. Er kreuzte wieder den Atlantik, um erneut mit Henry Ford, dem kaum weniger eigenwilligen Automobilkönig, zusammenzutreffen. Bei Ford stieß er auf offene Ohren, war dieser doch ohnehin gewillt, nach langjähriger Zurückhal-

tung wieder in das Schleppergeschäft einzusteigen. Per Handschlag einigte man sich, noch 1939 die Produktion von Ford-Ferguson-Schleppern aufzunehmen. Und tatsächlich, bereits am 1. Juli 1939 lief bei Ford der Vierzylinder-Ford 9 N, häufig auch Ford-Ferguson genannt, vom Band. Er verfügte über die typischen Ferguson-Elemente, Hydraulik und Dreipunktanschluss.

Die Odyssee des Harry Ferguson

Der Ford 9 N stieß unaufhaltsam an die Spitze der US-Schlepperverkaufsliste vor. Ford hatte daran großen Anteil, denn an Robustheit, guter Verarbeitung und auch günstiger Anordnung der Anbauvorrichtungen für die Landmaschinen hatte es Ferguson zuvor bei seinen eigenen Schleppern fehlen lassen. Binnen sieben Jahren konnten 300.000 Ford-Ferguson verkauft werden, ehe Ferguson erneut nach neuen Ufern aufbrach. In Aufsehen erregenden Prozessen setzten sich die einstigen Partner auseinander, die Ferguson immerhin eine Entschädigung von etlichen Millionen Dollar einbrachten.

Sir John Blacks Standard Motor Corp. in Coventry wurde zu Fergusons nächster Heimstatt. Damit gab es nun schon drei Hersteller, die Schlepper nach dem Ferguson-System und mit Ford-Design anboten: Ford, David Brown und Ferguson-Standard. Sicher, die Maschinen unterschieden sich im Detail, aber im Prinzip ähnelten sie sich sehr. Doch damit nicht genug. Fergusons Odyssee war noch nicht beendet. 1953 verband sich seine Firma mit dem lange Zeit weltweit größten Landmaschinenkonzern, dem kanadischen Unternehmen Massey-Harris. Damit konnten nun auch Massey-Harris-Schlepper mit Dreipunktanbau und Hydraulik ausgerüstet werden, eine technische Aufwertung, die das Unternehmen im Jahre 1958 durch eine Umwandlung des Firmennamens in Massey-Ferguson dokumentierte. – Das Ferguson-System hat sich weltweit durchgesetzt. Rund 90 Prozent aller Schlepper der westlichen Welt sind seit der Freigabe der Patente nach diesem System ausgerüstet worden. Es stellt eine der Grundlagen für die großen Rationalisierungserfolge der modernen Landwirtschaft dar.

Gummireifen statt Stahlräder

Kaum weniger umwälzend als Zapfwelle, Dreipunktanbau und Hydraulik wirkte die Einführung der Gummireifen. Lange genug hatten Stahlräder das Bild in der Landwirtschaft beherrscht, versehen mit Greifern, Spaten und sonstigen Vorrichtungen, die ein Durchrutschen verhindern sollten. Nur auf Straßen und Wegen konnte so nicht gefahren werden. Erst musste umgerüstet werden. Greifer und Spaten hatten zu verschwinden, damit eine glatte Lauffläche entstand.

Die Idee, Gummi als Reifenbelag einzusetzen, war nicht neu. In England verwendete bereits 1870 der Dampflokomobilenbauer Thomson Hartgummistreifen als Reifenbelag. Doch obwohl die Maschine auf verschiedenen internationalen Ausstellungen vorgeführt wurde, begriffen die Besucher das Neuartige seiner Erfindung nicht. Ein halbes Jahrhundert verging, ehe der Gedanke, Gummi als Bereifung von Ackerschleppern einzusetzen, neue Aktualität erfuhr. In Nordamerika wehrten sich Orangenpflanzer im Jahre 1928 dagegen, dass ihnen die mit Stahlrädern ausgestatteten Schlepper ein ums andere Mal die Wurzeln ihrer Orangenbäume zerstörten. So umwickelten sie die hinteren Räder der Traktoren mit in Streifen geschnittenen ehemaligen Hartgummi-Lastwagenreifen. Der Reifenhersteller B. F. Goodrich griff 1931 diese Überlegung auf. Er entwickelte einen Vollgummireifen, der jedoch im Acker den Erfordernissen nicht standhielt. Nun entdeckten auch andere Reifenhersteller den neuen Absatzmarkt. Firestone beispielsweise experimentierte 1932 mit Luftgummireifen, wie man sie für Flugzeuge entwickelt hatte. Die Niederdruckreifen endlich erwiesen sich als Weg in die richtige Richtung. Schon wurden die ersten Ackerschlepper mit ihnen ausgestattet. Allis Chalmers „Model U" sowie ein McCormick Deering tauchten Ende 1932/Anfang 1933 als erste luftgummibereifte Schlepper auf Ausstellungen und bei Wettbewerben auf.

Der Niederdruck-Luftgummireifen gestattete es den Schleppern, auf dem Acker erhebliche Zugkräfte zu entwickeln. Das große Volumen der Reifen bei gleichzeitig niedrigem Luftdruck bewirkt eine große Auflagefläche auf dem Boden. Der spezifische Bodendruck ist nur etwa doppelt so hoch wie bei Kettenschleppern! Andererseits aber ist der

Fahrtwiderstand von Luftreifen unerreicht niedrig. Auf einen Schlag kam man so in den Genuss höherer Zugkraft und höherer Fahrgeschwindigkeit. Die Konstruktion erster Rennschlepper ließ nicht lange auf sich warten. Im US-Staat Indiana baute Barney Oldfield ein solches Gerät, das um 1935 bereits eine Geschwindigkeit von bis zu vierzig Meilen in der Stunde erreicht haben soll.

1933 stiegen alle führenden US-Schlepperhersteller auf Gummireifen um, zumindest mit einem Modell. Zwei Jahre später waren bereits 45 Prozent aller in den USA verkauften Schlepper mit diesen Reifen ausgerüstet und 1940 betrug ihr Anteil bereits 95 Prozent. Die Entwicklung in Europa verlief wieder einmal langsamer als in den USA. 1931 noch kehrte eine Delegation führender Landtechniker aus den Vereinigten Staaten zurück, ohne auch nur mit einem Satz auf die Gummibereifung von Ackerschleppern einzugehen. Dies änderte sich 1933/34, als endlich im Schlepperprüffeld Bornim erste Untersuchungen über die Gummibereifung durchgeführt wurden.

Die Firma Lanz schlug eigene Wege ein, um an die Luftreifen aus den USA zu gelangen. Obwohl die Nationalsozialisten für solche Vorhaben keine Devisen bereitstellten, schaltete das Werk seine Pariser Niederlassung ein, um die begehrten Firestone-Pneus zu beschaffen. Aufmontiert auf einem 38 PS-Feldank gewann man die ersten Erfahrungen. Den Durchbruch für die Luftgummi-Ackerschlepperbereifung in Deutschland besorgte dann der Reifenhersteller Continental in Hannover. Das Unternehmen erkannte, dass hier ein großes Geschäft möglich war, und entwickelte binnen Kurzem einen Ackerschlepperreifen, der den US-Vorbildern in nichts nachstand. Das Wellenprofil wurde allseits gelobt und gehörte schon ab März 1934 zur Standardausrüstung einiger Schleppertypen der Firmen Hanomag, KHD, Lanz und Ford.

Vom Eisenrad zum Luftreifen

Bewegliche Greifer auf dem Eisenrad vergrößern die Auflage. Vollgummi- und Elastikreifen verbessern den Fahrkomfort, Hohlräume erhöhen die Dämpfung. Mit den Riesenluft- oder Ballonreifen gelingt der Durchbruch für die moderne Bereifung. Lanz bietet ab 1923 die Ackerbulldogs mit Eisenreifen als Standardausrüstung an, für die Straße werden die Verkehrsbulldogs mit Vollgummibereifung ausgeliefert.

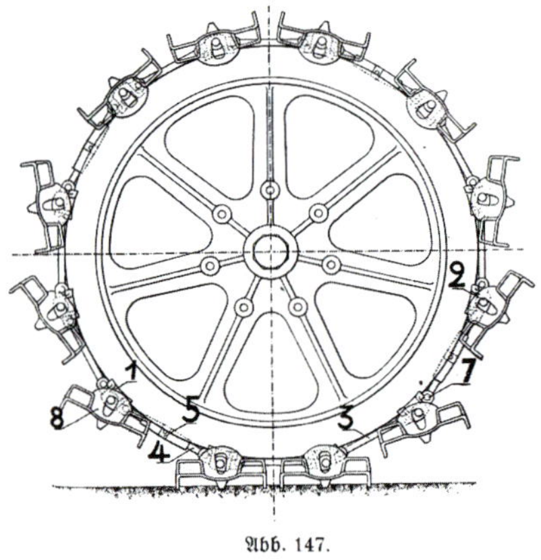

Abb. 147.

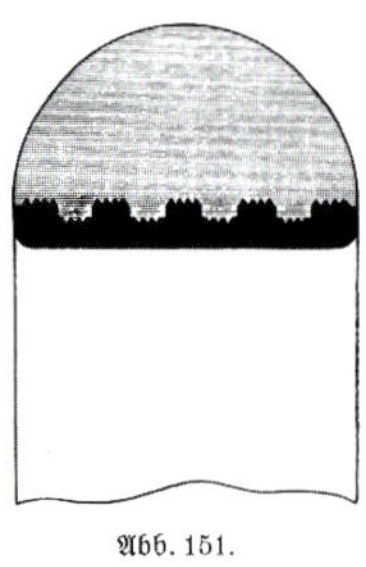

Abb. 151.

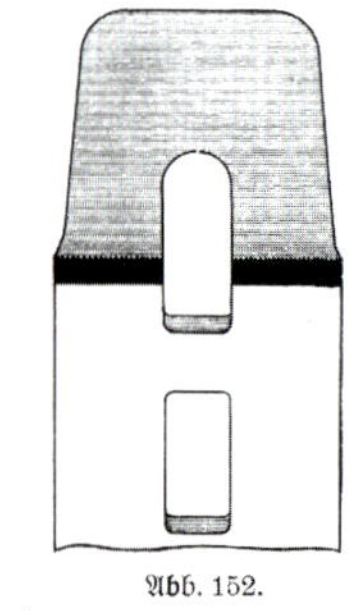

Abb. 152.

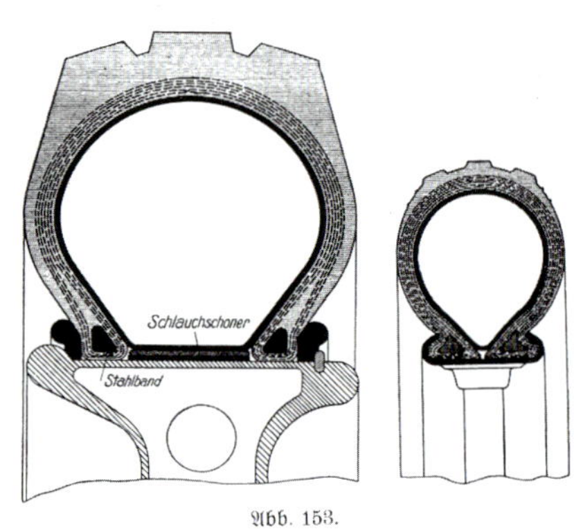

Abb. 153.

Diagonalreifen für Traktoren

Der Abschied vom Eisenrad

Mit der Entwicklung von Luftreifen für Nutzfahrzeuge erweiterten sich die Einsatzmöglichkeiten von Traktoren schlagartig. Die Zug- und Arbeitsmaschinen konnten erstmals zu Transporten mit einem größeren Aktionsradius herangezogen werden. Und ganz nebenbei wurde auch das Fahren auf den mit Luft gedämpften Reifen komfortabler.

Die ersten Traktor-Luftreifen hatten ein Profil, das sich an den schon gebräuchlichen Lkw-Reifen orientierte. Es war gut für den Einsatz auf der Straße geeignet, auf dem Acker reichte die mechanische

Vom Schmied zum Reifenhändler

Die Schmiede, die man früher fast in jedem Dorf antraf, war für die Landwirte einst wichtige Anlaufstelle für Reparaturen von landwirtschaftlichen Geräten und Schleppern. Mittlerweile sind sie aus dem Dorfbild verschwunden. Aus den Handwerkern wurden Händler mit angeschlossenem Service, andere gründeten Unternehmen, um eigene Maschinen zu entwickeln und zu produzieren.

Eine Wissenschaft für sich

Die Herstellung elastischer Reifen verdanken wir Charles Goodyear, dem 1839 die Herstellung von Gummi durch Vulkanisation gelang, und John Boyd Dunlop, der 1887 den ersten Luftreifen konstruierte. 1904 entwickelte die Hannoversche Gummikamm Compagnie AG den weltweit ersten Luftreifen mit Profil, 1908 die abnehmbare Felge. Die ersten Ackerluftreifen bei „Conti" waren sogenannte Stahlseilreifen, bei denen ringförmige Seile aus geflochtenem Stahldraht die Dehnung der seitlichen Reifenwulste verhindern und den Reifen gegen Abspringen von der Felge sichern (unten).

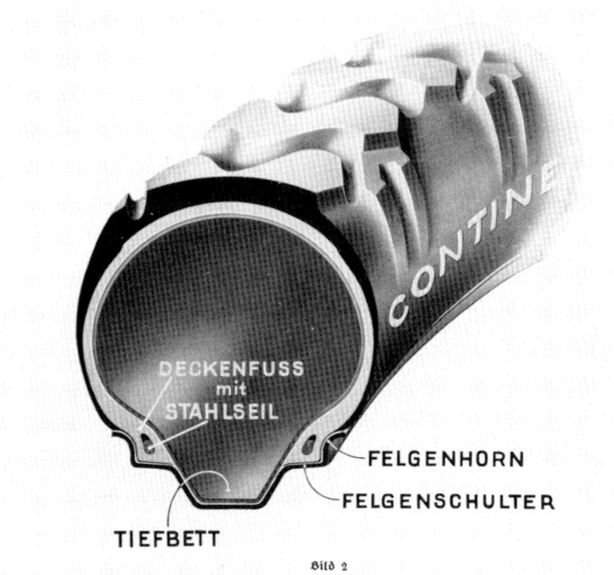

Verzahnung mit dem Untergrund allerdings nicht aus, sodass oft zusätzlich Greiferketten oder ähnliche Traktionshilfen montiert wurden.

Erst im Laufe der Zeit gelang es den Herstellern Profile zu entwickeln, die sowohl auf der Straße als auch auf dem Acker überzeugten. Der legendäre AS-Continental-Farmer, der 1955 entwickelt wurde, ist eines der gelungensten Beispiele, dessen Profil immer noch als Vorbild für heutige Ackerschlepperreifen dient. Er vereint mit seiner 45°-Stollenausrichtung die Eigenschaften eines komfortablen Straßenreifens, mit hohen Traktionsleistungen auf dem Acker, was durch die hohe Profiltiefe und durch die gute Selbstreinigung auf Grund der Pfeilung des Profils gelingt. In den USA, wo der Anteil an Transportfahrten auf der Straße durch die arrondierten Farmen deutlich geringer ist, gibt es auch die 23°-Variante des Traktionsprofils. Die Stollen sind stärker querorientiert. Dies führt zu einer etwas höheren Zugleistung auf dem Acker, aber auch zu höheren Vibrationen bei Straßenfahrt.

Der Reifenaufbau entspricht dem moderner Diagonalreifen der heutigen Zeit. Der sichere Felgensitz wurde auch schon 1928 durch zwei

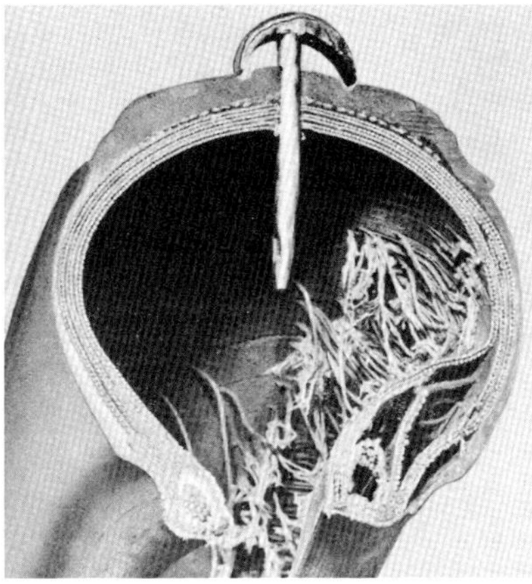

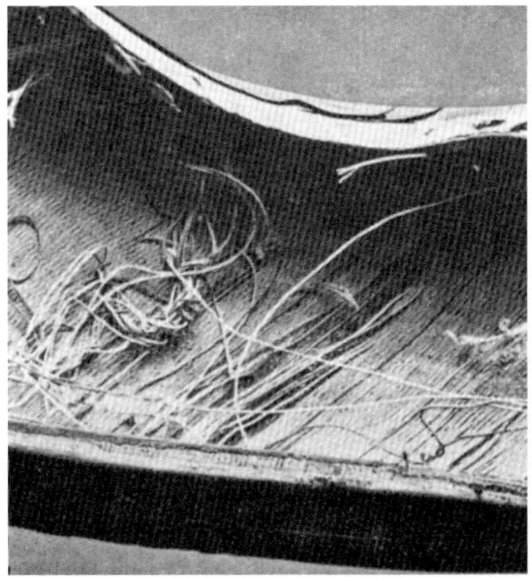

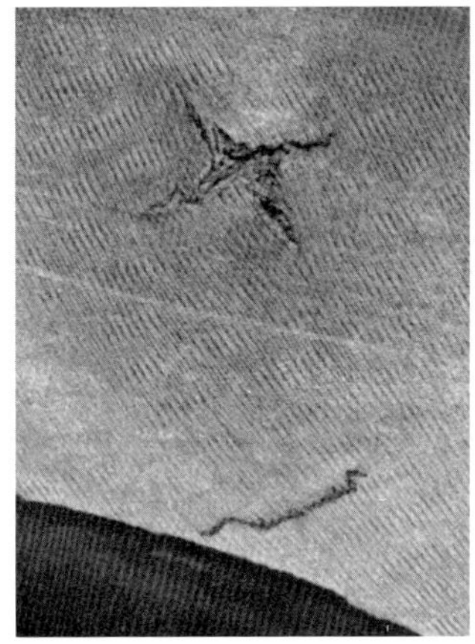

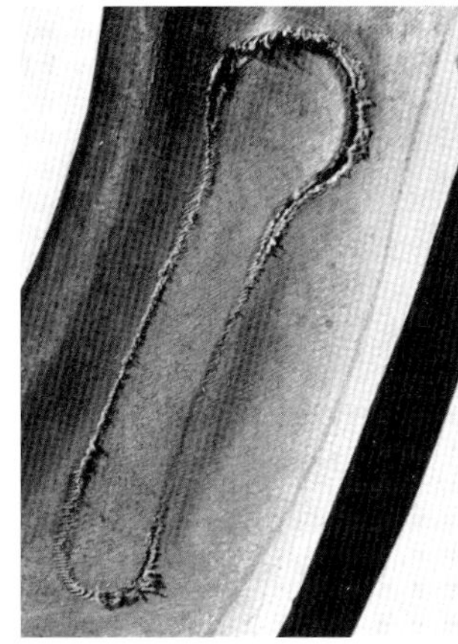

als Ring gewickelte Stahlseile gewährleistet. Dazu wurde ein hochwertiger Stahldraht verwendet, da eine hohe Elastizität für die Übertragung der Traktionskräfte auf die einteilige Felge nötig war. Die zu dieser Zeit auch verwendete Wulstreifenkonstruktion konnte für den Schlepper auf der Antriebsachse nicht verwendet werden, da die übertragbaren Drehmomente bei diesem Bauprinzip zu gering waren.

Die Karkasslagen gaben dem Reifen die nötige Stabilität, um dem Reifenfülldruck zu widerstehen. Sie wurden jeweils links und rechts um die Stahlseile geschlagen und sind in dem Reifenschnittbild auf Seite 170 als helle Schicht gut erkennbar. Das Cordgewebe bestand anfänglich aus Baumwolle und wurde später als Weiterentwicklung durch festere textile Materialien wie Kunstseide oder Polyamid ersetzt. Um die Festigkeit der Reifenkarkasse zu beschreiben, wird heute die Zahl der Karkasslagen noch immer auf Basis der Baumwollfestigkeit angegeben. So hat ein moderner Reifen, der z. B. mit 8 PR gekennzeichnet ist (englisch: „ply rating" für Lagenzahl), oft nur zwei sich kreuzende Gewebelagen aus Polyamid.

Robust aber doch empfindlich

Sobald ein Reifen Luft verliert oder gar schon mit der Felge aufstößt, werden bei der Weiterfahrt Decke und Schlauch in kurzer Zeit beschädigt. Stich- und Schnittverletzungen gab es früher häufiger als heute. Wurde der luftleere Reifen weitergefahren, war er schnell unheilbar zerstört. Im Endstadium der „Luftdruck-Krankheit" löste sich das Gewebe komplett auf. Geweberisse konnten auch durch harten Aufprall entstehen oder durch einen Schraubenschlüssel, den ein nachlässiger Monteur in der Decke vergaß (Reihe oben v. l.). Der Hanomag RS50 kommt beim Pflügen mit dem T3-Profil ohne Ketten gut zurecht (unten links). Auf den landwirtschaftlichen Messen wurde 1955 der AS-Continental-Farmer vorgestellt (unten rechts).

Aufklärung tut not

Händler und Endkunden wurden bei Einführung der Luftreifen mit technischen Broschüren informiert (links). Zum richtigen Ab- und Aufmontieren des Reifens gehört das richtige Werkzeug. Mit speziellen Montierhebeln wird der Reifen von der Felge in vorgeschriebenen Schritten abgenommen und nach der Reparatur wieder montiert. Ein vollständiges Flickzeug für den Schlauch sollte auf Empfehlung des Herstellers bei jedem luftbereiften Fahrzeug mitgeführt werden (unten). Wichtig: „Bei jeder Montage prüfe man die Felge. Niemals darf auf verrosteter oder verbeulter Felge montiert werden."

Der Reifen wurde immer mit einem Schlauch gefahren. Anders als bei Lkw-Reifen dieser Zeit war es aber möglich auf ein Wulstband zu verzichten, da der Felgenring wegen der geringen Fülldrücke einteilig aus einem Blechring gerollt werden konnte, und somit nicht die Gefahr bestand, dass der Schlauch während des Betriebes durch scharfkantige Felgenteile beschädigt werden konnte. Der Schlauch hatte auch den Vorteil, dass Wasserballast eingebracht werden konnte, ohne die Felge einer Korrosionsgefahr auszusetzen. Die Ballastierung verbessert die Zugleistung des Schleppers und reduziert den Kraftstoffverbrauch z. B. beim Pflügen.

Der Umgang mit den neuen Reifen war anfangs für den Reifenhandel und die Werkstätten nicht einfach. Die Größe der Reifen und die damit einhergehenden viel höheren benötigten Montagekräfte machten neue Werkzeuge nötig. Oft wurden die Maschinen vom Dorfschmied repariert, sodass schnell geeignetes Schulungsmaterial bereitgestellt werden musste. Dazu verteilte die Continental AG mit der Einführung der Ackerreifen Broschüren und Prospekte, die ausführlich über das Produkt und die Montage sowie die Nutzung und Pflege informierten.

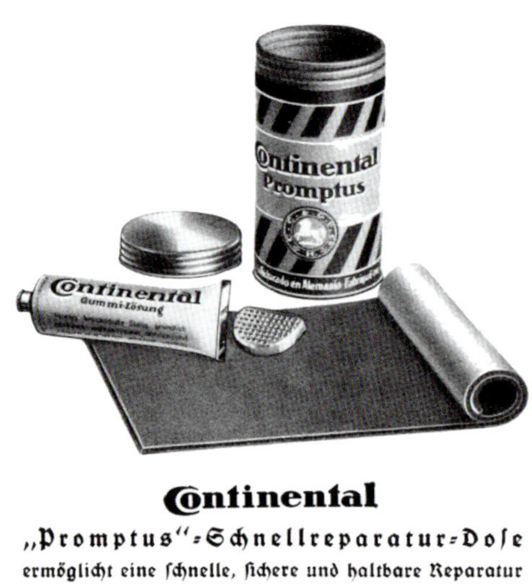

Der Holzgasschlepper

Ein Kind des Treibstoffmangels

Die Motorisierung der deutschen Landwirtschaft wurde einige Monate nach Beginn des Zweiten Weltkriegs abrupt gestoppt. Eine „Verordnung über den Einsatz von Schleppern in der Landwirtschaft“ vom 11. November 1939 markiert den durch die Kriegsereignisse bedingten Einschnitt, nachdem die politische Führung den knappen flüssigen Brennstoff vorrangig für Wehrmacht und Transportgewerbe benötigte. Die Landwirtschaft konnte froh sein, dass sie in den 1930er Jahren so hartnäckig an Pferden, Ochsen und Kühen zur Anspannung vor Ackerwagen und Landmaschinen festgehalten hatte. In der Verordnung hieß es unter anderem:

1. *Schlepper, die in der Landwirtschaft eingesetzt sind oder eingesetzt werden, dürfen nur zur Erledigung der im Rahmen eines landwirtschaftlichen Betriebes anfallenden Arbeiten verwendet werden.*
2. *Eine Verwendung dieser Schlepper zum ortsgebundenen (stationären) Antrieb von Maschinen ist nicht zulässig.*

Feste Brennstoffe als Treibstoff

Erste Versuche, Holz, Torf und Kohle mithilfe von Generatoren als Traktor-Treibstoff zu nutzen, gab es schon vor dem Ersten Weltkrieg. In den 1920er Jahren experimentierten vor allem Franzosen mit der Generatortechnik. In Deutschland schlug die hohe Stunde der Holzgasschlepper während des Zweiten Weltkriegs. Durch das 1941 erlassene Verbot des Einsatzes flüssiger Kraftstoffe avancierten Holzgasschlepper zu Regelfahrzeugen.

Kraftstoff sollte also gespart werden, indem Schlepper nur noch zur Feldarbeit und zu betriebseigenen Transporten, nicht mehr aber zu außerlandwirtschaftlichen Lohnfuhren und zum Antreiben von Dreschmaschinen eingesetzt werden dürfen. Für Zuwiderhandlungen waren Ordnungsstrafen bis zu 10.000 RM vorgesehen. Die durch die Verordnung bewirkte Kraftstoffersparnis fiel geringer als erwartet aus, während andererseits der Kraftstoffbedarf der Wehrmacht unaufhörlich anstieg. Sollten die Bauern ihre Traktoren überhaupt noch einsetzen können, dann musste zuvor eine Umrüstung ihrer Maschinen auf

„Erzeugungsschlacht“ mit heimischen Brennstoffen

Im Vorfeld des Schell-Plans wurden von der Reichsstelle für Raumordnung mehrere Versuchsschlepper gebaut und getestet. Der Pöhl-Holzgasschlepper von 1938 (rechts) hat einen Ford-Motor mit 13/50 PS, der mit einem neuen Zylinderkopf bei 1600 U/min 25 PS Dauerleistung abgibt. Die Schlepper verfügen über ein Vierganggetriebe, Differentialsperre sowie Antriebe für Mähbalken, Zapfwelle und Riemenscheibe. Auch bei den MIAG-Versuchsschleppern (unten) ist der Holzgasgenerator so konzipiert, dass der Fahrer freie Sicht nach vorne behält.

andere, von der Wehrmacht nicht benötigte Betriebsstoffe gelingen. Nach Lage der Dinge konnte es sich dabei nur um feste Treibstoffe wie Holz, Torf, Anthrazit und Schwelkoks handeln, von denen insbesondere Holz reichlich vorhanden zu sein schien. Die Generatoranweisung von 1939 trug der neuen Wertschätzung fester Brennstoffe Rechnung, indem sie die Besitzer von Kraftfahrzeugen mit Verbrennungsmotor verpflichtete, ihre Maschinen für den Generatorbetrieb umzurüsten. Der Generator entspricht dabei einer kleinen Gasfabrik, die dem Schlepper aufgeladen wird. In ihr werden die sonst für Otto-, Diesel- und Glühkopfmotoren „unverdaulichen“ festen Brennstoffe zu brennbaren Gasen verwandelt, was jedoch mit einigem Aufwand verbunden ist.

Die Umrüstung der Ackerschlepper auf Generatorbetrieb verlief, verglichen mit dem Umbau der Lastkraftwagen, überaus zögernd. Schwierigkeiten gab es vor allem wegen des ständigen Tempowechsels der Traktoren bei der Feldarbeit sowie der fehlenden Federung. Beides führte zu einem ständigen Verrutschen der Holzkohle im Generator, was verringerte Gaserzeugung und damit Leistungsabfall zur Folge hatte. Zum Pflügen, Eggen oder Säen konnten diese ersten Generatorschlepper jedenfalls nicht eingesetzt werden.

Um Abhilfe zu schaffen, richtete die Reichsregierung deshalb noch 1939 eine spezielle Forschungsstelle „Gasschlepper Entwicklung“ ein. Ihr oblag nun die Koordinierung sämtlicher Bemühungen auf dem

Gebiet der Generatorschlepperherstellung im Deutschen Reich. Zu den ersten Aktivitäten der Forschungsstelle gehörte die Aufarbeitung der internationalen historischen Erfahrungen mit landwirtschaftlichen Generatorfahrzeugen. Danach zählten die Ungarn zu den ersten, die ein solches Fahrzeug entwickelten. 1914 führten sie es auf der DLG-Ausstellung in Hannover vor, ohne damit allerdings größere Aufmerksamkeit zu erregen. Nach dem Ersten Weltkrieg griffen Engländer und Franzosen den Gedanken der holzgasbetriebenen Ackerschlepper erneut auf. Insbesondere die Franzosen waren von der Vorstellung fasziniert, einen Teil der jährlich in ihren Wäldern verrottenden zwei Millionen Tonnen Holz einer sinnvollen wirtschaftlichen Verwendung zuführen zu können. Anfang der 1920er Jahre liefen denn auch in Frankreich mehrere Schlepper (darunter Renault, Mistral und Scemia) mit Generatoren verschiedener Bauart. Die mit ihnen gewonnenen Erfahrungen waren so schlecht nicht, doch sinkende Benzinpreise einerseits und der große Arbeitsaufwand beim Aufsammeln und Aufbereiten des Holzes andererseits verhinderten einen größeren Erfolg der französischen Generatorschlepper.

In Deutschland experimentierten gleichfalls schon in den 1920er Jahren einige Motorpflugfirmen wie Stock und Hanomag mit Holzgas. Umfassende Versuche folgten in den Jahren 1935/36 und schufen unter anderem Klarheit über die Gewichtsrelationen beim Brennstoffverbrauch. Sie ergaben, dass ein landwirtschaftlicher Betrieb vom Gewicht her fünfmal so viel Holz wie Diesel einsetzen musste, um eine auch nur annähernd vergleichbare Leistung zu erbringen.

Der durch die Umstellung der Verbrennungsmotoren auf Holzgasbetrieb hervorgerufene Leistungsverlust belief sich im Durchschnitt auf etwa 30 bis 40 Prozent und ging zugleich mit einer Gewichtszunahme der Maschine um 300 bis 500 Kilogramm einher. Die Leistungsdaten verschlechterten sich also wesentlich, weshalb es nicht weiter wundert, dass der Generatorschlepper in Friedenszeiten zumindest in Deutschland keine Chance besaß. Weltweit mochten die Dinge anders liegen und man fühlt sich bei einem Gutachten des Jahres 1936 an Dis-

Heiße Öfen

Die meisten Schlepper fuhren während des Krieges in Deutschland entweder mit einer Holzgasanlage von Imbert oder dem integrierten Einheitsholzvergaser „EG 60". KHD entwickelte eine eigene Anbau-Holzgasanlage mit zwei abnehmbaren Holzvortrocknern links und rechts neben dem Fahrersitz.

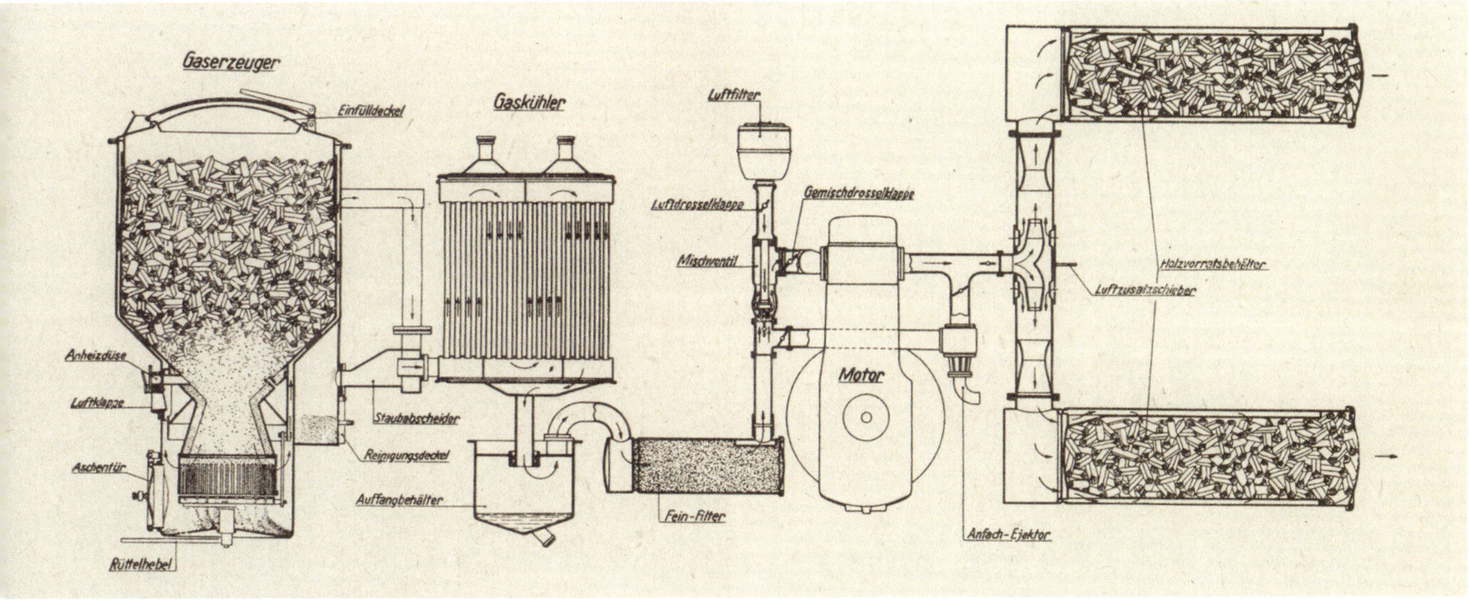

Gestern Kinder der Not – heute Raritäten

Während des Zweiten Weltkriegs waren Holzgasschlepper unverzichtbare Helfer im Kampf der Landwirtschaft gegen den Hunger. Sicher, umständlich war der Betrieb allemal – und mangelte es an geeignetem Holz, dann konnte man als Fahrer verzweifeln. Doch mehr als einmal waren die Bauern dankbar, dass es Schlepper mit Holzvergasertechnik gab. Alle namhaften Schlepperhersteller waren in das Projekt eingebunden. Jeder mutmaßte, sein Schleppermodell sei das beste, denn auch das war offensichtlich: Allen Bemühungen um Vereinheitlichung zum Trotz gab es zahlreiche Alleinstellungsmerkmale. Man betrachte nur die Anordnung des Generators: Bei Hanomag befand er sich seitlich befestigt, bei Lanz und Schlüter vorne angebaut und bei Fahr in die Karosse integriert. Vor allem die letzte Lösung wurde von Zeitgenossen als gelungen empfunden. Heutzutage gelten Treffen von Holzgasschleppern als besonders attraktiv. Und wenn dann auch noch einzelne Fahrzeuge in Betrieb genommen werden, erlebt das Publikum hautnah, wie umständlich und faszinierend zugleich der Treckerbetrieb sein kann.

kussionen der jüngsten Vergangenheit erinnert. Der Gutachter hatte damals auf die Frage nach den Zukunftschancen des Gasschleppers bemerkt: *„Ein ... Gas-Traktor dürfte ... ein guter Exportartikel sein. Zahlreiche Länder, die keine eigenen Ölquellen besitzen und auch nicht die Möglichkeit haben, Kohle zu hydrieren, sind außerordentlich an der Verwendung gasbetriebener Zugmaschinen interessiert. Besonders wichtig dürfte der Holzgas-Traktor jedoch für die Farmen in Kolonialgebieten oder in Südamerika sein, da die Beschaffung und besonders der Transport des flüssigen Treibstoffs dort mit außerordentlichen Schwierigkeiten und Kosten verbunden ist, während Holz oder auch Holzkohle in riesigen Mengen meist kostenlos zur Verfügung steht."*

Diesel für die Soldaten – Holz für die Bauern

Mit dem Krieg änderten sich jedoch auch in Deutschland die Voraussetzungen für den Schleppereinsatz. Seit 1940 verdichteten sich zunehmend die Anzeichen dafür, dass die deutsche Landwirtschaft zum Holzgasschleppereinsatz übergehen würde, mit der Einschränkung allerdings, dass hier nur begrenzte Holzvorräte zur Verfügung standen. Doch angesichts des sich verschärfenden Krieges kam Bedenken dieser Art nur mehr eine untergeordnete Bedeutung zu. Im Gegenteil – Ende 1941 wurde Holz zu der Brennstoffquelle für Ackerschlepper schlechthin erklärt. Das endgültige Verbot für die Herstellung von Ackerschleppern mit Flüssigtreibstoffantrieb stellte Landwirtschaft und Industrie gleichermaßen vor die Alternative: Holzvergasung oder Außerdienststellung sämtlicher Schlepper!

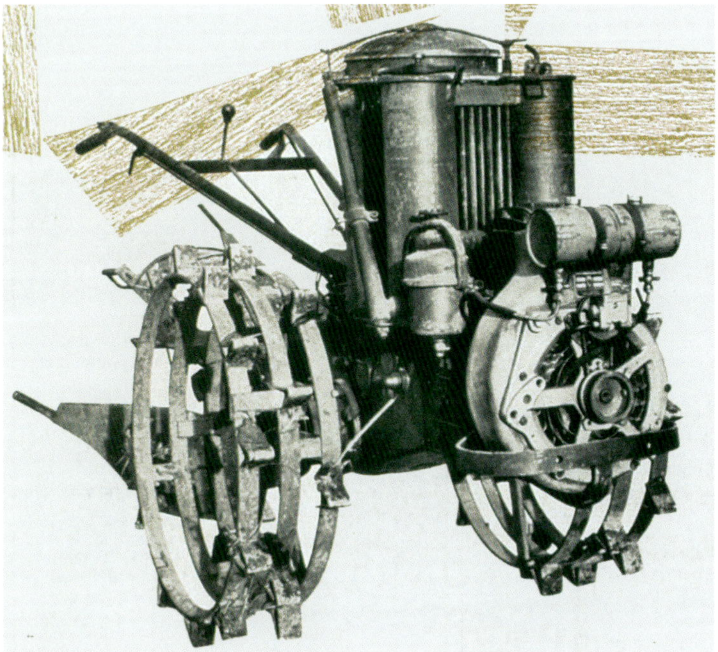

Der Erfindergeist ruht auch im Kriege nicht

Um im Geschäft zu bleiben, entwickelte Holder in Metzingen 1943 ein eigenes Holzgasaggregat. Die Holzfüllung reichte für etwa 1½ Betriebsstunden.

Die Entwicklung von für die Landwirtschaft geeigneten Holzgasgeneratoren erstreckte sich bis weit in das Jahr 1942 hinein. Selbst dann war man von dem immer wieder geforderten Einheitstyp noch weit entfernt. Neben Generatoren für die Schlepperumrüstung, die an Badeöfen erinnerten und irgendwo vorne oder seitlich an den Schlepper angebaut wurden, gab es Generatoren für den sogenannten „reinen" Gasschlepper. Bei diesen Typen hatte man den Generator als tragendes Bauelement in den Schlepper integriert, wodurch die Maschine äußerlich weit weniger vom gewöhnlichen Schlepperbild abwich. Neben Generatoren, die im Zweistoffverfahren arbeiteten (30 Prozent flüssige Brennstoffe zur Einleitung des Zündvorgangs, 70 Prozent feste Brennstoffe für den eigentlichen Betrieb), gab es Generatoren für das Einstoffverfahren, bei dem ganz auf den Zusatz flüssiger Treibstoffe verzichtet werden konnte. Letztere wurden zwar von offizieller Seite bevorzugt, erforderten allerdings eine kompliziertere Technik. Für den Lanz-Bulldog beispielsweise standen lange Zeit überhaupt nur Generatoren nach dem Zweistoffverfahren zur Verfügung.

Die Umrüstung der Ackerschlepper gestaltete sich, auch nachdem man technisch akzeptable Lösungen gefunden hatte, überaus schwierig. 1942 hieß es dazu in einer amtlichen Verlautbarung. *„Bei den wenigen für den Umbau zur Verfügung stehenden Arbeitskräften bedarf es ganz außerordentlicher Anstrengungen, um noch in diesem Jahr wenigstens einen Teil der vorbezeichneten Radschlepper auf den Generatorbetrieb umzustellen."* Hinzu kam, dass die Umrüstung mit beträchtlichen Kosten verbunden war. Nicht wenige Bauern sahen sich angesichts der je nach Schleppertyp zwischen 1200 und 2500 Reichsmark liegenden Preise gezwungen, ihre Schlepper stillzulegen. Dennoch bestimmte der Holzgasschlepper ab 1943 das Bild der motorisierten Landwirtschaft. Dabei wurde von den Schlepperfahrern außerordentliches Geschick bei der Bedienung des Generators verlangt. Sie mussten das richtige Holz auswählen (bevorzugt Buche, aber auch Kiefer, Fichte und Eiche), das weder zu feucht noch zu trocken sein durfte. Die Stückelung (7 cm lang, 4 bis 5 cm breit) des Holzes erwies sich beinahe ebenso als Wissenschaft für sich wie die sachgerechte Schichtung der Scheite im Generator. Verfaultes, nasses oder gar zerrissenes Holz verhinderte die Gasbildung ebenso wie bei der Schichtung entstandene Hohlräume. Fehlerhaftes Beschicken des Generators aber zog unweigerlich eine Wiederholung des gesamten Vorgangs nach sich. Nach Aussagen alter Gasschlepperfahrer kam es gar nicht so selten vor, dass die gerade für den zweistündigen Betrieb hinreichende Füllung von etwa neunzig Kilogramm Holzscheiten ausgeräumt und fein säuberlich neu eingestapelt werden musste. Leerzeiten von bis zu einer Stunde gingen so einer effektiven Betriebszeit von höchstens zwei Stunden voran!

Die Arbeit am Gasgenerator erforderte aber nicht nur Geschick und Einfühlungsvermögen, sie gefährdete auch in hohem Maße die Gesundheit des Bedieners. Generatorgas enthält über 35 Prozent Kohlenoxid (CO), ein überaus giftiges und zudem geruchloses Gas. Schon eine Menge von 0,1 Prozent in der Atemluft kann tödlich wirken! In häufig wiederholten, populär gehaltenen Aufklärungskampagnen wurden die Gasschlepperfahrer deshalb aufgefordert, *„das Holzgas neidlos dem Motor zu überlassen."* Nicht alle haben sich daran gehalten, denn sonst wären die umfangreichen Richtlinien für den Generatorbediener überflüssig gewesen, die das Anzünden, den Betrieb und auch das Abstellen des Motors im Einzelnen festlegten. Sie waren erforderlich, machten aber in den letzten Kriegsmonaten das Schlepperfahren zunehmend zur Strapaze. Ein an den „Gasfahrer" gerichtetes Gedicht macht auf einige der Hindernisse aufmerksam.

An den Gasfahrer

Stehst du vor'm Generatorwagen,
Denkst du wohl mit bangem Zagen,
Dass er dir nun Sorgen macht;
Doch er tut's nicht, hast du acht:

Nimm gutes Tankholz, stückig und trocken,
Nicht zu klein und nicht zu groß die Brocken!
Ob weich, ob hart, ist nicht so wichtig,
Beides gemischt ist sicher richtig.

Dann mach auch alle Luken dicht,
Sonst kriegst du Gas ganz sicher nicht,
Weil's gleich verbrennt im Generator
Und keine Kraft mehr gibt dem Motor.

Die Dichtungen halt immer rein,
Schmier stets sie mit Graphitöl ein.
Kondenswasser lass zeitig ab,
Denn sonst macht es die Leistung knapp.

Den Rost rüttle vor'm Tanken heftig
Und stoch're noch die Füllung kräftig.
Den Hohlbrand kannst du dadurch meiden
Und sparst dem Motor dadurch Leiden.

Hast du an all das gut gedacht,
Das Fahren dir auch Freude macht,
Die Luft stell immer richtig ein,
Das merke gut, das muss stets sein.

Auch's Schalten darfst du nicht vergessen,
Denn wirklich wäre es vermessen,
Zu denken, 's könnt' auch ohne geh'n,
Sofort bleibt dir der Motor steh'n.

Stets denk beim Generatorfahren,
Dass gut das Gas vor allem sei,
Das wird vor Sorgen dich bewahren
Bei deiner Holzgasfahrerei!

Neue Ideen im Schlepperbau der Nachkriegszeit

Der Zweite Weltkrieg endete für das Deutsche Reich mit Zerstörung, Chaos und wirtschaftlichem Zusammenbruch. Städte und Industrieanlagen waren weitgehend vernichtet oder wurden demontiert, die Menschen litten unter größter Armut. In dieser Situation zählten die Bauern zu den wenigen, die über wertvollen Besitz verfügten – über Nahrungsmittel. Und während der Aufbau der Städte langsam vor sich ging, konnte die Arbeit auf dem Land relativ zügig wieder aufgenommen werden. Allerdings mussten die Bauern auf die wenigen noch vorhandenen Betriebsmittel zurückgreifen.

Rund 70.000 Schlepper hatten in der deutschen Landwirtschaft den Weltkrieg überstanden. Viele davon besaßen nur mehr Schrottwert, für andere fehlten die dringend benötigten Ersatzteile, und die meisten verfügten über die umständliche und wenig effiziente Generatortechnik. Neue Schlepper konnten indes nur in kleinsten Stückzahlen

Mit frischem Schwung und guten Konzepten

Zu denjenigen, die nach dem Weltkrieg voller Schwung in den Schlepperbau einstiegen, gehörte Kurt Schröter. Im bayerischen Wolfratshausen gründete er den Alpenland Fahrzeugbau und lieferte 1949 Schlepper aus, die sich durch hohe Zugleistung und gute Geländegängigkeit auszeichneten (linke Seite). Kreativ waren auch Kühner & Berger, der Waiblinger Sägenhersteller Stihl sowie Hermann Zanker, Tübingen, und Fritz Ensinger aus Michelstadt (von links oben nach rechts unten).

gebaut werden. Große und kleinere Traktorenfabriken wie Lanz, Hanomag, Deuliewag, Miag und Kramer lagen entweder in Schutt und Asche oder wurden demontiert. Kam dennoch die Produktion wieder in Gang, wurden zunächst Ersatzteile hergestellt. Allein Lanz hatte dem Ersatzteilbedarf von rund 40.000 Bulldogs zu entsprechen, womit die verminderten Kapazitäten des Werks auf Monate ausgelastet waren. So vermeldete die Schlepperindustrie mit einigem Stolz, dass 1948 doch wieder 8000 neue Schlepper gefertigt werden konnten. Auch schätzte die Wirtschaft insgesamt die Zukunftsaussichten des Traktorenbaus als gut ein. Grundlage des Optimismus bildete eine 1947 veröffentlichte Studie „Die Mechanisierung der Landwirtschaft“, in der Sachverständige für Westdeutschland einen Bestand von 310.000 Schleppern bei einer jährlichen Produktion von 26.000 Stück voraussagten.

Die eingeschränkten Liefermöglichkeiten der großen Traktorenfabriken eröffneten kleineren, flexiblen Unternehmen eine gute Chance, sich auf dem größer werdenden Schleppermarkt etablieren zu können. Ensinger (Michelstadt), Großhessische Truck Company (Wiesbaden), Hoffmann & Co. (Hannover), Kelkel (Tamm), Weigold (Mannheim) oder auch Wille (Hamburg) sind einige der Firmen, die mit Zusammenbauten der unterschiedlichsten Art Anstrengungen in dieser Richtung unternahmen. Ihre Möglichkeiten als Schlepperhersteller blieben jedoch beschränkt, da sie technisches Neuland nur selten betreten

Schlepper mit großen Namen

Früher als andere baute Allgaier schmale Spezialtraktoren mit bester Eignung für Einsätze in den Sonderkulturen (links). Besonders einfallsreich waren die Konstrukteure bei Porsche Diesel. Sie bauten Traktoren nach dem „Baukastenprinzip" und entdeckten, dass das Design ein Verkaufsargument sein kann (rechts).

konnten. Ihre Traktoren wurden von den Bauern denn auch gern als „Konfektionsschlepper" eingestuft.

Andere Firmen versuchten ein eigenständiges Image für ihre Schlepper aufzubauen. Hermann Zanker in Tübingen beispielsweise konstruierte einen Kleinschlepper, der sowohl wegen des Einzylinder-Zweitakt-Dieselmotors „M 1" als auch wegen der sauberen Linienführung der Maschine insgesamt auffiel. Mit einem eigenen Einzylinder-Zweitakt-Dieselmotor rüstete auch Andreas Stihl in Waiblingen seinen Bauernschlepper „Typ 140" aus, der sich insbesondere durch die leichte, freitragende Rohrbauweise auszeichnete. Damit setzte Stihl als einer der ersten Schlepperfabrikanten auf die Leichtbauweise, was allerdings einen hohen technischen Standard der Maschine voraussetzte. Viele Schlepper ersetzten nach wie vor durch Gewicht, was ihnen an technischer Raffinesse fehlte!

Ein Porsche mit 17 PS

Kaum weniger Aufsehen als der Stihl-Schlepper erregten die ab 1947 bei Allgaier in Uhingen gebauten Traktoren. Vom Allgaier „R 18", der als *„robust und unter Verzicht auf modische Verkleidung leistungsfähig und billig"* bewertet wurde, konnten schon bis 1950 einige Tausend Stück verkauft werden. Dann allerdings gelang Allgaier ein Coup in der deutschen Schleppergeschichte. Mit Professor Porsche kam man überein, eine weiterentwickelte Version des noch im Dritten Reich konzipierten „Volksschleppers" in Lizenz herzustellen. Der „AP 17", was so viel heißt wie „Allgaier-Schlepper System Porsche 17 PS", verfügte denn auch mit ölhydraulischer Kupplung, Ölreinigungsschleuder im Motor, Portalbauweise der Hinterachse, großem Radeinschlag usw. über einige technische Besonderheiten, die bei den Bauern so gut ankamen, dass Allgaier in den frühen 1950er Jahren eine auf dem AP 17 basierende Schlepperreihe mit Typen zwischen 12 und 44 PS entwickelte. 1956 trennte sich Allgaier dann allerdings vom Traktorenbau, um sich wieder auf die Werkzeugmaschinenherstellung zu konzentrieren. Der Porsche-Diesel wurde dennoch bis 1963 weitergebaut. Der Montankonzern Mannesmann hatte dazu in Friedrichshafen eigens eine Tochtergesellschaft gegründet, der es 1959 sogar vergönnt war, mit ihren Schleppern den zweiten Platz in der Zulassungsstatistik zu erobern.

Technisch neue Wege im Schlepperbau beschritt mit der Ruhrstahl AG (Witten) ein weiteres Unternehmen der Schwerindustrie, dem die Alliierten Produktionsbeschränkungen auferlegt hatten. Ruhrstahl machte es sich 1949 zur Aufgabe, einen Schlepper zu konstruieren, der Geräte tragen, heben, senken und drehen können sollte und dennoch stets nur eine Person zur Bedienung erforderte. Für Transporte war außerdem eine Ladefläche vorgesehen, während ein 20 PS starker Henschel-Motor als Kraftquelle des Geräteträgers genannten Fahrzeugs in Frage kam. Die Rechnung von Ruhrstahl schien aufzugehen, als auf der DLG-Ausstellung 1951 nach einer Demonstration im durch anhaltenden Regen aufgeweichten Vorführfeld auf einen Schlag 350 Maschinen verkauft wurden. Doch als Ruhrstahl in seinen angestammten Tätigkeitsgebieten wieder aktiv werden durfte, stellte das Wittener Unternehmen den Nutzfahrzeugbau ein. Die Rendite bei der Stahlgewinnung lag, so hatten Berechnungen ergeben, etwa vier- bis fünfmal so hoch wie bei der Traktorenfertigung. So verschwand der Ruhrstahl-Geräteträger ebenso schnell wieder vom Markt, wie er gekommen war.

Eine unglückliche Hand hatte Lanz mit seinem Geräteträger „Alldog". Zwar gelang auch bei diesem Fahrzeug die Abkehr vom herkömmlichen „Guck-Dich-um"- zum neuen „Schau-voraus"-Prinzip, doch mangelte es dem Alldog am geeigneten Motor. Der zunächst eingebaute schnell laufende Benzinmotor besaß für eine Maschine, die vierreihige Anbaugeräte tragen sollte, weder die nötige Stärke noch das erforder-

stattliche, völlig funktionslose Blechverkleidung hatte es möglich gemacht!

Ähnlich erging es übrigens auch dem von Hanomag für den Tragschlepper entwickelten leichtgewichtigen Zweitaktmotor. Der Viertaktmotor früherer Jahre hatte bei den Bauern stets ein Gefühl der Stärke aufkommen lassen, der schnell laufende Zweitakter hingegen besaß schon bald den Ruf, ein „Düsenjäger" zu sein, so schrill und hell klang das Motorengeräusch. Wen wundert's, wenn Hanomag angesichts der „Düsenjäger mit der Wespentaille" bei den Bauern ins Abseits geriet? Nur ein rascher Rückgriff auf den bewährten, zuvor geschmähten Viertaktmotor verhinderte für das Unternehmen das Schlimmste.

Ein neues Verkaufsargument: luftgekühlte Motoren

„Der Krieg ist der Vater aller Dinge", stellte schon um 500 v. Chr. Heraklit fest. Mag man dieser Aussage auch mit Skepsis begegnen, zumindest für die Einführung des luftgekühlten Dieselmotors in den Schlepperbau trifft sie zu. Ausgangspunkt für die Entwicklung war nämlich die rüstungsbedingte Produktionsumstellung im Werk der Gebrüder Eicher, die ab 1942 anstelle von Ackerschleppern Flugzeugmotoren herzustellen hatten. Dabei entdeckten die Konstrukteure des bayerischen Unternehmens, dass die Vorzüge luftgekühlter Flugzeugmotoren wie etwa geringe Wartung, niedriges Gewicht und verbesserte thermische Eigenschaften bei Schleppermotoren ebenfalls genutzt werden konnten. So begann man in Forstern unmittelbar nach dem Krieg mit Experimenten, die 1947 zum Einbau des ersten luftgekühlten Dieselmotors in einen Traktor führten. Klöckner-Humboldt-Deutz (KHD) und Motorenwerke Mannheim (MWM) folgten Eicher nur kurze Zeit später. Damit entbrannte unter den Konstrukteuren ein heftiger Streit um die Vor- und Nachteile von wasser- und luftgekühlten Schleppermotoren.

Einer für alle

Der Elfer-Deutz ermöglichte vielen Landwirten den Einstieg in die Motorisierung. Sein luftgekühlter Motor war robust und pflegeleicht und auch das Fahrwerk überzeugte durch hohe Funktionalität. Die Bedienung war verständlich und da auch der Anschaffungspreis stimmte, stieg KHD mit dem Bauernschlepper zum deutschen Marktführer auf.

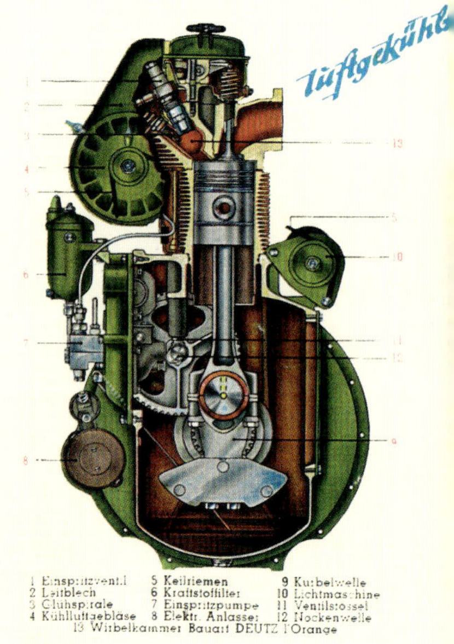

Schlepper-Innenleben

Mit Einblicken in das Innenleben der Traktoren nahm man den Bauern anfangs durchaus bestehende Motorisierungsängste. Sie erkannten, dass das, was in ihrem Schlepper geschah, kein Hexenwerk war, sondern nüchterne Technik.

Die Aufregung legte sich erst wieder, als offenkundig wurde, dass die technischen Probleme beider Kühlsysteme beherrschbar waren. Luft- wie wassergekühlte Dieselmotoren verfügten nicht nur über eine ähnlich lange Lebensdauer, auch in den sonstigen Eigenschaften waren sie vergleichbar.

Ein profilierter Motorenausrüster wie MWM konnte seinen Kunden denn auch wahlweise beide Systeme anbieten, womit sich die Kontroverse eigentlich erübrigt hatte, wäre da nicht der beträchtliche Anstieg bei den Zulassungszahlen für KHD gewesen. Mit einer geschickten Werbung hatten es die Kölner Treckerhersteller verstanden, die Luftkühlung ihrer Produkte zum Verkaufsargument zu machen, das bei vielen Bauern Erfolg hatte. Erboste Konkurrenten bezeichneten das Ganze hingegen als ein technisches Verwirrspiel mit der eindeutigen Absicht der Absatzsteigerung.

Und noch eine weitere technische Neuerung belebte den Schlepperbau der Nachkriegszeit. Verschiedene Konstrukteure wagten sich an den Allradantrieb heran, mit dem die Zughakenleistung dann gesteigert werden konnte, wenn es gelang, das Schleppergewicht günstig auf alle angetriebenen Räder zu verteilen. Vorreiter bei dieser Technik waren einmal mehr die Mannheimer Motorenwerke (MWM), als sie bereits 1948 den Prototyp eines 22 PS-Allradschleppers mit vier gleichgroßen Rädern und Vorderradlenkung entwickelten. Allerdings verfolgte MWM das Projekt nicht weiter, überließ es vielmehr Deuliewag. Aber was in der Mannheimer Motorenschmiede realisierbar schien, überforderte die Techniker des mittelständischen Hamburger Unternehmens. Sie scheiterten, als es darum ging, das Fahrzeug wendiger zu machen, was insofern Schwierigkeiten bereitete, als angetriebene Vorderräder nur beschränkt einzuschlagen sind. Auch lag der Schwerpunkt des Fahrzeugs zu hoch, sodass der Traktor bald wieder aus dem Programm gestrichen wurde.

Zwei kleine Unternehmen boten eine andere Lösung der technischen Probleme bei den Allradschleppern. Sie bauten vier gleich kleine Räder unter die Rahmen, wodurch der Schwerpunkt extrem niedrig zu liegen kam. Dabei griffen sowohl die Großhessische Truck Company als auch Georg Wille für ihre massig aussehenden Schlepper Urus, Stier und Bullo auf Teile abgerüsteter amerikanischer Heeresfahrzeuge zurück. Die Nähe der Allradschlepper zu den geländegängigen Kriegsfahrzeugen machte es möglich. Selbst Kritiker gestanden zumindest dem Urus zu, „einer universellen Arbeitsmaschine sehr nahe zu kommen“, was vom Wiesbadener Verwerter von amerikanischem Kriegsschrott als uneingeschränktes Lob gewertet werden konnte. In den frühen 1950er Jahren baute die Firma dann sogar noch einen 28 PS-Allradschlepper, dem anzusehen war, dass man die Reste der Kriegsfahrzeuge aufgebraucht hatte. Der 28 PS-Urus barg vielmehr alle Elemente modernen Schlepperbaus in sich, nur vom Preis her kam er für die meisten Bauern nicht in Frage.

Doch nicht nur experimentierfreudige Bastler befassten sich mit dem Allradantrieb. MAN beispielsweise begann unmittelbar nach dem Krieg mit Tests für einen vierradgetriebenen Ackerdiesel. Dabei verzichtete MAN auf gleich große Räder und bot stattdessen die Möglichkeit eines Standardschleppers, bei dem die kleinen Vorderräder wahlweise als Antrieb zugeschaltet werden konnten. Was in den 1980er Jahren für Pkws als technisch letzter Schrei angeboten wurde, nämlich der wahlweise Einsatz von Hinterrad- oder Allradantrieb, erlaubte dem MAN-Ackerdiesel schon 1950 eine weitgehende Anpassung des Fahrverhaltens an die Gegebenheiten des Geländes. Außerdem verfügte das Fahrzeug über eine außerordentliche Steigfähigkeit, was ihm insbesondere in den bergigen Regionen Süddeutschlands viele Freunde ver-

Ehre, wem Ehre gebührt

MAN gehört, mit bis 1962 circa 50.000 gebauten Ackerdieseln, zu den Vorreitern der Allradtechnik (links). Das in Wiesbaden ansässige deutsche Ursus-Traktorenwerk (später Urus) demonstrierte mit seinen Zugmaschinen, wie sinnvoll vier gleichgroße Räder sein können (rechts).

schaffte. Umso größer war dann das Bedauern, als MAN zu Beginn der sechziger Jahre seinen Rückzug aus dem Schleppergeschäft erklärte.

In der Nachkriegszeit erhielt der Schlepperbau wichtige neue Impulse. Bauformen, Motoren, Getriebe änderten sich. Sie wurden allesamt leistungsfähiger und zugleich technisch anspruchsvoller. Die Landwirtschaft nahm die neuen Traktoren bereitwillig auf. Die 1947 prognostizierte Jahresproduktion von 26.000 Stück war längst überholt. Allein 1955 konnten 150.000 Schlepper in Deutschland hergestellt werden. Mit Beginn der 1960er Jahre überschritt der Schlepperbestand die Millionengrenze. Wer dachte da noch an die Kritik, mit der die Sachverständigen seinerzeit überschüttet worden waren, als sie sich erdreisteten, von 310.000 Schleppern in der deutschen Landwirtschaft zu sprechen?

Doch das Hineinwachsen in die großen Stückzahlen forderte Opfer. Viele kleine Hersteller und innovative Werkstätten der Nachkriegszeit, wenn man will das Salz in der Suppe der Schlepperherstellung, mussten vor den großen Traktorfabriken, inländischen wie ausländischen, kapitulieren. Allgaier, Alpenland, Bautz, Deuliewag, Fahr, Hagedorn, Kaelble, Köhler, Kühner & Berger, Miag, Normag, Röhr, Urus, Zettelmeyer und viele andere mehr schieden aus dem Wettbewerb aus. Für die Landmaschinenmechaniker aber, für die die Jahre zwischen 1955 und 1975 zu den wirtschaftlich erfolgreichsten zählen, war die Konzentration auf weniger Hersteller eine Notwendigkeit. Komplizierte Schleppertechnik bei einer kaum noch übersehbaren Hersteller- wie Typenvielfalt wäre des Guten denn doch zuviel gewesen.

Getriebtechnik vom Feinsten

Die von International Harvester in seinen Traktoren realisierte IH Agriomatic ermöglichte ein Anfahren ohne zu schalten und zählt damit zu den frühen Vorläufern der heutigen Variotechnik.

Ackerschlepper aus der besten Stube des Automobilbaus

Unimog und MB-trac

Die Daimler AG hat sich in ihren Vorgängergesellschaften bereits seit mehr als 100 Jahren mit der Entwicklung von Traktoren, Lokomobilen und Zugmaschinen befasst. So baute Adolf Altmann 1896 in seiner Firma eine Zugmaschine mit Einzylinder-Petroleummotor und Verdampfungskühlung und nannte sie „Tracteur". Als „Traktor" wurde diese Wortschöpfung, der das lateinische Verb „trahere" (= ziehen, schleppen) zugrunde liegt, zum Inbegriff einer Zugmaschine, insbesondere für die Landwirtschaft.

Bei der Daimler-Motoren-Gesellschaft in Berlin-Marienfelde, einer weiteren Vorgängergesellschaft, entstanden im Jahre 1920 die Daimler-Pflug-Schlepper. Sie gehörten zu der Kategorie der Dreiradtraktoren und wiesen Leistungen von 25 und 45 PS auf. Das waren die ersten „Sterne" auf dem Acker, denn erstmals zierte einen Traktor der Mercedesstern. Einmal mehr wurde damit zum Ausdruck gebracht, dass die neuen schnell laufenden Benzin-Viertaktmotoren, entwickelt bereits 1886 für den ersten Pkw der Welt, „zu Lande, zu Wasser und in der Luft" eingesetzt werden können.

Im Wettbewerb dazu stand der Benz-Sendling-Motorpflug mit ebenfalls 3 Rädern. Der entstand in einer Gemeinschaftsproduktion der

Unimog ist nicht gleich Unimog

Im Laufe der Zeit wurden viele Baureihen für verschiedene Anwendungsbereiche entwickelt, die zwar auf dem ursprünglichen Konzept eines allradgetriebenen Fahrzeuges mit vier gleichgroßen Rädern basieren, sich aber teilweise erheblich vom ersten Unimog unterscheiden. Mit dem Unimog 411 setzte sich Daimler-Benz das Ziel, jährlich 4000 Fahrzeuge abzusetzen. Bei der Weiterentwicklung der Baureihe wurden Kundenwünsche miteinbezogen.

Benz & Cie in Mannheim mit der Motorenfabrik München-Sendling und wurde 1919 auf der DLG-Ausstellung in Magdeburg erstmals vorgestellt. Der zweizylindrige Vergasermotor der Benz & Cie leistete 25 PS bei 800 U/min.

Als Benz & Cie einen Versuchsträger für den von Prosper L'Orange entwickelten schnelllaufenden Vorkammer-Dieselmotor suchte, wurde dieser 1922 in den Benz-Sendling-Motorpflug eingebaut, ebenfalls mit 2 Zylindern und 25 PS bei 800 U/min. Der Benz-Sendling-Motorpflug war somit der erste Ackerschlepper und das erste Fahrzeug weltweit mit Dieselmotor. Mit dem konnte der Kraftstoffverbrauch deutlich gesenkt werden. Das zeigten 1924 durchgeführte Vergleichsfahrten mit baugleichen Benz-Lkw der 5-Tonnen-Klasse, ausgerüstet mit Benzinmotor und Dieselmotor. Der jetzt vierzylindrige Dieselmotor mit 45 PS Leistung verbrauchte 34 % weniger Kraftstoff. Die Kraftstoffkosten konnten sogar um 86 % gesenkt werden. 1925 wurde dieser Dieselmotor auch in den Benz-Gaggenau-Traktor eingebaut.

In wirtschaftlich schlechten Zeiten fusionierten 1926 die Daimler-Motoren-Gesellschaft und die Rheinische Gasmotorenfabrik Benz & Cie zur Daimler-Benz AG. In dieser Zeit entstand der Mercedes-Benz Typ OE, der zunächst noch als Benz-Sendling vorgestellt wurde. Der nunmehr einzylindrige Viertakt-Vorkammer-Dieselmotor war liegend

„Sterne" auf dem Acker

Der erste „Stern", der auf dem Acker zugange war, war der Daimler-Pflugschlepper Typ 1921 (oben), hier mit einem Wendepflug und Züttlinger-Egge. Im Wettbewerb dazu stand der Benz-Sendling-Motorpflug Typ S8, der erste Traktor mit einem sparsamen Dieselmotor (unten). Die Antriebsmaschine wurde von der angehängten Drillmaschine aus gelenkt. Gemeinsamer Nachfolger war der Mercedes-Benz-Schlepper Typ OE mit liegend angeordnetem, einzylindrigen Dieselmotor (Mitte).

Das System „Unimog“

Ebenso wichtig wie das Fahrzeug selbst, war die Vielfalt der angebauten Geräte. Für den U1 (oben) mit Frontmähwerk und Pflug, standen allerdings noch keine Reifen mit AS-Profil zur Verfügung. Am Boehringer-Unimog (rechts) befindet sich ein Front-Vielfachgerät und ein Spurlockerer hinten. Felge und Spurweite sind auf 1470 mm gesetzt. Der Ochsenkopf auf der Motorhaube symbolisiert die Kraft und Mobilität des Unimog.

angeordnet und verhalf den Traktor zu seinem Namen: Oelmotor Einzylinder (=OE). Mit einer Zündpatrone war er leichter zu starten als der Zweitakt-Glühkopfmotor des Lanz-Bulldog, der eine Lötlampe benötigte. Trotz des überzeugenden Konzepts und der im Urteil der Kunden leichten Bedienung blieb der Verkaufserfolg aus, sodass die Produktion 1935 eingestellt wurde.

Motorisiert und universell einsetzbar

Für den Daimler-Konzern und seine Vorgängergesellschaften waren die bis dahin gelieferten rund 3000 landwirtschaftlichen Traktoren, teilweise aus militärischen Zugmaschinen entstanden, kein großer wirtschaftlicher Erfolg. So war es denn nur folgerichtig, dass der Vorstand es zunächst ablehnte, nach dem Zweiten Weltkrieg ein „motorgetriebenes Universalgerät für die Landwirtschaft“ zu entwickeln, das ihm sein ehemaliger Direktor Albert Friedrich vorstellte.

Albert Friedrich war Leiter der Flugmotoren-Entwicklung der Daimler-Benz AG in Stuttgart und erkannte am Ende des Zweiten Weltkrieges die Notlage der Bevölkerung und ihren zu erwartenden dringenden Bedarf an Nahrungsmitteln. Zu deren Erzeugung sollte die harte Arbeit der Landwirte auf dem Acker erleichtert und rationalisiert werden. Im September 1944 wurden darüber hinaus Pläne des amerikanischen Finanzministers Henry M. Morgenthau bekannt, Deutschland nach dem Sieg der Alliierten zu deindustrialisieren und in einen reinen Agrarstaat zu verwandeln. Der Plan wurde jedoch bald wieder verworfen. Friedrich setzte indessen seine Arbeiten fort. Über praktische Erfahrungen in der Landwirtschaft verfügte er nicht, sodass er sich bei ehemaligen Kollegen umhörte, die wie er aufgrund von Auflagen der Besatzungsmächte arbeitslos geworden waren und die es, zumeist als landwirtschaftliche Hilfsarbeiter, auf Bauernhöfe verschlagen hatte. Gespräche mit Landwirten aus der Umgebung und beim Besuch der Landwirtschaftlichen Hochschule in Hohenheim erweiterten sein Fachwissen. Der erste Entwurf einer Projektzeichnung mit Beschreibung datiert vom 7. September 1945 und skizziert ein Allradfahrzeug mit vier gleich großen Rädern, in der Mitte eine Ladefläche, hinten eine federnd aufgehängte Anhängekupplung für Anhänger oder Pflug sowie vorn ein über die Gesamtbreite von 1600 mm angebrachtes Mähwerk. Das mittig angeordnete Getriebe sowie der im Heck angebrachte Motor sollten dem Gerät Fahrgeschwindigkeiten von 3 km/h bis 50 km/h ermöglichen. Mit diesem Entwurf gelang es Friedrich, am 20. November 1945 von der amerikanischen Militärverwaltung die Genehmigung für den Bau von 10 Prototypen zu erhalten.

Inzwischen war bei der Firma Erhard & Söhne in Schwäbisch Gmünd, ein Hersteller von Galanteriewaren, ein kleines Konstruktionsteam zusammengestellt worden. Dessen Leitung übernahm Anfang 1946 Heinrich Rößler. Rößler überarbeitete den ersten Entwurf und stellte am 6. März 1946 einen endgültigen Entwurf vor. Dem Konstrukteur Hans Zabel war dazu ein prägnanter Name eingefallen: „UNIMOG“, das für „Universal-Motor-Gerät“ steht.

Bei diesem war der Motor vorn und die Pritsche über der Hinterachse angeordnet. Zusammen mit dem zweisitzigen Fahrerhaus mit Klappverdeck lagen damit 2/3 des Gesamtgewichts auf der Vorderachse. Die gefederten Achsen vorn und hinten wurden über Quer- und Längslenker geführt und über in den Längslenkern agierende Antriebswellen angetrieben. Laufradvorgelege an den Achsen erhöhten die Bodenfreiheit. Für den Antrieb von Geräten standen vorn und hinten Zapfwellen sowie seitlich ein Riementrieb zur Verfügung. Mit einer Spurweite von1270 mm und den Reifen 6.50-20 passte er genau in zwei Kartoffelreihen. Dieses Konzept erwies sich als so genial, dass es bis heute auch bei leistungsstärkeren Unimog-Ackergiganten größerer Abmessung sowie beim späteren MB-trac Anwendung fand.

Erste Prototypen wurden mit dem Benzinmotor Typ M136 der Daimler-Benz AG aufgebaut, nachdem bekannt wurde, dass diese einen Dieselmotor ähnlicher Abmessung mit der gewünschten Leistung von 25 PS entwickelten, den OM636. Trotz der Materialknappheit dieser Zeit konnte nach nur 7 Monaten mit dem Fahrgestell am 9. Oktober

1946 eine erste Probefahrt durchgeführt werden. Das Fahrerhaus wurde erst Anfang Dezember aufgesetzt. Auch dieses mit einer klaren Linienführung so genial, dass es bis heute als Design-Ikone des Nutzfahrzeugbaus gilt. Bereits nach den ersten Probefahrten wurde mit der Geräteabstimmung begonnen. Dazu wurden landwirtschaftliche Arbeitsverfahren analysiert und mit dem Unimog als Basisfahrzeug optimiert, oft in Form von Kombinationen mit Geräten vorn, hinten, in der Mitte und/oder seitlich. Neue Geräte wurden entwickelt, vorhandene dem Unimog oder der Unimog den Geräten angepasst. Die Entwicklung dieses „Systems Unimog" oblag dem Diplom-Landwirt Erich Grass. Die Normung der Schnittstellen Traktor/Anbaugerät steckte noch in den Anfängen. Sie wurde mit der Gründung der Normengruppe Landmaschinen und Ackerschlepper im Oktober 1949 aktiviert.

Viele Vorführungen dienten dazu, das schnelllaufende Mehrzweckfahrzeug Unimog bei Kunden der Land- und Forstwirtschaft, bei Behörden, Organisationen und Entscheidungsträgern bekannt zum machen. Ihnen musste klar gemacht werden, dass man mit einem Traktor auch Pflügen kann, bei dem man die Räder nicht sieht. Sie mussten entscheiden, welcher Fahrzeuggattung das neue Gefährt angehört. Als Ackerschlepper und Geräteträger durfte es damals nicht schneller als 20 km/h fahren. Als Straßenzugmaschine oder Lastkraftwagen durfte es keine Anbaugeräte tragen. Nach intensiven Vorführungen und Gesprächen gelang es im Mai 1949, den Unimog als Sonderfahrzeug und „Diesel-Ackerschlepper mit Pritsche" für die Land- und Forstwirtschaft in Deutschland zuzulassen. Gerade rechtzeitig zum Serienanlauf.

Der Prozess zur Klärung von Grundsatzfragen wie Befreiung von der KFZ-Steuer, Haftpflichtversicherung für den Gerätebetrieb, Anerkennung als Ackerschlepper, Einstufung in den Zolltarifen etc. sollte auf nationaler Ebene rund 10 Jahre, auf europäischer Ebene fast 50 Jahre dauern. Seit 2015 können in der EG Traktoren mit einer Höchstgeschwindigkeit von mehr als 90 km/h zugelassen werden.

Robuster Waldarbeiter

Seinen Erfolg verdankt der Unimog nicht zuletzt der Forstwirtschaft. Der U411 ist mit einem Kreiling-Rückeaggregat und einer Adler-Doppeltrommelwinde ausgestattet.

Ein „Traktor" aus der Maschinenfabrik

Die Landwirte konnten sehr bald überzeugt werden, sodass mit monatlichen Produktionszahlen von 100 Unimog kalkuliert wurde, die aber Erhard & Söhne nicht herstellen konnte. Nach diversen Gesprächen mit renommierten Herstellern entschieden sich im März 1947 die Gebrüder Wolfgang, Werner und Rolf Boehringer die Produktion zu

Unimog, der Tausendsassa

Es gibt nichts, was mit dem Unimog nicht erledigt werden könnte. Die gezeigten Bilder spiegeln nur einen kleinen Ausschnitt der Einsatzmöglichkeiten wider. Bis heute eine Domäne des Unimog: U2010 mit Holder Feldspritze (oben links). Ob mit Kartoffelroder und Hochkippbunker der VEB Fortschritt Weimar (oben rechts) oder einer pneumatischen Drillmaschine „Accord" und Amazone-Aufbautank, Spurreißern und Spurweiser (unten links), der U406 stellt seine Vielseitigkeit unter Beweis. Federzinkenegge und Drillmaschine sind für den Transport auf der Straße mit weiß-roten Warntafeln gesichert (unten rechts).

übernehmen, auch um damit der drohenden Demontage ihrer Fabrik für Werkzeugmaschinen durch die Alliierten zu entgehen. Der Umzug von Schwäbisch-Gmünd nach Göppingen erfolgte im Januar 1948.

Mit einem neu entwickelten Getriebe und diversen Geräten wurden zwei Unimog erstmals auf der DLG-Ausstellung 1948 in Frankfurt vorgestellt. Das Getriebe mit integrierten Verteilergetrieben für den Allradantrieb und die Zapfwellen war mit Klauen geschaltet und bereits für den späteren Einbau einer Synchronisierung vorbereitet. 1957 war dieses Getriebe das erste mit Synchronisierung in einem Traktor.

In Göppingen wurden ab Februar 1949 über die Dauer von zwei Jahren ca. 600 Unimog produziert. Als dann Verhandlungen über die Lieferung weiterer Motoren anstanden, unterbreitete die Daimler-Benz AG das Angebot, den kompletten Unimogsektor zu übernehmen. Für Boehringer kam dieses Angebot zur rechten Zeit. Seitens der Alliierten waren die Produktionsbeschränkungen für den angestammten Werkzeugmaschinenbau eingestellt worden. Zudem wären für den Umbau der Unimog-Fertigung auf eine rentablere Großserienfertigung Investitionen in Höhe von rund 20 Millionen DM notwendig geworden.

Serienfertigung unter dem Stern

Der Umzug ins badische Gaggenau erfolgte Anfang 1951. Anstelle der Boxenfertigung der Firma Boehringer wurde die aus der Lkw-Produktion bekannte Fließbandfertigung mit Vormontagen einzelner Baugruppen übernommen. Sie ermöglichte eine deutliche Steigerung der Stückzahlen. Nach dem Produktionsanlauf am 4. Juni 1951 wurden bis Ende des Jahres 1005 Unimog produziert. Viele der Zulieferer, die Boehringer Teile angeliefert hatten, lieferten diese jetzt auch dem Benzwerk an, sodass Unimog aus der Produktion Boehringer und Benz nur schwer zu unterscheiden sind. Unverändert zierte der Boehringer Ochsenkopf und noch kein Mercedes-Stern die Motorhaube. Dieser wurde erstmals 1953 beim neuen U401 am Kühlergrill angebracht. Der Ochsenkopf entfiel bei allen Unimog mit Einführung des U404S im Jahre 1955 und wurde durch die Mercedes-Benz-Plakette ersetzt.

Die vorstehend genannten neuen Typen sind nur ein Teil der von Daimler-Benz ab 1951 eingeführten neuen Modelle. Innerhalb von 12 Jahren entstanden 6 Baureihen für unzählige Marktsegmente. Die

Motorleistung wuchs auf 65 PS bzw. 82 PS, damit der Radstand, die Spurweite und die Nutzlast. Die Fahrerhäuser wurden größer, neben dem Klappverdeck waren Ganzstahlfahrerhäuser lieferbar, wie sie die neuen Kunden aus dem Gewerbe, aus der Industrie und aus den Kommunen benötigten. Seine extreme Geländegängigkeit und Vielseitigkeit wussten auch die „Nicht-zivilen"- Anwender zu nutzen, für die mit dem U404S ein neues Fahrzeugsegment entstand, das zum „Stückzahlkönig" avancierte.

Geräte für die neuen Marktsegmente wurden in das Gerätefreigabesystem aufgenommen. Bis heute wurden weltweit gemeinsam mit mehr als 270 Herstellern mehr als 3500 Geräte, Gerätekombinationen und Aufbauten getestet, dokumentiert und freigegeben.

Bereits die Firma Boehringer hatte damit begonnen, eine Vertriebsorganisation aufzubauen. Mit Übernahme durch die Daimler-Benz AG erweiterte sich diese durch deren weltweit vorhandene Vertragspartner. Waren diese am Vertrieb des Unimog nicht interessiert, wurden neue autorisiert.

Ein neues Konzept

Trotz all dieser Bemühungen stagnierte Ende der 1960er Jahre der Verkauf der in der Land- und Forstwirtschaft eingesetzten Unimog. Europaweit war er nur in Deutschland, England und den Niederlanden als Ackerschlepper anerkannt worden. In allen anderen Ländern musste er bei der Einfuhr wie ein Lkw verzollt werden und entfielen in weiterer Folge die Steuervorteile von Traktoren bei der Zulassung. Darüber hinaus durfte er nicht mit dem für die Landwirtschaft verbilligten Diesel betrieben werden.

Größter Nachteil waren die relativ kleinen 20-Zoll-Räder, die hohe Reifenluftdrücke erforderten und damit hohe Bodendrücke bewirkten. Größere Schlepper-Reifen für die hohen Fahrgeschwindigkeiten gab es noch nicht. Zusätzlich erforderten die hohen Geschwindigkeiten für den Fahrer den Lkw-Führerschein und für die Anhänger Druckluftbremsen. Immer weniger Kunden waren bereit, zugunsten der Schnellfahreigenschaft diese und weitere Nachteile wie das Fehlen einer Regelhydraulik in Kauf zu nehmen.

Gustav Krettenauer von der Verkaufsförderung hatte in dieser Situation als erster die Idee, einen langsam laufenden Unimog mit größeren Rädern und einer besseren Übersicht durch einen zentral angeordneten Fahrerplatz zu schaffen. Gegen interne Widerstände ent-

Zurück in der Landwirtschaft

Durch seine Vielseitigkeit hatte der Unimog inzwischen im Kommunalbereich, in der Armee und im Katastrophenschutz Karriere gemacht. In der Landwirtschaft, für die er ursprünglich gedacht war, sanken aber die Verkaufszahlen. Mit dem MB-trac griff Mercedes-Benz die Idee des Unimog Ende der 1960er Jahre wieder auf. Das Fahrzeug wurde auf der Basis von Unimog-Aggregaten entwickelt, hatte jedoch eine starre Hinterachse.

Die Entwicklung geht weiter

Mit neuen Geräten verändern sich auch die Anforderungen an die Zugmaschinen. Mit neuen Baureihen stellen sich der Konstrukteure bei Mercedes-Benz den Ansprüchen der Kunden: MB-trac 1000 mit Zwillingsbereifung und Bestellkombination (oben links), MB-trac 1300 mit Amazone Kreiselegge vorn, Rauch-Aufbautank und Accord-Drillmaschine (oben rechts), MB-trac 1500 mit Stoll-Köpfroder MRG in Schubfahrt (unten links), MB-trac 1600 turbo mit Sonderbereifung und Bestellkombination (unten rechts).

stand bis April 1969 auf Basis des U403 mit der Arbeitsmaschine A60 ein erster fahrfertiger Prototyp mit einer Leistung von 60 PS, nicht gefederter Hinterachse und Reifen der Größe 14.9-24. Dieser wurde weiterentwickelt und mit weiteren Prototypen erprobt.

Zur Sicherstellung des wirtschaftlichen Erfolgs war vorgegeben, 60 % der vom Unimog vorhandenen Teile und Aggregate wie Motor, Getriebe und Achsen zu verwenden. Die Rabattmarke für den Handel durfte die für den Unimog um höchstens 10 % übersteigen.

Nach 1½ Jahren wurde die Entwicklung Anfang November 1971 abrupt eingestellt. Im Rahmen der Verhandlungen der Daimler-Benz AG mit der Steyr-Daimler-Puch AG über den Erwerb deren Lkw-Sparte sollte geprüft werden, ob auch die Arbeitsmaschine in den Kooperationsvertrag aufgenommen werden konnte.

Dann wurde auf der Hannover-Messe 1972 aus Insiderkreisen bekannt, dass KHD auf der DLG-Ausstellung in 4 Wochen ein neues technologisches Schlepperkonzept ähnlich dem Unimog vorstellen wird, den Intrac. Noch auf der Messe beschloss der DB-Vorstand, die Arbeiten an der Arbeitsmaschine wieder aufzunehmen und ihn auf der bevorstehenden DLG-Ausstellung vorzustellen. Innerhalb dieser 4 Wochen wurde in einer beispielhaften Zusammenarbeit aller Beteiligten zwei der noch vorhandenen Prototypen ausstellungsfähig gemacht, Prospekte erstellt und nicht zuletzt der Name des neuen Traktors festgelegt: MB-trac.

Die Nachfrage auf der DLG-Ausstellung war trotz der ungewissen Liefersituation derart groß, dass der Serienanlauf beschlossen werden konnte. Dieser fand mit dem MB-trac 65/70 nach intensiven konstruktiven Überarbeitungen und Erprobungen am 1. Juli 1973 statt. Bereits in der Findungsphase hatte sich der Vertrieb Arbeitsmaschinen bis zu 120 PS gewünscht, um Händlern und Kunden neben dem Unimog weltweit ein komplettes Traktorenprogramm anbieten zu können. Dieses wurde sukzessive entwickelt. Bereits 8 Jahre nach Serienanlauf standen in 2 Baureihen und mit 6 Baumustern Traktoren im Leistungsbereich von 65 PS bis 150 PS zur Verfügung.

Alleinstellungsmerkmale der MB-trac waren die 4 gleich großen Räder, die gefederte Vorderachse, die Anordnung des geräumigen Fahrerhauses im schwingungsarmen Raum der Fahrzeugmitte, der Geräteanbau vorn und hinten sowie der Aufbauraum hinter dem Fahrerhaus, noch vor der starren Hinterachse. Sie ermöglichten Gerätekombinationen, die mit einem Standardtraktor nicht möglich waren und bis heute nicht möglich sind.

Wesentliche Merkmale der als Zweirichtungstraktor konzipierten Schweren Baureihe waren die Gewichtsverteilung, das Wendegetriebe und der auf Wunsch lieferbare Drehsitz. Bei letzterem waren der Fahrersitz, die Lenkung, die Pedalanlage und die Instrumententafel zu einer Einheit zusammengefasst und zentral im Fahrerhaus drehbar gelagert. Im praktischen Einsatz stand bei Pflugarbeiten und sonstigen schweren Zugarbeiten der Motor als Gegengewicht zur Verfügung.

Die Gewichtsverteilung mit statisch 60 % Anteilen auf der Vorderachse ermöglichte den Auf- und Anbau schwerer Geräte im Heck und reduzierte erforderliche Ballastgewichte bei schweren Zugarbeiten. Wurden auf dem Acker der Drehsitz um 180° gedreht und Geräte in Schubfahrt betrieben, diente ebenfalls der Motor als Gegengewicht. Für diese Einsätze war das Wendegetriebe auch bei Rückwärtsfahrt fein abgestuft und in allen Gängen voll belastbar. Das ermöglichte den Betrieb z.B. mit dem 3-reihigen Maishäcksler oder dem 6-reihigen Köpfroder wie eine selbstfahrende Arbeitsmaschine mit dem Vorteil, dass der MB-trac nach dem Abkoppeln der Geräte wieder als vollwertiger Traktor eingesetzt werden konnte. Darüber hinaus ermöglichte der zentral angeordnete und ergonomische Fahrerplatz mit guten Sichtverhältnissen in beiden Fahrtrichtungen ein ermüdungsfreies Arbeiten.

10 Jahre nach der Vorstellung des ersten MB-trac wurde 1982 auf der DLG-Ausstellung in München das Programm um den MB-trac 1000/441 erweitert. Mit ihm erhielt auch die leichte Baureihe ein neues Fahrerhaus, ein verstärktes Getriebe mit Außensynchronisation und mit Seitenschaltung. 1987 wurden dann mit neuen Typen für alle MB-trac die neuen Motoren OM 364/366 eingeführt, die die Abgasnorm Euro 0 erfüllten. Weitere Verbesserungen erfolgten im Detail. In dieser Ausführung war der MB-trac „state of the art". In Deutschland erzielte er Marktanteile von durchschnittlich 5 %. In der Klasse der Allradtaktoren über 125 PS wurde er mit Marktanteilen von über 50 % Marktführer. Ende der 1980er Jahre und insbesondere nach der Öffnung des Ostens wuchs die Nachfrage nach leistungsstärkeren Traktoren. Der OM 366 hatte als ladeluftgekühlter Motor noch Reserven nach oben, sodass in Verbindung mit einer Modifikation des Getriebes seine Leistung im MB-trac auf 180 PS erhöht werden konnte. Dieser Ackergigant ist heute einer der gefragtesten in der Oldtimerszene. Durch entsprechende Umbauten gibt es heute mehr als die 190 Stück, die in den 1 ½ Jahren bis zum Produktionsende im Werk Gaggenau hergestellt wurden.

Das Aus für den MB-trac

Das Produktionsende des MB-trac im Dezember 1991 hatte sich schon länger angekündigt. Mit Jahresstückzahlen von durchschnittlich ca. 2600 Einheiten war er wirtschaftlich nicht zu fertigen. Die angestrebten rund 60 % Gleichteile zum Unimog wurden nur zu 25 % realisiert. Die beiden Produktlinien MB-trac und Unimog hatten sich auseinanderentwickelt. Achsen und Getriebe mussten verstärkt werden, Modernisierungen forderten z.B. die Seitenschaltung.

Die Rabattsätze lagen nicht 10 %, sondern 20 bis 23 % über denen des Unimog in landwirtschaftlicher Ausführung, begründet durch Überkapazitäten bei den Traktorherstellern und Rückgängen bei den Zulassungszahlen in Deutschland und in der EG. Am Ende waren die Kunden nicht mehr bereit, für den Mehrnutzen des MB-trac gegenüber dem Standardtraktor auch mehr zu bezahlen. Rund 80 % setzten ihn wie einen Standardtraktor ein. Dieser hatte durch seine technische Weiterentwicklung Fähigkeiten des MB-trac übernommen.

Bereits 1986 hatte der Vorstand der Daimler-Benz AG eine Initiative ergriffen mit dem Ziel, zusammen mit den Firmen Fendt, Schlüter und KHD eine Landmaschinenunion zu gründen. Sie führte zu dem Ergebnis, dass nur KHD zu einer Zusammenarbeit bereit war. In einer Trac-Technik-Entwicklungsgesellschaft sollte unter der Regie von KHD eine neue Trac-Reihe mit Motorleistungen von 70 bis 200 PS entstehen. Nach 4 Jahren Entwicklungszeit wurde ein Trac vorgestellt, dessen technisches Konzept bei Marktuntersuchungen eine hohe Akzeptanz fand. Er war jedoch in der vorgestellten Konzeption zu marktgerechten Preisen nicht realisierbar, sodass KHD die Entwicklung einstellte.

Die Wiedergeburt des Unimog

Mit Einführung der Schweren Baureihe MB-trac wurden 1975/76 mit den Typen U424/U425 auch die Schwere Baureihe Unimog eingeführt. Motor und Getriebe waren nicht mehr miteinander verblockt wie bei den leichten und mittelschweren Baureihen, sondern mit einer Gelenkwelle miteinander verbunden. Diese aufgelöste Bauweise ermöglichte ein 3-sitziges Fahrerhaus. Neben weiteren Vorteilen blieb die klassische Gewichtsverteilung der Unimog mit 2/3 des Gesamtgewichts auf der Vorderachse erhalten. Aufgrund der Entwicklung des MB-trac hielten sich Modellpflegemaßnahmen in Grenzen, bis das Ende des

Starke Leistung

Mit 200 PS Motorleistung ist dieser Prototyp des MB-trac, hier im Test vor der Scheibenegge, ein echter „Ackergigant".

Ein bewährtes Paar

Unterschiedliche Technik, die sich bestens ergänzt – MB-trac 1300 in Schubfahrt mit Mengele SH30 und Unimog 425 bei der Maisernte (oben). Mit der Kombination eines 5-furchigen Volldrehpflugs mit Packern der Firma Niemeyer schafft der U2100/437 (unten) die idealen Voraussetzungen für einen saatfertigen und spurfreien Acker.

MB-trac abzusehen war. Mit dessen Ende stand 1991 ein komplett überarbeitetes Programm schnelllaufender Ackerschlepper im Leistungsbereich von 52 PS bis 214 PS zur Verfügung. Lieferbar waren u.a. mit dem Bordcomputer ein elektronisches Fahrerinformationssystem, Terrareifen, eine Reifendruckregelanlage und moderne Front- und Heckkraftheber. Erstmals für beide mit der „Terramatic“ eine elektronische Regelhydraulik.

Seit 1988 wurden Motoren des Typs OM 364/366 in Euro-0-Ausführung eingebaut. In einer weiteren Leistungssteigerung erlaubte der OM 366LA mit Ladeluftkühlung eine Motorleistung von 240 PS. Der U2400A wurde damit zu dem bis dahin schwersten Unimog Ackergiganten. Mit dem bewährten Konzept, den Innovationen für die Praxis und den für die Landwirtschaft wesentlichen Verbesserungen war der Unimog seitens der Technik für die Anforderungen der Landwirtschaft der 1990er Jahre gerüstet. Die Vertriebsmannschaft musste sich auf die Situation nach dem Ende des MB-trac einstellen. Deren Aktivitäten in der Landwirtschaft waren über nahezu zwei Jahrzehnte auf den MB-trac konzentriert gewesen und hatten den Unimog in eine Randposition in der Landwirtschaft verdrängt. Wie zu Beginn der Unimog-Ära musste man mit anwendungstechnischen, arbeits- und betriebswirtschaftlichen Argumenten den Landwirt und Lohnunternehmer von den Vorteilen des Unimog in der Landwirtschaft überzeugen. Diese Aufgabe übernahm die Baisch-Landtechnik-Consulting in Leingarten.

Dieter Baisch und seine Mitarbeiter setzten den Schwerpunkt der landtechnischen Anwendung auf die Düngung, den Pflanzenschutz, die

Saat und den Transport. Bei diesen Einsätzen kamen die Konzeptvorteile des Unimog voll zum Tragen. Neue Einsatzgebiete wurden aufgezeigt, bis ein altbekanntes Problem auftrat: bei steigenden Nutzlasten erfüllten die serienmäßig verfügbaren Reifen nicht die zunehmenden Erwartungen der Landwirte nach geringem Bodendruck. Die Zukunft wurde in angehängten Geräten mit Nutzlasten von 4 bis 5 Tonnen gesehen. Um 1995 wurde die Beratung eingestellt.

Strategische Neuausrichtung erfordert neue Produktlinien

Nach der MB-trac Ära wurde im Produktbereich Unimog die hohe Fertigungstiefe von etwa 65 % in Stufen um 50 % reduziert und die Fertigungskapazität von etwa 10.000 Fahrzeugen auf 3500 bis 4000 für eine reine Montage reduziert. Desweiteren die Strukturen und Prozesse optimiert sowie viele Maßnahmen eingeleitet, die Kosten zu senken. Marktuntersuchungen führten zu einem Paradigmenwechsel. Die unterschiedlichsten Anforderungen des Marktes waren nicht mehr mit einer Grundkonzeption zu realisieren. Es erfolgte eine Aufteilung in zwei Produktlinien.

Die neue Generation hochgeländegängiger Unimog (UHN) wurde für Transportaufgaben im schweren Gelände überarbeitet und blieb im Erscheinungsbild zur bisherigen Schweren Baureihe Unimog (SBU) nahezu unverändert. Für ihren Einsatz in der Bau- und Energiewirtschaft, bei der Waldbrandbekämpfung oder bei internationalen Friedensmissionen werden keine Front- und Heckkraftheber sowie keine landwirtschaftlichen Zapfwellen benötigt, sodass er praktisch nur noch mit den über Schubrohre geführten Portalachsen den Konzeptionsmerkmalen des Unimog von 1946 entsprach.

Parallel dazu entstand als vollständige Neuentwicklung der Unimog-Geräteträger (UGN) für die klassischen Einsätze im Gewerbe, in der Industrie und in den Kommunen. Gegenüber SBU und UHN wurde das Fahrwerk aus Kostengründen mit Teilen aus dem Lkw-Bereich vereinfacht und die Geländegängigkeit reduziert. Front- und Heckkraftheber sowie eine Heckzapfwelle waren nur über externe Firmen lieferbar.

Nach den Serienanläufen im Jahre 2000 (UGN) bzw. 2001 (UHN) erfolgten diverse Modellpflegemaßnahmen und wurden neue Modelle und neue Motoren eingeführt. Im U530 leistet der OM936 inzwischen 299 PS und er avanciert damit zum neuen Unimog-Ackergiganten. Der Motor erfüllt entsprechend den gesetzlichen Vorschriften die Abgasstufe Euro 6 mit nachmotorischer SCR-Abgasbehandlung in Form von Adblue.

Der Bordcomputer entwickelte sich zum ISOBUS-System, das als genormte Schnittstelle zwischen Traktor und Gerät mit nur einem Bedienpult die Bedienung, die Steuerung und den Wechsel von An- und Aufbaugeräten ermöglicht und optimiert. Es gestattet eine noch umweltfreundlichere, nachhaltige und präzise Bewirtschaftung in der Agrarwirtschaft sowie eine durchgängige interne und externe Vernetzung von deren Betrieben. Beim Unimog fiel es einer Modellpflegemaßnahme zum Opfer. Entwicklungen auf dem Gebiet der Kommunaltechnik lassen jedoch Fortschritte erwarten.

Ausgereifte Technik

Nach 70 Jahren ist das Unimog-Konzept in der Land- und Forstwirtschaft aktueller denn je und die Gerätehersteller ziehen mit. Mit neuen Modellen ist die Zukunft des Unimog gesichert: links ein U400/405 mit Werner-Rückeaggregat, rechts ein U5023/437.4 mit Aufbauspritze der Firma Dammann, Buxtehude.

Unverändert Einsätze in der Landwirtschaft

Als erster Ackerschlepper überhaupt wurde 1951 der erste Unimog von der DLG anerkannt und erhielt deren höchste Auszeichnung, die DLG-Silbermünze. 65 Jahre später wurde 2016 auch der U530 von der DLG für den landwirtschaftlichen Einsatz anerkannt. Für diese Einsätze behält der Unimog als Trägerfahrzeug mit hoher Transportleistung, hoher Nutzlast und hoher Zapfwellenleistung seine Bedeutung und kann sie weiter ausbauen. Aktuelle Untersuchungen belegen für den Unimog Geräteträger mit Reifendruckregelanlage einen deutlich geringeren Reifenverschleiß wie auch einen deutlich geringeren Kraftstoffverbrauch im Vergleich zum Standardtraktor vergleichbarer Leistung bei Transportaufgaben, die über den Kurzstreckenbereich hinausgehen.

Das bewährte Gerätefreigabesystem wurde beibehalten, durch die Unimog-Geräte-System-Partnerschaft und durch „Mercedes-Benz Unimog Expert-Partner“ die Zusammenarbeit weiter entwickelt.

Stärker, größer, schneller

Die Olympiade der Schlepperhersteller begann in Deutschland 1954, als erstmals nach mehrjährigem Boom die Zulassungszahlen für Bauernschlepper mit einer Leistung bis zu 15 PS zurückgingen. Gefragt waren nun zunächst Schlepper der Leistungsklasse bis 24 PS, während die Bauern nur wenige Jahre später, um 1965, erneut stärkere Traktoren mit einer Leistung zwischen 24 und 40 PS bevorzugten.

Die Entwicklung zu immer leistungsfähigeren Schleppern, die in Nordamerika und Großbritannien unmittelbar nach Kriegsende eingesetzt hatte, erfasste damit auch den Kontinent. Nachdem sich in den 1970er Jahren Traktoren mit einer Motorleistung zwischen 41 und 60 PS am besten verkaufen ließen, gehörten die 1980er Jahre der nächsthöheren Leistungsklasse, die von 61 bis 80 PS reichte. Einen großen Motorisierungsschub brachte die politische Wende des Jahres 1989. Was sich bis dahin – wenn man so will – Schritt für Schritt entwickelt hatte, erfuhr mit dem Traktorenbedarf der Großbetriebe in den neuen Bundesländern einen Sprung in die 200 PS-Klasse. Wohl dem Anbieter, der wie John Deere passende Zugmaschinen im Programm hatte. Binnen kurzer Frist stiegen die Marktanteile, während sie bei Anbietern, die im Großtraktorenbereich schwach oder gar nicht vertreten waren, rapide sanken. Zu den Leidtragenden gehörte unter anderem die traditionsreiche Traktorenfabrik Deutz-Fahr in Köln. Der langjährige Marktführer auf dem deutschen Traktorenmarkt büßte in der Folge seine

Kraftpaket auf Rädern

Der bayerische Landmaschinenhersteller Horsch baute zwischen 1985 und 1990 dreirädrige TracSchlepper. Zu ihren Kennzeichen gehörten mächtige Terra-Reifen, mit denen der Bodendruck in Grenzen gehalten wurde.

Legenden des Ackers

Mitte der 1960er Jahre wagte sich der Schweizer Traktorenhersteller Hürlimann als einer der ersten mit seinen Fahrzeugen an die als magisch eingestufte 100 PS-Grenze heran. Den 95 PS starken Motor entwickelte und produzierte er in Eigenregie (oben links). Ein Paukenschlag gelang Porsche Diesel im Jahr 1959 mit dem Bau des Modells Super X. Die Kraft wird in ihm nicht mechanisch, sondern über Hydrostaten und Öl übertragen. Der Traktor war damit der Zeit weit voraus, doch als Prototyp hatte er seine Berechtigung (oben rechts). Dass mittelständische Hersteller über große Kreativität verfügen, bestätigte der Bad Windsheimer Landmaschinenfabrikant Schmotzer mit dem Bau der Geräteträger Kombi Record. Vor allem Versuchsbetriebe wie die Hohenheimer Gutswirtschaft und der Ihinger Hof wissen Schmotzer Technik bis heute sehr zu schätzen (Mitte rechts). Was wären die Landwirtschaften des Ostblocks ohne die von Fortschritt gebauten Traktoren der Baureihen ZT 300/303 gewesen? Die mächtigen 4-Zylinder-Traktoren bildeten so etwas wie das Rückgrat der sozialistischen Landwirtschaften und haben sich selbst unter schwierigen Bedingungen achtbar geschlagen (unten rechts).

unternehmerische Selbständigkeit ein und bedurfte der Hilfe des italienischen SLH-Konzerns, verlorengegangenes Terrain von Lauingen aus mühsam zurückzugewinnen.

Die Vervierfachung der durchschnittlichen Schlepperleistung zwischen 1955 und 1989 vollzog sich stets in der gleichen zyklischen Form. Zunächst wurde eine neue Leistungsklasse konzipiert. Nach einigen Jahren der Marktaufbereitung schnellten die Stückzahlen in der neuen Klasse nach oben, um schließlich die Masse des Geschäfts zu tragen. Nach einiger Zeit sanken die Verkaufszahlen dann aber wieder zugunsten der nächsthöheren Klasse. So erreichte beispielsweise die 1965 bei den Inlandszulassungen mit 70 % führende Klasse der Schlepper mit 41 bis 60 PS im Jahr 1984 gerade noch einen Anteil von 9,7 %. Diese dynamische Entwicklung hin zu höheren Schlepperleistungen erforderte von den Herstellern große Flexibilität bei insgesamt rückläufigen Stückzahlen, schließlich waren die absoluten Boomjahre des westeuropäischen und des nordamerikanischen Schleppermarkts

Träume in Blau

Die bayerische Traktorenschmiede Eicher baute über Jahrzehnte hochwertige und von den Landwirten geschätzte Fahrzeuge. Legendär waren die luftgekühlten Motoren, die als unverwüstbar galten. Oben ein Eicher Mammut vor und unten ein Eicher Puma nach der Restaurierung.

vorbei. Um ein Beispiel zu benennen, sei auf Westdeutschland verwiesen. Schlugen 1961 noch über 91.000 neu zugelassene Schlepper zu Buche, so waren es 1989 gerade einmal 30.815.

Der Konkurrenzkampf verschärft sich

Auf dem kleiner gewordenen Schleppermarkt kämpften die Hersteller härter denn je um Anteile. Das seit Ende der 1960er Jahre zu beobachtende Vordringen von ausländischen Unternehmen setzte sich fort. Traditionsreiche deutsche Schlepperbauer wie insbesondere Hanomag und Kramer haben sich nicht zuletzt unter dem Ansturm ausländischer Konkurrenten aus dem Geschäft zurückgezogen, andere hingegen beschränkten sich auf den Bau von Traktoren einzelner Leistungsklassen. So konnten bei den kleineren Schleppern vor allem Holder (Metzingen), Hako (Bad Oldesloe) und Gutbrod (Saarbrücken) einige Zeit lang größere Marktanteile verteidigen, während sich Schlüter (Freising) als Anbieter von Großtraktoren einen Namen machen konnte. Aber ungestört bleiben diese mittelständischen deutschen Anbieter selbst in den von ihnen ausgewählten Marktnischen nicht. Zum einen deckten die großen Konzerne mit ihren immer lückenloser werdenden Programmen nach und nach nahezu jede Leistungsklasse ab (z.B. Case-IH, Deere, Fiat, MF, KHD), während zum anderen neue ausländische Anbieter erschienen sind, die selbst niedrige Absatzzahlen als Erfolg ihrer international ausgerichteten Verkaufsstrategie

werteten (z.B. Iseki, Kubota). Die Kostenkalkulation sah eben anders aus, je nachdem, ob man weltweit jährlich zwischen 80.000 und 150.000 Schlepper produzierte oder aber ob man mit der Herstellung einiger hundert Traktoren zufrieden war.

Über technisches Leistungsvermögen sagt die Unternehmensgröße wenig aus. So hatte sich bei den kleinen Allradschleppern Holder mit der immer weiter verbesserten Knicklenkung große Verdienste erworben. Die schwäbischen Tüftler ordneten dabei die Gelenke der Antriebswellen symmetrisch um einen Knickpunkt an und schufen so ein zugstarkes und zugleich wendiges Fahrzeug. Es stellte für das mittelständische Unternehmen eine Anerkennung dar, dass internationale Konzerne für ihre Großtraktoren ebenfalls auf das System der Knicklenkung zurückgriffen, die Holder bereits seit 1951 in seine Allradschlepper eingebaut hatte.

Besondere Verdienste bei der Entwicklung von Großtraktoren erwarb sich die bayerische Motorenfabrik Anton Schlüter. Ihr sei daher ein eigenes Kapitel gewidmet. Auf jeden Fall sind die Gründe für den Anstieg der durchschnittlichen Schlepperleistung vielfältig. Zumeist wurde auf die abnehmende Zahl der in der Landwirtschaft Beschäftigten hingewiesen, die den Einsatz stärkerer Landmaschinen erforderlich machten. Leistungsfähige Maschinen aber waren zumeist schwer und verfügten über eine große Arbeitsbreite. Dementsprechend musste der Schlepper eine hohe Zugkraft besitzen. Zur Verdeutlichung: Wollte ein Landwirt achtscharig pflügen, so benötigte er unter schwierigen Bodenverhältnissen dazu einen Traktor mit einer Leistung um 250 PS! Selbst für den Einsatz eines Vierscharpflugs war unter normalen Bedingungen ein Schlepper mit einem um 100 PS starken Motor erforderlich. Die Tagesleistung eines solchen Gespanns mit etwa 5 Hektar rief für Großbetriebe aber bereits Engpasssituationen hervor. Sie entschieden sich deshalb immer häufiger für den Einsatz von Kultivatoren, die weniger Kraft erforderten. Diese die Bodenoberfläche bearbeitenden Geräte ermöglichten nun Arbeitsbreiten von bis zu 10 Metern und bewirkten eine Flächenleistung von 120 Hektar in 24 Stunden. In Nordamerika, wo gelegentlich zwei oder drei Mann 1000 Hektar Ackerland zu bearbeiten haben, barg eine schlechte Tagesleistung für den Farmer zudem die Gefahr in sich, mit der Bodenbestellung nicht fristgerecht fertig zu werden. Der Zeitdruck bei der Feldarbeit entwickelte sich so zum wesentlichen Grund für den Einsatz von Großschleppern.

Traktoren der Weltmarktführer

Grün ist die Farbe der auf allen Kontinenten erfolgreich im Einsatz befindlichen John-Deere-Traktoren (links). In ihnen steckt das Know how des Weltmarktführers, der für sich in Anspruch nimmt zu wissen, was die Bauern benötigen. In Deutschland tat sich John Deere lange schwer, obwohl man in der Tradition des einstigen Landtechnik-Giganten Heinrich Lanz steht. Erst nach der Wende von 1989 rückte John Deere mit seinen Zugmaschinen an die Spitze der Zulassungsrangliste, weil man in den neuen Bundesländern besser Fuß fassen konnte als die Wettbewerber. Anders verläuft die Erfolgskurve bei International Harvester. Vor allem mit den im Werk Neuss produzierten Traktoren lag man lange Zeit so hoch in der Gunst der westdeutschen Bauern, dass man unangefochten Marktführer war. Zu den besonders beliebten IH-Traktoren zählt das Modell 1246 (rechts). Der formschöne 6-Zylinder-Traktor war so etwas wie ein Statussymbol für fortschrittliche und technikbegeisterte Landwirte. Bis heute besitzen die Traktoren einen respektablen Wiederverkaufswert und dürfen bei keiner Oldtimer-Veranstaltung fehlen.

Zwölf Stunden auf dem Schleppersitz

In Nordamerika war der „Schleppereinsatz rund um die Uhr" keineswegs eine Seltenheit. Während der Zwölfstundenschicht nahmen die Fahrer sogar die Mahlzeiten auf dem Traktor ein. Gefürchtet wurde die Müdigkeit, wenn in gleißender Sonne die unendlich scheinenden Felder nahtlos in den Horizont überzugehen beginnen. *„Zuerst dreht man die Klimaanlage auf kalt und das Radio lauter. Wenn das versagt, hilft nur: Maschine stoppen und drei Runden um den Schlepper laufen"*, hieß es in einem Bericht eines Deutschen, der mehrere Monate in Alberta/Kanada auf einer Farm arbeitete. Aber allzu lange durfte eine solche Unterbrechung nicht dauern. Schon kleine Verzögerungen brachten in der hoch technisierten amerikanischen Landwirtschaft die Planung für den Ablauf des landwirtschaftlichen Jahres durcheinander.

Nichts für Kostverächter

Mitte der 1970er Jahre brachte Kramer den Zweiwegeschlepper 1014 auf den Markt. Er war für Zug- und Schubfahrt gleichermaßen gut geeignet. Leichte Umrüstbarkeit von Lenker und Sitz machten es möglich.

Für die deutschen Landwirte stellte sich in der Vorwendezeit das Problem weniger drastisch dar. Doch auch hier brachte die Bodenbearbeitung nach wie vor besonders belastende Arbeitsspitzen. Zwei- bis Vierscharpflüge wurden verbreitet eingesetzt und ergaben Arbeitsbreiten zwischen 0,6 und 1,3 Metern. Schlepperleistungen zwischen 40 und 100 PS wurden dazu je nach Bodenbeschaffenheit benötigt. Nicht selten erstreckten sich solche Pflugtage auch in Deutschland über 12 bis 14 Stunden. Die Anforderungen an Mensch und Material waren hoch und aus gutem Grund ergaben alle Umfragen, dass gerade die Reparaturanfälligkeit die Entscheidung beim Schlepperkauf nachhaltig beeinflusste. Was nutzte ein noch so starker Traktor, wenn er bei der Frühjahrs- oder Herbstbestellung ausfällt? Großes Gewicht maßen die Bauern auch den gelegentlichen Klagen über ungeschultes Werkstattpersonal und mangelhafte Ersatzteilbeschaffung bei. Die vom Hersteller angegebenen Daten über Motorleistung und Komfort waren somit nur Faktoren neben anderen. Erfolg oder Misserfolg eines Traktors entschied sich in den 1980er Jahren zweifellos stärker als in der Nachkriegszeit in der Bewährung bei der täglichen Arbeit auf den Höfen und im Feld.

Die Schlepper der 1980er Jahre waren, soweit sie unter 100 PS leisteten, überwiegend mit Vierzylindermotoren ausgerüstet. Die in den Nachkriegsjahrzehnten vorherrschenden Zweizylindertypen gab es nur noch vereinzelt in unteren Leistungsklassen. Einzylinderschlepper, deren Renommierstück der Lanz-Bulldog war, wurden seit 1970 nicht mehr angeboten. Stattdessen befanden sich, insbesondere für Schlepper mit einer Leistung von über 100 PS, Sechszylindermotoren, meist sogar mit Turboaufladung, auf dem Vormarsch. Die seit 1970 häufiger werdende Aufladung von Schleppermotoren mit Abgas ist mit einer Leistungserhöhung von 15 bis 25% verbunden, ohne dass deshalb die ohnehin schon großen und schweren Motoren wesentlich vergrößert werden mussten. Allerdings brachte die Turboaufladung für den Landwirt nicht nur Vorteile. Der im unteren Drehzahlbereich schlechtere Drehmomentverlauf erforderte ein anderes Fahrverhalten. Unternehmen wie Eicher ließen sich mit der Einführung der Ladedruckbegrenzung etwas einfallen, um diesen Nachteil auszugleichen. Andere Unternehmen wie MAN, John Deere, Ford, Same oder Schlüter entwickelten Verfahren der Ladeluftkühlung, um die Leistung der Motoren bei beschränkter Zylinderzahl weiter steigern zu können. Denn auch das war klar: Mehr als Sechszylinder sollten es nicht sein. Nur Schlüter wagte den Einbau von 8-Zylinder-Motoren, doch das ist ein spezielles Kapitel.

Weitere technische Neuerungen

Bei den Kühlsystemen kamen bis in die 1980er Jahre Wasser- und Luftkühlung in allen Leistungsklassen nebeneinander zur Anwendung. Eicher und KHD sowie die italienischen Firmen Same und Lamborghini bevorzugten beinahe traditionell Luftkühlung, während die übrigen Anbieter auf Wasserkühlung setzten.

Große Erfolge erzielten die Konstrukteure von Schleppermotoren in den vergangenen Jahren bei der Verringerung des Kraftstoffverbrauchs. Die um 1965 entwickelte Direkteinspritzung erwies sich als ebenso vorteilhaft wie das Direktstartverfahren. Auch die Detailarbeit an Ansaugkanälen und Kolbenringen brachte Kraftstoffersparnis, wobei alle Motorenbauer immer wieder darauf hinwiesen, dass selbst kleine Erfolge auf diesem Gebiet mit hohen Entwicklungskosten verbunden waren.

Frontsitzer mit Perspektive

Auf der Suche nach Neuem wagte KHD den Bau eines Systemtraktors, bei dem der Fahrer fast oberhalb der Vorderachse zu sitzen kam. Die Sicht nach vorn war optimal, doch was im Rücken geschah, bleib weitgehend im Verborgenen.

König der Zapfwellen

Ernst Weichel stattete seinen Breitspur-Geräteträger „Porter" mit fünf Zapfwellen und drei Krafthebern aus. Vor allem im Gemüsebau sollte der 45 PS starke Geräteträger sein Tätigkeitsfeld finden. Größere Stückzahlen erreichte er allerdings nicht.

fältige Untersuchungen in den 1960er Jahren, dass die Zugkraft des Allradschleppers im Vergleich zum Standardtraktor mit Hinterradantrieb je nach Bodenbeschaffenheit zwischen 20 und 50 % günstiger lag. Der Allradschlepper kam damit den Leistungen eines Raupenschleppers nahe, ohne jedoch dessen spezifische Nachteile wie Verschleiß der Gleisketten, mangelhafte Straßengängigkeit und geringe Arbeitsgeschwindigkeit zu besitzen. Entschied sich der Landwirt aber erst einmal für den Einsatz von Allradschleppern, zumal in der Version mit vier gleich großen Rädern, wurde bald der Wunsch nach einer Rückfahreinrichtung laut, bei der die Rückfahrgänge voll belastbar sein sollten. Die Reaktion der Industrie ließ nicht auf sich warten. Bald schon kamen Traktoren auf den Markt, die bei Vorwärts- und Rückwärtsfahrt über die gleichen Eigenschaften verfügten.

Russenschlepper

Die in den Sankt Petersburger Kirow-Werken gebauten Großtraktoren K 700/K 700 A waren ursprünglich als Raketenzugmaschinen konzipiert. Doch rasch zeigte sich ihre Eignung auch für den landwirtschaftlichen Einsatz. Kein Acker war den mächtiger Knicklenkern zu groß, kein Pflug zu schwer – davon konnten sich die Besucher des Hohenheimer Feldtags 2011 überzeugen.

Doch der Motor war längst nicht mehr die bei der Schlepperherstellung teuerste Baugruppe. Getriebe einschließlich Hinterachse kosteten ungefähr das Doppelte der Motoren, was an den vermehrten Anforderungen lag, die an Getriebe gestellt wurden. Nicht mehr fünf Vorwärtsgänge und ein Rückwärtsgang reichten als Standard aus, sondern 12 bis 16 Vorwärts- und vier und mehr Rückwärtsgänge sollten es schon sein. Schätzte man um 1960 einen Schlepper als leistungsstark ein, der im Geschwindigkeitsbereich zwischen 0,7 und 20 km/h fuhr, so waren Ende der 1980er Jahre Spannweiten zwischen 0,5 und 40 km/h, im Ausnahmefall sogar 50 km/h zu überbrücken. Dabei wurde von der Praxis im Hauptarbeitsbereich zwischen 4 und 12 km/h ein möglichst geringer Stufensprung verlangt. Als Ziel schwebte daher den Konstrukteuren schon seit Jahren ein stufenloses Schleppergetriebe vor, doch es dauerte bis zum Jahre 1996, ehe Fendt mit dem stufenlosen, leistungsverzweigten Vario-Getriebe der große Wurf gelang. Verbessert wurden ferner die Vorrichtungen zur Übertragung der Motorleistung an die Arbeitsgeräte. Zapfwellen waren zumeist in den Drehzahlen 540 und 1000 U/min schaltbar geworden, gelegentlich wurden zusätzlich aber auch Zwischendrehzahlen angeboten.

Für die modernen Schleppergetriebe bildete seit den 1960/70er Jahren der vermehrte Übergang zum Allradantrieb eine weitere Herausforderung. Dabei ergab sich die Hinwendung zum Allradantrieb als Konsequenz der höheren Motorleistung bei relativ niedrigem Fahrzeuggewicht. Hatte man zunächst mit Zusatzgewichten und wassergefüllten Reifen versucht, die Leistung auf den Acker zu bringen, so zeigten viel-

Wie schnell darf ein Traktor sein?

Als in der Landwirtschaft sinnvolle Höchstgeschwindigkeit galt lange 20 km/h. Im Zuge der Anpassung von Rechtsvorschriften innerhalb der Europäischen Gemeinschaft wurde 1972 die Geschwindigkeitsobergrenze auf 25 km/h heraufgesetzt. 1979 und 1981 folgten Ausnahmeverordnungen, nach denen ein Ackerschlepper selbst dann mit Führerschein Klasse 5 gefahren werden darf, wenn er seitens des Herstellers für 32 km/h ausgelegt ist.

Doch die Diskussion um noch schnellere Traktoren dauerte an. Sie bewirkte schließlich, dass einige Hersteller mit Ackerschleppern aufwarteten, die 40 km/h erreichten. Die Praxis begegnete diesen Fahrzeugen anfangs mit Skepsis. Mit Anbaugeräten und auch als Zugmaschine von zwei beladenen Anhängern, hieß es, sei die neue Höchstgeschwindigkeit kaum zu erreichen. Hinzu kamen umfangreiche verkehrsrechtliche Widerstände, die der einzelne Schlepperbesitzer nur mit beträchtlichem Aufwand an Zeit und Geld auszuräumen vermochte. So benötigte der Fahrer eines 40-km/h-Schleppers den Führerschein Klasse 3; sollte das zulässige Gesamtgewicht gar über 7,5 Tonnen liegen, wurde die Fahrerlaubnis Klasse 2 verlangt. Der „Schnellschlepper" der 1980er Jahre war damit dem Lastkraftwagen gleichgestellt – eine Barriere, die allerdings nur ältere Landwirte abzuschrecken vermochte.

Stärker, größer, schneller – dieser Wettbewerb der Ackerschlepper wäre nicht möglich geworden ohne geeignete Reifen. Über sie wird die

Nasenbären

Bei der Vorstellung der Fendt- und IH-Nasenbären in den Jahren 1978 und 1980 gab es keineswegs nur Lob. Zu eigenwillig schien die Formgebung, doch die Zeiten haben sich gründlich gewandelt. Sowohl der Fendt Favorit 622 LS (oben) als auch der IH 3588 (unten) zählen heute zu den gesuchten Meisterstücken der Traktorentechnik. Taucht weltweit eines der Exemplare auf, schrecken Liebhaber nicht davor zurück, sie mit großem Aufwand nach Deutschland einzuführen, um sie dann mit umso größerem Stolz bei Treffen vorzuführen.

FENDT
FENDT
622 LS

3588

Motorkraft auf den Boden übertragen, sie bewirken aber auch die von den Landwirten so ungeliebte Verdichtung der Erde. Zu einer regelrechten Wissenschaft stieg die Schlepperreifenkunde im Laufe der Jahre auf, in der nur weniges unumstritten geblieben ist. Zu den Grundtatsachen allerdings zählt nach wie vor, dass eine Vergrößerung des Reifendurchmessers der Triebkraftsteigerung förderlich ist. Reifen, die 1960 als Triebradreifen auf den damals größten Schleppern eingesetzt wurden, konnten Ende der 1980er Jahre gerade noch auf die kleinen Fronträder der Großschlepper montiert werden!

Mehr als verdoppelt hatte sich zwischen den 1950er und 1980er Jahren auch die Tragfähigkeit der Reifen, was unter anderem der Reifenverbreiterung zuzuschreiben war. So kam es, dass Großtraktoren sowohl mit extrem hohen als auch überbreiten Reifen ausgerüstet wurden. Daneben gelangten aber gelegentlich auch Zwillingsreifen, über die Reifen gezogene Gleisketten sowie Terra-Reifen zum Einsatz. Bei den in den USA entwickelten Terra-Reifen handelte es sich um 80 bis 100 cm breite „Sohlen“, die bei niedrigstem Reifeninnendruck so weich blieben, dass selbst ein 10-Tonnen-Schlepper schmerzlos über einen Fuß rollen konnte. Rüben, um ein Beispiel zu geben, wurden beim Überollvorgang in den Boden gedrückt, nicht aber zerquetscht.

Doch Schattenseiten gab es beim Einsatz von Terra-Reifen zur Genüge. Ihr Preis war hoch und es konnte geschehen, dass für vier Reifen mit Felge so viel verlangt wurde wie für einen kompletten 60 PS-Schlepper. Außerdem waren Terra-Reifen zumindest in der Anfangszeit nicht für die Straßenfahrt geeignet. Schneller als 15 km/h sollten sie nicht laufen und auf festen Belag gehörten sie als Spezialreifen für den Acker schon gar nicht. Doch für die „Schlepper-Olympiade“, in deren Verlauf so manche „Schallmauer“ durchbrochen wurde, war dies nur ein Randereignis. Wichtiger war die Erkenntnis, dass alles, was den Traktor betraf, in Bewegung war.

Leichte Bedienbarkeit bei guter Draufsicht

Die neue Wertschätzung des Fahrers führte zu einer ergonomischen Umgestaltung von Sitz, Armaturen und Schalthebeln.

Späte Entdeckung: Der Fahrer

Mit die spektakulärsten Erfolge erzielten die Schlepperkonstrukteure in den 1970/80er Jahren dort, wo es um den Fahrer ging. Die um 1970 erfolgte Einführung des Umsturzbügels für offene Fahrplätze führte zu einem spürbaren Rückgang tödlicher Unfälle durch sich überschlagende Traktoren. „Traktor erschlägt Bauern“, „Vom Schlepper überrollt“ – so und ähnlich lauteten zuvor immer wieder Meldungen von landwirtschaftlichen Berufsunfällen, zu deren Rückgang auch die stabil gewordenen Fahrerkabinen beigetragen haben. Sie wurden nun so konstruiert, dass dem Fahrer selbst im Falle des Umschlagens ein Freiraum verblieb. Den Kabinen wurde ohnehin verstärkte Aufmerksamkeit zuteil, nachdem man zuvor über Jahrzehnte hinweg wie selbstverständlich mit der Devise gelebt hatte: *„Schlepperfahren macht krank.“* Aber die Krankheit und Arbeitsunfälle gefährdeten dort, wo zahlreiche Höfe im Einmannbetrieb bewirtschaftet wurden, schnell die Existenz. So entdeckten die Konstrukteure endlich den Schlepperfahrer, nachdem zuvor alle Anstrengungen auf eine Steigerung der technischen Effizienz der Fahrzeuge abzielten. Die Anfänge der verbesserten Gestaltung des Arbeitsumfelds der Schlepperfahrzeuge fielen vergleichsweise bescheiden aus. Den Anstoß gaben die vielen Straßentransporte mit Ackerschleppern, bei denen Regen und Wind von den Fahrern in besonderer Weise als unangenehm empfunden wurden. Folgerichtig wurde begonnen, den zunächst offenen Fahrerplatz mit Windschutzscheibe, Verdeck und Wetterschutzplane zu umfassen. Erste, bescheidene Heizanlagen wurden um 1960 in provisorische Kabinen installiert, während Vorrichtungen zum Lärmschutz später hinzukamen. Aber gerade beim Lärmschutz sind gute Ergebnisse erzielt worden. Bis 1985 hatte die Diskussion um den Geräuschpegel am Ohr des Fahrers bereits ihren Höhepunkt überschritten.

Ferner hatte man Anstrengungen unternommen, um die mit höherer Fahr- und Arbeitsgeschwindigkeit gestiegenen Schwingungsbelastungen des Schlepperfahrers zu vermindern. Vorbei waren die Zeiten der einfachen Schleppersitze mit stählernen Blatt- und Schraubenfedern. Luftgefederte „Sessel“ sowie Sitzregelungssysteme halfen, die gerade bei Bauern häufigen Bandscheibenschäden zu verhindern.

Dass dennoch für die Gesundheit des Schlepperfahreres viel zu tun blieb, belegten unter anderem die Klagen über zu hohe Temperaturen in den Schlepperkabinen. In den Sommermonaten konnte die Abwärme von Motor und Getriebe bei einem Traktor der 100 PS-Klasse in der Kabine zu einer um 10 bis 12 Grad höheren Temperatur als in der freien Atmosphäre führen. Die bereits entwickelten Verfahren der Zwangsbelüftung sowie erste Klimaanlagen halfen teilweise, dem unerwünschten Wärmezufluss gegenzusteuern. Doch die Konstrukteure suchten weiter nach Lösungen und sie fanden sie bei ersten elektronischen Steuerungen. Und da waren die Perspektiven gewaltig: Automatisierte Bedienung, sorgfältige Überwachung des Motorverhaltens, Steuerung der Anbaugeräte, ja sogar „Blindflüge bei Nacht“ sollten mit Hilfe der Schlepperelektronik möglich werden. Spannende Zeiten.

Bärenstark und einzigartig

Fast 20 Jahre sind seit dem Tod Anton Schlüters vergangen. Auf dem Freisinger Friedhof hat er 1999 die letzte Ruhestätte gefunden, dort, wo sein Vater und sein Großvater beerdigt sind. Aber was sind schon zwei Jahrzehnte, wenn man zuvor ein Leben lang Traktoren gebaut hat, die die Schlepperwelt verändert haben? Sicher, Schlüter-Neufahrzeuge gibt es nicht mehr und auch von der einstmals am Freisinger Stadtrand existierenden „Schlüter-Welt", bestehend aus Fabrik und Schlüterhof, ist nicht viel geblieben. Vorbei sind auch die Freisinger Schlüter-Tage, die zwischen 1964 und 1993 wie ein Magnet Traktorfreunde aus der ganzen Welt ins Münchner Umland gezogen haben. Wer allerdings dabei gewesen ist, vergisst das besondere Flair dieser für Experten wie Laien gleichermaßen attraktiven Veranstaltungen nicht. „Landtechnik für morgen" lautete ihr Motto, und zu bestaunen gab es immer etwas, was so woanders nicht oder erst später zu sehen war.

In memoriam

Anton Schlüter hat im Familiengrab auf dem Freisinger Friedhof seine letzte Ruhe gefunden (links). Unvergessen ist die Trauerfeier 1999. Alles, was in der Landtechnik Rang und Namen besaß, war vertreten. Man trauerte um den Pionier des Großtraktors, der für seine Fahrzeuge eine Form geschaffen hatte, die bis heute fasziniert.

Anton Schlüter in seinem Element

Stand Anton Schlüter am Mikrofon, war ihm die ungeteilte Aufmerksamkeit der Besucher sicher (links). Im Schlüterwerk standen derweil die Großtraktoren in Reihe und Glied. Auf dem Historischen Feldtag 2016 präsentierte der Treckerclub Nordhorn neben der Super- und Profi-Trac-Serie (unten) die komplette Schlüter-Produkthistorie.

Lang ist die Liste der landtechnischen Meilensteine, die von der Schlüter'schen Traktorenschmiede aus in die Welt gingen. Da ist zuerst und vor allem das uneingeschränkte Bekenntnis zum leistungsstarken Großschlepper. Zu einer Zeit, da beim Wettbewerb Großschlepper 40 PS hatten, steuerte Anton Schlüter mit dem Modell S 900 auf die lange als magisch eingestufte „100 PS-Grenze" zu. Eine neue Leistungsklasse kreierte Anton Schlüter 1968 mit dem Modell Super 1500 TV. Die Kürzel in der Fahrzeugbezeichnung waren ein Teil der Schlüter-Philosophie und leicht zu erklären: T stand für Turbolader und V für Vierradantrieb.

Graue Maus

Die frühen Schlüter Schlepper waren eher unscheinbar. Setzte man sie aber in Betrieb, war das oft der Beginn einer Freundschaft. Motor, Federung, Komfort waren besser als bei der Konkurrenz und so mutierte die graue Maus zum treuen Weggefährten.

135 PS leistete der 6-Zylinder-Eigenbaumotor und machte den Traktor zum stärksten Ackerschlepper Europas. Dank technischer Raffinessen wie Regelhydraulik, Hydrolenkung und Vielganggetriebe mit Synchroneffekt rangierte Schlüter Anfang der 1970er Jahre in der Zulassungsklasse über 100 PS an erster Stelle.

1974 folgte kurz nach dem 75-jährigen Firmenjubiläum der nächste Paukenschlag. Der Profi Trac 3000 TVL verfügte über kaum für möglich gehaltene 280 PS, hatte Allradlenkung und ein Leergewicht von über 11,5 t. Und dabei beließ es Anton Schlüter nicht. 1978 präsentierte er den im Zusammenwirken mit MAN, ZF und Bosch entwickelten Traktor Profi Trac 5000 TVL, den lange Zeit einzigen 500 PS starken Traktor Europas! Allradantrieb und Allradlenkung gehörten ebenso zu seinen Merkmalen wie der mächtige 12 Zylinder-MAN-Dieselmotor, der die bärenstarke Kraft aus einem 21 Liter großen Hubraum holte. Bis 1993 diente er auf nahezu allen Schlüter-Präsentationen als Blickfang.

Anton Schlüter war zeitlebens stolz auf seine Traktoren, allen voran den Profi Trac 5000. Bot es sich an, fuhr er das Kraftpaket selbst. Aber klar war auch, so einen Traktor konzipiert und baut nicht einer allein. Bei Schlüter stand eine engagierte Mannschaft hinter den Fahrzeugen, allen voran Siegfried Leutner als Chefkonstrukteur. 1954 hatte er bei Schlüter als Lehrling angefangen und sich schließlich zum Oberingenieur hochgearbeitet, ehe er 1969 den Posten des Schlüter-Chefkonstrukteurs übernahm. Viele technische Leckerbissen sind unter seiner Leitung entstanden – hydraulisch kippbare Kabine, Turbolader, Ladeluftkühlung oder die pneumatische Schalthilfe sind nur einige davon. Alle zusammen aber gaben sie den Schlüter-Traktoren ihr unverwechselbares, zukunftsgerichtetes Profil, das bis in die Gegenwart nachwirkt. Allerdings zeigte sich auch, dass Schlüter von seinen PS starken Paradefahrzeugen auf Dauer nicht würde existieren können. „Faszination macht nicht satt", hieß es in Freising angesichts kleinster Stückzahlen. Insider munkelten, nur selten seien zwei identische Trak-

Wem die Stunde schlägt

1995 kam für den Schlüter Traktorenbau, inzwischen in LTS umbenannt, das Ende. Im einstigen Traktorenwerk Schönebeck, wohin Schlüter nach dem Aus in Freising ausgewichen war, standen die letzten Eurotrac und Großschlepper zum Ausverkauf. Wehmut überkam den Betrachter. Er erinnerte sich an prächtige Vorführungen und stolze Eigner von Schlüter-Schleppern. Wer einen Schlüter Traktor besaß, konnte sich des hohen Ansehens unter Berufskollegen sicher sein und selbst in Oldtimer-Kreisen wirkt dies nach.

toren aus den Werkshallen gerollt. Doch zum Glück gab es ab 1971 neben den Großschleppern die Compact-Baureihe. Hier handelte es sich um Traktoren, die in Ausstattung und Technik den Großschleppern entsprachen, aber das Schlüter-Paket in kompakter Bauform boten. Zwischen 1971 und 1993 brachte es die bis 130 PS starke Schlüter Compact-Baureihe auf 3300 verkaufte Exemplare. Sie verdiente das Geld für die technischen Extras der Super- und Profi-Trac-Fahrzeuge.

Mitte der 1980er Jahre strebte die Landtechnikbranche nach neuen Ufern, sichtbares Zeichen war die 1985 erstmals veranstaltete Agritechnica. Durch sie wurde der „Neuheitendruck" bei den Herstellern gesteigert und Schlüter reagierte prompt. 1986 erfolgte die Vorstellung des Traktortyps „Compact 1050 V 6" , ein „Schnellläufer", wie ihn die Branche noch nicht gesehen hatte. In der „High Speed-Version" fuhr er 50 km/h schnell und damit schneller, als es die Polizei erlaubte. Die Schlüter-Bären waren nicht nur stark, jetzt waren sie auch die schnellsten! Und die Innovationsfreude der Schlüter-Mannschaft um Siegfried Leutner war damit nicht gestillt. Anfang 1987 startete sie das Projekt „Euro Trac", das Schlüter in die Lage versetzen sollte, Nachfolger des MB-trac zu werden.

Zwei Jahre unter höchster Geheimhaltung dauerte die Entwicklungs- und Probezeit, dann folgte die Premiere. Im November 1989 ließ Schlüter im Rahmen der 3. Agritechnica „die Bären tanzen". Dem staunenden Publikum wurden in leuchtend rot-silberner Lackierung gehaltene Systemtraktoren mit Motorleistungen zwischen 100 und 190 PS präsentiert, die selbst Experten staunen ließen. Ein Feuerwerk an Besonderheiten zeichnete die Euro Trac-Vorserienfahrzeuge aus, zu denen unter anderem drei Anbauräume, Allradlenkung, gefederte Mittelkabine, Rückfahreinrichtung, freie Sicht nach vorn und hinten, mittiger Unterflurmotor und ein hydraulisch verschiebbares Frontgewicht gehörten. Letzteres war übrigens keine technische Spielerei. Vielmehr ließ sich damit die Zugkraft des Traktors steigern und der Schlupf mindern, genau so, wie es der Landwirt wünschte. Ab 1991 gingen die Euro-Tracs in Serie, wenn man das bei nur 69 in Freising gebauten Fahrzeugen sagen kann.

1993 endete der Schlüter-Traktorenbau in Freising. Noch einmal zog ein Schlütertag die Menschen zu Tausenden an. Wehmut kam auf, denn dass der Umzug nach Schönebeck/Elbe nur ein Abgesang sein würde, war offensichtlich. Aber Schlüter wäre nicht Schlüter gewesen, wenn nicht bis zuletzt an Neuem, Zukunftsweisendem gearbeitet worden wäre. Ein Bio-Traktor sollte es sein, ein Traktor auf der Basis des Super 1500 TVL, der von einem Rapsöl, RME und Dieselöl-tauglichen Vielstoff-Ölmotor angetrieben wurde. Pflanzenölpionier Dipl.-Ing. Karl Maurer aus Weilheim zählte zu denen, die in das ambitionierte Projekt eingebunden waren. Und tatsächlich – der Schlüter-Bio-Traktor wurde Wirklichkeit. Mit der Typenbezeichnung Super 1700 LS erlangte er 1997 Praxistauglichkeit, doch seitdem läuft und läuft er. Bei Gutsbesitzer Wilhelm König auf dem Weiherhof leistet er tagaus, tagein gute Arbeit, getreu der Losung: „Schlüter-Traktoren – bärenstark und einzigartig".

Durch dick und dünn

Schlüter Traktoren scheuten vor keiner landwirtschaftlichen Arbeit zurück. Bei Sonne, im Regen, bei Schnee und Eis – stets war auf die Freisinger Boliden Verlass. Der Landwirt mochte schwächeln, sein Traktor nicht.

Von „Brockenhexen“, „Maulwürfen“ und „Dienern“

40 Jahre Traktorenbau in der DDR

Lange Tradition mit bitterem Ende

Seit 2011 ist im ehemaligen Kulturhaus des Schlepperwerkes Nordhausen das IFA-Museum untergebracht. Der Verein mit mehr als 120 Technikfreunden – ehemalige Arbeiter und Angestellte, von der Werksleitung bis zum einfachen Monteur – präsentieren dort Erzeugnisse und Dokumente der wechselvollen Geschichte des Maschinenbaustandortes im Harz.

Auferstanden aus Ruinen ...“ lautet der Anfang der ersten Zeile der von Johannes R. Becher für die DDR komponierten Nationalhymne, mit der die Menschen sich einige Jahre durchaus identifizieren konnten. Etliche Zeilen trafen den Nerv der Zeit, und auch für die Situation der landwirtschaftlichen Mechanisierung Mitteldeutschlands trafen sie durchaus zu, stand man doch im Sommer 1945 tatsächlich vor einem Chaos. Überbeanspruchung von Traktoren und Landmaschinen während des Krieges und massive Zerstörungen in den letzten Kriegsmonaten hatten zur Folge, dass ohne Handarbeit und Einsatz von Tieren in der Feldarbeit kaum noch etwas ging.

Glücklich musste sich der Landwirt schätzen, der einen der wenigen Vorkriegstraktoren über das Kriegsende hatte retten können und das Fahrzeug nun auch noch betriebsbereit bekam. In Anbetracht unzureichender Ersatzteilversorgung war Improvisation gefragt. Nicht selten mussten zwei defekte Schlepper zu einer betriebsbereiten Zugmaschine zusammengebaut werden. Mit fabrikneuen Traktoren war dagegen zunächst so gut wie überhaupt nicht zu rechnen. Die früheren O&K bzw. MBA-Werke in Nordhausen/Harz waren gesprengt, ihre Maschinen demontiert. Die Normag, der zweite Schlepperbauer, hatte mit der NG-Reihe einen erfolgreichen kleinen Bauernschlepper im Programm. Um der Enteignung zu entgehen, war die Produktion aber in die amerikanische Zone nach Zorge im Harz verlagert worden. Andere nennenswerte Schlepperfabriken hat es in Mitteldeutschland vor dem Zweiten Weltkrieg nicht gegeben.

Doch so ungünstig die Voraussetzungen für den Wiederaufbau auch waren, am Aufbauwillen der Menschen mangelte es in der Sowjetischen Besatzungszone (SBZ) ebensowenig wie in den westlichen Besatzungszonen. Vor allem die vielen auf enteignetem Land angesiedelten Neubauern ließen es an Bemühungen nicht fehlen, eine neue Existenz

Auferstanden aus Ruinen

1947/48 wurden große Teile des Montaniawerks Nordhausen gesprengt und die Produktionseinrichtungen demontiert (links). In der Not wurde aus Teilen der Vorkriegs-Generatorschlepper der IFA-Normag-Dieselschlepper NG 25 (Mitte) montiert. 1949 vollzog sich im neuen Werk ein kleines Nordhäuser Wirtschaftswunder: Bis zum 15. November wurden acht neue Produktionshallen, eine Trafostation und ein Heizwerk errichtet. Am 22. Juli 1949 ging in der Halle 14 als erster neuer Nordhäuser Traktor die „Brockenhexe" in Serie (unten).

aufzubauen und einen Beitrag zur Nahrungssicherstellung des Landes zu leisten. Allerdings zeigte es sich, dass ihre Möglichkeiten ohne Traktoren und Landmaschinen begrenzt blieben. In Aufrufen wurden deshalb sogenannte Altbauern aufgefordert, die wenigen intakten Zugmaschinen freiwillig den neuangesiedelten, häufig aus den Ostgebieten stammenden Berufskollegen zur Verfügung zu stellen.

Neben dieser Kampagne setzte die das politische Leben auf dem Lande mehr und mehr bestimmende Sozialistische Einheitspartei (SED) verstärkt auf den organisierten überbetrieblichen Maschineneinsatz in der Landwirtschaft. Maschinen-Ausleihstationen (MAS) wurden gebildet und bevorzugt mit Ackerschleppern und Landmaschinen ausgestattet, um so die landwirtschaftliche Arbeit besser zentral lenken zu können.

Bis 1949 richtete man über 500 MAS ein, deren Maschinenpark häufig bescheiden genug ausfiel. Doch woher sollten die für das als bedeutsam eingestufte Projekt benötigten Zugmaschinen kommen?

An Importe aus dem Westen war nicht zu denken, weshalb Vereinbarungen mit der „Schutzmacht“ Sowjetunion geschlossen wurden. So viele Industriegüter die UdSSR auch sonst in den ersten Nachkriegsjahren aus der Besatzungszone demontierte, bei Traktoren verhielt sie sich entgegengesetzt. Nach 1949 schickte sie 1000 Schlepper, darunter zahlreiche Kettenfahrzeuge, als materiellen Grundstock für die MAS in das Land. Auch stellte sie dringend benötigtes Walzeisen zur Verfügung. Das versetzte die Industrie erst in die Lage, ernsthafte Überlegungen für eine Eigenfertigung von Traktoren anzustellen.

Mit der „Brockenhexe“ fing es an

Das Jahr 1949 markiert für den Traktorenbau der DDR den Anfang, startete doch das Schlepperwerk Nordhausen die Fertigung des leichten Bauerntraktors mit 22 PS Leistung. Außer dem Fachkürzel RS 02/22 erhielt er den klangvollen Namen „Brockenhexe“. Die konstruktiven Details des Fahrzeugs waren keineswegs unbekannt. Sie entsprachen in Teilen einem bis in die ersten Kriegsmonate hinein in den MBA-Montania-Werken gebauten Ackerschlepper. Sowohl Konstruktionspläne als auch Ersatzteile und einige Fertigungsvorrichtungen hatten den Krieg überstanden. Bei der „Brockenhexe“ handelte es sich um einen Traktor in Blockbauweise. Die entscheidenden Teile wie der Motor von Deutz und das Getriebe von ZF Friedrichshafen wurden in Lizenz hergestellt. Knapp zweitausend Fahrzeuge konnten ausgeliefert werden, sie wurden dringend gebraucht und galten unter den damaligen Bedingungen als zuverlässig.

Die Forderungen an die Bereitstellung moderner Landtechnik stiegen derweil rasant. Unterstützung kam von dem gleichfalls 1949 ge-

„Brockenhexe“ und „Pionier“

Die „Brockenhexe“ (oben) ist eine rahmenlose Blockkonstruktion mit ungefederter Pendelachse vorne und hinterer Starrachse. Da in der DDR zunächst keine eigenen Dieselmotoren vorhanden waren, wurden in Lizenz Motoren von Deutz verbaut. Von 1949 bis 1952 entstanden als kleineres Modell parallel zum RS 01 „Pionier“ (unten) 1935 Einheiten mit und ohne Führerhaus.

Das Erbe von FAMO und Brennabor

Der ab 1957 gebaute Radschlepper RS 01/40 II, Typ „Harz" (oben), ist eine Weiterentwicklung des Pionier. In den Traktorenwerken Brandenburg wurde der RS 03/30 „Aktivist" gebaut. Auch der Kettenschlepper KS 30 „Urtrak" (großes Bild) kam aus dem ehemaligen Brennabor-Werk an der Havel.

gründeten Volkseigenen Betrieb VEB Traktorenwerk Schönebeck/Elbe. Circa 200 Mitarbeiter der früher in Breslau ansässigen FAMO-Werke hatten hier eine Bleibe gefunden. Sie bildeten nun das Rückgrat der Belegschaft. Ihnen standen die Anlagen von zwei früheren metallverarbeitenden Betrieben sowie Werkzeugmaschinen und Ersatzteile aus den FAMO-Werken zur Verfügung. Die hatten auf der Flucht vor der vorrückenden Roten Armee in rund 150 Eisenbahnwaggons irgendwie den Weg aus der umkämpften schlesischen Hauptstadt nach Schönebeck und Zwickau gefunden. Diese Materialien machten es möglich, dass die Schönebecker Traktorenkonstrukteure den Schlepper „Pionier" entwickelten, dessen Verwandtschaft zum FAMO-Ackerradschlepper „XL" unübersehbar war. Außer Teilen fertigten die Schönebecker aber keine Zugmaschinen. Man begann die Produktion in den Werken in Zwickau und Nordhausen, um Ressourcen frei zu haben für die Konstruktion eines neuen Traktors. Auch fehlten die erforderlichen Fertigungseinrichtungen, denn die Breslauer Maschinen waren inzwischen in die Sowjetunion verbracht worden. Die Montage erfolgte im VEB Horch Kraftfahrzeug- und Motorenwerk Zwickau. Unter der neuen Bezeichnung RS 01/40 „Pionier" verließen 2605 Traktoren das Werk in Sachsen.

Ab 1950 übernahm der VEB IFA Schlepperwerk Nordhausen die Produktion und Weiterentwicklung. Von 1950 bis 1958 fertigten die Nordhäuser über 23.000 weitere RS 01/40 „Pionier" und den daraus weiterentwickelten RS 01/40 II „Typ Harz". Der Schlepper bekam u.a. eine neue Vorderachse für bessere Bodenfreiheit und auf Wunsch eine Hydraulik mit Dreipunktaufhängung für die Arbeitsgeräte.

Doch bevor die Konstrukteure in Schönebeck wirklich auf einem „weißen Blatt" Neuland begehen konnten, erreichte sie der Auftrag, ein weiteres Mal unterstützend tätig zu werden. Diesmal ging es um die

früheren Brennabor-Werke in Brandenburg an der Havel, die ebenfalls mit der Herstellung von Traktoren begonnen hatten. Dort suchte man ein Anschlussmodell für den 1949 in kleiner Serie hergestellten „S 25"-Traktor, der noch über einen Gas-Generatorantrieb verfügte. Nach intensiver Prüfung entschied man sich für den Bau eines Standard-Traktors, der unter der Bezeichnung RS 03 oder „Aktivist" bekannt geworden ist. Der Schlepper verfügte über einen Zweizylinder-V-Motor mit 30 PS, den die Firma MBA noch in der Zeit vor dem Krieg in ihrem Werk Babelsberg entwickelt hatte. Grund war, dass das Reichsministerium unter Bezug auf die Versorgungslage für Benzin und Diesel-Kraftstoff ab Oktober 1942 alle Nutzfahrzeughalter zur Umstellung von Flüssigbrennstoffen auf Generatorgas verpflichtete.

In dem Schlepper wurde ein kompakter Zweizylinder-V-Motor verbaut. Außerdem griffen die Konstrukteure für den „Aktivist" auf ein Prometheus-Getriebe zurück. Dieser Getriebetyp zeichnet sich durch seine gedrungene Bauweise aus, beste Voraussetzungen für Holzgasschlepper mit ihren raumfüllenden Gasgeneratoren. Doch was als raumsparend konzipiert war, erwies sich für einen Radschlepper als Nachteil. Der Radstand des Brandenburger Schleppers geriet so kurz, dass der „Aktivist" zum Aufbäumen neigte und es besonderer „Fahrkünste" bedurfte. Jeder der damals Kontakt mit dem „Aktivist" hatte, erinnert sich noch mit Schrecken, wie sich der Schlepper beim Anfahren aufbäumte und die Lenkung in die Luft griff.

Motorisierte Landmaschinen

Mitte der 1930er Jahre beschäftigte sich der Ingenieur Egon Scheuch (1908 – 1972) aus dem thüringischen Triptis mit der Motorisierung von Arbeitsmaschinen, die so auch als Zugmaschine dienen sollten. Nach dem Bau verschiedener Prototypen von Einachs-Antriebsgeräten mit hinterem Stützrad (unten), ausgestattet mit einem 8,5 PS-Motor sowie einem 6 PS-Motor für den separaten Antrieb der Arbeitsgeräte – beide von DKW – entstand der „Motorvorderwagen" (oben), der per Seilzugsystem gesteuert wurde. An den luft- oder eisenbereiften Knicklenker konnten einachsige Arbeitsgeräte angekuppelt werden.

Ausgezeichnet mit dem Nationalpreis der DDR

Auf der Leistungsschau des Landes Brandenburg, konnte Egon Scheuch 1949 in Cottbus sein revolutionäres Zentralrohrrahmen-Fahrzeug vorstellen.

Präsentierten sich die ersten DDR-Radschlepper bei näherem Hinsehen somit allesamt als mehr oder weniger modifizierte Erbstücke der Vorkriegszeit, so gilt dies nicht weniger für den Einstieg der DDR in den Kettenschlepperbau. Projektiert wurden die Zugmaschinen gleichfalls im Traktorenwerk Brandenburg. Doch ohne Pläne und Einzelteile aus den früheren FAMO-Werken wäre ein Übergang zur Fertigung kaum möglich gewesen. Vorbild war der schon in der Vorkriegszeit berühmt gewordene FAMO 60 PS-Kettenschlepper „Rübezahl“, der nur im Detail, so etwa bei den Laufrollen, verändert werden sollte. Doch das unter der Projektbezeichnung KS 06/60 betriebene Vorhaben musste im Jahr 1950 nochmals zurückgestellt werden. Andere Planungen erhielten den Vorrang, was die Vertreter der Maschinen-Ausleihstationen aber nicht ruhen ließ. Dringlicher als zuvor forderten sie für die Bodenbearbeitung einen zugstarken Kettenschlepper und hatten 1952 Erfolg. Das zuständige Ministerium für Maschinenbau genehmigte für Brandenburg den Nachbau des „Rübezahl“, der ab sofort unter der DDR-Typenbezeichnung KS 07/60 gebaut und ausgeliefert wurde. Auf dem Kettenschlepper basierend entstand später der KS 30 „Urtrak“ mit einem drehstabgefederten Kettenlaufwerk.

Suche nach einem eigenen Traktor

Es wäre unbillig, wollte man in der DDR-Traktorenherstellung der ersten Jahre nur das Bemühen um Imitation sehen. Vielmehr ging es darum, aus der Not der fehlenden Zugmaschinen eine Tugend zu

„Maulwurf“ und „Spinne“

Aus dem „Ur-Maulwurf“ von 1949 (rechts) entwickelte sich in den 1950er Jahren der Radschlepper RS08/15 (Mitte), der im VEB Schlepperwerk Schönebeck gebaut wurde. Als Nachfolger wurde der Radschlepper RS09 ab 1955 in Serie produziert. Später modifiziert zum Geräteträger, wurde der RS09 als GT109, GT122 oder GT124 (unten) zu einem der meistgebauten Traktoren der DDR, der im gesamten Ostblock eingesetzt wurde.

machen, indem man alle nur vorhandenen Vorleistungen wie Konstruktionszeichnungen und Ersatzteile soweit wie möglich nutzte. Daneben war man vor allem in Schönebeck bemüht, eine für die Bedürfnisse der DDR-Landwirtschaft zugeschnittene Eigenkonstruktion zu entwickeln. Nüchtern betrachtet wurde Schönebeck so zur Wiege des Schlepperbaus in der DDR.

Ingenieur Egon Scheuch, später mit dem DDR-Nationalpreis ausgezeichnet, zog daraus zusammen mit den Schönebecker Konstruktionskollegen die Konsequenz, schlug er doch den Bau eines vielseitig einsetzbaren Geräteträgers vor. Große Bedeutung maß er aber nicht nur der Grundkonzeption und dem Motor zu, als kaum weniger wichtig werteten die Ingenieure befriedigende Lösungen für eine hohe Universalität, möglichst einfachen Geräteanbau und die Übersicht über die Arbeitsmaschinen. Scheuch hatte sich schon früh sein Konzept patentieren lassen. Das Ergebnis der Forschungs- und Experimentierarbeit bestand im Bau eines der leichtesten Geräteträger-Fahrzeuge überhaupt. Er erhielt die charakteristische Bezeichnung „Maulwurf“. In der Konzeption unterschied sich der Schlepper von den meisten anderen landwirtschaftlichen Geräteträger-Fahrzeugen durch den zunächst vor die Vorderachse montierten Benzinmotor mit nur 8,75 PS Leistung, während der Fahrer über der Hinterachse platziert war. An das Kupplungsgehäuse angeschraubt, befand sich der Längsträger, der Vorder- und Hinterachse verband, die ein Getriebe mit Differential und Zapfwellenantrieb umfasste. Die Kraftübertragung vom Motor zur Hinterachse erfolgte über eine im Längsträger gelagerte Kardanwelle. Sie teilte sich den Platz im Stahlgehäuse mit der Übertragungswelle vom Lenkgetriebe zur Lenksäule.

An Funktionalität fehlte es dem „Ur-Maulwurf“ nicht. Für Geräteanbau über und unter dem Längsträger existierte hinreichend freier Raum, wobei die Verbindung der Arbeitsgeräte mit dem Längsträger über Bolzen erfolgte. Allerdings besaßen die ersten „Maulwürfe“ noch keine Hydraulikanlage, was bedeutete, dass alle Anbaugeräte mit Handhebeln bedient werden mussten. Und das machte den Bedienern schon einige Schwierigkeiten. Denn als was sollte der „Maulwurf“ nicht alles eingesetzt werden! Erprobt wurden die „Maulwürfe“ unter anderem mit Kartoffelvielfachgerät, Anbaumähbalken, Anbaudüngerstreuer, Anbaupflug, Frontlader, Hackmaschine, Schädlingsbekämpfungsanlage und mit Transportplattform. Dabei zeigte sich, dass sowohl die Platzierung des Motors vorne am Fahrzeug als auch die Motorleistung nicht den Erwartungen entsprachen.

Einen anderen Weg beschritten die Schönebecker Traktorenhersteller später mit dem Geräteträger. Besaß der erste „Maulwurf“ noch einen unveränderbaren Radstand, so konnte dieser jetzt verändert werden. Voraussetzung dafür war allerdings, dass man den Motor vom Fahrzeugvorderteil zur Triebachse hin beförderte. Und man machte bei dieser Neuorientierung Nägel mit Köpfen. Motor, Getriebe, Differential und Zapfwellenantrieb wurden als Einheit zusammengebaut und schafften so im vorderen Teil des Geräteträgers Operationsfreiheit. Diesem Ideenträger gab man zunächst den Namen „Spinne“. Man baute nicht allzu viele dieser Fahrzeuge, sammelte aber wertvolle Erfahrungen. Sie führten zu einer grundüberholten Version des Geräteträgers „Maulwurf“, der die Typenbezeichnung RS 08/15 bekam. Der Motor war wie bei der

Moderne Allzweckschlepper aus Nordhausen

Die Traktorenreihe RS14/36 wurde als Nachfolger der Baureihe RS04 von 1956 bis 1965 im VEB Schlepperwerk Nordhausen gebaut. Anfangs wurden die Traktoren unter dem Namen „Favorit“ vertrieben. Nach Rechtsstreitigkeiten um den Markennamen wurden die Traktoren ab 1958 in „Famulus“ (lateinisch: „Diener“) umbenannt.

„Spinne“ der Hinterachse zugeordnet und zusammen mit Getriebe, Differential und Zapfwelle in unmittelbarer Nähe zum Bediener untergebracht. Das war vor allem der Kraftübertragung innerhalb des Fahrzeugs dienlich. Ansonsten fiel der RS 08/15 durch zwischen 1,40 und 2,00 m verstellbaren Radstand sowie zwischen 1,25 und 1,60 m veränderbare Spurweite auf. Vom „Ur-Maulwurf“ übernommen hatten die Konstrukteure dagegen den zentralen Längsträger für die Befestigung der Anbaugeräte, diese standen in beachtlicher Anzahl zur Verfügung. So überrascht es nicht, wenn der RS 08/15 zahlreiche Befürworter fand. In einer Schrift aus dem Jahr 1959 wurde unter anderem notiert: *„Der Geräteträger RS 08/15 Maulwurf hat als Großserienmaschine in seinen vieltausendfachen Einsatzgebieten einen außerordentlich guten Ruf erlangt und damit das Geräteträgerprinzip so gefestigt, dass es nicht mehr wegzudenken ist.“* Ein wenig übertrieben ist diese euphorische Meinungsäußerung schon, baute man doch nur 5751 Einheiten und seinen Hauptmangel, den zu schwachen, hoch drehenden Zweitaktmotor aus dem Pkw-Bau, konnte er nicht los werden. Der Autor weiß aus eigenem Erleben, wie oft er anhalten musste, wenn beim „Bindern“ der Motor mit seiner Thermosiphonkühlung zu kochen begann. Da konnte auch der zusätzliche Lüfter nicht helfen.

1956 folgte das Modell RS 09, dessen technischer „Knüller“ darin bestand, dass sich Lenksäule, Bedienungshebel und Fahrersitz ohne größere Probleme in Abhängigkeit von der Fahrtrichtung umrüsten ließen. Auch hatte man sich anstelle der zu schwachen Benzinmotoren nun für einen 18 PS-Dieselmotor entschieden, dessen Kraft über ein Eigenbaugetriebe mit acht Vor- und acht Rückwärtsgängen geschaltet werden konnte.

Die IFA-Geräteträger wurden im Laufe der 1960er Jahre mehrfach stärker motorisiert. Zunächst setzte man den luftgekühlten Zweizylinder-Motor ein, der im Dieselmotorenwerk Schönebeck auf Basis einer Lizenz der österreichischen Firma Warchalowski produzierte wurde. Ab 1951 entwickelten die Motorenbauer in Schönebeck und Cunewalde eine eigene Motorenbaureihe, die in vielen unterschiedlichen Einsatzgebieten Verwendung fanden. Mit den auf 30 PS gesteigerten luftgekühlten Vierzylinder-Dieselmotoren kamen sie den Anforderungen der DDR-Wirtschaft näher, die eine weiter erhöhte Motorleistung wünschte. Doch nicht nur in der DDR fanden die „Maulwürfe“ der Serie 09 und 124 Freunde. Exportiert wurde das Fahrzeug außer in alle Länder des Ostblocks, nach Frankreich, Österreich, Niederlande, Iran,

Brasilien und Uruguay. Hauptabnehmer aber blieb neben der eigenen Landwirtschaft die Sowjetunion, in die fast ein Viertel der Gesamtproduktion geliefert wurde. Die „Maulwürfe“ als eigenständige DDR-Konstruktion bewegte das Denken der Maschinenbauer so sehr, dass sie bemüht waren, um das Fahrzeug herum zahlreiche Spezialversionen zu entwickeln.

Für das zuletzt Geräteträger GT 124 genannte Fahrzeug entstand serienmäßig eine fast unüberschaubare Anzahl von Anbaugeräten sowie etwa 20 weitere spezielle Fahrzeugabwandlungen für vielfältigste Nutzerbedürfnisse, so ein Hopfentraktor RS 56, ein Plantagentraktor RS 28, der Tragtraktor RS 27, ein Maistraktor und sogar ein Schwenkkran T 157. Bei allen diesen Ableitungen kam die Triebachse mit Motor zum Einsatz, während die übrigen Teile nach dem Baukastenprinzip hinzugefügt wurden. Doch ab etwa 1970 schienen die Entwicklungsmöglichkeiten der „Maulwürfe“ erschöpft. Die Produktionszahlen, die in den besten Zeiten auf bis zu 14.000 Stück im Jahr hochgeschnellt waren, gingen stark zurück. Die Ära des von vielen Landwirten geschätzten Arbeitsgerätes lief 1972 nach 120.273 produzierten Einheiten zum Bedauern seiner vielen Nutzer aus.

Für die Traktorenbauer beginnt eine neue Ära

Die DDR-Traktorenindustrie wurde seit Mitte der 1950er Jahre zunehmend in die Planungen des Rates für gegenseitige Wirtschaftshilfe (RGW) integriert. Industriemäßige Fertigung und hohe Stückzahlen waren gefordert, Vorgaben, denen die beinahe mittelständisch strukturierten DDR-Traktorenhersteller kaum zu entsprechen vermochten. Die Forderungen der Landwirtschaft und des Transportwesens nach leistungsfähigeren Maschinen führten mit Beginn der 1960er Jahre zu einer völligen Neuorientierung einer Vielzahl der traditionellen Produktionsstandorte. So etwas war nur in einer zentral gesteuerten Industrie möglich – nicht der Markt, sondern der Plan diktierte - oder

Die Väter des ZT 300

Reinhard Blumenthal (1928 – 2012), Chefkonstrukteur im VEB Traktorenwerk Schönebeck (links) und Günter Caspari (1930 – 2006), Chefkonstrukteur im VEB IFA-Motorenwerke Nordhausen, waren maßgeblich an der Entwicklung der ZT 300-Baureihe beteiligt. Das Kombinat „Fortschritt“ war ab den 1970er Jahren der größte Landtechnikhersteller in der DDR. 1967 startete dort die Produktion des Zugtraktors ZT 300. Die Schlepper der Zugkraftklasse 20 kN, die bis 1984 gefertigt wurden, lösten die Traktoren der Famulus-Baureihe ab. Mit „ZT 300“ wurde sowohl das Basisfahrzeug als auch die gesamte darauf basierende Baureihe bezeichnet. Insgesamt wurden 72.382 Traktoren der ZT-Baureihe hergestellt. Der Preis für einen ZT 303 betrug Anfang der 1980er Jahre 81.000 Mark. Abgelöst wurde die ZT-300-Baureihe von der ZT-320-Baureihe.

sinngemäß: Es blieb kein Stein auf dem anderen. Ein weitreichendes Investitionsprogramm mit dem Bau neuer Fabriken und der Beschaffung der erforderlichen modernen Fertigungseinrichtungen schuf Mitte der 1960er Jahre die Grundlage für die grundhafte Erneuerung der Landtechnik und des Transportwesens. Das Traktorenwerk Brandenburg gab den Traktorenbau wieder auf und wurde zum zentralen Getriebespezialisten umgebaut.

Ähnlich verhielt es sich mit dem Schlepperwerk Nordhausen. Zeitweilig versuchten die Nordhäuser den Schönebeckern den Rang als führende DDR-Traktorenfabrik streitig zu machen. Nach dem Auslauf der Fertigung des Typ „Harz" baute man den in Schönebeck entwickelten RS 04/30, einen besonders für die Pflegearbeiten ausgelegten Radschlepper mit hoher Bodenfreiheit und einer vielseitig nutzbaren hydraulischen Ackerschiene. Mit den Radtraktoren „Favorit" und vor allem dem „Famulus" war man, dank eigener Entwicklungsarbeit, in die stärkeren Leistungsklassen vorgedrungen und schaffte auch den Einstieg in den Bau von allradgetriebenen Zugmaschinen.

Doch die Plangewaltigen sahen im Zuge der allseits geforderten Spezialisierung für das Werk Nordhausen eine andere Ausrichtung vor. Nachdem über 70.000 Traktoren in Nordhausen gefertigt waren, endete 1965 der Traktorenbau im Harz. Nicht nur in der DDR bedauerte man diese Entwicklung. Von 1965 bis 1990 wurden im VEB IFA Motorenwerke Nordhausen über eine Million Dieselmotoren der Leistungsklassen von 80 bis 180 PS für Lkw, Traktoren, Mähdrescher, Baumaschinen und Stationäraggregate entwickelt und gefertigt.

Ganz ohne landeseigene Traktoren wollte die DDR-Landwirtschaft mit ihren immer größer werdenden Landwirtschaftlichen Produktionsgenossenschaften (LPG) aber doch nicht sein. Aber längst waren auf den Feldern Traktoren aus der UdSSR, aus der damaligen CSSR oder auch aus Ungarn nicht zu übersehen. Es bestand kein Zweifel, dass eine Weiterentwicklung der als veraltet eingestuften „Famulus"-Traktoren, die zuletzt über einen 60 PS-Motor verfügten, nicht gewollt war. Diese Zugkraftklasse wurde durch Importe besetzt.

Ziel war ein völlig neuer Schlepper in Blockbauweise, der dem Stand der Technik entsprechen sollte. Die Entwicklungsarbeiten begannen 1963. Schnell zeigte sich, dass eine Zugmaschine an der oberen Grenze der Zugkraftklasse 2,0 Mp (etwa 85 bis 90 PS) für die Belange der DDR-Landwirtschaft besser geeignet war. Bis 1966 dauerte es, und der neue „Zugtraktor", der die Bezeichnung ZT 300 trug, konnte auf seine Eignung geprüft werden. Zur Serienreife des Traktors, auf den die Verantwortlichen große Hoffnung setzten, vergingen nur noch wenige Monate. Man muss beachten, dass es mit der bloßen Entwicklung nicht getan war. Vor Serienstart mussten umfangreiche technologische Voraussetzungen geschaffen werden, neue Fertigungshallen waren zu bauen, Maschinen zu beschaffen. Über 1800 neue Arbeitskräfte mussten angeworben und ausgebildet werden. Nicht nur die Schönebecker, auch die Fahrzeugbauer in Ludwigsfelde und die Motorenbauer in Nordhausen standen in dieser Zeit vor der gleichen Aufgabe.

1967, nach nur vier Jahren, anlässlich der Landwirtschaftsausstellung im agra-Park zu Markkleeberg, war es dann endlich so weit. Präsentiert wurde der internationalen Öffentlichkeit der ZT 300 als Standardtraktor mit Hinterachsantrieb, dessen aus dem Lkw-Bau bekannter Vierzylinder-Motor aus Nordhausen 90 PS leistete. Anbaumöglichkeiten, Hydraulik und Sicherheitsausrüstung für den Fahrer entsprachen der Ausrüstung vergleichbarer Traktoren aus dem westlichen Ausland. Aber während im Westen das Thema Sicherheit und Ergonomie erst in den 1970er Jahren aufgegriffen wurde, hatte man den Famulus schon ab 1964 serienmäßig und den ZT 300 ab Serienbeginn 1967 mit umsturzsicheren Kabinen ausgestattet. Selbst der RS 09 bekam in dieser Zeit einen Überrollbügel verpasst. Als unangenehm empfunden wurden jedoch der beengte Beifahrersitz, die fehlende Kabinenheizung und vor allem die unzureichende Geräuschisolierung des Fahrerplatzes. Als „Kinderkrankheiten" pflegte man solche Unstimmigkeiten bei neu konzipierten Traktoren zu bezeichnen, die nach und nach im Zuge der Modellpflege beseitigt wurden.

ZT 300-Serie als Hoffnungsträger

Wie sehr man in der DDR-Landwirtschaft auf den ZT 300 gewartet hatte, kann der raschen Einführung in die LPG entnommen werden. Noch 1967 wurde der tausendste Traktor des Typs ausgeliefert und damit die große Bewährungsprobe im praktischen Einsatz eingeleitet. An Verbesserungsvorschlägen fehlte es nicht. Der 1972 vorgestellte Traktor ZT 303 versuchte denn auch, aus den Fehlern des ZT 300 zu lernen. Vor allem hatte man sich nun für einen Allradantrieb entschieden, mit dem die Zugleistung schlagartig um 30 bis 50% gesteigert wurde. Auf schweren und sandigen Böden konnten nun bei der Pflugarbeit größere Arbeitsbreiten bewältigt werden, ohne dass man deshalb immer auf die seit 1969 in der DDR verfügbaren russischen Großtraktoren des Typs K 700 Kirowez zurückgreifen musste.

Die Entwicklung zu größeren Motorleistungen bestimmte auch in der Folgezeit das Geschehen. 1978 stattete man die beiden DDR-Radtraktoren ZT 300 und ZT 303 mit auf 100 PS verstärkten Motoren aus. Ab 1984 wurden mit den Typen ZT 320 (Hinterachsantrieb) und ZT 323 (Allradantrieb) weiter verbesserte Zugmaschinen ausgeliefert. Der Motor war durch einen besseren Drehmomentenverlauf auf die speziellen Anforderungen der Traktorenbauer angepasst. Von September 1967 bis Anfang 1984 wurden insgesamt 72.382 Traktoren der ZT-Baureihe hergestellt. So wie die Konstruktion des „Maulwurf" für die DDR-Traktorengeschichte einen Höhepunkt markiert, so ragt auch die Entwicklung des Ackerschleppers ZT 300 aus dem Bemühen um eine qualifizierte Ausstattung der Landwirtschaft mit Zugmaschinen heraus. Die Probleme mit der Ersatzteilversorgung hatten die Nutzer der landwirtschaftlichen Maschinen in der DDR zeitlebens. Fehlende Materialien, Überlastung, Qualitätsmängel, schlechte Wartung, man könnte noch vieles nennen, aber wenn die „Ernteschlacht" tobte stand die Versorgung mit Teilen an erster Stelle: Keine Maschine durfte stehen.

Den Konstrukteuren blieb dieser Umstand selbstverständlich nicht verborgen. Sie ließen nichts unversucht, um weniger reparaturanfällige Traktoren zu fertigen, was jedoch nur teilweise gelang. Besondere Verdienste um den DDR-Traktorenbau kamen Reinhard Blumenthal, dem langjährigen Chefkonstrukteur des Traktorenwerks Schönebeck, und Günter Caspari, dem Chefkonstrukteur der IFA-Motorenwerke

Seilzugaggregat auf Raupenfahrgestell

1955 wurden die ersten Entwürfe für ein Seilzugaggregat vorgestellt. Nachdem zwei Funktionsmuster, die anfänglich eine Motorleistung von 150 PS besaßen, die Tests erfolgreich absolvierten, wurden ab 1959 weitere Sätze – bestehend aus jeweils zwei SZ 24-Raupen und einem 5-Schar-Pflug – weiteren Praxisprüfungen unterzogen.

Bodenschonend und energieeffizient

Auf der Grundlage langjähriger Erfahrungen mit Kirowez-Traktoren sowie neusten Ergebnissen der Reifenforschung entwickelte die Deutsche Traktoren Union GmbH (DTU), Stadtilm, Thüringen, den Systemtraktor T 860. In zahlreichen Versuchen mit zwei Prototypen wurden die prognostizierten Eigenschaften des neuen Antriebskonzepts bezüglich Bodendruck, Zugkraft und Ökonomie bestätigt. 2009 präsentierte Deutz den T 860 als Deutz-Fahr Agro XXL auf der Agritechnica in Hannover.

Nordhausen, zu. Von der Pike auf hatte Blumenthal das Handwerk des Maschinenbauers gelernt und erst später ein akademisches Fernstudium absolviert. Ihre Handschriften bestimmten weitgehend die Konstruktion des Traktors ZT 300 seiner Motoren und der aus ihnen weiterentwickelten DDR-Traktoren.

Was noch zu bemerken währe

Wie bereits erwähnt, war Schönebeck über viele Jahre das eigentliche Zentrum des DDR-Schlepperbaus. So entstand dort Ende der 1950er Jahre auch ein Aggregat, das sehr an die Zeit der Dampfmaschinen mit ihren schweren Kipppflügen erinnerte. Das Seilzugaggregat SZ 24 war eine moderne Variante mit Dieselmotor und Raupenfahrgestell. Die Bearbeitung schwerer oder feuchter Böden vor allem in den Trockenlegungsgebieten der Wische oder im Oderbruch war mit den verfügbaren Ackerschleppern nicht möglich. Circa 60 Sätze dieser imposanten Maschinen wurden in Weimar gebaut. Ausgestattet mit einem 180 PS-Dieselmotor und einem Gewicht von 14 Tonnen konnten bei 600 m Seillänge bis zu 8 Hektar je Tag bearbeitet werden. Eingesetzt wurde ein 5-Schar-Wendepflug, der mit zwei Bedienern besetzt war. Der spätere Einsatz moderner Großschlepper hat diese Technik völlig verdrängt.

Nach der Wende Anfang der 1990er Jahre ereilte mit wenigen Ausnahmen alle Betriebe des DDR-Fahrzeugbaus das gleiche Schicksal. Sie waren auf die Marktwirtschaft mit ihrem harten Konkurrenzkampf nicht vorbereitet. Zu lange hatten sie in einem staatlich gelenkten Verkäufermarkt agiert, wichtige Innovationen waren nicht zum Tragen gekommen. Wie im Pkw-Bereich wollte keiner mehr Erzeugnisse aus der untergehenden sozialistischen Planwirtschaft haben, selbst wenn sie seinen Anforderungen entsprochen hätten. Alle Versuche, wieder Schlepper zu bauen, scheiterten – und die Treuhand tat ihr Übriges. So endet die Geschichte des Schlepperbaus in Mitteldeutschland. Aus der ehemaligen DDR wurden die neuen Bundesländer. Die Schlepperbauer sind verschwunden. Einrichtungen wie das IFA-Museum in Nordhausen und die vielen Schleppervereine bewahren nur noch die Tradition. Heute bauen wieder circa 70 Betriebe Bodenbearbeitungsgeräte, Transportmittel usw. – aber eben keine Traktoren.

Umso erstaunlicher ist der Versuch eines mittelständigen Betriebes aus Thüringen. Auf der Grundlage von Einsatzerfahrungen mit russischen Großschleppern entwickelte ein kleines Team von leidenschaftlichen Landtechnikern einen leistungsstarken Großtraktor, der den Anforderungen des europäischen Marktes gerecht wird. Ein 600 PS-Turbodiesel treibt je nach Wahl über ein Powershift- oder ein CVT–Getriebe alle vier Tandemachsen an und entwickelt so bei geringem Bodendruck eine erstaunliche Zugleistung von bis zu 180 kN. Die hydraulische Knicklenkung ermöglicht einen äußeren Wendekreis von 8,75 m. Durch seinen hinteren Aufbauraum kann er zusätzlich Behälter bis zu 19 Tonnen tragen. Die moderne Fahrerkabine ist nach neuesten Gesichtspunkten der Ergonomie gestaltet. Besonderer Vorteil: der Schlepper ist 40 km/h schnell, voll straßentauglich und auch für schwere Einsatzfälle – zum Beispiel im Straßenbau – geeignet. Ob es die Stadtilmer schaffen, ihren Großtraktor in Serie zu bauen, bleibt abzuwarten, zu wünschen wäre es ihnen.

Ringen um Marktanteile

Der Traktorenmarkt ist weltweit in eine Größenordnung hineingewachsen, aus der sich der hohe Stellenwert ablesen lässt, den der Schlepper international für die Landbewirtschaftung besitzt. Konnten bis zu Ende der 1980er Jahre Europa und Nordamerika als „traktorisiert" bezeichnet werden, so befand sich der Schlepper anschießend vor allem in den asiatischen und südamerikanischen Landwirtschaften auf dem Vormarsch. Nach der Jahrtausendwende verstärkte sich in Afrika der Trend hin zum Traktoreneinsatz, sodass inzwischen „weiße Regionen" kaum mehr auf der internationalen Traktorenlandkarte anzutreffen sind.

Nach einer von der Welternährungsorganisation FAO erarbeiteten Statistik wurden 1987 weltweit rund 24 Millionen Traktoren eingesetzt, davon über 60% in Europa, Nord- und Mittelamerika (= 14,8 Mio). In Asien wurden damals 18% (= 4,3 Mio) des Welttraktorenbestandes gezählt, allen voran in Japan, der Volksrepublik China und Indien. Doch das ist gut 30 Jahre her. Seitdem ist der Schlepperbestand gerade in Asien rasant gestiegen. Nimmt man die nationalen Produktionszahlen als aktuellen Indikator, dann verschlägt es dem Europäer bei einer

Giganten auf Rädern

2007 sorgte der sechsrädrige Fendt Großtraktor „Trisix" für Furore. Alle wollten ihn sehen, doch für die Praxis eignete er sich nicht. So blieb es bei der Projektstudie.

Betrachtung des asiatischen Traktorengeschehens den Atem. Dabei dürften die indischen Fabriken den Vogel abschießen. 2014 lieferten Unternehmen mit Namen wie Eicher Goodearth, Mahindra, Solis und Tafe zusammen über 610.000 Traktoren aus.

Boomkontinent Asien

Die chinesische Traktorenindustrie folgte auf Rang zwei und brachte es im gleichen Jahr auf 525.000 Traktoren. Abgeschlagen auf Rang drei der asiatischen Traktorproduzenten liegt Japan mit 148.000 Traktoren, von denen allerdings nur rund ein Drittel im Inland verblie-

ben ist. Japan ist auch bei Traktoren zum leistungsfähigen Exportland geworden, während der Bedarf in Indien und China größer ist als die heimische Produktion. Besonders signifikant ist dies in China. Dort wurden im Laufe des Jahres 2014 mit 1,85 Mio. Zugmaschinen mehr als dreimal so viele Traktoren neu in den Markt gebracht, wie im Land hergestellt wurden. Den internationalen Anbietern ist dies recht. Direkt oder über internationale joint ventures engagieren sie sich in einem Markt, der nahezu unbegrenzt aufnahmefähig zu sein scheint.

Das Schwergewicht der asiatischen Traktorenherstellung lag und liegt nach wie vor bei den kleineren, leistungsschwachen Zugmaschinen. 1985 sah dies so aus, dass Japan, Indien und China zusammen rund 94 % der in der Welt gefertigten Kleinschlepper bis zu maximal 35 PS Leistung produzierten. 30 Jahre später, 2014, stellt sich die Situation auf einem höheren Niveau ähnlich dar. 551.000 der 610.000 in Indien produzierten Traktoren verfügen über weniger als 30 PS und auch in China dominieren kleine, wendige und zudem einfache Kleintraktoren den Herstellermarkt. Anders hat sich der Traktorenmarkt Japans entwickelt. Mehr als jeder dritte im Land der aufgehenden

Asien voran

Das Erscheinen der ersten asiatischen Traktoren in Deutschland rief Stirnrunzeln hervor: Zu leicht, zu einfach, zu schwach, hieß es, doch das gilt längst nicht mehr. Inzwischen sind Traktoren aus China, Indien, Japan und Korea auf dem Vormarsch. Ihre Marktanteile steigen Jahr um Jahr und in der technischen Ausstattung lassen Trecker mit Namen wie Kioti, Kubota, Mahindra und Eicher Goodearth keine Wünsche offen.

Sonne produzierte Traktor ist inzwischen über 30 PS stark, und diese Tendenz setzt sich fort. Kubota als wichtigster japanischer Hersteller hat seit einiger Zeit Traktoren mit Leistungen bis zu 170 PS im Programm und findet sich mit dieser Strategie durch wachsende Marktanteile – nicht zuletzt auf dem deutschen Markt – bestätigt.

Um die Explosivität des asiatischen Traktorenmarkts zu verdeutlichen, sei ein kurzer Blick auf das Geschehen in der übrigen Welt

Für schmale Geldbeutel

Belarus bietet seine Traktoren mit einigem Erfolg auch in Westeuropa an. Wer einfache Technik zu günstigem Preis sucht, wird bei den Weißrussen fündig.

gerichtet. Mit einer Jahresproduktion von 158.000 Traktoren nahmen die USA 2014 die Spitzenstellung ein. An zweiter Stelle rangierte Brasilien mit 65.000 neu hergestellten Zugmaschinen, dicht gefolgt von der Türkei mit 64.300 Traktoren. Bei letzteren handelte es sich allerdings ganz überwiegend um Kleinschlepper und/oder Lizenzfahrzeuge. Anders sieht es bei Deutschland aus, wo es die einheimischen Hersteller 2014 zusammen auf 51.400 neue Traktoren brachten. Kleintraktoren spielen hier, wenn überhaupt, eine untergeordnete Rolle. Vielmehr gelten die deutschen Traktorenhersteller, allen voran die AGCO-Tochter Fendt und John Deere, als Premiumanbieter, die für sich in Anspruch nehmen, eine technische Vorreiterrolle innezuhaben.

Bedeutungsverlust osteuropäischer Hersteller

Stark an Bedeutung eingebüßt haben dagegen die osteuropäischen Hersteller. Vorbei sind die Zeiten, da die großen russischen Schlepperfabriken in Sankt Petersburg, Wolgograd, Charkow oder Cheliabinsk mit sechsstelligen Produktionszahlen aufwarteten. Unvergessen sind die 1960er Jahre. Damals soll es die UdSSR-Traktorenindustrie auf eine Jahresleistung von 570.000 Einheiten gebracht haben, was einem Anteil von 27 % der Weltschlepperproduktion entsprach. Alleine vom 1962 in Serie gegangenen Großschlepper Kirowez K 700/K 700 A wurden bis 1992 mehr als 420.000 Maschinen ausgeliefert. Im ganzen Ostblock waren die kraftvollen Knicklenker anzutreffen, die auch in der DDR zum Standard gehörten. Der Robustheit der Fahrzeuge ist es zuzuschreiben, dass eine beträchtliche Anzahl von ihnen auch ein Vierteljahrhundert nach Produktionseinstellung immer noch im Einsatz ist. Andererseits spiegelt sich darin das hohe Alter des russischen Traktorenbestands wider. Von den derzeit geschätzt vorhandenen 435.000 russischen Traktoren sollen rund 62 % älter sein als 10 Jahre, was umso gewichtiger ist, da die Traktoren in Russland besonders hart rangenommen werden. Untersuchungen haben ergeben, dass 2014 jeder Traktor in Russland 354 ha Fläche zu bearbeiten hatte. In den USA waren es 63 ha und in Frankreich 53 ha. Kenner sprechen deshalb auch von den russischen Bedingungen als einem „Dauer-Härtetest für Traktoren“.

Aber nicht nur die russischen Traktorenhersteller tun sich schwer. Auch die einstmals ruhmreichen Traktorenfabriken in den übrigen ost-

World's No. 1

Seit 1985 ist die Agritechnica das Schaufenster der internationalen Landtechnik. Anfangs in der Frankfurter Messe beheimatet, erfolgte im Jahre 1995 der Umzug nach Hannover. Dass der Umzug auf das größte europäische Messegelände sinnvoll war, bestätigt sich alle zwei Jahre aufs Neue. Wer Landmaschinen und Traktoren produziert, wer Teile zuliefert und wer modernste Technik kaufen will, kommt an der Agritechnica nicht vorbei. Mit über 450.000 Besuchern ist sie zur erfolgreichsten Landtechnikmesse der Welt aufgestiegen.

europäischen Ländern wie Ursus, UTB oder Zetor sind entweder stark geschrumpft oder haben die Produktion ganz eingestellt. Einzig die in Minsk ansässigen Belarus-Werke schlagen sich nach wie vor achtbar im Markt. 2014 brachten sie es auf eine Jahresproduktion von 42.000 Traktoren, von denen rund 200 Fahrzeuge nach Deutschland ausgeliefert wurden.

Westeuropäische Marktführer

Eine besondere Betrachtung verdient die Situation in Westeuropa. Neben Nordamerika ist dies der wichtigste Markt für High-Tech-Traktoren, mit denen nicht nur gutes Geld verdient wird, sondern die auch die Richtung anzeigen, in die sich die Schleppertechnik auf dem Weltmarkt entwickeln wird. Einer Statistik des Jahres 2016 zufolge wurden in Westeuropa insgesamt 126.000 Traktoren neu zugelassen. An der Spitze lag Deutschland mit 28.700 Traktoren vor Frankreich mit 27.000 und Italien mit 18.300 Traktoren. Mehr als vier Fünftel des Kuchens geht an die sechs führenden internationalen Herstellergruppen, von denen drei (John Deere, Claas, Kubota) mit einer Einmarken- und drei (AGCO, CNH, SDF) mit einer Mehrmarkenstrategie operieren.

Erfolgreich als nationale Marktführer sind vor allem der zur CNH-Gruppe gehörende Hersteller New Holland (Belgien, Dänemark, Italien, Niederlande, Portugal) und John Deere (Deutschland, Frankreich, Großbritannien, Norwegen, Spanien). Der zur AGCO-Gruppe gehörende finnische Hersteller Valtra rangiert in seinem Heimatland und Schweden auf Rang 1 der Zulassungsliste, während es der zum CNH-Verbund gehörende Hersteller Steyr (Österreich) und die AGCO-Tochter Fendt (Schweiz) auf je eine nationale Marktführerschaft geschafft haben. Als erfolgreichster Hersteller der italienischen SDF-Gruppe erreichte Deutz-Fahr dreimal Rang 3 (Belgien, Deutschland, Schweiz), während der mit ordentlichen Wachstumsraten aufwartende japanische Hersteller Kubota immerhin einmal Rang 2 (Portugal) und einmal Rang 3 (Spanien) belegt. Claas wiederum partizipiert in Frankreich mit einem dritten Rang am Renault-Erbe. Bleibt noch zu erwähnen, dass die weltweit präsente Traktorenmarke MF des AGCO-Verbunds ihre besten Platzierungen in Großbritannien und den skandinavischen Ländern Norwegen und Schweden erreicht.

Traktoren in Deutschland

In Deutschland rangeln seit Jahren John Deere und Fendt um die Marktführerschaft. Die Reihenfolge variiert in Abhängigkeit von der Definition, was unter „Traktor" zu verstehen ist. Werden alle Zugmaschinen berücksichtigt, hat John Deere die Nase vorn, beschränkt man sich dagegen auf „echte" Traktoren, dann liegt häufig Fendt auf Platz 1. Als „echt" gelten Zugmaschinen mit mehr als 51 PS, was erkennen lässt, dass der Traktorenmarkt alles andere als einheitlich ist. Betrachtet man beispielsweise

Bester Standard

Leistungsfähige Traktoren sind aus der aktuellen Landwirtschaft nicht wegzudenken. Ihr Potential wurde in der Vergangenheit immer weiter nach oben geschraubt. Motorleistungen über 100 PS gehören inzwischen ebenso zum Standard wie Allradantrieb und klimatisierte Kabinen. Selbst das stufenlose Getriebe ist längst nicht mehr nur optional verfügbar. „Der Traktor ist mein Arbeitsplatz", pflegen Landwirte zu sagen, und da ist das Beste gerade gut genug. Claas belegt dies mit dem Modell Arion 640 (oben) ebenso wie New Holland mit dem Typ 115 (unten). Mit dem Stoll Frontlader nebst mächtiger Ballenzange zeigt der New Holland Traktor, wie breit das Spektrum seiner Möglichkeiten geworden ist.

die kleinste „Klasse" der Traktoren mit einer Leistung unter 51 PS, dann führt Kubota vor John Deere. In der nächsthöheren Klasse der Traktoren zwischen 51 und 80 PS haben Deutz-Fahr und Case IH die Nase vorn. Claas wiederum dominiert in der Klasse der Traktoren mit Leistungen zwischen 141 und 160 PS, während Fendt in der Klasse über 300 PS Rang 1 belegt. Damit möglichst viele Anbieter in den Genuss einer Marktführerschaft kommen, werden von den Statistikern inzwischen 11 verschiedene Leistungsklassen ausgewiesen. John Deere und Fendt schneiden dabei mit je vier Spitzenplätzen am besten ab. Intensiv beworben wird von der Herstellern aber auch die davon abweichende Rangliste der „beliebtesten Traktoren". Gemeint sind die meistverkauften Traktoren und das waren 2016 mit den Typen 724 Vario, 516 Vario und 313 Vario dreimal Fahrzeuge aus dem Hause Fendt. Unter den 15 Bestplatzierten befanden sich je fünfmal Zugmaschinen von Fendt und John Deere, je zweimal von Deutz-Fahr und Kubota und einmal von Claas. Die Stückzahlen reichten von 630 bis 205 Traktoren.

Bleibt ein Blick auf die regionalen Zulassungen. Seit Jahrzehnten ist Bayern das deutsche Traktorenland Nummer 1. Mehr als doppelt so viele Neuzulassungen wie im nächstplatzierten Bundesland sprechen eine klare Sprache. Heftig umstritten ist dagegen der 2. Platz. Baden-Württemberg, Niedersachsen und Nordrhein-Westfalen liegen dicht beieinander und können je nachdem, ob im Pflanzenbau oder der Milchwirtschaft das beste Geld verdient wird, mit den nächstmeisten Traktor-Neuzulassungen aufwarten. Bescheidener sieht es dagegen bei den neuen Bundesländern aus. Zusammen kommen sie ungefähr auf die Hälfte der bayerischen Zulassungen, doch die Stückzahlen sagen nichts über die Wertigkeit der Traktoren aus. Und genau da haben die neuen Bundesländer die Nase vorn. Mehr als jede andere Region setzen sie auf große, zugstarke und bestausgestattete Zugmaschinen, denn genau die finden auf den arrondierten Großbetrieben des Ostens das passende Tätigkeitsfeld.

Wer Fendt fährt, führt

Seit Jahrzehnten bestimmt der bayerische Traktorenhersteller Fendt die Trends im Traktorenbau. Als Beispiel sei der Fendt Favorit 926 Vario (oben) vorgestellt. Sein stufenloses, leistungsverzweigtes Getriebe wurde anfangs kritisch beäugt, auch der Hersteller selbst hatte zunächst einigen Respekt vor der eigenen Konstruktion. Doch das von Hans Marschall entwickelte Getriebe bewährte sich im schweren Praxistest. Inzwischen baut Fendt ausschließlich Traktoren mit stufenlosem Vario-Getriebe und dem Wettbewerb bleibt nichts anderes, als nachzuziehen. Präsentiert Fendt seine Neuheiten auf der Agritechnica, strömt das Publikum herbei (unten).

Agritechnica als Schaufenster der Traktorenentwicklung

Beeindruckend sind die in den letzten Jahrzehnten erreichten Fortschritte in der Traktorenentwicklung. Die seit 1985 zuerst in Frankfurt und dann in Hannover alle zwei Jahre stattfindende Landtechnikmesse Agritechnica ist dafür das weltweit beachtete Schaufenster. So war es 1989 der von Schlüter gezeigte Systemschlepper Eurotrac, der die Gemüter bewegte. Dabei handelte es sich – wie an anderer Stelle beschrieben wird – um einen Systemschlepper mit vier An- und Aufbauräumen, hydraulisch verschiebbarem Frontgewicht sowie Allradlenkung. In vier Modellvarianten mit Leistungen zwischen 80 und 190 PS waren die Eurotracs so konzipiert, dass sie die für die Trac-Fahrzeuge anderer Hersteller entwickelten Anbaugeräte übernehmen konnten. Das war richtungweisend, führte es doch von der Einzellösung weg hin zur herstellerübergreifend einsetzbaren Technik, wie sie vor allem bei der aufkommenden Elektronik verlangt wurde. Stark beachtet wurde außerdem ein Rapsöl tauglicher Traktor von Eicher. Mit dem Modell 3108 rückte die Bedeutung nachwachsender heimischer Kraftstoffe ins Blickfeld der Konstrukteure, allerdings klaffte zwischen politischem Wunsch und wirtschaftlicher Effizienz noch eine große Lücke.

Vier Jahre später, 1993, gab die durch die politische Wende des Jahres 1989 in Gang gekommene Hinwendung zu Großtraktoren der Agritechnica das Gepräge. Jeder Anbieter, der mit den Großbetrieben der neuen Bundesländer ins Geschäft kommen wollte, wartete nun mit Traktoren auf, die über 200 PS und mehr verfügten. John Deere tat sich da leicht, konnte man doch auf bislang vor allem für Nordamerika entwickelte Schlepper zurückgreifen. Andere Hersteller wie Case IH, Steyr und Horsch präsentierten leistungsstarke Knickschlepper und Trägerfahrzeuge. Horsch, ein bayerischer Familienbetrieb, war dazu eigens eine Partnerschaft mit dem russischen Traktorhersteller Kirow eingegangen, doch von Dauer war sie nicht.

Als nachhaltiger erwiesen sich Verbesserungen der sogenannten Mittelklasse-Traktoren. Die Entdeckung des Frontanbauraums bestätigte, dass bislang den Systemschleppern vorbehaltene Bauelemente nun zum Standard geworden waren. Apropos Systemschlepper: Die 1992 erfolgte Produktionseinstellung der MB-tracs und Intracs weckte bei anderen Herstellern, zu denen unter anderen Fendt und LTS gehörten, Hoffnungen, die Lücke mit Eigenentwicklungen wie Xylon und Systra schließen zu können. Die bislang bestehende Höchstgeschwindigkeit von 40 km/h sollte da kein Hemmschuh sein. Unimog und JCB hatten mit auf 80 km/h ausgelegten Fahrzeugen gezeigt, dass Landwirtschaft und Autobahntauglichkeit keine Gegensätze sein mussten, und das animierte den Wettbewerb generell.

Stufenloses Vario Getriebe

Zwei Jahre später, 1995, gab es einen anderen Paukenschlag. Fendt stellte mit dem Typ 926 Vario erstmals einen Schlepper vor, der über ein stufenloses Getriebe verfügte. Ohne Schaltvorgänge unter Last arbeiten war ein nun Wirklichkeit gewordener Traum vieler Landwirte.

Nicht mehr am Markt

Gut 10 Jahre lang baute Fendt ab 1994 Systemschlepper mit der Bezeichnung „Xylon". Sie sollten im Acker ebenso zuhause sein wie auf der Straße: Schlepper und Lastwagen zugleich. Doch so formschön die Xylone auch waren, ihre Stückzahl blieb überschaubar. Zuletzt waren vor allem Kommunen die Käufer und das reichte nicht aus, den Xylon auf Dauer am Markt halten zu können.

Die durch Kombination von Hydrostatik und Mechanik bewirkte Leistungsverzweigung war der Schlüssel zu dem von dem begnadeten Tüftler Hans Marschall entwickelten Getriebe, das anfangs mit Skepsis beargwöhnt wurde, um dann aber einen beispiellosen, bis in die Gegenwart andauernden Siegszug im Traktorenbau anzutreten. Getriebe war das eine, Elektronik das andere Faszinosum. Bordcomputer, Displays, Joysticks und andere elektronische Bauteile mehr schickten sich an, den Fahrersitz zunehmend in eine Schaltzentrale umzuwandeln, von der aus sich nicht nur der Traktor selbst, sondern auch die angebauten bzw. angehängten Arbeitsmaschinen in zuvor ungekannter Präzision steuern lassen sollten.

Dass es sich bei der elektronischen Revolution nicht um eine Eintagsfliege handelte, zeigte sich an Kürzeln wie EHR und ASM. Dahinter verbargen sich mit elektronischer Hubwerksregelung und Antriebs-, Steuerungs-Management zwei technische Traktor-Optimierungen, mit denen einerseits besser gepflügt und andererseits Differentialsperre und Allradantrieb automatisch ein- und ausgeschaltet werden konnten. Nutzer war in beiden Fällen der Fahrer, der fortan sowohl effektiver als auch entspannter zu arbeiten in der Lage war. Auch war man bei der Vernetzung von Traktor und angebauten Arbeitsmaschinen ein gutes Stück vorangekommen. Die Standardisierung der Signalsteckdose (ISO 11786) bestätigte einmal mehr, dass kleine und zum Teil heftig umkämpfte technische Fortschritte gewaltige Auswirkungen haben können.

Absolut Premium

Am Anfang der Raupenschlepper steht der US-Bau- und Landmaschinenhersteller Caterpillar. Auf seinen Erfahrungen bauen die meisten modernen Ackerraupen auf. Dies trifft für die zwischen 1997 und 2001 vertriebenen Claas-Raupenfahrzeuge (Mitte) ebenso zu wie für die Challenger-Ackerraupen (oben). Letztere kamen auf den Markt, nachdem der US-Landmaschinenkonzern AGCO den Traktorenbereich von Caterpillar übernommen hatte. Inzwischen sind Ackerraupen in der Landwirtschaft weithin unbestritten. In arrondierten Betrieben bewähren sie sich unter schwierigen Bedingungen im Praxiseinsatz. Hinzu kommt, dass Laufwerke und Ketten soweit optimiert wurden, dass selbst die Straßenfahrt kein unüberwindbares Hemmnis mehr bedeutet. Seit Anfang 2018 werden Challenger-Raupen in Europa als Fendt-Raupen angeboten, im Fendt-Design und in Fendt-Farbe. Ein Unikat als Versuchs- und Messtraktor ist der Gantry des Hohenheimer Instituts für Agrartechnik (unten).

War Fendt 1995 der einzige Aussteller eines stufenlosen Traktorgetriebes, so kamen 1997 die Anbieter Claas, Steyr und ZF Passau mit eigenen Lösungen hinzu. Nicht alle erwiesen sich in der Folge als gleichermaßen praxistauglich, doch so ist das beim technischen Fortschritt. Einer geht voran, andere folgen nach, und am Ende setzt sich die beste Lösung durch. Dem praktischen Landwirt konnte dies nur recht sein, schließlich ist der Traktor für ihn die Leitmaschine schlecht-

hin. *„Sage mir, welchen Traktor du fährst, und ich sage dir, was du für ein Landwirt bist"*, heißt es auf dem Lande, und da wollte keiner hintenanstehen. Interessant war auch die Häufung neukonzipierter Raupenschlepper. Sowohl John Deere als auch Claas/CAT hatten sie im Programm und entsprachen damit dem Wunsch nach guter Bodenhaftung und verbesserter Bodenschonung. Und wer nach Visionen suchte, konnte sie bei Markus Liebherr finden. Seine Mali Tracs sollten Lücken schließen, die Schlüter und Mercedes Benz mit dem Auslaufen ihrer Trac Fahrzeuge hinterlassen hatten, doch richtige Stückzahlen erreichte Mali nicht.

Motoren für Biokraftstoffe

Am Vorabend der Jahrtausendwende drehte sich alles um nachwachsende Rohstoffe. Die Vorstellung war ja auch zu schön, dass der Landwirt seinen Kraftstoff auf dem Acker selbst erzeugen konnte. Ludwig Elsbett aus dem fränkischen Hilpoltstein beflügelte die Phantasie mit seinen Elsbett-Motoren, die mit Raps-Methylester, dem sogenannten Biodiesel, betrieben werden sollten. Und Karl Maurer von der baden-württembergischen Landesanstalt für Landtechnik in Stuttgart-Hohenheim lieferte die nötigen Daten. Traktoren der verschiedenen Hersteller wurden mit entsprechenden Motoren ausgestattet und getestet. Aber nicht alle Erwartungen wurden Wirklichkeit. Einerseits mangelte es an Kaltstarttauglichkeit, andererseits war die Aggressivität des Kraftstoffs gegenüber herkömmlichem Dichtungsmaterial unübersehbar. Doch bange machen galt nicht. Getreu dem Motto: *„Dem Ingenieur ist nichts zu schwer"*, wurde weiter nach Optimierungen für den Traktor gesucht. Und das hatte seinen Preis. Die Traktoren waren nicht nur stärker und größer geworden, sie wurden auch immer teurer. Lange galt der Motor als teuerstes Bauteil, dann wurde er durch das Getriebe abgelöst und nun schickte sich der Komplex Fahrerumgebung bestehend aus Kabine, Elektronik und Vernetzung an, die Kostenführerschaft einzunehmen.

1999 stand die Traktorentechnik aber auch im Zeichen von GPS. Dahinter verbarg sich die Satellitenortung Global Positioning System, mit deren Hilfe der Weltraum zur Datengewinnung erschlossen wurde. Dem Traktor eröffnete dies die Möglichkeit zum autonomen Fahren und zur Präzisionslandwirtschaft, und gerade die gewann spürbar an Bedeutung. Unvergessen ist in diesem Zusammenhang die Präsentation des von der Firma Geo Tec entwickelten Agro Navs, eines autonomen Navigations- und Regelsystems für Traktor-Geräte-Kombinationen. Satellit, Faserkreisel und Radar lieferten die Informationen, die das automatische Führen des Traktors bei höchster Präzision bewirkten. Bei der Vorführung im Messegelände umfuhr ein entsprechend ausgerüsteter Deutz-Fahr-Traktor wie von Geisterhand gesteuert verschiedene Hindernisse. Für die Betrachter war dies so ungewohnt, dass nur wenige der Aufforderung nachkamen, im fahrerlosen Traktor als Gast mitzufahren.

Das war spektakulär und möglicherweise dem bevorstehenden Millenniumwechsel geschuldet. Da aber der landtechnische Fortschritt nur zu einem Teil Vision, zum anderen Teil strenge Detailarbeit bedeutet, rückte 2001 der Traktorfahrer wieder ins Blickfeld der Konstrukteure. John Deere beispielsweise überraschte mit einer aktiven Schwingungsdämpfung des Fahrersitzes, dem internationalen Sprachgebrauch der Landtechnik folgend als „active seat" bezeichnet. Rechnergesteuerte Hydraulikzylinder verminderten die auf den Fahrer einwirkenden Schwingungen. Das konventionelle Luftfederungssystem war deshalb nicht überflüssig geworden. Durch eine hohe Anzahl zusätzlicher Impulse trug es mit dazu bei, den Fahrer selbst in schwierigstem Gelände erschütterungsfrei zu halten. Und wenn ein Hersteller eine starke Idee aufgreift, dann ist der Wettbewerb nicht weit. Der italienische Traktorenhersteller Same stellte nahezu gleichzeitig eine sogenannte Galileo-Kabine vor, bei der Hydraulikzylinder dafür sorgten, dass die Fahrerkabine permanent und vollautomatisch horizontal ausgerichtet blieb. Der Expertenkommission für landtechnische Neuerungen gefielen beide Vorschläge, und die praktischen Landwirte zeigten sich erfreut, schließlich ging es um ihren Arbeitsplatz, und da war das Beste gerade gut genug.

Die Hoffnung stirbt zuletzt

Im fränkischen Hilpoltstein lebte der Motorentüftler Ludwig Elsbett. Zusammmen mit Karl Maurer vom Hohenheimer Institut für Agrartechnik entwickelte und erprobte er Traktoren, die mit kaltgepresstem Rapsöl fahren sollten. Renault stellte zeitweise einen Versuchsschlepper zur Verfügung, doch zur Serie reichte es nicht.

Auf den Reifen kommt es an

Für den Erfolg des Traktors von nicht zu unterschätzender Bedeutung sind die Reifen. Ihre historische Entwicklung von den ersten Slicks über die Profil- und Niederdruckreifen hin zur Terrabereifung ist ein Kapitel Technikgeschichte der besonderen Art. Michelin versuchte 2003 dieser Geschichte eine weitere interessante Episode beizufügen. XeoBib nannten die Franzosen einen neuentwickelten Niederquer-

Kleiner Mensch – großer Traktor

Seit es Menschen gibt, sind diese nur geringfügig größer geworden. Ganz anders sieht dies bei den Traktoren aus: Jahr um Jahr wachsen sie und das, obwohl der Gesetzgeber mit der StVO strenge Grenzen zieht. Jedenfalls sind die Räder inzwischen größer als ein gut gewachsener Mensch.

schnittsreifen, der im Feld wie auf der Straße konstant mit einem Luftdruck von unter 1 bar gefahren werden sollte. Fahrsicherheit und reduzierten Verschleiß versprachen die Techniker den Landwirten und erhielten dafür eine der raren Goldmedaillen. Ludwig Volk, Landtechnikprofessor aus Soest in Westfalen, hatte dagegen eine andere Mission. Landauf, landab warb er für den Einsatz von Reifendruckregelanlagen und behielt damit die Oberhand. Mit Fendt entschied sich einer der Großen des Traktorenbaus für den serienmäßigen Einsatz solcher Reifendruckregler, die für Acker- und Straßenfahrt die jeweils optimalen Bedingungen herstellen sollten.

2005 präsentierte Fendt dem staunenden Publikum mit dem Vario 936 den weltweit ersten Standardtraktor, der für 60 km/h ausgelegt war. Bei einer Motorleistung von 360 PS war dies kein allzu großes Problem, schwieriger war es, ein passendes Sicherheitspaket bestehend aus Fahrwerk, Federung und Bremsanlage zusammenzustellen. Da musste alles bestens aufeinander abgestimmt sein, denn auch das war klar: Aus einem mehr als 10 Tonnen schweren Traktor würde selbst unter Einsatz noch so hochwertiger Assistenzsysteme kein Rennwagen werden. John Deere hatte zur gleichen Zeit andere Technikprobleme im Visier. Senkung der Geräuschemissionen einerseits und Reduzierung des Kraftstoffverbrauchs andererseits standen im Fokus, letzteres vor allem in Hinblick auf die von 2006 an gültige Norm TIER IIIa. Sie bedeutete selbst für etablierte Motorenhersteller wie Caterpillar und Deutz eine große Herausforderung, ging es doch darum, den für die Land-

Tatzelwurm

2009 stellte Same-Deutz-Fahr auf seinem Agritechnica-Stand den vielbeachteten Prototypen Agro XXL aus. Entwickelt wurde der Knicklenker bei der Deutschen Traktoren Union (DTU) im thüringischen Stadtilm. Das Unternehmen fungiert zum einen als Generalvertretung der russischen Kirowez-Schlepper, entwickelt zum anderen aber auch interessante Prototypen. Der 600 PS-Großschlepper besaß ein Eigengewicht von 20 Tonnen und wurde von einem 8 Zylinder-Deutz-Dieselmotor angetrieben. Er verfügte über vier angetriebene Achsen und brachte es auf 40 km/h.

wirtschaft herausragend wichtigen Dieselmotor mit den gestiegenen Luftreinhalteansprüchen in Übereinstimmung zu bringen.

Zwei Jahre später, 2007, jährte sich der Einsatz der Deutzer Prototypen „Automobilpflug" und „Pfluglokomotive" zum 100sten Mal. Wie in diesem Buch geschildert, standen sie am Anfang der deutschen Traktorengeschichte, um so erstaunlicher, dass das Ereignis selbst bei Traktorherstellern und -nutzern weitgehend unbeachtet blieb. Vermutlich hatten sie angesichts zahlreicher aktueller Baustellen den Kopf nicht frei für die Historie. Auf der Agritechnica wartete John Deere als weltweit erster Anbieter mit Schleppern auf, die über ein eigenes elektrisches Leitungsnetz verfügten. Dazu war auf der Kurbelwelle ein Generator angeflanscht worden, der elektrischen Strom mit 230 oder 400 Volt zur Verfügung stellte. Noch reichten die Anwendungsbereiche vornehmlich am Traktor selbst vom Lüfter bis zur Klimaanlage, doch die Botschaft war eindeutig. Über kurz oder lang würde da, wo bislang Antriebskräfte mit Hilfe von Gelenkwellen oder Hydraulik an Arbeitsmaschinen weitergeleitet wurden, ein Stromkabel ausreichen. Eine Renaissance des elektrischen Zeitalters unter veränderten Voraussetzungen zeichnete sich ab und versprach flexible Arbeitsprozesse bei hohem Wirkungsgrad. Anders optierte der Motorenhersteller Deutz. Für seine in Traktoren von Deutz-Fahr und Fendt eingebauten Aggregate gab es nun erstmals eine Garantie für den Rapsölbetrieb. Bei Fendt wurde dies durch eine Kraftstoffversorgung aus zwei Tanks mit automatischer Umschaltung von Diesel auf Rapsöl sowie einer Rapsölvorheizung erreicht. Konkret sah dies im Fendt 820 Vario so aus, dass in zwei Tanks 340 Liter Rapsöl und 80 Liter Diesel mitgeführt wurden, die im Motor dann ihre spezifischen Vorzüge zur Geltung bringen konnten.

Tatzelwürmer als Blickfang

Da ging es ins technisch Eingemachte, doch der Blickfang sah anders, spektakulär aus. Völlig überraschend stellte Fendt auf seinem Stand einen Prototypen aus, den die Messe so bislang noch nicht zu sehen bekommen hatte. Trisix hieß der unter der Leitung von Konstrukteur Honzek entwickelte Traktor, der 19 Tonnen schwer war

Unter den Guten der Beste

Zweimal fuhr der John-Deere-Radschlepper Typ 9400 bei Hohenheimer Feldtagen auf. Beide Male galt es, 11-scharige Lemken-Pflüge durch den als schwer bekannten Boden des traditionsreichen Meiereihofs zu ziehen. Doch dem „Jonny“ machte dies nichts. In beeindruckender Weise bewegte er die alles andere als leicht zu bedienenden Geräte durch das Gelände und schuf ein Ackerbild, das selbst Pflugkritiker ins Staunen versetzte. Die Daten des JD 9400 sprechen für sich: 425 PS Leistung bei 17 Tonnen Eigengewicht – wer es mit eigenen Augen gesehen hat, vergisst es nicht.

und über sechs mächtige Räder verfügte. Ein 6-Zylinder-Motor von MAN stellte 540 PS zur Verfügung und machte den Tatzelwurm im Acker nicht nur bärenstark, sondern auf der Straße 65 km/h schnell. Da überschlug sich die Phantasie, und nach und nach kehrte Nüchternheit zurück. Der Trisix war eine Projektstudie, die zeigte, wie es zukünftig um den Traktor bestellt sein könnte, die Realität des Hier und Jetzt aber sah anders aus.

Das galt zwei Jahre später, 2009, auch für den Deutz-Fahr Agro XXL. Diesmal hatte der Traktor gleich acht Räder, wog 19,5 Tonnen und verfügte über 600 PS Leistung, aber zu mehr als einem gigantischen Blickfang reichte es nicht. Das war beim Claas Xerion 5000 anders. Der 524 PS starke Supertraktor war käuflich zu erwerben und seine Vorzüge wie Allradantrieb, Allradlenkung, um 180 Grad drehbare Kabine, stufenloser Antrieb und elektronische Intelligenz vom Motor bis zur Lenkung waren auf die Bedürfnisse des professionellen Landwirts ausgerichtet. Auch unterhalb der Extraklasse tat sich einiges. Vor allem die Emissionsvorgaben nach TIER IV bewegten die Gemüter. Ohne elektronisch gesteuerte Einspritzanlagen mit Drücken bis zu 2000 bar waren die vorgegebenen Abgaswerte nicht zu erreichen. Die von Fendt in den neu vorgestellten Traktoren der 800er Baureihe eingebauten Deutz-6-Zylinder-Dieselmotoren erreichten das Ziel dank der Zugabe von AdBlue, was den Traktorbetrieb verteuerte, aber effizienter war als der alternativ mögliche Einsatz von Dieselpartikelfiltern.

Und in eben diesem Spannungsfeld von Kür und Pflicht entwickelte sich die Traktorentechnik weiter. Zur Kür gehörte 2011 die von Fendt vorgestellte „elektronische Deichsel“, ambitioniert „guide connect“ genannt. Dahinter verbarg sich ein „intelligentes Lenksystem“, mit dessen Hilfe ein Traktorfahrer zwei Traktoren steuern sollte. Die Vorzüge lagen auf der Hand. Haargenau und präziser als dies einem zweiten Fahrer möglich wäre, folgte der fahrerlose Traktor seitlich versetzt dem Führungsfahrzeug und verdoppelte so die Arbeitsbreite. Die Kommunikation zwischen beiden Fahrzeugen erfolgte über Funk und bediente sich einer hochpräzisen GPS-Lenkung. Und dabei sollte es nicht bleiben. In den Köpfen der Konstrukteure entstand schon das Bild von drei, vier oder mehr parallel fahrenden Traktoren. Wie heißt es doch: Die Gedanken sind frei, und Traktorentechnik ist ambitioniert. Das

Tagesgeschäft allerdings ist meist kleinlicher. Abgasnormen für Traktormotoren gehören inzwischen zur Pflicht und jeder Anbieter hat seine eigene Rezeptur. Bei John Deere waren dies Rückführsysteme mit geregeltem Partikelfilter, andere hingegen bevorzugten die aus dem Lkw-Bereich bekannte SCR-Technologie. Goldmedaillen waren damit nicht zu gewinnen, aber ohne ein Erreichen der Abgasnormen konnte man den kühnsten Techniktraum vergessen.

Der Weg zur Elektromobilität

Die digitale Revolution erfasste die Traktorentechnik mehr und mehr. Bei den Herstellern führte dies zu Personalumschichtungen. Mechaniker waren nun weniger gefragt als Elektroniker, und um bei diesen von den Personalräten aufmerksam beobachteten Vorgängen einen Kompromiss zu finden, wurde daraus der Mechatroniker. Auch beim Führungspersonal tat sich einiges. Die Zeit der traditionellen Maschinenbauer neigte sich dem Ende zu. Ohne umfassende Elektronikkenntnisse ging bei Ingenieuren kaum noch etwas. Sie beschäftigten sich zunehmend mit Vernetzungen, automatisierten Abläufen und digitalen Kontrollen, die im Traktor selbst und um den Traktor herum stattfanden. Der Traktor, diese seit Jahrzehnten bewährte Leitmaschine der mechanisierten Landwirtschaft, erlebte nochmals eine Aufwertung und mutierte zur Schaltzentrale des modernen landwirtschaftlichen Betriebs. Deutlich wurde dies nicht zuletzt am Erfolg des Isobus. Über ihn ließ sich der Traktor mit den verschiedenen Arbeitsmaschinen kombinieren, wobei letztere mal vom Traktor aus geführt wurden, mal aber auch den Traktor führten. Das klingt anspruchsvoll und war es auch.

Umso erstaunlicher war es 2015, als Fendt mit der 1000er Vario-Baureihe Traktoren präsentierte, bei denen sich mächtige Mechanik mit hochsensibler Elektronik zu einem eindrucksvollen Paket verbunden fand. Mit MAN-Motoren im Leistungsband von 380 bis 500 PS ausgestattet, war Kraft reichlich vorhanden. Das Besondere bestand allerdings darin, dass diese Kraft wohldosiert und damit Kraftstoff sparend zum Einsatz gelangte. „Hohes Drehmoment bei niedriger Motordrehzahl“, lautete die Formel und das Ergebnis beeindruckte: Der 14-Tonnen-Schlepper erreichte die Höchstgeschwindigkeit von 60 km/h bei 1450 U/min. Der Hauptarbeitsbereich setzte gar bei 1150 U/min ein, was beste Voraussetzungen für eine lange Lebensdauer und wirtschaftlichen Einsatz bedeuteten. Auch beim Antrieb des Vario 1000 hatten sich die Fendt Konstrukteure Neues einfallen lassen. Sicher, stufenlos war das Getriebe, doch dass Hinter- und Vorderachse nun unabhängig voneinander angetrieben werden konnten, eröffnete bei der Zugkraftoptimierung ebenso neue Möglichkeiten wie bei der Kurvenfahrt oder dem Vorgewendemanagement. Zur Vorstellung des 1000er Vario ging Fendt übrigens auf Schloss Neuschwanstein – ein mystischer Ort für ein Traktor-Highlight der speziellen Art.

In früheren Jahren hätten sich die Schlepperhersteller nach einer solchen Innovation Zeit für die Detailarbeit genommen. Doch im 21. Jahrhundert gibt es ein schöpferisches Innehalten nicht. Der politische Druck in Richtung Ausbau der Elektromobilität hat auch die Traktorenindustrie erfasst. Bestes Beispiel ist das vom Bundeswirtschaftsministerium mit viel Geld geförderte IKT-Projekt. John Deere gehört zu den Unternehmen, die den Ball aufgenommen und auf der Basis der 6000er Baureihe einen vollelektrischen Traktor aufgebaut haben. Sesam lautet sein Codename und wer denkt da nicht an das orientalische Märchen von Ali Baba und den 40 Räubern. Knapp über 170 PS vermögen die Lithium-Ionen-Akkus des Elektroschleppers zu leisten, doch das ist für die aktuellen Ackergiganten zu wenig. Hinzu kommt, dass Elektrofahrzeuge (noch) zu teuer sind, weshalb die John-Deere-Konstrukteure um Professor Pickel zumindest befristet auf eine Teilelektrifizierung des Traktors setzen. Konkret bedeutet dies, dass zum Verbrennungsmotor ein Generator für 100 kW hinzukommen soll, über den Anbaugerätschaften elektrisch angetrieben werden können. Hybridtechnologie mit Brückenfunktion zur Zukunft – panta rhei, hieß es bei den alten Griechen. Spannender kann Traktorentechnik kaum sein.

Vision 2030

Beim Quadtrac handelt es sich um das Spitzenmodell von Case IH. Seit 2000 gebaut, gibt es den gut 25 Tonnen schweren Knicklenker in verschiedenen Versionen mit Motorleistungen von 275 bis 692 PS. Im Bild der STX.

„Challenger" – Raupentraktoren mit Geschichte

Seit über 30 Jahren in der richtigen Spur

Mit der Einführung der Challenger-Raupentraktoren entfachte Caterpillar 1986 eine kleine Revolution im Traktorenbau. Heute sind die Schlepper unter dem Dach von AGCO weltweit eine feste Größe, wenn es um schlupfarme Leistungsübertragung geht.

Raupentraktoren kommen immer dort zum Einsatz, wo maximale Zugkraft bei bestmöglicher Bodenschonung gefragt ist. Bereits zu Beginn des 20. Jahrhunderts machten Kettenschlepper verschiedener

Superlative im Raupenbau

Anfang Januar 2003 wurde die Serie MT800 vorgestellt. Mit einem CAT C18-Motor erreichte der MT865 (oben) die magische Grenze von 500 PS. Die anderen Komponenten stammten zum Großteil aus der Vorgängerserie MT700. Der signifikanteste Unterschied bestand in seinem Fahrwerk: Der Radstand war mit 300 cm rekordverdächtig.

Großunternehmer

Durch den Zusammenschluss ihrer Unternehmen legten Benjamin Holt (1849 – 1920) und Daniel Best (1838 –1923) 1925 den Grundstein für die Caterpillar Tractor Company. Holt war 1904 der zweite, der einen Schlepper mit einer Laufwerkskette ausrüstete und gilt somit als einer der Wegbereiter des Kettenlaufwerks.

Hersteller ganze Landstriche urbar – und das auf allen Kontinenten. Mit der Entwicklung immer stärkerer Radschlepper verschwanden die Boliden aus Stahl ab den 1960er Jahren jedoch allmählich von der Bildfläche. 1986 dann die Überraschung: Caterpillar präsentierte der Fachwelt den Challenger 65-Raupentraktor – nicht auf Stahlketten, sondern mit Gummibändern versehen. Diese werden von dem hinteren Antriebsrad reibschlüssig angetrieben. Gefederte Laufrollen sorgen für eine gleichmäßige Verteilung des Gewichts über die ganze Bandlänge. Und dank Differentiallenkung können die Schlepper fast auf der Stelle drehen. Dieses „Mobile Track System" wurde ein Synonym für effiziente, schlupfarme Kraftübertragung.

Farmer auf der ganzen Welt nahmen die neue Technik wohlwollend an. Caterpillar belieferte bald nicht nur seinen Heimatmarkt in Nordamerika, sondern auch große Farmen in Australien, Südafrika und Europa. Außerhalb der USA und Kanadas wurden Großbritannien und Italien die größten Absatzmärkte für die gelben Riesen. Auf den dort vorherrschenden schweren Böden und steilen Hanglagen sind sie Radschleppern und unhandlichen Knicklenkern in Sachen Zugkraft, Wendigkeit und Kippsicherheit deutlich überlegen.

Dabei wollte auch Caterpillar Ende der 1970er Jahre ursprünglich einen konventionellen Knicklenker mit Rädern bauen. Gleichzeitig jedoch entwickelte eine andere Abteilung im Haus Gummi-Laufbänder, die schließlich vielversprechende Ergebnisse hinsichtlich Schlupf, Bodendruck und Haltbarkeit lieferten. Und das Rohmaterial konnte kostengünstig aus dem Ausstoß der Reifenproduktion gewonnen werden. Erste Funktionsmuster verwendeten zunächst noch schlauchlose

Two in one

Die Caterpillar D6D SA ist ein gutes Beispiel für Raupenfahrzeuge, die in der Landwirtschaft eingesetzt wurden. Die Raupe hatte zwei Leistungsbereiche mit 165 und 220 „flywheel-hp" und war mit einem mechanischen Sechsgang-Getriebe ausgestattet. Die höhere Motorleistung wurde durch ein einfaches elektrisches Schaltsystem erreicht, das am Getriebe montiert war. Die Verschiebung vom dritten in den vierten Gang aktivierte ein Magnetventil, das per Öldruck den Regler über eine Zahnstange dazu bewegte, höhere Mengen an Kraftstoff einzuspritzen. Mit dem Plus von 55 „PS" konnten z. B. Geräte mit breiterem Arbeitsraum eingesetzt und damit das Leistungsniveau gesteigert werden.

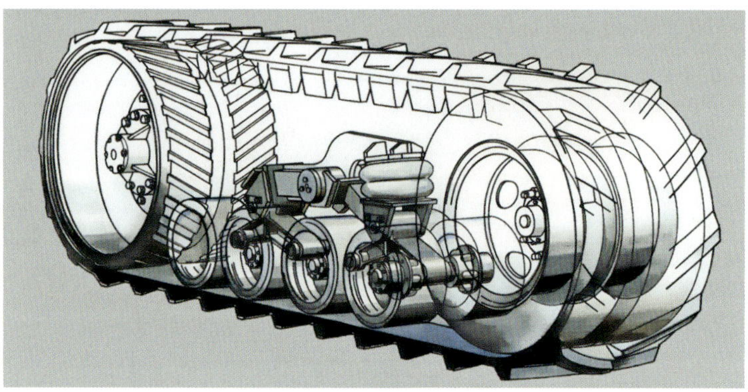

Schnellläufer

Der CAT 3306-Motor des Challenger MT65 (oben) war mit einem Turbo- und Ladeluftkühler ausgestattet. Der 10,5 Liter-Motor leistete 270 PS bei 2100 U/min. Für den Raupenschlepper wurde ein 10 + 2R-Volllastgetriebe entwickelt. Die Laufbandbreite betrug 62 cm, die -länge 270 cm. Das Gummimaterial für die Antriebe wurde mit Stahlfaser verstärkt. Ein Dreipunkt-Hebemechanismus sowie eine Zapfwelle mit 1000 U/min gehörten zur Standardausrüstung. Die maximale Geschwindigkeit des Traktors betrug 18 Meilen pro Stunde (29 km/h) – eine bemerkenswerte Geschwindigkeit für ein Raupenfahrzeug. Die Mobil-Trac-Raupen verfügten über ein Drehgestell für die Mittelrollen, die das Gewicht gleichmäßig über den Boden verteilen; die vorderen Rollen wurden durch ein pneumatisches System unterstützt.

Reifen zum Antrieb der Laufbänder. Als wesentlich langlebiger und unempfindlicher gegenüber Steinen erwiesen sich jedoch bald Stahlräder, die Caterpillar bereits seit dem ersten Modell, dem Challenger 65, verwendet. Die Entscheidung zur Produktion des Raupenschleppers fiel dann erst 1983, nachdem Prototypen auf Basis von Caterpillar-Planierraupen gute Resultate einfuhren. Doch bis zum Produktionsbeginn folgte eine weitere dreijährige weltweite Testphase – man wollte auf Nummer sichergehen, dass die Schlepper auch wirklich unter allen Bedingungen einsatzfähig sind.

1986 stellte CAT mit dem Challenger 65 S einen ersten serienmäßigen Kettenschlepper mit Gummilaufwerken vor. Gefederte Lauf-

Die Challenger Row-crop-Serien

Die Challenger Row-crop-Serien 35, 45 und 55 wurden mit gängigen Traktorkomponenten gebaut und standen im Wettbewerb mit Allrad-Traktoren vergleichbarer Stärke (Seite 237, oben). Die Verwendung der Front zum Anbau von Geräten war ein Zugeständnis an den europäischen Markt (Seite 237 unten links). Die Row-crop-Challenger gehören in die 10.000 kg-Klasse (22.000 lbs). Das Laufwerk berührt den Boden über eine Länge von 219 cm (86,2 Zoll). Der Lärmpegel in der Kabine betrug nur 74 dBA. Im Erscheinungsbild ähneln die Produktlinien 65E bis 95E (Seite 237, unten rechts) den Row-crop-Modellen. Bei den Typen 65E und 75E wurde die Leistung um 15 PS gesteigert. Die 12 Liter-Motoren der Modelle 85E und 95E leisteten 381 bzw. 417 PS. Alle Motoren hatten eine elektronische Steuerung und eine 30 %-Drehmomentsicherung. Die zwei kleineren Modelle hatten 10,3 Liter-Motoren. Die Nenndrehzahl betrug 2100 U/min. Die maximale Leistung wurde bei 1900 U/min erreicht, was eine maximale Kraftausbeute bedeutet. Die Maschinen der E-Serie wogen 14.500 kg, die Höhe betrug 370 cm, der Bodenkontakt 230 cm; die Gummilaufwerke wurden auf 70 cm erweitert. Das Getriebe blieb das gleiche 10 + 2 R wie zuvor. Die Durchflussmenge des Hydrauliksystems wurde auf 151 Liter pro Minute und die Tankkapazität auf 280 Gallonen (1060 Liter) erhöht.

35
CAT

CAT

75E
CAT

Claas und Caterpillar

1997 schlossen Claas und Caterpillar eine Kooperationsvereinbarung ab, in der festgelegt wurde, dass CAT den Lexion in Nordamerika und Claas im Gegenzug den Challenger in Europa vermarkten würde. Von 1997 bis 2002 verkaufte Claas mehr als tausend Challenger-Traktoren in Europa. Die Hauptmärkte waren Großbritannien, Frankreich und Italien.

rollen sorgen für die gleichmäßige Gewichtsverteilung. Mit dem Modellwechsel kam 1997 nicht nur ein neues äußeres Erscheinungsbild, das Leistungsspektrum wurde über die 65 E bis zur 95 E mit 430 PS erweitert. 1999 gelang der Sprung nach Europa. Mit dem westfälischen Mähdrescherhersteller Claas wurde ein Joint Venture eingegangen, die Challenger in Europa in Claas-Farben vertrieben. Dafür kam in den USA der Lexion in CAT-Farben auf den Markt. Inzwischen war auch das Mobile-Trac-System verbessert worden. Um den Antrieb zu optimieren, wurde das hintere Antriebsrad vergrößert. 2002 trennte sich Caterpillar von seiner Landmaschinensparte (CAP), die AGCO-Gruppe übernahm die Challenger-Baureihe zu 100 %. Seither agieren beide Konzerne partnerschaftlich beim gemeinsamen Einkauf von Teilen und Baugruppen sowie beim Service von Maschinen durch die jeweiligen Handelsorganisationen.

Die AGCO Corporation

Das 1990 gegründete Unternehmen AGCO bietet ein komplettes Produktsortiment an Traktoren, Mähdreschern, Grünland- und Pflanzenschutztechnik, Futterbau- und Bodenbearbeitungsgeräten, Anbaugeräte sowie Getreidelagerungstechnik und entsprechende Ersatzteile an. AGCO Produkte werden unter folgenden fünf Kernmarken angeboten: Challenger®, Fendt®, Massey Ferguson®, Valtra® und GSI®, und über ein Netz von mehr als 3000 unabhängigen Händlern und Vertriebsstellen in 150 Ländern verkauft. Mit AGCO Finance bietet der Konzern Endkunden Finanzierungslösungen an. Das Unternehmen hat seinen Hauptsitz in Duluth, Georgia/USA, und verzeichnete im Jahr 2017 einen

Kraftpakete auf vier Rädern

Die Challenger WT-Serie (unten links) wurde für die Märkte in Lateinamerika, Osteuropa und im Mittleren Osten entwickelt. Repräsentativ für die Serie sind die WT300 (67 – 95 PS), WT400 (106 – 132 PS) und WT500 (153 – 200 PS) (v.l.). Mit der Challenger-Serie MT900B wurde eine Benchmark für alle neuen Produkte gesetzt. Das CAT-basierte Chassis, das für Millionen von Stunden in Baumaschinen getestet wurde, war ein wesentlicher Pluspunkt des Challenger.

Grund zur Freude

2012 feierten die Challenger-Gummiraupentraktoren ihr 25-jähriges Jubiläum. Aus diesem Anlass wurde speziell ein Jubiläumsmodell im „Python-Look" präsentiert (oben). Der Challenger 1050 Vario mit 524 PS (unten) ist das Flaggschiff der neuen Challenger-Radschlepperserie. Er ist der größte und stärkste konventionelle Traktor, der je von Challenger gebaut wurde. Die Hochleistungstraktoren bieten unübertroffene Leistung, Produktivität, Effizienz bei geringen Emissionen.

Nettoumsatz von 8,3 Milliarden U$. An weltweit 44 Produktionsstandorten werden derzeit über 20.000 Mitarbeiter beschäftigt.

2003 kam mit den Baureihen MT 700 und MT 800 die nächste Challenger-Generation auf den Markt, deren Entwicklung noch von Caterpillar vorangetrieben worden war. Die neuen Laufbänder zeichneten sich durch eine Breite von bis zu 300 mm aus. Auch die Motorleistung wurde nochmals gesteigert, nun in Anlehnung an das Programm der AGCO-Marken Fendt und MF bis zu 500 PS. Unter der Regie von AGCO erfolgte bereits 2005 ein erstes Facelift, die B-Reihe. Das neue Top-Modell war die MT 875 B mit einer Nennleistung von 570 PS. 2008 lief die 20.000ste Challenger-Raupe vom Band. Gleichzeitig wurde die Baureihe C eingeführt, neben dem Design haben die MT 700 C und die MT 800 C auch eine deutlich komfortablere Kabine vorzuweisen. Das Isobus-Steuersystem geht einher mit einer komplett neu konstruierten Hydraulik.

Ab 2012 wurden mit der Einführung der D-Serie erstmals modernste Motoren von AGCO Power mit der Ad-Blue-Technik bei Challenger verbaut. Das Antriebskonzept ist soweit optimiert, dass nur noch ein Bodendruck zwischen 200 und max. 500 g/cm² erreicht wird; bei bester Traktion durch größtmögliche Aufstandsflächen konnte auch der Kraftstoffverbrauch deutlich gesenkt werden. Der Trend zu Raupen in der schweren Bodenbearbeitung bei großen Flächen ist weiter ungebrochen, die für Challenger wichtigsten europäischen Absatzmärkte sind nach wie vor Großbritannien und Italien.

Challenger in Grün

Aber wachsendes Potential für Raupenschlepper wurde auch in Deutschland gesehen. Nur so erklärt sich die Fendt-Pressemitteilung vom 26. Juli 2017, nach der Challenger-Raupen zukünftig unter der Marke Fendt angeboten werden würden. Dass dabei nicht nur an eine

Landtechnik 4.0

Zur Agritechnica 2017 besetzte Fendt erstmals das Marktsegment Raupentraktoren im oberen Leistungsbereich von 380 bis 646 PS. Mit den neuen Raupentraktoren Fendt 900 Vario MT und Fendt 1100 MT (oben) bietet AGCO/Fendt jetzt auch oberhalb von 500 PS leistungsstarke Zugmaschinen für die professionelle Landwirtschaft an, die Bedarf an maximaler Leistung hat.

Umlackierung von Challenger Ocker in Fendt Grün gedacht war, bestätigte sich im Vorfeld der Agritechnica 2017. Voller Stolz präsentierten die Marktoberdorfer neu konzipierte Raupentraktoren der Typenreihe 900 Vario MT. MT stand dabei für Mobile Trac und deutete an, dass die Ingenieure bei den zwischen 380 PS und 431 PS starken Fahrzeugen Elemente der Challenger-Raupen mit Charakteristika der großen Fendt-Radtraktoren kombiniert hatten. Von Fendt stammte beispielsweise das für die 1000er-Traktoren entwickelte Stufenlosgetriebe Vario Drive und das damit verbundene Niedrigdrehzahlkonzept.

Konkret bedeutete dies: Maximales Drehmoment bei nur 1200 U/min und damit beste Chancen für einen günstigen Kraftstoffverbrauch. Auch das Fendt-Kabinenwerk in Bäumenheim leistete einen wichtigen Beitrag zur neuen Raupenfamilie. Kabine mit Vario Terminal kamen vom einstigen Dechentreiter-Standort und garantierten effiziente Bedienung bei optimaler Ergonomik, getreu dem Grundsatz: Den Fahrern solcher HighTech-Fahrzeuge soll es an nichts fehlen. Und dann ist da noch der Federungskomfort. Bestehend aus vier Elementen vom luftgefederten Fahrersitz über eine 2-Punkt-Kabinenfederung und die neue Primärfederung SmartRide bis hin zum gründlich überarbeiten Laufwerk ermöglicht sie sicheres und bequemes Fahren sowohl im Acker wie auf der Straße. Experten erkannten darin ein Alleinstellungsmerkmal und das will im international aufgestellten Raupengeschäft einiges heißen. Allerdings hat die Innovation auch ihren Preis. Um die 400.000 Euro muss der Käufer einplanen, aber dafür erwirbt er eine Zugmaschine der Extraklasse: Stark, effizient, bequem und formschön oder, wie es im Trend heißt, Landtechnik 4.0.

INTRAC-System 2000

Neue Konzepte von Deutz

Anfang der 1970er Jahre war nach Meinung vieler Landtechniker die Entwicklung bei den Traktoren weitgehend abgeschlossen. Standardtraktoren dominierten auf deutschen Feldern. Völlig überraschend kam deshalb die Vorstellung des Intrac-Systems 2000 von DEUTZ. Erstmals zu sehen war das neue Konzept auf der DLG-Ausstellung 1972 in Hannover. Bei dem Systemfahrzeug handelte es sich um eine Mischung zwischen Geräteträger und Standardtraktor. An der Entwicklung waren außer Deutz verschie-

Das INTRAC-System macht es möglich

Mehrreihige Rübenernte mit drei INTRAC:
Am INTRAC 2006 mit 116 PS (vorne) ist an der Front ein Köpfer und hinten ein 6-reihiger Roder angebaut. Mit dem angehängten Lader fördert ein INTRAC 2002 (51 PS) die Rüben auf den Aufsattel-Anhänger eines INTRAC 2005 (80 PS).

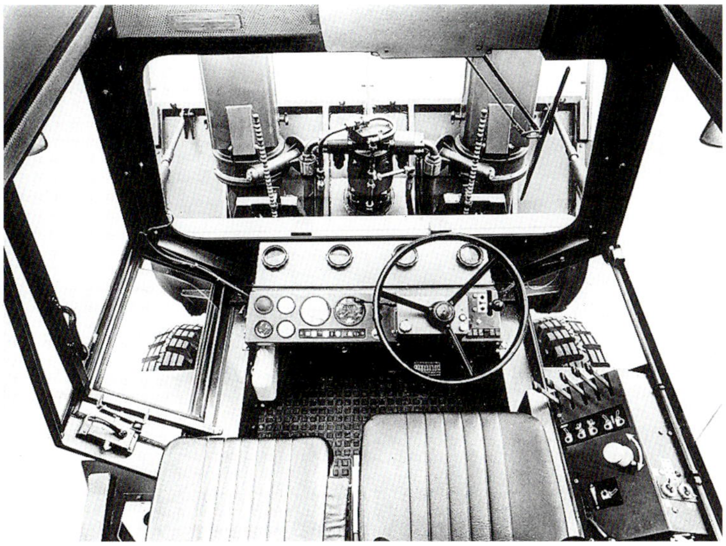

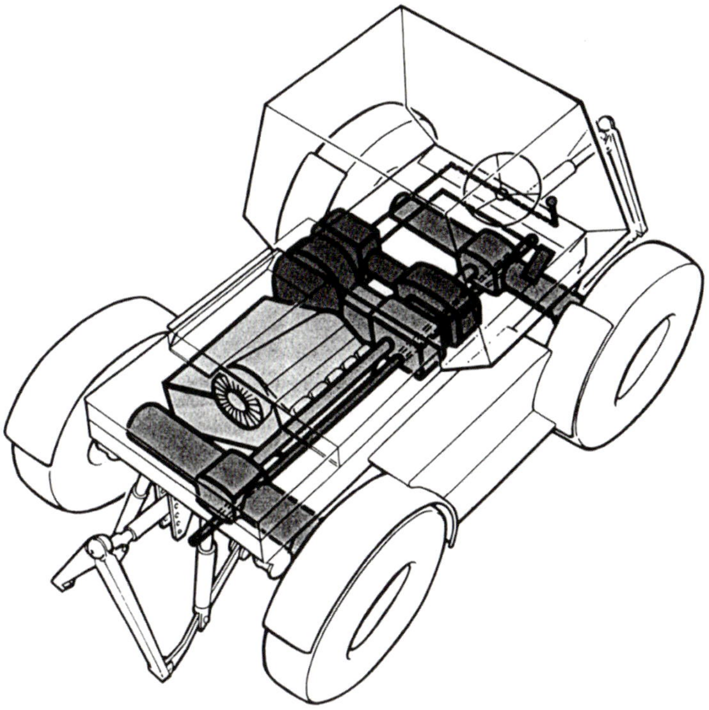

dene deutsche Landmaschinenhersteller (Fahr, Rau, Tröster, Weiste) beteiligt. Nachfolgende Merkmale zeichneten das Intrac-System aus:

- Koppelung von Arbeitsgängen durch drei Anbauräume (Front, Mitte, Heck)
- Müheloser Gerätewechsel durch Schnellkuppler
- Großräumige, beheizte und belüftete Fahrerkabine vorne auf dem Traktor
- Sehr gute Zugleistung durch Allradantrieb und ideale Gewichtsverteilung
- Leistungsfähiges Geräteprogramm
- Optimale Geschwindigkeitsanpassung durch das Intrac-Automatik-Getriebe.

Äußeres Kennzeichen des Intrac war die vorne angeordnete Kabine. Sie wurde bei den Modellen 2005 und 2006 vorne auf dem durchgehenden Fahrzeugrahmen elastisch gelagert. Weil hohe Kotflügel den Platz nicht einschränkten, gab es seitlich im Sitz- und Armbereich besonders viel Platz. Fahrer und Beifahrer konnten bequem nebeneinandersitzen. Der Fahrersitz war rechts in der Kabine angebracht. Der Einstieg erfolgte über die Schiebetür an der linken Seite. Alle wichtigen Bedienelemente befanden sich rechts neben dem Fahrer. Durch die hohe Sitzposition konnten die Anbauräume sehr gut überwacht werden. Selbst bei aufgebautem Spritzfass ermöglichte der im Fass eingebaute Sichtkanal einen guten Blick nach hinten.

Die Motorisierung des Intrac 2005 erfolgte mit dem damals neuen Fünfzylinder-Motor der Baureihe 912. Er leistete 80 PS. Den Intrac 2006 trieb ein Sechszylinder der Baureihe 913 an. Der Saugmotor lieferte 116 PS. Motor und Triebwerksblock waren hinter der Kabine an drei Punkten im Rahmen aufgehängt. Durch die starke Neigung des Motors um seine Längsachse (65°) sowie die kurze Anflanschung an das Getriebe entstand ein kompakter Kraftsatz. Das Getriebe bestand aus dem Gehäuse für die Zapfwellenkupplung, dem Zapfwellengetriebe, dem zweistufigen Fahrantrieb und dem Verteilergetriebe. Der hydrostatische Antriebsteil (Hydropumpe und Hydromotor) war direkt an den Motor angeflanscht. Über den Fahrhebel in der Kabine konnte die Geschwindigkeit stufenlos angepasst werden.

Raumwunder

Die Kabine des INTRAC bietet viel Platz für Fahrer und Beifahrer. Wie bei den heutigen Traktoren waren alle Bedienfunktionen auf der rechten Seite angeordnet (oben links). Beim INTRAC 2005 und 2006 wurden der Motor und das automatische Getriebe hinter die Kabine verlegt. Dadurch wurde die Geräuschbelastung deutlich verringert (oben rechts). Für Geräte mit großen Arbeitsbreiten konnten Behälter mit bis zu zwei Kubikmetern Inhalt oder Spritzfässer mit 2000 Litern Fassungsvermögen über eine hydraulische Hebevorrichtung aufgenommen und verriegelt werden (unten).

Wirtschaftliche Geräte-Kombinationen

Durch die variable Steuerungsmöglichkeit der vorderen und hinteren Zapfwellen konnten verschiedene Geräte mit unterschiedlichen Drehzahlen angetrieben werden.

Das Besondere war allerdings die automatische Leistungsregelung mit Vorrang für die Zapfwelle. Diese richtungsweisende Technik bot für die Praxis zwei Vorteile. Erstens: Bei Transportfahrten auf der Straße wurde der Motor bei wechselnden Belastungen automatisch im Nennleistungsbereich gehalten. Der Fahrer brauchte den Fahrhebel nicht zu betätigen, die Geschwindigkeit wurde selbständig angepasst. Zweitens: Beim Einsatz von Zapfwellengeräten bleiben die Motor- und Zapfwellendrehzahl ebenfalls konstant. Wechselnde Belastungen wurden durch automatisches Anpassen der Fahrgeschwindigkeit ausgeglichen.

Ein weiteres sinnvolles Detail war die Koppelung von Getriebe und Bremse. Die Abbremsung über den Fahrhebel erfolgte in automatischer Abstimmung mit der Bremse. Mit diesem Getriebe schien der Durchbruch der stufenlosen Fahrantriebe erfolgt zu sein, denn die bisherigen Nachteile der rein hydrostatischen Fahrantriebe wurden durch die Automatikschaltung eliminiert. Die gleichen Vorteile finden wir heute auch in den stufenlosen Antrieben der Standardtraktoren.

Der Allradantrieb erfolgte über Portalachsen, die über Gelenkwellen angetrieben wurden. In beiden Achsen gab es Differentialsperren, die wie der Frontantrieb unter Last zu- und abgeschaltet werden konnten. Federnd zum Rahmen waren beide Achsen aufgehängt. Die Zapfwellen drehten vorne und hinten mit 540 und 1000 U/min, somit gab es viele Kombinationsmöglichkeiten für den Einsatz der verschiedenen Zapfwellengeräte im Front- und Heckbereich. Ein weiterer Zapfwellenantrieb stand im zentralen Anbauraum hinter der Kabine zur Verfügung. Damit konnten z.B. Rührwerke im Spritzfass angetrieben werden. Alle drei Anbauräume verfügten außerdem über eine Hydraulik. Die Heckhydraulik war bereits von den Standarttraktoren bekannt. Neu war hier allerdings die Zylinderdruckregelung, die drei Regelarten (Zugkraft, Lage und Freigang) ermöglichte. Trotz der Fahrzeugfederung gab es eine wirkungsvolle Regelhydraulik. Die Geräte wurden über die sogenannte Deutz-Hitch (Weiste-Dreieck) an- und abgebaut. Mit Hilfe des teleskopierbaren Oberlenkers konnte der Fahrer vom Sitz aus kuppeln. Vorne entfielen die sonst üblichen Anbauplatten oder andere aufwändige Anbauvorrichtungen. Der Frontkraftheber hatte die Funktionen Freigang und Drücken. Beide Hubzylinder waren deshalb doppeltwirkend ausgelegt. Die zusätzlichen Anbauräume ermöglichten die Kombination von verschiedenen Front- und Heckgeräten. Darüber hinaus waren neue Frontgeräte (z.B. Maishäcksler) vorgesehen.

Auf dem zentralen Anbauraum hinter der Kabine gab es eine hydraulische Behälterhebevorrichtung. Das Spritzfass mit 2000 Litern oder der Schüttgutbehälter mit 2 cbm Inhalt konnten damit hydraulisch aufgenommen und automatisch verriegelt werden. Durch die besondere Bauweise und den Einbau der Antriebsaggregate zwischen dem Rahmen besaß das Fahrzeug einen sehr niedrigen Schwerpunkt. Der Intrac war deshalb auch besonders hangtauglich. Die Gewichtsverteilung von 50 zu 50 und die gleich hohen zulässigen Achslasten ermöglichten den unabhängigen Geräteeinsatz vorne und hinten.

Intrac 2002 bis 6.60

Der Intrac 2002 mit 51 PS war der kleinste aus der Baureihe mit mechanischem Getriebe. Die Serie wurde später bis zum 6.60 mit 150 PS ergänzt. Das Grundkonzept dieser Traktoren war identisch mit dem Konzept des 2005 und 2006. Statt des Vollrahmens gab es allerdings nur einen Halbrahmen, auf den die Kabine vorne aufgesetzt

Vielseitig im Einsatz

Nicht nur in der Landwirtschaft wurden die Anbauräume für vielfältige Gerätekombinationen genutzt (oben). Mit Leistungen von 51 bis 150 PS gab es neun verschiedene INTRAC-Modelle. Die INTRAC 2002/2003 (rechts) und 2005 waren die ersten Modelle der Serie. Als letzter lief 1990 der INTRAC 6.60 (unten) im Werk Lauingen vom Band. Insgesamt wurden über 5200 INTRAC-Fahrzeuge gebaut.

wurde. Außerdem stammten die Hauptbaugruppen wie Motor und Getriebe im Wesentlichen aus dem Standardtraktoren-Programm. Beim Intrac 2002 und allen Vierzylinder Fahrzeugen wurden die Komponenten aus der Traktorenreihe 06 übernommen. Bei den Sechszylinder Fahrzeugen nutzte man die Baugruppen der DX-Traktoren.

Trotz der vielen Vorteile des Fahrzeugkonzepts konnten sich die Systemschlepper nicht durchsetzen. Die anspruchsvolle Technik war der Zeit weit voraus und somit relativ teuer. Sogar die Intracs, die auf Basis der Standardtraktoren entwickelt wurden, lagen im Preis deutlich zu hoch. Ein wirtschaftlicher Einsatz war auf vielen Betrieben nicht möglich. Gleichzeitig entwickelten sich die Standardtraktoren immer weiter, Frontkraftheber, komfortable Kabinen, stufenlose Antriebe, gefederte Vorderachsen usw. gehörten auch hier bald zur Standardausrüstung.

Die Trac-Technik-Entwicklungsgesellschaft TTE

Um das Trac-Konzept zu retten, gründeten Deutz und Daimler-Benz 1987 die Trac-Technik-Entwicklungsgesellschaft (TTE). Damit sollte das bewährte Trac-Konzept weiterentwickelt und auf eine gemeinsame breitere Basis gestellt werden. Auch der Vertrieb wurde gemeinsam

Trac-Konzept in neuem Design

Die neu entwickelte Trac-Generation der TTE hatte im Gegensatz zum INTRAC eine mittig angeordnete Kabine. Soweit wie möglich sollten die Hauptbaugruppen aus dem Standard-Traktorenprogramm übernommen werden. Die vier gleich großen Räder sowie die drei Anbauräume blieben erhalten.

gesteuert. Die TTE entwickelte in Köln ein neues Trac-Fahrzeugprogramm von 68 bis 180 PS. Kennzeichnend waren auch hier die drei Anbauräume sowie vier gleich große Räder. Einige Musterfahrzeuge wurden entwickelt und mit hinzugezogenen Praktikern diskutiert. Obwohl deren Resonanz durchaus positiv war, konnten die Trac-Schlepper dennoch nicht zu marktgerechten Preisen gebaut werden. Schon bald war den Gesellschaftern der TTE aber klar, dass zu viele Kompromisse nötig waren, um das Trac-Konzept zukunftssicher im Markt etablieren zu können. Die Entwicklung wurde 1990 eingestellt und damit der Bereich Systemfahrzeuge von Mercedes Benz und KHD aufgegeben.

Einstieg in die 200-PS-Klasse

Mit dem DX 230 stieß Deutz 1979 in den Bereich von 200 PS vor. Der Schlepper hatte als erster Serientraktor eine 3-fach-Lastschaltung sowie eine elektronische Hubwerksregelung, die heute bekannte EHR von Bosch. 1982 kam der erste Nachfolger, der DX 250 mit 230 PS auf den Markt. Er wurde bereits zwei Jahre später vom DX 8.30 abgelöst. Die drei größten DX-Traktoren wurden von einem Reihenmotor der Baureihe 413 und der 8.30 von einem 513er Motor angetrieben. Als V-Motor war der Motor schon lange aus dem Einbau in Lkw bekannt. Das ZF-Getriebe bot sechs Gänge. Neu war erstmalig eine Dreifach-Lastschaltung, jeder Gang konnte unter Last dreifach in der Geschwindigkeit untersetzt werden. Somit standen 18 Vorwärts- und 6 Rückwärts-Geschwindigkeiten zur Verfügung. Die ZF-Allradachse ließ eine maximale

Standard-Schlepper mit 200 PS

Der DX 230 mit 200 PS hatte die 1979 maximal verfügbare und zulässige Bereifungskombination vorne und hinten. Leider stand der Traktor 1989 für den wachsenden Markt in den neuen Bundesländern nicht mehr zur Verfügung. Ein neuer 200 PS-Traktor konnte erst 1995 vorgestellt werden.

Frontbereifung von 18.4-26 in der Kombination mit der Hinterradbereifung 20.8-38 zu. Während der Bauzeit der drei Traktoren wuchs der Markt in dieser Leistungsklasse. Insgesamt wurden von den Modellen in den neun Jahren immerhin fast 500 Stück verkauft. 1988 musste der Bau allerdings eingestellt werden, weil ZF das Getriebe nicht mehr produzierte. Dadurch verpasste Deutz ab 1989 den Einstieg in die neuen Bundesländer. Neue Traktoren ab 150 PS wurden viel zu spät entwickelt und eingeführt. Bis dahin hatten sich andere Hersteller mit kompletten Programmen in Ostdeutschland schon fest etabliert.

Deutz mit freier Sicht

Mit den AgroXtra-Traktoren reagierte Deutz-Fahr auf den zunehmenden Einsatz von Frontgeräten. Bei den Standardtraktoren wurde der Blick auf die vorderen Geräte und die Koppelpunkte der Fronthydraulik durch die große Haube verdeckt. Ende der 1980er Jahre hatte der schwedische Deutz-Fahr Importeur Söderberg & Haak die Idee, die Haube nach vorne abfallen zu lassen. Im Gegensatz zu den Traktoren anderer Hersteller mit wassergekühlten Motoren war unter der Haube der luftgekühlten Modelle viel „Luft“. Der Kraftstofftank war bei Deutz-Fahr ohnehin schon unter der Haube verschwunden. Er befand sich seitlich unter der Kabine. So lag es nahe, die Motorhaube vorne nach unten zu ziehen.

Die ersten umgebauten Traktoren aus Schweden wurden 1989 in Köln begutachtet. Die Schweden hatten gute Arbeit geleistet, sodass nur noch wenige konstruktive Änderungen notwendig waren. Der vor der Frontscheibe angebrachte Ansaugkasten für das Frischluftgebläse für die Kabine wurde schräg nach vorne geneigt. Die Batterie und den Werkzeugkasten verlegte man unter den rechten Einstieg der Kabine. Der Luftfilter konnte nicht verkleinert werden. Er blieb unter der Haube und wurde nach vorne geneigt. Kleinere Veränderungen nahmen die Konstrukteure an den Motor-Seitenverkleidungen und den neuen Lampenträgern vor. Zur schnellen Wartung war die Motorhaube aufstellbar. Die Seitenteile konnten abgenommen werden.

Ansonsten bestand der AgroXtra im Wesentlichen aus Baugruppen der DX-Standard-Traktoren. Als Kabine wurde ausschließlich die DX-StarCab aufgebaut. Auch die Ausrüstung wurde von den auslaufenden DX-4- und DX-6-Traktoren und den parallel angebotenen DX-3-Modellen übernommen. Ausrüstungsbeschränkungen gab es aufgrund des Freisichtkonzeptes nicht. Die ersten drei AgroXtra-Modelle waren 1990 auf dem Zentralen Landwirtschaftsfest in München (ZLF) zu sehen. Schon bald folgten vier weitere Typen. Das neue Konzept kam bei den Kunden sehr gut an. Viele Schlepper wurden auch ohne Frontkraftheber bestellt und wie normale Standardschlepper eingesetzt. Im November 1992 lief der millionste Deutz bzw. Deutz-Fahr-Schlepper vom Band. Es war ein AgroXtra 4.57, der heute im Werksmuseum bei Same-Deutz-Fahr in Lauingen steht.

Innovationsschmiede im Emsland

Die Geschichte der Krone-Feldhäcksler

Im Jahr 1906 baute Bernhard Krone, der Ur-Großvater des heutigen Firmeninhabers Bernard Krone, eine Landschmiede für Hufbeschlag und Reparaturarbeiten im emsländischen Spelle auf. Bereits Mitte der 1920er Jahre leiteten seine beiden ältesten Söhne Bernard und Heinrich Krone den Betrieb und begannen mit der Konstruktion und Produktion landwirtschaftlicher Maschinen. Der zweite Generationswechsel vollzog sich in den 1960 Jahren, Bernard und Heinz Krone übernahmen nach und nach die Verantwortung für

Moderne Grünfutter-Erntetechnik in bester Qualität

Als Ladewagen-Hersteller der ersten Stunde brachte Krone 1995 den ersten selbstfahrenden Grasmäher auf den Markt, den Big M. Damit lag der Schritt zum selbstfahrenden Feldhäcksler auf der Hand. Anfang 2000 wurde der Prototyp des BiG X vorgestellt. Eines der ersten Modelle war der BiG X 480, hier mit Häckseltransportwagen TX.

Aus kleinen Anfängen zum Global Player

In einer kleinen gemieteten Schmiede im westfälischen Ochtrup machte sich 1897 der Firmengründer Bernhard Krone selbstständig. Mit 21 Jahren legte sein Sohn Bernard 1924 die Meisterprüfung und die damals wichtige Hufbeschlagsprüfung ab (Foto oben, ganz links). Kurz danach übernahm er die Leitung und erweiterte das seit 1906 in Spelle ansässige Unternehmen 1925 um einen Handel für Landmaschinen.

das Unternehmen, Walter Krone stieg 1977 in die Geschäftsführung des Landmaschinenhandels ein. Im August 2010 übergab Dr.-Ing. E.h. Bernard Krone offiziell die Unternehmensführung der Krone-Gruppe an seinen Sohn Bernard; im Handelsbereich (LVD Krone) führt Dorothee Renzelmann (geb. Krone) die Geschäfte.

Die Produktionsstätte und die Angebotspalette wurden im Laufe des letzten Jahrhunderts immer weiter ausgebaut. So übernahm Krone 1935 die erste Schlepper-Vertretung – für Lanz Bulldog. Die Geschäfte liefen glänzend, denn zu dieser Zeit war jeder zweite neu zugelassene Schlepper im Deutschen Reich ein Bulldog. Im Zweiten Weltkrieg konnte zunächst die Produktion von Düngerstreuern, Rübenschneidern, Grubbern, Kultivatoren, Hacken, Fladenverteilern und Scheibeneggen fortgesetzt werden. Neben der Landtechnik musste Krone wie alle Metall verarbeitenden Betriebe im Deutschen Reich so genannte Kriegswichtige Güter produzieren. So fertigte die Speller Maschinenfabrik Bunkertüren für den Atlantikwall, Fahrwerke für Geschütze und andere Rüstungsteile. Dennoch bleib das Werk von Kriegsschäden weitgehend verschont.

1948 entstand die erste 15 x 60 m große Halle der heutigen Maschinenfabrik, in der Erdschaufeln, Scheibeneggen, Grubber, Düngerstreuer und gummibereifte Ackerwagen gebaut wurden. Neben einem alsbald realisierten Bahnanschluss bot das Gelände Erweite-

KRONE
Emsland
KRONE

Die kurze Geschichte eines langfristigen Erfolgs

Neben dem Handel mit Landmaschinen war der Verkauf von Lanz-Bulldogs und später auch Hanomag-Traktoren das wichtigste Standbein von Krone (unten). Mit dem Handel von Maschinen allein gab sich Bernard Krone aber nie zufrieden. Eigene Entwicklungen wurden zum Patent angemeldet und erfolgreich vermarktet. Nach dem Zweiten Weltkrieg startete Krone zunächst mit der Produktion von Grubbern und Scheibeneggen (linke Seite), die zur Feldbestellung dringend gebraucht wurden. Nach 1948 breitete sich Reparaturwerkstatt, Ersatzteillager und Landmaschinenhandel auf dem Krone-Gelände in Spelle aus. Ende der 1960er Jahre umfasste das Werk eine Fläche von 12 Hektar (Seite 250 oben links). Eine weitere von vielen Krone-Innovationen ist die Rundballenpresse, aus der sich schnell eine ganze Produktpalette entwickelte (oben).

rungsmöglichkeiten für die neue Fabrik, bereits 1950 wurden zwei weitere Hallen angebaut, eine vierte folgte nur ein Jahr später. Eine solide Grundlage für das Unternehmen Krone, das heute europaweit eine führende Stellung bei Grundfutter-Erntemaschinen und Nutzfahrzeugen einnimmt.

Das Krone-Programm umfasst aktuell Scheibenmähwerke, Kreiselzettwender, Kreiselschwader, Lade-/Dosierwagen sowie Großpacken- und Rundballenpressen. Ebenfalls zum Sortiment gehören die beiden Selbstfahrer Big M und Big X. Der Hochleistungs-Mähaufbereiter Big M mäht mit Arbeitsbreiten bis zu 13,20 Meter. Der Exakt-Feldhäcksler Big X ist der derzeit stärkste Häcksler der Welt. Krone bietet den Big X in verschiedenen Leistungsklassen von 480 bis über 1000 PS an.

Die Krone Häcksel- und Häcksler-Geschichte

Mitte der 1970er Jahre hatte der Krone Entwicklungsingenieur Wilhelm Ahler die Idee, einen einreihigen Maishäcksler zu konstruieren. So kam 1977 mit dem MC 8 der erste sogenannte Mais-Chopper

auf den Markt. Das besondere Kennzeichen des MC 8 und ab 1982 auch des MC 10 war der Einzug von hinten. Ein großes Scheibenrad mit jeweils acht oder zehn Messern und Wurfschaufeln sorgte für gute Häckselqualität und hohe Förder- und Wurfleistung. Mit einem Eigengewicht von nur etwa 450 Kilogramm war die leichte Maschine ideal für das tägliche Holen von Grünmais. Diese Neuheit verkaufte sich gut, selbst in Südafrika kam der Chopper zum Einsatz.

Anfang der 1980er Jahre entwickelte Ahler den Chopper weiter. Das Ergebnis war 1984 der weltweit erste reihenunabhängige Anbau-Maishäcksler MC 16 B. Die Maschine war mit einem Eigengewicht von 1100 Kilogramm für Traktoren ab 80 PS sowohl im Front- als auch im Heckanbau für Schlepper mit Rückfahreinrichtung geeignet. Die besondere Lösung war die Konstruktion der endlos umlaufenden Schneid- und Förderkette, die Maisstängel erfasste, abschnitt und den Einzugswalzen zuführte. Zwei Scheibenräder mit jeweils acht Messern dienten als Häckselorgan. Im Zuge der Konzentration auf die Grünfutterernte nahm Krone die angebauten Maishäcksler 1988 aus dem

„Maister" im Häckseln

Mitte der 1970er Jahre hatte der Krone Entwicklungsingenieur Wilhelm Ahler die Idee, einen einreihigen Maishäcksler zu konstruieren. 1977 kam der erste Mais-Chopper auf den Markt. Mit einem Eigengewicht von nur etwa 450 Kilogramm war die leichte Maschine ideal für die tägliche Ernte von Grünmais.

Programm. Selbstfahrende Feldhäcksler hatten inzwischen den Markt erobert. Allerdings sollte das Prinzip der umlaufenden Schneid- und Förderkette 15 Jahre später noch einmal zu einer bedeutenden Entwicklung beitragen, denn der MC 16 B diente als Vorbild für das Maisgebiss Easy-Collect des selbstfahrenden Häckslers BiG X.

Als Krone 1995 mit dem BiG M den ersten selbstfahrenden Großflächenmäher vorstellte, war der Einstieg in die Selbstfahrtechnik gelungen. Die Angebotspalette an Grünfutter-Erntemaschinen war damit aber noch nicht komplett. Drei von vier Bergeverfahren hatte man nun im Programm: den Ladewagen, die Rundballenpresse und die Großpackenpresse. Für einen Full-Liner in der Grünfutterernte fehlte nur noch der Häcksler. Die Zeit war reif für den Feldhäcksler BiG X. 1998 stellten sich Dr. Bernard Krone und sein Vetter Heinz die Frage: Wie kann der Einstieg in die Häckslertechnik gelingen? Die Motorleistung sollte möglichst oberhalb der bisherigen Leistung des Wettbewerbs liegen, das hieß mehr als 600 PS.

Die Motoren lieferte Daimler-Chrysler: einen V8- mit 605 PS und, erstmals bei einem Häcksler, auch einen V12-Motor mit 780 PS. Diese Motorleistungen stellten hohe Anforderungen an alle Komponenten der Maschine. Auch beim Fahrantrieb beschritt Krone völlig neue Wege. Erstmalig wurde ein Häcksler mit einem hydrostatischen Fahrantrieb

Perfekte Wurftechnik

IT-Technologie macht es möglich. Mit Unterstützung durch die KRONE StreamControl ist die Wurfweite optimal einstellbar.

über vier Radmotoren entwickelt. Dieses Konzept stellte sich als sehr flexibel und komfortabel heraus. Im Team entstand bis Anfang 2000 der Prototyp des BiG X, 2002 wurde die ersten zwölf Maschinen verkauft. Krone hatte die Kunden überzeugt, dass die völlig neue Maschine ihr Vertrauen nicht enttäuschen würde. Im Jahr 2005 stellten die Emsländer den ersten BiG X mit zwei Motoren und einer Leistung von 1000 PS vor. Für die Fahrt auf der Straße oder auch bei einfachen Einsatzverhältnissen im Gras konnte die Maschine mit nur einem Motor betrieben werden. Die besondere Ingenieur-Leistung, zwei 6-Zylindermotoren entsprechend zu synchronisieren, gelang übrigens dem Krone-Team.

Neue Dimensionen bei Maisgebissen

Mit der Entscheidung für den BiG X war gleichzeitig die Entscheidung für ein Krone-eigenes Maisgebiss gefallen. Konstrukteur Ahler wollte zunächst ein sechsreihiges Gebiss bauen, wie es Ende der 1990er Jahre Standard war. Chefkonstrukteur Dr. Josef Horstmann hingegen wollte in neue Dimensionen vorstoßen und plädierte für zehnreihig. Dr. Bernard Krone bekam die Diskussion zufällig mit und entschied: *„Wir bauen zehnreihig. Wenn schon, denn schon.“* So entstand der erste zehnreihige Maisvorsatz von Krone. Die Entwicklung des Maisgebisses „EasyCollect“, so sein Name, ist eine Geschichte von Erfolgen und Rückschlägen. In der ersten Zeit war nicht klar, ob dieser Vorsatz zufriedenstellend arbeiten würde. Die Konstrukteure brauchten einen langen Atem, um den Vorsatz an alle Anforderungen anzupassen. Das war die Grundvoraussetzung, wollte Krone im hart umkämpften Häckslermarkt mitmischen. Und so gab Dr. Krone auch von Anfang an folgende Parole aus: *„Der BiG X geht nur mit dem EasyCollect in Serie. Ohne ein eigenes, funktionierendes Maisgebiss wird es auch keinen Häcksler von Krone geben.“* Mittlerweile wird das reihenunabhängige EasyCollect mit Arbeitsbreiten von 4,50 m bis 10,50 m (6, 8, 10, 12 oder 14 Reihen) angeboten. Dank der linearen Zuführung der Pflanzen überzeugt das EasyCollect durch eine vorbildliche Häckselqualität und seinen geringen Kraftbedarf, der sich im niedrigen Dieselverbrauch niederschlägt.

EasyCollect zeigt dem Mais die Zähne

Mit dem EasyCollect-Maisgebiss wird beste Häckselqualität erreicht. Die Maisstängel werden geordnet an feststehenden Messern vorbeigeführt, abgeschnitten und den Vorpresswalzen zum Häckselaggregat in Längsrichtung zugeführt, was den Überlängenanteil deutlich reduziert. Die Collector-Geschwindigkeit wird dabei stufenlos gesteuert.

Ein Top-Gespann: BiG X mit EasyCollect

Mit der Entwicklung des eigenen, reihenunabhängigen EasyCollect-Vorsatzes für die BiG X-Serie eröffnete sich für Krone auch ein neuer Markt. 2004 erfolgte die Freigabe für alle anderen Häckslerfabrikate.

Produktionstechnik vom Feinsten

In der Big X-Montagelinie werden die modernsten Feldhäcksler mit Leistungen von 500 bis über 1000 PS gefertigt.

Krone kann auch klein

Der weltweit größte Feldhäckslermarkt liegt im Segment 451 PS bis 550 PS; rund die Hälfte aller verkauften Häcksler bewegt sich in dieser PS-Klasse. Für Krone war das ein guter Grund, seine Produktpalette nach unten zu ergänzen. Mit dem Big X 480 und Big X 580 präsentiert Krone auf der Agritechnica 2013 zwei neue Typen in den Leistungsklassen 480 und 580 PS, die den Big X 500 ersetzten. Bewährte Großtechnikfeatures so herunter zu brechen, dass auch die neuen „kleinen" Big X die weltweit geschätzte Krone-Häckselqualität liefern, so lautete die Aufgabenstellung zur Umsetzung der neuen Baureihe.

Deshalb analysierte und testete Krone im Vorfeld zunächst das Zusammenspiel zwischen Motorleistung, Breite der Häckseltrommel und Häckselqualität. *„Entscheidend ist, was oben raus kommt. Und damit das immer gleich gut ist, muss der komplette Häckselprozess vom Einzug bis zum Auswurfbogen präzise aufeinander abgestimmt sein"*, erläutert Dr. Josef Horstmann, Krone Konstruktionsleiter und Geschäftsführer. *„Bei unseren Tests und Analysen stellte sich heraus, dass bei den kleineren Motorklassen die Häckseltrommel schmaler gestaltet werden muss, damit die Schichtdicke vor den Messern adäquat ist zu der Schichtdicke, die wir bei unseren größeren Big X mit der 800 mm breiten Häckseltrommel erreichen. Nur wenn diese Verhältnismäßigkeit proportional stimmt, ist eine mustergültige Häckselqualität möglich"*, so Horstmann weiter. Die Konsequenz: Krone rüstet die beiden neuen Häcksler jeweils mit einer 630 mm breiten Häckseltrommel (Durchmesser 660 mm) aus, was für das Gesamtfahrzeug und somit auch für die Kunden zusätzliche Vorteile bringt. Verfügbar sind Trommeln mit 20, 28,36 und 40 Messern.

Praxisgerecht konstruiert und weltweit im Einsatz

Weitere Kennzeichen der neuen, „kleinen" Häcksler: Ein stufenloser Geschwindigkeitsbereich bis 40 km/h wird durch verstellbare Hydraulikmotoren in Kombination mit Planetengetrieben erreicht. Die deaktivierbare Antischlupfregelung (ASR) des Fahrantriebssystems bietet dem Fahrer eine wahlweise optimale Bodenschonung im Graseinsatz oder maximale Traktion im Maisbetrieb. Vorbildlich sind die neuen Krone Häcksler auch unter dem Aspekt der Fahrzeugbreite: Bei der Bereifung 800/65 R32 ist der Big X 3,10 m breit; bei Ausrüstung mit einer Bereifung 710/70 R42 liegt die Fahrzeugbreite bei 3,00 m. Damit sind die neuen Big X schmal auf der Straße und breit im Feld. Auf Wunsch können Reifen bis zu einer Größe von 900/60 R 42 für maximale Bodenfreiheit, geringsten Bodendruck und höchsten Fahrkomfort aufgebaut werden.

Damit auch bei großer Vorderradbereifung der Gutfluss nicht beeinflusst wird, hat Krone ein patentiertes Vorderachskonzept entwickelt. Zudem garantiert die Einzelradaufhängung an der Hinterachse beste Wendigkeit und maximalen Lenkeinschlag auch bei Bodenunebenheiten. So ist z. B. das Wenden Spur an Spur auch mit 8-reihigem Maisvorsatz kein Problem. Den MTU-Motor (Reihen-6-Zylinder, erfüllt die Abgasnorm Tier 4 final) hat Krone im Häcksler quer eingebaut. Das hat zwei Vorteile: eine bestmögliche Gewichtsverteilung sowie die direkte Kraftübertragung mittels Verbundkeilriemen auf die Häckseltrommel. Bei den neuen Krone Häckslern ist ein Motorabtriebsgetriebe nicht mehr notwendig. Das Zuschalten aller Gutflusskomponenten funktioniert über einen Riemenspanner.

„Aktuell bauen wir rund 400 Feldhäcksler im Jahr; für die Zukunft planen wir circa 600 Einheiten", so die Planung von Bernard Krone. Aus diesem Grund hat Krone 2013 eine neue Big X-Produktionshalle gebaut, die im Herbst 2013 in Betrieb genommen wurde. Besondere Ausstattungsmerkmale des Neubaus sind modernste Montagestraßen mit einem Hochregallager für ein spezielles Logistikkonzept sowie End-of-Line-Prüfstände, in denen die fertigen Maschinen auf alle Funktionen überprüft werden – *„ein state-of-the-art-Equipment"*, wie Bernard Krone betont. Die geplante Verdoppelung der Stückzahl basiert übrigens auf einer steigenden Nachfrage nach Feldhäckslern der Baureihe Big X, verbunden mit Krone-Aktivitäten in neuen Märkten wie z. B. China, Brasilien, Chile und Paraguay. Dass einmal Krone-Produkte, made in Spelle, weltweit zum Einsatz kommen, das hätte sich der Firmengründer Bernhard Krone wohl kaum vorstellen können.

Einstieg in die Königsklasse

Bereits in den 1970er Jahren gab es bei Claas im westfälischen Harsewinkel erste Überlegungen zum Bau einer Multifunktionsmaschine. Sie knüpfte an das bei Claas bereits in den 1950er Jahren realisierte Huckepack-Prinzip an. Bis 1979 wurde ein erster Prototyp entwickelt und gebaut. Nach einigen Rückschlägen in der praktischen Erprobung und nach Umsetzung diverser technischer Verfeinerungen konnte im Herbst 2004 in Harsewinkel der Serienanlauf starten.

Parallel hatte Claas Anfang 2003 die Mehrheit an Renault Agriculture, der Traktorensparte des traditionellen französischen Automobilherstellers Renault übernommen. Aus dem Bau von Panzern für den Ersten Weltkrieg entwickelte Renault bereits ab 1918 landwirtschaftliche Kettenschlepper. 1941 verlegte Renault die Traktorenproduktion im Zuge der Dezentralisierung in ein Spezialwerk nach Le Mans. Heute werden dort unter modernsten Bedingungen saatengrüne Claas-Traktoren hergestellt.

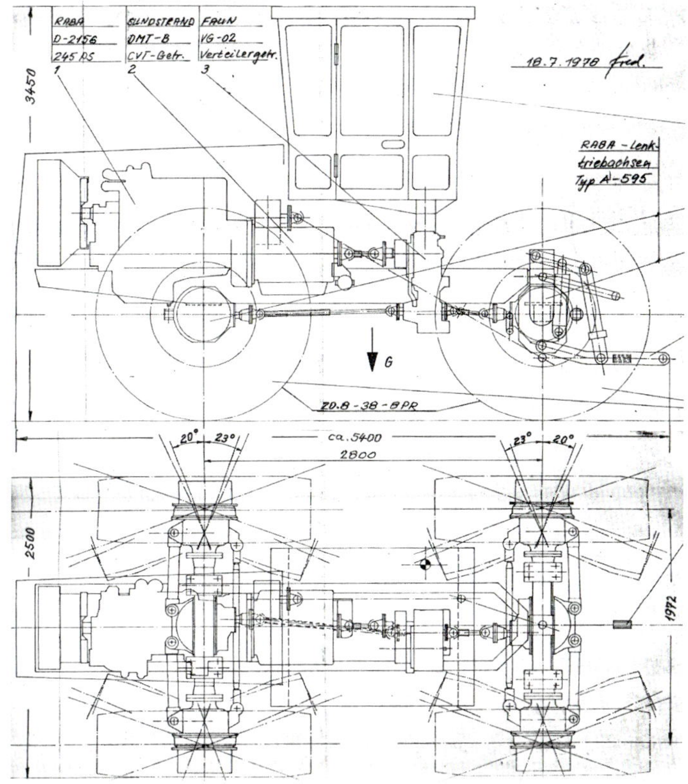

Merkmale und Eigenschaften des Xerion

Breits die ersten Prototypen des Xerion zeichneten sich durch eine flexible Anordnung des Antriebsstranges, hohe Tragfähigkeit, optimale Achslastverteilung bei zwei lenkbaren Achsen, hohe Wendigkeit auch bei großen Rädern und permanenten Allradantrieb aus. Bei ersten Erprobungen im Herbst 1979 war auch der Unternehmensgründer, Dr. August Claas (1887 – 1982) mit von der Partie (oben links); zum Einsatz kam ein 7-schariger Wendepflug.

Mit der Übernahme durch Claas standen den in Le Mans gebauten französischen Traktoren nun weltweit alle Vertriebsmöglichkeiten offen. Das Familienunternehmen Claas in Harsewinkel entwickelte sich quasi über Nacht vom Erntemaschinenhersteller zum Longliner. Mit den drei Standardtraktoren Celtis, Ares und Atles sowie der in Harsewinkel gefertigten Königsklasse Xerion war Claas ins Rennen gestartet. Heute umfasst das komplett überarbeitete Traktorenprogramm eine breite Palette von mehr als 50 Modellen in der Leistungsklasse von 72 bis 530 PS. 2014 verließ der 100.000ste saatengrüne Traktor das Werk in Le Mans. Seit der Übernahme hatte Claas bis dato mehr als 400 Millionen Euro in Forschung und Entwicklung sowie die Modernisierung seines Traktorenwerks investiert, in dem rund 700 Mitarbeiter beschäftigt sind.

Auch unter heutigen Gesichtspunkten ist der Xerion ein Gigant der Landtechnik. Um die ursprüngliche Funktion als Trägerfahrzeug zu erreichen, wurde zu Beginn der Serienfertigung noch die Variante einer festen Kabinenposition oberhalb der Vorderachse hinzugefügt. Dieses Konzept ermöglichte dem Xerion hinter der Kabine viel Platz für Aufbaugeräte und gestattete es auch, das Fahrzeug als Sattelauflieger (Saddle Trac) einzusetzen.

Der Xerion wird aktuell in drei Varianten mit Motorleistungen von 430 bis 530 PS angeboten und nach wie vor im Stammwerk in Harsewinkel in eigener Fertigungslinie produziert. Mit dem Xerion besitzt Claas seither einen vielfältig einsetzbaren Schlepper der „Königsklasse", der das von Renault Agriculture übernommene und seither Schritt für Schritt modernisierte und ausgebaute Claas-Traktorenprogramm sinnvoll nach oben abrundet.

Kraftvoller Allrounder

Durch die schwenkbare Kabine, seine enorme Kraft und die Möglichkeit, verschiedenste Anbaugeräte einzusetzen, ist der Xerion heute bei vielen Landwirten ein beliebter Helfer.

Das Sachverständigen-Netzwerk

Am 26. November 1990 klebte Egon Schäfer in Wiesloch die erste amtliche Plakette nach einer bestandenen Hauptuntersuchung auf das Kennzeichen eines Pkw – die erste HU, durchgeführt von einem freiberuflichen Sachverständigen. Doch das war nicht der Anfang. Schon seit 1977 sind die Experten des unter dem Namen GTÜ Gesellschaft für Technische Überwachung mbH bekannten Netzwerks zum Zweck der Überwachung von technischen Anlagen und Fahrzeugen aktiv. Heute zählen die mehr als 2500 selbständigen Kfz-Sachverständigen der GTÜ insgesamt über 55 Millionen durchgeführte Hauptuntersuchungen. Gemeinsam mit ihren Mitarbeitern verrichten die Prüfer bundesweit in über 18.000 Kfz-Betrieben und über 800 eigenen Prüfstellen ihr Werk.

Seit ihrer Gründung vor rund 40 Jahren baut die GTÜ ihre Leistungen stetig weiter aus, um die Verkehrssicherheit auf den Straßen sicherzustellen. Am 28. Juni 1990 erhielt die GTÜ in Baden-Württemberg die offizielle Anerkennung als amtlich anerkannte Überwachungsorganisation. Neben der amtlichen Fahrzeuguntersuchung zählen mittlerweile auch Zertifizierungen, Baubegleitungen, der GTÜ-Oldtimerservice und der Technische Dienst zur Begutachtung von Typ- und Einzelgenehmigungen bei Neufahrzeugen und Fahrzeugteilen zum Portfolio der GTÜ-Dienstleistungen.

Das Engagement der GTÜ für Oldtimer, das „rostigste Hobby der Welt“, nahm mit der Aufnahme einer H-Kennzeichen-Regelung in die Straßenverkehrszulassungsordnung (StVZO) 1997 Fahrt auf. Die neue Richtlinie für die Begutachtung von Oldtimern ging zwar noch nicht mit einer Erlaubnis aller Prüfinstitutionen zur Durchführung dieser Prüfungen einher, doch beschäftigte sich das Unternehmen bereits intern mit der Thematik.

2007 erfolgte schließlich die Deregulierung, die zum Ende des Prüfmonopols des TÜV führte. So erhielten die GTÜ-Prüfingenieure endlich die Berechtigung, Oldtimerbegutachtungen gemäß § 23 StVZO zur Erlangung einer H-Zulassung oder eines roten 07er-Kennzeichens durchzuführen. Seitdem ließen sich immer mehr Prüfer für eine Qualifikation zur Abnahme der H-Gutachten begeistern. Viele Werkstätten konnten schon von Haus aus mit einer viele Jahre währenden Oldtimer-Expertise aufwarten und erweiterten ihre Dienstleistungen für Besitzer von klassischen Fahrzeugen stetig. So eröffnete auch im Jahr 2010 in Hamburg die „Oldtimer-Tankstelle“ eines GTÜ-Partners, die mittlerweile zu einem bundesweit bekannten Treffpunkt für Liebhaber klassischer Fahrzeuge geworden ist.

Die große Nachfrage von Seiten der Kunden und Sachverständigen hinsichtlich Oldtimer-Expertisen und -Dienstleistungen veranlasste

Beratung, Service, Sicherheit

Geht es um ein Gutachten oder die zügige Beibringung von speziellen Unterlagen wie Broschüren, Datenblätter oder Testberichte für ein Fahrzeug, ist die GTÜ mit über 800 eigenen Prüfstellen und mehr als 18.000 GTÜ-Prüfstützpunkten immer eine kompetente Anlaufstelle.

schließlich die Verantwortlichen im Stuttgarter Hauptsitz zu reagieren. Nach langen Vorbereitungen und bereits aktivem Engagement auf dem Gebiet automobilen Kulturguts konnte im Jahr 2014 die Einrichtung der Abteilung „GTÜ-Classic" verkündet werden. Hier bündeln sich nun alle Aktivitäten der GTÜ in der Oldtimerszene und die von der GTÜ und ihren Sachverständigen angebotenen Dienstleistungen, um mit einheitlichen Qualitätsstandards aufzutreten.

Dazu gehören als zentrale Informationsplattform die Oldtimer-Homepage und der darüber angebotene Online-Service, u.a. mit Sonderleistungen für registrierte Nutzer. Diese können beispielsweise Rechercheanfragen zu ihren eigenen Oldtimern stellen. Auf der umfangreichen Datenbank der GTÜ-Classic lassen sich Informationen wie Datenblätter, Literatur, Fahrzeugtests und Fahrberichte oder Prospekte finden. Eine Datenbank von Oldtimer-, Youngtimer- und Marken-Clubs enthält Ansprechpartner und Typreferenten für individuelle Anfragen.

Die Kommunikation innerhalb der Oldtimerszene und die gelebte Tradition sind für die GTÜ-Classic zur Berufung geworden. Im Parlamentskreis Automobiles Kulturgut, der sich auf politischer Ebene für den Erhalt von Oldtimern auf Deutschlands Straßen engagiert, sowie bei zahlreichen Oldtimer-Veranstaltungen präsentiert sich das Sachverständigennetzwerk als kompetenter Ansprechpartner. Mit anderen Netzwerkern wie dem Bundesverband für Clubs klassischer Fahrzeuge DEUVET oder den Fach-Medien findet ein reger Austausch statt.

Für diese relevant ist insbesondere der GTÜ-Oldtimer-Mängel-Report. Dabei nimmt das Unternehmen historische Fahrzeuge im Alter von 30 bis 40 Jahren genauer unter die Lupe und wertet sämtliche Mängel, die bei den regulären Hauptuntersuchungen festgestellt werden, in einer Statistik aus. Die Sachverständigen schauen sich auch die Mängel der zehn meistgefahrenen Oldtimer genauer an und quotieren sie als „Mängelzwerge und Mängelriesen der beliebtesten Oldtimer Deutschlands". Alle Ergebnisse der Mängel-Berichte fließen in die Beratungen der Sachverständigen ein. Denn beispielsweise die Frage, ob ein Mercedes-Benz W123 oder ein VW Käfer die schlechteren Abgaswerte hat, lässt sich anhand der erfassten Mängelberichte einfach beantworten.

Oft sehen sich die Prüfingenieure jedoch auch mit anderen, viel spezifischeren Fragen konfrontiert: Darf ich meinen Oldtimer mit Sicherheitsgurten nachrüsten? Welche Technik darf ich verändern, ohne den Status des H-Kennzeichens zu gefährden? Waren diese Auspuffanlage oder jene Felgen zeitgenössisch? Bei diesen Themen wissen die GTÜ-Experten immer Rat oder können im Zweifelsfall auf eine Datenbank zurückgreifen, in der zu jedem einzelnen Fahrzeugmodell alle auffindbaren Unterlagen gespeichert wurden und werden.

Der Zeitraum von der Gründung der GTÜ bis hin zur heutigen Oldtimer-Datenbank GTÜ-Classic beträgt gut 40 Jahre. Die unternommenen Schritte und die stetige fachliche Weiterentwicklung des Unternehmens sowie der einzelnen Prüfer sind entsprechend bedeutungsvoll. Die Expertise ist gewachsen, der Sachverstand befindet sich auf einem hohen Niveau. Heute ist die GTÜ mit ihrem Classic-Bereich ein modern aufgestellter, wichtiger Dienstleister in der Oldtimerbranche Deutschlands und wird von Partnern und Oldtimerbesitzern gleichermaßen hoch geschätzt.

Ein Dach für alle

Die Oldtimerszene wird seit vielen Jahren von Pkw-Enthusiasten dominiert. Das ist kein Vorwurf, sondern im Wesentlichen dem geschuldet, dass die Identifikation mit dem „Auto" auf der ganzen Welt traditionell eine wesentlich größere Rolle spielt, als die emotionale Verbindung der Bevölkerung zu Traktoren oder Nutzfahrzeugen. Dabei war das erste „Automobil" – der Dampfwagen von Nicolas Joseph Cugnot von 1769 – eine Zugmaschine, also ein „Traktor". Und ohne die Impulse aus der Schlep-

Mission impossible?

Für die Sonderschau „Von der Leistungsprüfung zum DLG-PowerMix" auf der Agritechnica 2015 wurde der DLG-Messwagen von 1971 in einer Nacht- und Nebelaktion fahrbar gemacht und auf Hochglanz getrimmt. Durch Zufall konnte bei Continental in Indien sogar ein kompletter Originalsatz Reifen für den Mercedes LAK 2220 aufgetrieben werden.

Treffpunkt für Freunde Historischer Landtechnik

2013 präsentierte der BHLD zusammen mit der Hanomag IG die Sonderschau „100 Jahre Effizienz – Rudolf Diesel und die Landtechnik" auf der Agritechnica in Hannover.

per- und Nutzfahrzeugproduktion wäre wohl auch die die Massenentwicklung des Automobils deutlich anders verlaufen. Mit den Veränderungen der Landwirtschaft und der dörflichen Kultur hat sich seit den 1980er Jahren die Nostalgie einen Weg gebahnt, was heute in erfolgreichen Publikationen wie „Landlust" gipfelt und in zahlreichen TV-Sendungen über ländliche Idylle, die dem Lebensgefühl der Entschleunigung nachspüren. Im Vorfeld dazu ist in den vergangenen 40 Jahren eine riesige Fangemeinde herangewachsen, die es sich zur Aufgabe macht, historische Schlepper, Traktoren, Landmaschinen und Geräte zu erhalten, zu restaurieren und einem breiten Publikum zu zeigen.

Als die ersten Sammler von Schleppern und Traktoren unterwegs waren und ihren Nachbarn den „Schrott" abnahmen, wurden sie noch milde belächelt und für „Spinner" gehalten. Heute staunen die Besucher auf Brauchtumsveranstaltungen und Feldtagen, was es nicht alles gegeben hat und erinnern sich, wie sie als Kinder und Jugendliche in der Landwirtschaft mitgeholfen haben oder mithelfen mussten. Und mancher grämt sich, dass er seinen Lanz-Bulldog, Hanomag, Kramer, Fendt, Eicher, und, und, und, buchstäblich für einen Apfel und ein Ei verschenkt hat.

Heute widmen sich rund 500 Vereine, Clubs und Interessengemeinschaften mit mehr als 60.000 Mitgliedern dem Hobby „Oldtimer-Schlepper". Auf Initiative von Alfred Vogel, damals Vorsitzender der Bulldog- und Schlepperfreunde Württemberg e.V., wurde deshalb 2010 der Bundesverband Historische Landtechnik Deutschland e.V. (BHLD) gegründet, dem sich bis heute über 200 Traktoren-Clubs mit rund 28.000 Mitgliedern im Inland und 7000 Mitgliedern aus unseren Nachbarländern Österreich, Belgien und den Niederlanden angeschlossen haben. Der BHLD ist damit der größte Korporativ-Club im ADAC Ressort Klassik!

Grund genug, dass sich die Schlepperszene – ihrem Status angemessen – auch auf Messen wie der Agritechnica oder an Oldtimermessen, wie der Retro Classics beteiligt und sich dort zwischen Edelkarrossen und nostalgischen Old- und Youngtimern präsentiert. Und wir erinnern uns: Auch Porsche und Lamborghini haben Schlepper gebaut! Letztere werden bis heute erfolgreich produziert.

Was wir wollen, können, tun

2010 ist der BHLD als Nachfolgeorganisation der IG Hammelburg angetreten,

- um jeder Person und jeder Organisation, die sich für das Thema Historische Landtechnik interessiert oder einen Beitrag zur Erhaltung von Kulturgut zu diesem Thema leisten will, eine Anlaufstelle zu bieten,

- um die inzwischen etablierte Szene zu stärken und die einzelnen Vereine in ihrer Arbeit zu unterstützen,
- um den Nachwuchs zu begeistern und zu fördern,
- um in öffentlichen und politischen Belangen die Interessen der Szene zu vertreten,
- um die unzähligen Aktivitäten der Szene zu koordinieren,
- um eine gewisse Qualität bei den Veranstaltungen rund um das Thema Historische Landtechnik zu gewährleisten,
- um öffentliche aber auch private Einrichtungen, die Sammlungen und Archive aufbauen und unterhalten, in ihren Bemühungen, dieses Kulturgut einer breiteren Öffentlichkeit zugänglich zu machen, zu unterstützen.

Ferner schließen der Zweck und die Ziele des BHLD ein, die angeschlossenen Vereine und Interessengemeinschaften sowie deren Mitglieder bei technischen Fragen und Problemen der Restaurierung, der Ausrichtung von technischen Lehrgängen und Seminaren, der Umsetzung von gesetzlichen Vorschriften zur Zulassung von motorgetriebenen Oldtimer-Fahrzeugen, versicherungsrechtlichen Fragen der Haftung bei Ausstellungen und Veranstaltungen zu beraten, zu informieren und zu unterstützen.

Aus den Veranstaltungsmeldungen wissen wir, dass bisher nur jeder siebte Verein Mitglied im Bundesverband geworden ist. Diesen Prozentsatz gilt es zu steigern: Mehr Mitglieder bedeutet zum einen mehr Mitstreiter, zum andern ein Stück mehr Finanzierung für unsere Aktivitäten. Warum lohnt sich eine Mitgliedschaft im BHLD? Über Ziele, Zweck und ideelle Werte ist oben alles gesagt. Eigentlich sollte deshalb schon eine Mitgliedschaft für jeden Verein selbstverständlich sein, der sich mit unseren Anliegen identifiziert. Selbstredend gehen wir davon aus, dass unsere Anliegen auch diejenigen aller Vereine sind, die sich dem Thema Historische Landtechnik verschrieben haben. Neben vielen Angeboten im ideellen Bereich, bietet der BHLD aber auch ganz konkrete praxisbezogene Vorteile.

Die Vorteile, die aus der Kooperation mit dem ADAC resultieren, sind hinreichend bekannt: ergänzende Ausrüstung bei Veranstaltungen, Zuschüsse für Publikationen, Printmedien sowie Ausstellungen und nicht zuletzt das seit mehreren Jahren bestehende Abkommen mit dem ADAC-Pannendienst über die Pannenhilfe für Traktoren mit 3,5 bis 7,5 Tonnen zulässigem Gesamtgewicht. Darüber hinaus ist der ADAC ein wichtiges Bindeglied zur FIVA. Der Oldtimer-Weltverband FIVA vertritt auf internationaler Ebene die Interessen der Oldtimer-Gemeinde insbesondere auf politischer Ebene und im technischen Bereich. Das ADAC Ressort Klassik ist aktives Mitglied der FIVA und gleichzeitig deren nationale Vertretung (ANF - Autorité Nationale de la FIVA) in Deutschland.

Einen finanziellen Vorteil für BHLD-Mitglieder, die eigene Veranstaltungen ausrichten, bietet ein Rahmenvertrag, den der BHLD mit der GEMA vereinbart hat. Außerdem gibt es die Möglichkeit Brauchtumsveranstaltungen und Oldtimer-Treffen mit einer maßgeschneiderten preiswerten Veranstaltungshaftpflichtversicherung abzusichern.

Als Bundesverband wird uns künftig auch die Besteuerung und Zulassung von Oldtimer-Traktoren und Zugfahrzeugen beschäftigen, die eben nicht nur zum Spaß und als Freizeitvergnügen gesammelt und erhalten werden sondern oft bei der Landschaftspflege sowie bei Nebenerwerbsarbeiten in Land- und Forstwirtschaft ihren Dienst verrichten. Seit 2016 ist der BHLD deshalb auch als ständiges Mitglied im Parlamentskreis „Automobiles Kulturgut" vertreten und engagiert sich dort zusammen mit anderen Oldtimer-Verbänden für den Erhalt und Betrieb von Fahrzeugveteranen. Hier gilt es die Politik zu informieren, zu überzeugen und Empfehlungen auszusprechen sowie Regelungen zu finden, die die Besonderheiten von historischen Fahrzeugen bei der aktuellen Gesetzgebung – vor allem in Bezug auf Verkehr und Umwelt – berücksichtigen.

Die Szene boomt

Jährlich gehen beim BHLD über 800 Terminmeldungen ein. Zum Mekka der Schlepperszene hat sich der Historische Feldtag in Nordhorn entwickelt. Zum 25-jährigen Jubiläum kamen 2017 über 30.000 Besucher.

Partner und Sponsoren

Aus den Mitgliedsbeiträgen alleine kann der Bundesverband seine Vorhaben nicht finanzieren. Deshalb ist es notwendig Allianzen und Partnerschaften mit bekannten Einrichtungen und Gremien zu bilden, mit denen zum einen eine breitere Öffentlichkeit entstehen kann und darüberhinaus langfristig Projekte wie Ausstellungen, Schrauberkurse, Informationsveranstaltungen oder Historische Feldtage veranstaltet und Publikationen und Dokumentationen veröffentlicht werden können. Bei allen Projekten sind wir deshalb unseren ideellen Partnern und Sponsoren sehr dankbar für ihre Unterstützung.

Besonders haben wir uns darüber gefreut, als die Deutsche Landwirtschafts-Gesellschaft DLG e.V. in Person ihres Hauptgeschäftsführers, Dr. Reinhard Grandke, auf uns zukam und uns einlud, gemeinsam mit der Hanomag IG eine Ausstellung auf der AGRITECHNICA 2013 mit zu organisieren. Die Sonderschau „100 Jahre Effizienz – Rudolf Diesel und die Landtechnik" wurde mit rund 84.000 Besuchern zu einem Riesenerfolg für alle Beteiligten. Und 2015 lockte die Sonderschau „Von der Leistungsprüfung zum DLG-PowerMix“ erneut eine große Besucherzahl an. Beide Ausstellungen konnten aber nur durch die engagierte Unterstützung der Mitglieder von lokalen Vereinen realisiert werden.

Networking ist angesagt

Kontakte sind unser wichtigstes Kapital. Dabei spielen unsere Regionalvertreter in der Kommunikation und Repräsentation nach außen eine entscheidende Rolle: Sie sind das Bindeglied zwischen den Vereinen und dem Vorstand bzw. der Geschäftsführung des BHLD. Derzeit sind 20 Regionalvertreter benannt, die ihrerseits ihre eigenen Vereine im Bundesverband repräsentieren. In der Regel sind dies erfahrene Vereinsvorstände, die die Szene schon länger kennen und umgekehrt in der Szene weitgehend bekannt sind. Sie wirken als Multiplikatoren und sind im Kontakt mit den befreundeten Vereinen in ihrer Region. Zur Information der Mitglieder sowie der Anwerbung von neuen Mitgliedern, Sponsoren und Partnern, erscheint unregelmäßig der Infobrief „Historische Landtechnik“. Zur Kontaktaufnahme, der Meldung von Veranstaltungsterminen und für weitere Informationen steht die Homepage www.bhld.eu zur Verfügung.

Für technische Fragen und Probleme bei der Restaurierung wollen wir künftig Spezialisten aus unseren Reihen zu benennen, die als Technikreferenten für bestimmte Marken und Typen zur Verfügung stehen. Außerdem sollen vermehrt technische Lehrgänge und Seminare angeboten werden. Mit den Dampfkessellehrgängen der Hanomag IG ist zumindest ein Anfang gemacht.

Langfristig werden wir auch nicht umhinkommen, eine Bestandsaufnahme der Fahrzeuge in der Szene zu erstellen, um überhaupt eine Vorstellung davon zu bekommen, welche Substanz in den Vereinen, öffentlichen und privaten Sammlungen vorhanden ist. Der Aufbau einer allgemein zugänglichen Datenbank mit zuverlässigen technischen Daten über Maschinen und Geräte macht in diesem Zusammenhang ebenfalls Sinn. So könnte z. B. bei Veranstaltungen abgefragt werden, ob Fahrzeuge und Geräte für Ausstellungen oder Vorführungen regional oder bundesweit zur Verfügung stehen.

Klein, aber fein – die HANOMAG IG

Die HANOMAG IG e.V. ist mehr als „nur“ ein gemeinnütziger, eingetragener Verein! 1984 zunächst als loser Zusammenschluss der Besitzer und Freunde von Fahrzeugen eines der traditionsreichsten deutschen Maschinenbauunternehmen gegründet, umfasst der Verein heute rund 300 Mitglieder aus dem In- und Ausland mit über 800 Fahrzeugen. Bereits in den 1990er Jahren begann die Gemeinschaft mit dem Aufbau einer eigenen Fahrzeug- und Motorensammlung. Mit Hilfe von wohlmeinenden Sponsoren konnte dafür in Bockenem-Störy am Harz in der Nähe von Hildesheim ein Grundstück erworben und darauf mit viel Eigeninitiative eine zweckmäßige Holzhalle errichtet werden. Dort werden die vereinseigenen Fahrzeuge und Maschinen bewahrt, aufgearbeitet und für Präsentationen aller Art vorbereitet; ein musealer Betrieb ist an diesem Standort leider nicht möglich.

Gleichwohl ist die HANOMAG IG vielfältig engagiert und häufig zur Stelle, wenn es um außergewöhnliche Exponate zur Unternehmens-, aber auch zur allgemeinen Technik-Geschichte geht – möglichst natürlich mit regionalem Bezug! Unsere Arbeit umfasst die Sicherung außergewöhnlicher Exponate zur Geschichte der Hanomag sowie der historischen Landtechnik, die Dokumentation der Unternehmensgeschichte, den Ausbau des eigenen Hanomag-Archivs sowie die fachliche Unterstützung der Vereinsmitglieder bei der Aufarbeitung historischer Fahrzeuge und Maschinen. Seit Gründung der IG geben wir ein eigenes Mitteilungsblatt, den HANOMAG-KURIER, heraus. Auch unsere Internet-Präsenz www.hanomag-museum.de ist sehr gefragt und zu empfehlen. Zu den außergewöhnlichen Exponaten und begleiteten Projekten gehörten bisher die beiden letzten erhaltenen Motortragpflüge WD 80 und WD 35, der Lanz-Landbaumotor von John Deere, die Dampflokomobile Angelika der Mobilen Welten, sowie zuletzt die Rekonstruktion des Hanomag-Rekord-Diesel-Weltrekordwagens von 1938.

Mit einem guten Netzwerk im Rücken ist es der HANOMAG IG in den letzten 10 Jahren nicht nur möglich gewesen, Sonderausstellungen auf der Agritechnica zu organisieren oder den Historischen Feldtag in Nordhorn mit ausgewählten Attraktionen zu bereichern, sondern auch

Veteranen-Quartett

Hanomag WD 35, WD 80, WD Z 50, WD Z 25: Erklärtes Ziel der Hanomag IG ist es, die historische Aufnahme mit vier identischen, restaurierten Fahrzeugen zu wiederholen. Die WD Z 50 (links) ist derzeit in Arbeit.

auf Veranstaltungen wie der Bremen Classic Motorshow, der Techno-Classica in Essen oder der Retro Classics in Stuttgart mitzuwirken und dabei durchaus die eine oder andere „Duftnote" abzusetzen.

Ein weiteres Standbein der Arbeit ist die Pflege der „Dampf-Kultur" durch Erhalt, Aufarbeitung und Betrieb historischer Maschinen bis hin zur Seilpflügerei. Dazu gehört auch die Nachwuchsförderung durch die Organisation von Kesselwärterlehrgängen für historische Dampfmaschinen, die wir in den letzten Jahren mehrfach mit TÜV-Nord, DEULA und befreundeten Vereinen durchgeführt haben. Beim DEUVET, der Bundesvereinigung der deutschen Oldtimerszene, melden wir uns durchaus kompetent insbesondere dann zu Wort, wenn es um Nutzfahrzeuginteressen geht. Zugleich ist uns die Arbeit des DEUVET auch inhaltlich wichtig, selbst wenn wir dadurch keine finanziellen Vorteile haben, was wir als gemeinnütziger Verein sowieso weder wollen noch dürfen. Die gute und für uns alle so wichtige inhaltliche Arbeit für die Oldtimerszene steht hier im Vordergrund!

Alle Aktivitäten wären aber zu kurz ausgerichtet, wenn es nur um die Bewahrung von Tradition ginge. Wir sind uns sehr wohl bewusst, den Nachwuchs noch mehr als bisher heranführen zu müssen und dies auch zu wollen. Uns geht es auch nicht darum, Exponate unter einem Glassturz oder hinter Absperrungen einstauben zu lassen. Technik muss funktionieren, in gewissen Grenzen zum Anfassen sein und braucht dann die Gegenüberstellung mit modernsten Produkten nicht scheuen. Erst diese Kontraste zwischen gestern, heute und morgen machen den Reiz jeder Präsentation aus. Wir sind zuversichtlich, dies alsbald bei der Schaffung eines „Mobilitäts-Erlebnis-Zentrums" mit befördern zu können. Diesbezüglich kooperiert die HANOMAG IG sehr eng mit den Mobilen Welten e.V.; dieser ebenfalls gemeinnützige Verein konnte sich 2017 im Hannoverschen Straßenbahn-Museum (HSM) dauerhaft etablieren.

Gigant am Haken

Nachdem die WD-Tragpflüge „wiedervereint" sind, steht im Hinblick auf Großgerät für die Aktiven der Hanomag IG vor allem eine WD-Raupe Z 50, Baujahr 1922, im Fokus! Diese Maschine konnte 2007 in Bremen gegen eine K 55 Planierraupe eingetauscht werden. Der VDBUM, Verband der Baubranche, Umwelt- und Maschinentechnik e.V., wollte vor seiner Hauptverwaltung unbedingt eine Planierraupe haben. So konnte die Z 50, die dort immerhin 17 Jahre Wind und Wetter ausgesetzt war, in einer spektakulären Tausch-Aktion nach Bockenem-Störy überführt werden. Trotz der langen Standzeit gelang es, den Motor nach und nach zu zerlegen, zu reinigen und mit vergleichsweise

Vier Weltrekorde für einen Diesel

Der Hanomag Diesel-Weltrekordwagen stellte 1939 vier Bestmarken auf, bevor er im Zweiten Weltkrieg zerstört wurde. Nur wenige Fotografien sowie technische Zeichnungen von dem Hannoveraner Silberpfeil haben den Krieg überdauert. Nun steht die Wiederauferstehung des Stromlinienwagens kurz bevor.

geringem Aufwand wieder zu komplettieren. Zwar fehlten Vergaser und Anlass-Magnet, aber das Internet half nach intensiver Suche mit Originalteilen! Bei der Maschine war in den 1950er Jahren mal ein Anlasser nachgerüstet worden und da dies sehr professionell ausgeführt war, konnte auf diesem Weg der Motor im Frühjahr 2017 erstmals gestartet werden, die Freude war groß! Zwar bleiben am Laufwerk, an der Kupplung und dem Antrieb noch erhebliche Restarbeiten und der alte Tank muss ebenso wie Teile der Aufbauten noch erneuert bzw. repariert werden, aber wenn das „Herz" erstmal wieder schlägt, ist schon viel erreicht, denn schließlich passieren diese Arbeiten alle nach Feierabend oder an den Wochenenden und diese Zeit ist leider oft sehr begrenzt!

Wir sind aber zuversichtlich, die WD Z 50, die bereits 2007 und 2015 auf der Agritechnica in Hannover zu sehen war, in ein paar Jahren mit eigener Motorkraft im Einsatz vorführen zu können. Und vielleicht gelingt es eines schönen Tages auch noch, eine kleine „Schwester" an „Land" zu ziehen und ein historisch mehrfach belegtes „Quartett" mit einer WD Z 25 wieder zu komplettieren?

Vom Kommissbrot zum Diesel-Weltrekordler

Seit 2004 agiert innerhalb der Hanomag IG die nach den Anfangsbuchstaben der Gründer benannte Arbeitsgemeinschaft KRAD. Einmal die Woche wird in Störy ganztägig geschraubt, der Schwerpunkt liegt bei den Kommissbroten. Mit diesem Typ 2/10 hat sich die schon vorher durch den Lokomotivenbau bekannte Hanomag weltweit unsterblich gemacht! Und das kleine Auto mit dem Mittelmotor und der ersten Ponton-Karosserie ist bis heute an Kuriosität kaum übertroffen worden. Von Ende 1924 bis 1928 wurde es in Hannover-Linden immerhin 15.775 Mal gebaut. Ab 1926 diente dazu ein nach amerikanischem Vorbild entwickeltes Fließband, für Kleinwagen zu seiner Zeit noch einmalig in Europa.

Die Hanomag IG verfügt heute über ein eigenes, komplett aus Einzelteilen neu aufgebautes Kommissbrot-Cabriolet sowie eine inzwischen wieder technisch komplette Limousine, die aber langsam auch ihrer Fertigstellung entgegenblickt. Mit einem gewissen Teilefundus im Rücken konnte auch schon so manchem anderen Kommissbrot-Fahrer geholfen werden.

2007 startete ein weiteres, viel beachtetes Projekt. Die Hanomag hatte in den 1930er Jahren mit Lazar Schargorodsky einen Motorenfachmann als Chefkonstrukteur bestellt, der sich speziell auf Dieselmotoren verstand. Er schuf 1936 einen 4-Zylinder-Klein-Diesel-Motor, der – zunächst mit 1600, später mit 1900 ccm – in Pkw, Zugmaschinen und Kleinschlepper eingebaut sowie als stationäres Aggregat verwendet wurde. Der Dieselmotor hatte zu der Zeit keinen guten Ruf, er war laut und roch für viele Zeitgenossen unangenehm. So kam die Idee auf, durch ein Rekordfahrzeug den Ruf des Diesels zu verbessern. Mit leichter und stromlinienförmiger Aluminium-Karosserie ausgestattet, hatte der Rekordwagen einen höher drehenden Motor mit 40 PS und ein länger übersetztes Getriebe erhalten. Im Februar 1939 erzielte er bei Dessau vier Weltrekorde in der Klasse bis 2 Liter Hubraum; der Wagen verschwand in den Nachkriegswirren leider spurlos.

Die HANOMAG IG hat sich ab 2007, gemeinsam mit dem hannoverschen Arbeitskreis für Technikgeschichte (AK TIG), der Aufgabe gestellt, diesen Wagen einsatzbereit und möglichst originalgetreu auf Basis mühsam zusammengesuchter Originalteile zu rekonstruieren. Im Herbst 2014, 75 Jahre nach den Rekordfahrten, hatte der noch etwas unvollständige, aber sonst voll einsatzbereite Wagen in Dessau auf der ehemaligen Rekordstrecke, der heutigen A 9, anlässlich der Historischen Rekordwoche seine öffentliche Premiere. Und wenn alles gut geht, wird der Wagen im Sommer 2018 mit Hilfe zahlreicher Sponsoren und Helfer vollendet sein. Er soll zukünftig als Meilenstein der Technikgeschichte auf ausgewählten Veranstaltungen gezeigt werden und hoffentlich noch lange dazu beitragen, den momentan etwas angekratzten Ruf des Dieselmotors wenigstens etwas zu verbessern helfen. – Und wenn es darüber hinaus gelingt, mit den geschilderten Aktivitäten auch andere Vereine für ihre historische Arbeit zu inspirieren, würde es uns alle sehr freuen!

Alte Zeiten werden lebendig.

Die ShowBox steht überall – am liebsten dort, wo die Oldtimer/alte Techniken fahren, arbeiten und zu hören sind.
Wir versetzen die Zuschauer mit Ton-Bild-Moderation in die Zeit des Oldtimers zurück:
Erinnerungen wecken – alte und neue Emotionen – die jungen Generationen erleben lassen – mit bewegten Bildern + O-Ton sprechen. Fotos – alte Filme – Darstellungen – „die Welt von damals greifen".

Die Faszination des Oldtimers verknüpfen wir mit damals –
ja, wir versetzen die Besucher in die Vergangenheit.
Als bestes Beispiel für unsere schönsten Einsätze nennen wir die Historischen Feldtage in Nordhorn.

ShowBox

„6 in 1 Medienzentrum"

Die ShowBox überzeugt als multifunktionales „6 in 1 Medienzentrum". Sie kann einfach als Präsentationsmodul genutzt werden. Sie kann Geschichten erzählen und durch Musik, Lichtgestaltung und Reaktionen auf das Publikum Emotionalität erzeugen.
Die ShowBox kann damit selbst aktiv werden.

Die On-Board-Technikmodule können raffiniert ineinandergreifen. Sie schaffen eine ganz besondere und individuelle Welt.
So können die Sinne der Zuschauer über ihre unterschiedlichen Ebenen angesprochen werden!
Emotionale Merkmuster regen zum Zuhören und Mitmachen an.

Die ShowBox kann:
- **informieren und unterhalten**
- **integrieren und begeistern**
- **abwechslungsreich sein**
- **dialogisch sein**
- **fotogen sein**
- **spannende Abläufe erzeugen**

AT Promotion Engineers

AT Promotion Engineers GmbH | Steinkrüger Weg 56 | 30974 Wennigsen | www.at-promotion.de
Telefon: 05109.565238 | Fax: 05109.565989 | E-Mail: e.hertell@at-promotion.de

SEIT 100 JAHREN ...
...VERTRAUEN LANDWIRTE DER ZUVERLÄSSIGKEIT
UND QUALITÄT VON JOHN DEERE.
JOHN DEERE
JOHN DEERE
NOTHING RUNS LIKE A DEERE

HEINRICH LANZ
MANNHEIM
DEUTSCHLANDS
GRÖSSTE FABRIK
FÜR DAMPF-DRESCHMASCHINEN
BERLIN, W8.
Breslau, Königsberg i. Pr., Köln a/Rh., Regensburg, Rostow a/Don Russland.

Anhang

Traktorenbestand in Deutschland (in 1000)

Jahr	Gesamt	davon BRD	davon DDR
1925	7		
1930	10		
1940	40		
1950	178	139	39
1960	926	855	71
1970	1498	1368	130
1980	1614	1469	145
1990	1514	1374	140
2000	1300		
2010	766		
2015	552		
2017	512		

Rangliste 1950

Rang	Hersteller	Stückzahl	Marktanteil %
1	KHD	6 257	16,2
2	Allgaier	4 817	12,4
3	Lanz	4 738	12,4
4	Fendt	3 713	9,6
5	Fahr	2 432	6,3
6	Güldner	2 116	5,5
7	Normag	2 023	5,3
8	Kramer	1 890	4,9
9	Hanomag	1 872	4,8
10	Schlüter	1 318	3,4
11	Eicher	1 174	3
12	Hela	1 174	3
13	MAN	1 007	2,6
14	Röhr	479	1,2
15	Primus	394	1
16	O & K	307	0,8
17	Ritscher	298	0,8
18	Alpenland	243	0,6
19	Kögel	210	0,5
20	Wille	200	0,5
	Sonstige	1902	4,9
	Insgesamt	38 723	100

Entwicklung des Schlepperbestandes und der landwirtschaftlichen Betriebe in der Bundesrepublik Deutschland 1949 – 1987
Alle Angaben in 1000

Jahr	Traktoren-bestand	Betriebe > 2 ha	Landwirtschaftliche Nutzfläche in ha
1949	90	1 327	13 437
1955	423	1 262	13 292
1960	855	1 155	12 603
1965	1164	1 059	12 561
1970	1368	928	12 424
1975	1442	782	12 288
1980	1469	695	12 028
1985	1483	687	11 571
1987	1449	665	11 532

Rangliste 1965

Rang	Hersteller	Stückzahl	Marktanteil %
1	KHD	17 509	20,8
2	Fendt	10 394	12,3
3	IHC	10 134	12
4	Hanomag	6 075	7,2
5	Massey-Ferguson	6 045	7,2
6	Eicher	5 459	6,5
7	Güldner	5 076	6
8	John Deere-Lanz	4 636	5,5
9	Ford	3 883	4,6
10	Kramer	2 978	3,5
11	Daimler-Benz	2 823	3,3
12	Renault	2 157	2,6
13	Schlüter	1 418	1,7
14	Holder	958	1,1
15	Fiat	782	0,9
16	David Brown	675	0,8
17	Gutbrod	605	0,7
18	Hela	552	0,7
19	UTB	459	0,5
20	Agria	229	0,3
	Sonstige	1 514	1,8
	Insgesamt	84 361	100

Rangliste 1955

Rang	Hersteller	Stückzahl	Marktanteil %
1	Hanomag	12 793	12,9
2	KHD	11 383	11,5
3	Lanz	10 849	10,9
4	Fendt	9 834	9,9
5	Eicher	6 905	7
6	Fahr	6 253	6,3
7	Güldner	5 986	6
8	Kramer	5 780	5,8
9	IHC	5 094	5,1
10	Porsche-Diesel	4 643	4,7
11	Normag	2 414	2,4
12	Daimler-Benz	2 414	2,4
13	Hela	2 348	2,4
14	Holder	2 238	2,3
15	Bautz	2 230	2,3
16	Schlüter	2 191	2,2
17	MAN	1 822	1,8
18	Ferguson	1 123	1,1
19	Ford	205	0,2
20	Kaelble	96	0,1
	Sonstige	2 740	2,8
	Insgesamt	99 341	100

Rangliste 1960

Rang	Hersteller	Stückzahl	Marktanteil %
1	KHD	13 825	15,6
2	IHC	10 171	11,5
3	Fendt	9 640	10,8
4	Porsche-Diesel	8 178	9,2
5	Eicher	7 845	8,8
6	Hanomag	6 165	6,9
7	MAN	4 185	4,7
8	Güldner	3 857	4,3
9	Kramer	3 842	4,3
10	Massey-Ferguson	3 360	3,8
11	Fahr	2 851	3,2
12	Daimler-Benz	2 330	2,6
13	John Deere-Lanz	2 123	2,4
14	Ford	2 089	2,4
15	Bautz	1 730	1,9
16	Holder	1 385	1,6
17	Schlüter	1 195	1,3
18	Hela	1 085	1,2
19	Hatz	665	0,7
20	Wahl	176	0,2
	Sonstige	2 143	2,4
	Insgesamt	88 864	100

Rangliste 1970

Rang	Hersteller	Stückzahl	Marktanteil %
1	KHD	13 096	19,8
2	IHC	11 471	17,4
3	Fendt	8621	13
4	Massey-Ferguson	6 877	10,4
5	Daimler-Benz	4 112	6,2
6	Hanomag	3 940	6
7	John Deere	3 330	5
8	Eicher	3 165	4,8
9	Ford	1 856	2,8
10	Fiat	1 774	2,7
11	Holder	1 239	1,8
12	Renault	1 026	1,6
13	Gutbrod	821	1,2
14	David Brown	645	1
15	Kramer	586	0,9
16	Schlüter	585	0,9
17	Zetor	451	0,7
18	Hako	392	0,6
19	Agria	340	0,5
20	Bungartz	316	0,5
	Sonstige	1 421	2,2
	Insgesamt	66 064	100

Rangliste 1975

Rang	Hersteller	Stückzahl	Marktanteil %
1	IHC	14 258	22,2
2	KHD	12 517	19,5
3	Fendt	9 442	14,7
4	Massey-Ferguson	6 803	10,6
5	John Deere	4 923	7,7
6	Daimler-Benz	2 673	4,2
7	Eicher	2 006	3,1
8	Ford	1 755	2,7
9	Fiat	1 429	2,2
10	Renault	1 129	1,8
11	Holder	955	1,5
12	Same	928	1,4
13	Zetor	709	1,1
14	Steyr	699	1,1
15	UTB	666	1
16	David Brown	590	0,9
17	Schlüter	572	0,9
18	Gutbrod	514	0,8
19	Hako	443	0,7
20	Krieger	205	0,3
	Sonstige	955	1,5
	Insgesamt	64 171	100

Rangliste 1980

Rang	Hersteller	Stückzahl	Marktanteil %
1	IHC	9 117	20
2	KHD	7 782	17,1
3	Fendt	7 299	16
4	John Deere	3 813	8,4
5	Daimler-Benz	3 245	7,1
6	Massey-Ferguson	2 755	6,1
7	Fiat	1818	4
	Eicher	1 626	3,6
9	Renault	1 126	2,5
10	Same	857	1,9
11	Gutbrod	735	1,6
12	Holder	703	1,5
13	Hako	626	1,4
14	Steyr	538	1,2
15	Ford	506	1,1
16	Schlüter	483	1,1
17	Zetor	465	1
18	Krieger	322	0,7
19	Lamborghini	321	0,7
20	Agria	214	0,5
	Sonstige	1 182	2,6
	Insgesamt	45 477	100

Rangliste 1985

Rang	Hersteller	Stückzahl	Marktanteil %
1	Fendt	6 388	18,4
2	KHD	6 124	17,6
3	IHC	5 619	16,2
4	John Deere	3 134	9
5	Daimler-Benz	2 913	8,4
6	Massey-Ferguson	2 131	6,1
7	Fiat	1 903	5,5
8	Same	771	2,2
9	Renault	713	2,1
10	Steyr	641	1,8
11	Gutbrod	455	1,3
12	Hako	439	1,3
13	Zetor	437	1,3
14	Holder	411	1,2
15	Eicher	354	1
16	Ford	319	0,9
17	Schlüter	240	0,7
18	Lamborghini	184	0,5
18	Iseki	184	0,5
20	Hürlimann	165	0,5
	Sonstige	1 245	4,1
	Insgesamt	34 770	100

Rangliste 2000

Rang	Hersteller	Stückzahl	Marktanteil %
1	John Deere	5 360	20,6
2	Fendt	5 313	20,5
3	Case-IH/Steyr	3 389	13,1
4	New Holland	1 912	7,4
5	Deutz-Fahr	1 895	7,3
6	Massey-Ferguson	1 178	4,5
7	Same	763	2,9
8	Mercedes-Benz	602	2,3
9	Renault	540	2,1
10	Belarus/Minsk	490	1,9
11	Iseki	463	1,8
12	Valmet	441	1,7
13	Kawasaki	411	1,6
14	Landini	394	1,5
15	Kubota	390	1,5
16	Holder	276	1,1
16	Yamaha	248	0,9
18	Carraro	239	0,7
19	Hako	169	0,7
20	Zetor	122	0,5
	Sonstige	1 370	5,3
	Insgesamt	25 965	100

Rangliste 2005

Rang	Hersteller	Stückzahl	Marktanteil %
1	John Deere	4 972	21,2
2	Fendt	3 938	16,8
3	Deutz-Fahr	2 370	10,1
4	Case-IH/Steyr	1 986	8,5
5	Claas	1 394	5,9
6	New Holland	1 282	5,5
7	Massey-Ferguson	994	4,2
8	S+L+H	717	3
9	Kubota	717	3
10	Iseki	677	2,9
11	Valtra	468	2
12	Mercedes-Benz	442	1,9
13	Landini	350	1,5
14	Belarus	316	1,3
15	McCormick	214	0,9
15	Lindner	160	0,7
17	Holder	157	0,7
18	Carraro	149	0,6
19	Zetor	117	0,5
20	Hako	75	0,3
	Sonstige	1 998	8,7
	Insgesamt	23 490	100

Rangliste 1990

Rang	Hersteller	Stückzahl	Marktanteil %
1	Fendt	6 059	20,2
2	KHD	4 759	15,6
3	Case	4 099	13,7
4	John Deere	3 113	10,4
5	Daimler-Benz	2 711	9
6	Massey-Ferguson	1 900	6,3
7	Fiat	1 738	5,8
8	Same	923	3,1
9	Steyr	745	2,5
10	Renault	505	1,7
11	Ford	361	1,2
12	Hako	306	1
13	Holder	296	1
14	Iseki	292	1
15	Gutbrod	282	0,9
16	Zetor	223	0,7
17	Eicher	201	0,7
18	Kubota	123	0,4
19	Schlüter	118	0,4
20	Torpedo	104	0,3
	Sonstige	1 162	3,9
	Insgesamt	**30 020**	**100**

Rangliste 1995

Rang	Hersteller	Stückzahl	Marktanteil %
1	Fendt	4 488	16,9
2	John Deere	4 100	15,5
3	Case-IH	3 894	14,7
4	Deutz-Fahr	2 700	10,2
5	Massey-Ferguson	1 967	7,4
6	Belarus/Minsk	1 084	4,1
7	New Holland Fiat	1 018	3,8
8	Mercedes-Benz	894	3,4
9	SLH (Same u.a.)	891	3,4
10	New Holland Ford	715	2,7
11	Zetor/ZTS	670	2,6
12	Steyr	639	2,4
13	Iseki	428	1,6
14	Landini	354	1,3
15	Renault	294	1,1
16	Holder	195	0,7
16	Kubota	195	0,7
18	Hako	189	0,7
19	Valmet	161	0,6
20	Carraro	134	0,5
	Sonstige	1 470	5,6
	Insgesamt	**26 489**	**100**

Rangliste 2010

Rang	Hersteller	Stückzahl	Marktanteil %
1	John Deere	5 624	19,7
2	Fendt	4 728	16,5
3	Deutz-Fahr	3 085	10,8
4	Case-IH/Steyr	2 614	9,1
5	Claas	2 087	7,3
6	New Holland	1 907	6,7
7	Kubota	1 284	4,5
8	Massey-Ferguson	1 058	3,7
9	Iseki	1 015	3,5
10	S+L+H	722	2,5
11	Mercedes-Benz	433	1,5
12	Valtra	425	1,5
13	Daedong	265	0,9
14	McCormick	234	0,8
15	Lindner	214	0,7
15	Landini	214	0,7
17	Belarus	211	0,7
18	Carraro	165	0,6
19	Holder	164	0,6
20	Kukje	155	0,5
	Sonstige	1 880	7
	Insgesamt	**28 587**	**100**

Rangliste 2015

Rang	Hersteller	Stückzahl	Marktanteil %
1	John Deere	6 279	19,5
2	Fendt	5 493	17
3	Deutz-Fahr	3 236	10
4	Claas	2 682	8,3
5	Case-IH/Steyr	2 430	7,7
6	New Holland	2 341	7,3
7	Kubota	1 923	6
8	Massey-Ferguson	1 219	3,8
9	Iseki	929	2,9
10	Valtra	762	2,4
11	S+L+H	454	1,4
12	Mercedes-Benz	380	1,2
13	Branson	328	1
14	Foton	271	0,8
15	Carraro	239	0,7
16	Hako	238	0,7
17	Holder	232	0,7
18	Lindner	220	0,7
19	Belarus	199	0,6
20	McCormick	198	0,6
	Sonstige	2 128	6,6
	Insgesamt	**32 220**	**100**

Ackerschlepper-Prüfung Winnipeg 1. – 17. Juli 1909 (ausgewählte Daten)

Gruppe	Fabrikat	Motor Zylinder	Drehzahl U/min	Leistung PS	Geschwindigkeit [km/h]	Gesamtgewicht [t]	Preis in U$	Platzierung
Verbrennungsmotoren mit 20 PS u. weniger	IHC	1	250/300	15/9,5	3,62	4,5	1700	1
	Avery Co.	4	1000/1500	12/36	24,15	2,3	2500	2
	Marshall, Sons & Co.	2	700/800	12/30	5,23	6,6	2500	3
Verbrennungsmotoren zwischen 20 PS und 30 PS	Russell & Co.	3	350	20/44	-	7,8	2400	2
	IHC	1	240/290	20/28	4,03	6,1	2200	1
	Kinnard Haines Co.	4	650	30/45	3,62	6,3	2250	-
	IHC	1	240/290	20/28	3,86	5,7	2200	-
	IHC	1	240/290	20/28	4,03	5,7	2200	3
Verbrennungsmotoren über 30 PS	IHC	2	300/325	35/45	5,64	9,1	2700	-
	Gas Traction Co.	4	500/800	25/35	-	6,2	2750	-
	Marshall, Sons & Co.	4	700/800	25/60	-	10,0	3400	2
	Kinnard Haines Co.	1	500	40/60	-	8,4	2700	1
	IHC	1	240/290	25/30	4,03	7,7	2400	3
Dampfmaschinen	J. I. Case Co.	1	230	32/110	3,82	18,3	4050	1
	Rumely Co.	2	235	36/120	3,75	16,8	3974	-
	Marshall, Sons & Co.	1	230	25/60	3,62	11,8	3250	-
	Russell & Co.	2	230	30/60	4,03	17,5	3400	2
	Avery Co.	2	250	30/90	5,07	18,6	3650	3

Nordamerikanische Traktoren (Auswahl; Stand 1920)

Bezeichnung Hersteller	Motor Zylinder	U/min	Leistung [PS]	Triebräder Anzahl	Getriebe Vorwärts	Geschwindigkeit [km/h]	Gewicht [kg]
Advance Rumely Advance Rumely Thresher Co.	4	850	8 – 16	1	1	3,4	2,5
Big Bull Bull Tractor Co.	2	750	12 – 24	1	1	3,8	2,2
Little Devil 2 Hart Parr Co.	2	600	22	1	2	5,3	3,0
Oilpull Advance Rumely Thresher Co.	1	375	15 – 30	2	1	3,0	5,1
Allis Chalmers Allis Chalmers Manufacturing Co.	2	375	30 – 60	2	2	4,4	7,2
Avery Avery Co.	4	1200	10	2	3	6,0	1,0
Case J. I. Case	2	475	40	2	2	4,8	6,3
Mogul International Harvester	1	400	8 – 16	2	1	3,2	2,4
Titan International Harvester	2	335	32 – 60	2	1	3,2	9,7
Twin City Minneapolis Steel & Mach. Co.	6	500	60 – 95	2	1	3,2	12,5
Waterloo Boy Waterloo Gasoline Engine Co.	4	100	50	3	2	7,2	3,8
Michigan A.T. Harrow Tractor Co.	4	800	50	4	2	7,2	3,8
Fitch Four Drive Tractor Co.	4	800	35	4	3	7,4	2,0
Greeping Grip Bullock Tractor Co.	4	900	12 – 20	Raupe	1	3,0	3,5
Caterpillar Holt Manufacturing Co.	4	550	75	Raupe	2	4,8	10,6

Motorpflug-Prüfung Gálanta/Ungarn 1913 (ausgewählte Daten)

Bezeichnung	Motor	Leistung PS	Gewicht in [t]	Leistung Morgen/h	Verbrauch kg/Morgen Brennstoff		Wasser
Kemna (D)	Dampf	90	12,0	2,41	Steinkohle	41,8	-
Mc Laren (GB)	Dampf	50	8,2	2,49	Steinkohle	30,2	90,0
MC Laren (GB)	Dampf	100	14,4	3,22	Steinkohle	31,2	-
Case (USA)	Dampf	80	10,2	3,31	Steinkohle	50,7	44
Case (USA) (H)	Dampf	110	14,4	4,25	Steinkohle	58,0	70,6
Gibás (H)	Rohöl	32	16,7	-	Rohöl	-	-
IHC (USA)	Benzin	60	10,0	2,1	Leichtbenzin	9,1	26
IHC (USA)	Benzin	25	8,4	-	Leichtbenzin	-	-
Avery (USA)	Benzin	31	5,0	1,45	Leichtbenzin	6,9	10
Record (USA)	Benzin	25	-	1,8	Leichtbenzin	8,4	28
Hart-Parr (USA)	Benzin	60	8,9	-	Leichtbenzin	-	-
Hart-Parr (USA)	Benzin	60	8,9	-	Leichtbenzin	-	-
Big Four 6 Zyl (USA)	Benzin	85	-	2,9	Leichtbenzin	9,3	17
Big Four 4 Zyl (USA)	Benzin	54	7,9	-	Leichtbenzin	-	-
Titan (H)	Benzin	90	9,3	2,41	Schwerbenzin	10,8	0,5
Twin City (USA)	Benzin	45	6,4	2,4	Leichtbenzin	7,2	0,8
Twin City (USA)	Benzin	65	9,9	-	Leichtbenzin	-	-
Case (USA)	Benzin	40	5,9	1,96	Leichtbenzin	5,8	1,6
Schroder (D)	Benzin	35 - 40	6,0	1,76	Leichtbenzin	8,9	-
Caterpillar (USA)	Benzin	60	9,1	3,39	Schwerbenzin	4,6	3,6
Creeping Grip (USA)	Benzin	60	7,3	-	Schwerbenzin	-	-
Stock Normal (D)	Benzin	50	4,0	2,05	Leichtbenzin	5,0	0,1
Stock (Rückw.) (D)	Benzin	80	4,4	2,27	Leichtbenzin	5,3	0,5
Komnick (D)	Benzin	80	5,0	2,99	Leichtbenzin	5,4	1,1
Akra (D)	Benzin	86	5,0	2,96	Benzol	5,5	0,8
Wiß (D)	Benzin	80	4,5	2,09	Leichtbenzin	4,9	0,9
Köszegi (H)	Benzin	60	6,0	-	Leichtbenzin	-	-
Lanz (D)	Benzin	60	6,0	1,84	Leichtbenzin	8,0	1,0

Motortragpflüge im Vergleich (Auswahl; Stand um 1924)

Bezeichnung Hersteller	Motor Hersteller Zylinder	Takt	Leistung [PS]	Max. Geschwindigkeit [km/h] 1. / schnellster Gang	Gewicht [t]	Länge [mm]	Höhe [mm]
Akra Kyffhäuserhütte AG	4 Kyffhäuserhütte	4	25 - 30	2,6/3,6	2,8	6000	2100
Flader F. C. Flader	4 Kämper	4	22	- / -	1,7	3760	1600
Korting Gebr. Korting	2 Gebr. Korting	4	12	3,6	1,2	4700	1650
Komnick F. Komnick	4 Komnick	4	60	2,4/4,4	4,0	7000	2400
Komnick F. Komnick	4 Komnick	4	85	2,2/4,75	6,8	9500	2900
MAN MAN AG	4 MAN	4	25	- / -	2,0	-	-
Stogro Stock Motorpflug AG	4 Stock	4	50 - 60	2,3/3,4	6,3	8600	2800
Stocklei Stock Motorpflug AG	4 Stock	4	25 - 30	2,6/3,8	2,9	5550	1550
Wendestock Stock Motorpflug AG	4 Stock	4	20 -24	4,4	1,75	4400	1750
WD35 Deutsche Kraftpflug GmbH	4 Hanomag	4	35	3,4/5,0	4,07	6000	2300
WD80 Deutsche Kraftpflug GmbH	4 Hanomag	4	80	3,5/5,2	7,2	9000	2800

Raupenschlepper der Jahre 1920 – 1930 (Auswahl)

Bezeichnung Hersteller	Motor Hersteller Zylinder	Takt	Leistung [PS]	Max. Geschwindigkeit [km/h]	Gewicht [t]	Länge [mm]	Höhe [mm]
Hanomag Z 25 Hanomag AG	4 Hanomag	4	29	6,2	3,3	3260	1740
Hanomag Z 50 Hanomag AG	4 Hanomag	4	53	6,0	6,8	4440	1770
LHW, Bauart Stumpf Linke-Hofmann-Werke	4 Kämper	4	54	13,0	2,9	2860	1600
Dürrkopp-Comfräsch J. Mehlich	4 Dürrkopp	4	56	6,5	3,5	2950	1150
MTW Raupenschlepper H.W. Ritscher	4 Kämper	4	27	6,3	2,2	2600	1450
Pöhl R 3 Pöhl	4 Pöhl	4	25	9,0	1,9	2500	1400
SHW Schwäbische Hüttenwerke	2 Kämper	4	15	4,8	1,5	2330	1220
Raupenstock Stock	4 Stock	4	31	9,5	2,4	2400	1500

Ackerschlepper der Jahre 1920 – 1930 (Auswahl)

Bezeichnung	Motor Zylinder/Takt	Leistung PS	Gewicht in [t]	Länge [mm]	Breite [mm]	Höhe [mm]	Geschwindigkeit [km/h]
Bachmann-Schlepper	4/4	40	3,7	4560	1980	2220	7,8
Badenia-Kosto	4/4	45	3,4	5300	2000	2000	5,1
Benz-Gaggenau-Traktor	4/4	40	4,0	4300	1700	2700	6,6
Benz-Sendling-Motorpflug Typ S	2/4	30	2,5	4500	1700	1750	3,5
Benz-Sendling Typ BK	2/4	35	3,2	3600	1800	1500	7,7
Borsigschlepper	1/4	25	1,7	4660	1700	2700	7,0
Cerva	4/4	35	3,6	6000	1800	1800	4,8
Deutz Motortrecker	4/4	40	4,0	4650	1886	2310	6,0
Deutz MTZ 220	2/4	30	2,5	2950	1840	1900	6,3
Hanomag R 26 Hanomag	4/4	26	2,0	2700	1550	1500	9,4
Hanomag R 28	4/4	28/32	2,0	3130	1640	1565	8,0
Hansa-Lloyd-Trecker Hansa	4/4	35	3,6	3750	1820	2230	5,3
IHC Farmall	4/4	8/16	1,3	-	-	-	-
Komnick Typ PS	2/4	34	2,5	2900	1800	1600	11,8
Komnick Typ PT	4/4	60	3,2	3400	1800	1500	10,5
Lanz Ackerbulldog HP	1/2	12/15	1,5	2550	1300	1380	4,3
Lanz Ackerbulldog	1/2	15/30	2,6	3200	1945	2240	6,0
Lanz Großbulldog HR III	1/2	22/30	2,5	3150	1900	2345	7,9
Lanz Felddank	2/2	38	4,0	3795	1946	2455	5,5
Lanz Felddienst	4/4	42	3,8	3675	1600	2000	7,0
Lanz Landbaumotor	4/4	80	5,5	6320	2650	3000	5,0
Mercedes-Benz Typ OE	1/4	26	2,6	2960	1720	1650	6,2
MWM Motorpferd	2/4	18	2,5	3340	1700	2050	12,0
Neumeyer-Traktor	4/4	45	3,9	3990	1700	2260	6,2
Pöhl Ackerbaumaschine	4/4	30/35	1,7	3500	1500	1900	8,0
SSW-Gutsfräse	4/4	30	2,3	5500	1850	2300	4,0
Stoewer	4/4	38	4,5	4040	2200	2720	4,0

Ackerschlepper der Jahre 1930 – 1944 (Auswahl)

Bezeichnung	Motor Zylinder/Takt	Leistung PS	Gewicht in [t]	Länge [mm]	Breite [mm]	Höhe [mm]	Geschwindigkeit [km/h]
Deuliewag DA 20	1/4	20	1,5	2800	1600	-	15,0
Deutz Bauernschlepper F1M414	1/4	1 1	1,1	2280	1535	1410	7,7
Deutz Universalschlepper F2M315	2/4	28	2,5	3260	1650	1710	17,4
Deutz 25 PS Holzgas	2/4	25	2,1	3085	1540	1750	19,5
Eicher Acker	2/4	22	1,7	2730	1580	-	16,0
Fahr F22	2/4	22	2,1	3000	1535	1800	19,0
Fahr HG 25	2/4	25	-	3455	1515	1890	19,0
FAMO Ackerradschlepper	4/4	42	3,2	3550	1720	1650	17,8
Fendt Dieselroß F18	1/4	16	1,5	2600	1500	1470	15,0
GüldnerA20	1/4	20	1,6	2650	1510	-	12,8
Hagedorn P22	2/4	22	1,6	2600	1550	-	16,0
Hanomag RL 20	4/4	20	1,6	-	1635	-	13,0
Hanomag RD 36	4/4	36	2,8	3420	1750	1950	8,0
Hanomag R 40 A	4/4	40	3,2	3535	1780	2250	18,0
Hanomag Diesel 50 PS	4/4	50	3,1	3600	1750	1900	12,0
IHC F12G	4/4	-	1,7	3200	1886	-	19,4
Kramer K 12	1/4	11	1,3	2780	1440	1440	13,0
Kramer K 18	1/4	20	1,7	2820	1440	1480	15,0
Kramer K 25 Holzgas	2/4	25	2,2	-	-	-	19,8
Lanz D 5506	1/2	16	1,2	2587	1525	1850	19,9
Lanz D 3506	1/2	20	1,8	2920	1470	2055	18,5
Lanz D 7506	1/2	25	2,3	2980	1500	2025	19,8
Lanz D 8506	1/2	35	3,0	3350	1792	2340	17,7
Lanz D 9506	1/2	45	3,2	3390	1792	2340	16,7
Lanz D 2531 Eilbulldog	1/2	55	4,5	3900	2160	2110	30,6
Lanz D 7506 Reingas	1/2	25	2,4	3320	1600	2060	15, 1
MAN AS 250	4/4	50	3,5	3680	1900	2350	20,0
MAN AS 250 Holzgas	4/4	45	4,0	3680	1900	2250	20,0
Primus P 22	2/4	22	1,6	2600	1550	-	16,0
Schlüter DZM 25	2/4	27	1,8	2800	1640	-	18,0
Stock Acker	2/4	22	1,5	2820	1580	-	19,5
Zettelmayer Z1	2/4	22	1,7	2170	1355	-	13,8

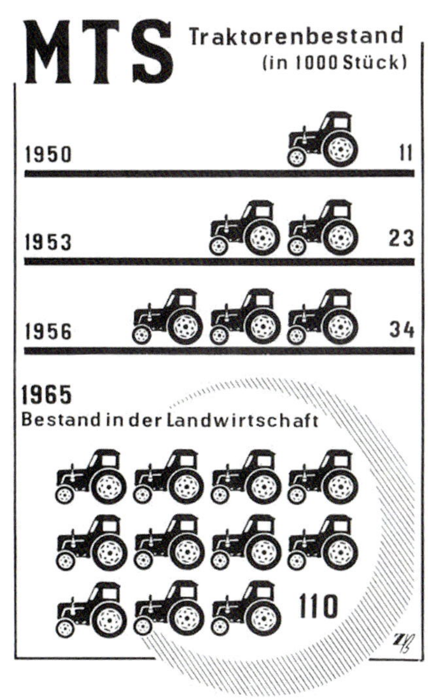

Ackerschlepper der Jahre 1949 – 1961 (Auswahl)

Bezeichnung (Baujahr)	Motor Zylinder/Takt	Leistung PS	Gewicht in [t]	Länge [mm]	Breite [mm]	Höhe [mm]	Getriebe V/R	Geschwindigkeit [km/h]
Allgaier AP 17 (1952)	1/4	18	1,0	2520	1520	1390	5/1	26,3
Bautz 300 S (1960)	2/4	20	1,3	2950	1545	1470	7/1	19,5
Deere Lanz 204 (1961)	2/4	18	1,3	3120	1470	1388	6/1	-
Deere Lanz 500 (1961)	-	36	1,8	3325	1552	1550	10/3	19,6
Deuliewag D 22 V Allrad (1952)	2/4	22	1,7	3000	1665	1700	6/2	23,9
Eicher Diesel ED 16 II/IV (1951)	1/4	17	1,4	2600	1530	1715	5/1	21,1
Eicher Mammut (1961)	3/4	45	2,2	3345	1735	1525	8/4	20,0
Fendt Geräteträger F12 GT (1954)	1/4	12	1,2	2900	1470	1550	6/2	20,0
Fendt Farmer 2 (1961)	3/4	46	2,5	3600	1800	1550	10/2	20,0
Fiat 411 R (1960)	-	40	1,5	2900	-	1410	6/2	20,0
Fordson Super Major (1960)	-	54	2,5	3315	1600	1650	6/-	19,1
Hanomag C 112 (1959)	1/2	12	0,9	2810	1480	1600	6/2	19,0
Hanomag R 450 E (1961)	4/4	55	3,6	3535	1820	1840	10/2	19,6
IHC D 436 S (1961)	4/4	37	-	2930	1640	1562	8/2	20,0
KHD Deutz 15 PS (1954)	1/4	15	1,2	2350	1535	1500	4/1	15,0
KHD D 50 (1961)	3/4	46	2,5	3630	1800	1755	7/3	20,0
Kramer KL 600 (1960)	3/4	60	3,2	3850	1800	1700	7/7	35,7
Lanz-Alldog (1952)	1/2	12	1,0	3760	2050	1700	5/1	19,8
Lanz 16 PS Allzweck (1951)	1/2	16	1,2	1587	1530	1715	5/1	21,1
Lanz Aulendorf Hela D 38 (1961)	3/4	38	1,9	3300	1550	1330	6/2	20,0
MAN AS 330 Allrad (1951)	4/4	30	1,9	3130	1745	1700	5/1	21,1
Nordtrak Stier 30 (1951)	2/4	28	2,1	3040	1690	1850	5/-	23,8
Porsche Diesel Master 419 (1961)	4/4	50	2,1	3380	1826	1600	8/4	20,0
Ruhrstahl (1954)	2/4	20	1,5	3360	1700	1750	4/4	16,3
Stihl Allzweck Typ 140 (1951)	1/2	12	0,7	2620	1500	1560	4/1	14,5
Unimog Diesel (1951)	4/4	25	1,9	3570	1630	2100	6/2	52,5
Zanker 12 PS (1949)	1/2	12	1,4	2465	1470	1570	4/1	16,6

Ackerschlepper der DDR 1949 – 1989 (Auswahl)

Bezeichnung	Motor Zylinder/Takt	Leistung PS	Gewicht in [t]	Länge [mm]	Breite [mm]	Höhe [mm]	Getriebe V/R	Geschwindigkeit [km/h]
Brockenhexe	2/4	22	1,8	-	-	-	4/1	16,8
Pionier RS 01/40	4/4	40	3,3	3650	1690	1700	5/1	17,5
Famulus RS 14/33	2/4	33	2,1	3410	2380	1700	10/2	24,0
Famulus RS 14/46	2/4	46	-	-	-	-	8/2	24,1
Maulwurf RS 08/15	2/2	15	1,3	-	-	-	8/8	15,3
Maulwurf RS 09	2/4	17	1,1	3510	1940	1800	8/8	14,9
Maulwurf RS 09/124	4/4	25	1,6	3878	1520	2510	8/8	15,4
ZT 300	4/4	90	4,8	4650	2120	2620	9/6	29,6
ZT 303 Allrad	4/4	90	5,2	4890	2170	2620	9/6	29,6
ZT 320	4/4	100	5,0	4710	2320	2760	12/8	30,7
KS 30 Urtrak	4/4	6,3	5,2	3470	1610	2220	4/1	8,0

Ackerschlepper der Jahre 1962 – 1990 (Auswahl)

Bezeichnung (Baujahr)	Motor Zylinder/Takt	Leistung PS	Gewicht in [kg]	Länge [mm]	Breite [mm]	Höhe [mm]	Getriebe V/R	Geschwindigkeit [km/h]
Agria 6700 (1977)	2/4	25	820	-	-	-	8/4	-
Belarus T1500 (1984)	6/4	165	7500	-	-	-	12/4	30,0
Case 1455 XLA (1986)	6/4	145	6420	-	-	-	20/9	-
Deere-Lanz 100 (1962)	2/4	18	1300	-	-	-	6/1	-
Deere 8640 (1984)	6/4	275	11200	5677	2434	3400	16/6	30,0
Eicher Wotan I (1969)	6/4	80	3800	-	-	-	16/7	-
Fendt Farmer 250 (1990)	3/4	50	2500	3540	1740	-	21/6	40,0
Fendt Favorit 620 LS (1984)	6/4	185	9400	5700	2470	3070	16/6	38,3
Fiat 215 (1964)	2/4	20	980	-	-	-	6/2	-
Fiatagri 160-90 DT (1990)	6/4	163	7035	4860	2360	2950	16/16	30,0
Ford Dexta 2000 (1964)	3/4	34	1560	-	-	-	9/2	-
Ford 8830 (1990)	6/4	186	7710	4860	2150	3180	18/9	30,0
Holder A 65 (1986)	3/4	59	1760	-	-	-	12/4	-
Horsch TT 250 (1990)	6/4	246	7630	6500	3000	3330	-	20,0
Hürlimann H 6200 (1984)	6/4	200	8500	4970	2400	3070	12/4	31,8
IH 4156 turbo (1984)	6/4	172	6300	4930	2440	2360	8/4	-
KHD D 2506 (1968)	2/4	22	1675	-	-	-	8/2	-
KHD DX 6.61 (1990)	6/4	143	5400	4910	2470	2940	18/6	40,0
Kramer 1214 Allrad	6/4	115	6000	-	-	-	12/12	-
MB-trac 1500 (1984)	6/4	150	6200	4680	2500	2900	18/18	25,0
MF 1134 (1990)	6/4	132	5650	4600	2440	2800	12/4	30,0
Renault Standard (1966)	2/4	25	1770	-	-	-	10/2	-
Renault 133-54 TX (1990)	6/4	123	5315	5080	2050	2920	16/16	40,0
Same Laser 150 turbo (1990)	6/4	145	56 15	4600	2470	3020	24/12	30,0
Schlüter Profi Trac 3500TVL (1990)	6/4	320	12250	6180	2500	3460	18/4	35,0
Steyr 8180 (1990)	6/4	165	6100	5100	2460	2860	16/12	40,0
Ursus 1614 (1990)	6/4	152	4950	4950	2270	2580	12/6	25,5
Zetor 11245 (1990)	6/4	100	5200	4600	2340	2730	16/8	30,0

Schlepperbestand nach Ländern 1950 – 2001 (in 1000 Stück)

Land	1950	1960	1970	1980	1987	2001
USA	3685	4700	4584	4570	4317	4800
UdSSR	430	1122	1977	2515[2)]	2755	785
Japan	8[1)]	-	278	1050[2)]	1650	2028
Frankreich	139	680	1265	1480	1500	1264
Italien	57	147	615	910	1106	1650
China,VR	-	-	180	557[2)]	862	1113
Kanada	395[1)]	-	596	657[2)]	858	733
Polen	31[1)]	-	-	646[2)]	806	1308
Brasilien	25[1)]	-	168	300[2)]	765	806
Indien	-	-	110	293[2)]	554	1525
Großbritannien	325	427	456	500	513	500
Niederlande	20	66	147	164	174	148
DDR	39	71	130	145	165	-
Belgien	8	43	91	101	114	105

1)=1951
2)=1978

Register

Das Register teilt sich in ein Verzeichnis der Firmen und Verbände und ein Verzeichnis der Personen. Der Anhang wurde nicht berücksichtigt.

Firmen

Personen

Literatur (Auswahl)

Agrartechnik: Landtechnische Zeitschrift der DDR, Berlin 1951 bis 1990

Bach, Michael/Grimme, Werner: Holzgas Schlepper, Brilon 2006

Bauer, Armin: Schlepper. Die Entwicklungsgeschichte eines Nutzfahrzeugs, Stuttgart 1987

Bauer, Armin: Hanomag-Schlepper. Von 1912 bis 1971 aus Hannover in die ganze Welt, Stuttgart 1989

Bauer, Armin: Veteranen der Scholle. Historisches Schlepperbuch, 4. Aufl. Münster-Hiltrup 2000

Bauer, Georg: Faszination Traktor und Ernte. Landwirtschaft im Wandel der Zeit, Frankfurt/M. 2007

Bergner, Ernst: R 26 und R 28 – die ersten Radschlepper; in: Görg, Horst-Dieter (Hrsg.), Pulsschlag eines Werkes. 160 Jahre Hanomag, Soltau 1998

Binder, Richard: Hanomag-Schlepper im Härtetest, UdSSR 1931, in: Miterlebte Landtechnik, Darmstadt 1981, Band 1

Bischof, Achim: Traktoren in der DDR, ISBN 3-86133-348-1, Podszun-Verlag 2004

Blumenthal, Reinhard: Technisches Handbuch Traktoren, VEB Verlag Technik Berlin 3. Auflage 1966

Broehl jr., Wayne G.: John Deere's Company. A History of Deere & Company and its Times.1984

Deutsche Traktoren Union GmbH; Der T 860, Homepage www.land-und-kfz-technik.de, 2017

Deventer, John H. van: Ford Principles and Practice at River Rouge. XI – Machining Tractor Parts and Assembling Fordson Tractors, in: Industrial Management 66, 1923

dlz - Die landtechnische Zeitschrift für Produktion, Technik, Management, München 1951 bis 2017

Fiedler, Reinhard/Machol, With: Der neuzeitliche Schmied und Wagenbauer, Nordhausen, Verlag Heinrich Killinger 1929

Fok, O./Wendler, U./Wiese, R. (Hrsg): Vom Klepper zum Schlepper. Zur Entwicklung der Antriebskräfte auf dem Lande, Ehestorf 1994

Ford, Henry: Mein Leben und Werk, Leipzig 1923

Franz, Günther (Hrsg.) Die Geschichte der Landtechnik im 20. Jahrhundert. Frankfurt/M. 1969

Geiger/Steinmetz/Heber: IFA, die hundertjährige Geschichte, Sonderedition IFA-Museum Nordhausen 2015

Gebhardt, Wolfgang H.: Deutsche Traktoren seit 1907, Stuttgart 2006

Görg, Horst-Dieter/Meiburg, Matthias (Hrsg.): Landmaschinen von Hanomag – Die Schlepper aus Hannover, Soltau 2003

Görg, Horst-Dieter (Hrsg.): 100 Jahre Effizienz – Rudolf Diesel und die Landtechnik, Verl 2013

Der Goldene Pflug, Stuttgart 1993 bis 2017

Gray. R. B.: The Agricultural Tractor 1855-1950. Saint Joseph/Michigan 1975

Häfner, Kurt: Lanz. 4 Bände. Schwieberdingen, Köln, Stuttgart, 1986 bis 1990

Hanfland, Curt: Der neuzeitliche Maschinenbau, Leipzig 1929, Band 2

Hanomag-Nachrichten, Werkszeitung der Hannoverschen Maschinenbau-Actien-Gesellschaft, vormals Georg Egestorff in Linden vor Hannover, Jahrgänge 1915 bis 1927

Haushofer, Heinz: Die deutsche Landwirtschaft im technischen Zeitalter, 2. Aufl. Stuttgart 1972

Hawkins Ferry, W.: The Legacy of Albert Kahn, Detroit 1987

Herrmann, Klaus: Pflügen, Säen, Ernten. Landarbeit und Landtechnik in der Geschichte. Reinbek 1985

Herrmann, Klaus: Traktoren in Deutschland. Firmen und Fabrikate von 1907 bis heute, 3. Aufl. Frankfurt/M. 2000

Herrmann, Klaus: Die Fendt Chronik. Vom Dieselross über den Vario bis zum Full-Line Anbieter. 5. Aufl. Stuttgart 2015

Hofweber, Ed. Max/Ibielski, E.: Volkswirtschaftliche Auswirkungen der Fließfertigung in der Landmaschinenindustrie, in: Fließende Fertigung in deutschen Maschinenfabriken, Essen 1943

Hyde, Charles: The Lower Peninsula of Michigan: An Inventory of Historic Engineering and Industrial Sites, Washington 1976

Historischer Kraftverkehr; Die erste Zeitschrift zur Nutzfahrzeug-Geschichte (früher: Elefant), Köln 1982 bis 2018

Holtkamp, Rudolf: Kleine Vierradschlepper für die Tropen und Subtropen. Ihre Rolle in der landwirtschaftlichen und industriellen Entwicklung, Diss. Gießen 1988

Hummel, Jürgen: Schlepper-Klassiker. Traktoren von 1918 bis 1963, Stuttgart 1990

Jahrbuch Agrartechnik; Frankfurt/M. u.a.1988 bis 2016

Kaiser, Hermann: Von Dampfmaschinen und Traktoren. Landwirtschaft und Technik im 20. Jahrhundert. Cloppenburg 2011

Kiene, Werner: Ackerschlepper zwischen Prüfstand und Praxis. Frankfurt/M. 1974

Kirchberg, Peter: Plaste, Blech und Planwirtschaft. Nicolaischer Verlagsbuchhandlung, Berlin 2000

Kuntz, Andreas: Der Dampfpflug. Bilder und Geschichten der Mechanisierung von Ackerbau und Landleben im 19. Jahrhundert. Marburg 1979

Die Landmaschine; Berlin 1921 bis 1929

Landtechnik; Fachzeitschrift für Agrartechnik und ländliches Bauen, Wolfratshausen u.a. 1946 bis 2013

Lane, Michael R.: The Story of the Steam Plough Works. Fowler of Leeds, London 1980

Larsen, Lester: Farm Tractors 1950 - 1975, Saint Joseph/Michigan 1981

Max-Eyth-Gesellschaft für Agrartechnik (Hrsg.)
Miterlebte Landtechnik, 3 Bände, Darmstadt u.a. 1981 bis 2005

Max-Eyth-Gesellschaft für Agrartechnik (Hrsg.): Landleben damals. Wegweiser zu agrartechnischen Museen und Sammlungen, Münster-Hiltrup 1989

Mommsen, Hans/Grieger, Manfred: Das Volkswagenwerk und seine Arbeiter im Dritten Reich, Düsseldorf 1997

Mößmer, Albert: Das Traktor-Lexikon, Schlepper-Technik und -einsatz von A – Z. München 2009

Norbeck, Jack: Encyclopedia of American Steam Traction Engines, 3. Aufl. Sarasota/Florida 1976

Oldtimer Traktor: Zeitschrift für historische Landmaschinen, Mainz 2006 bis 2018

Profi. Magazin für Agrartechnik, Münster-Hiltrup 1989 bis 2018

Quick, Graeme R.: Australian Tractors. Indigenous Tractors and Self Propelled Machines in Rural Australia, Quezon City 1990

Sack, Walter: Alle Traktoren von Hanomag. Typen und Daten, Köln 1990

Scheuch, Egon: Der Geräteträger, Deutscher Bauernverlag, Berlin 1959

Der Schlepperfreund. Zeitschrift für historische Landtechnik. Eberdingen, Möglingen, Leonberg 1990 bis 2018

Schlepper Post, Köln 1992 bis 2018

Schmeing,Werner/ Wischhof, Hans-Jürgen: Traktoren der Daimler AG, 2 Bde, Frankfurt/M 2009 bis 2015

Statistisches Handbuch von Deutschland, München 1949, S. 86; Klaus Herrmann: Pflügen, Säen, Ernten. Landarbeit und Landtechnik in der Geschichte, Reinbek 1985

Die Technik in der Landwirtschaft, Berlin 1919 bis 1944

Troitzsch, Ulrich/Weber, Wolfhard (Hrsg.): Die Technik. Von den Anfängen bis zur Gegenwart, Braunschweig 1982

Verein Deutscher Ingenieure (Hrsg.): 25 Jahre VDI-Fachgruppe Landtechnik, Düsseldorf 1983

Wendel, Charles H.: 150 Years of International Harvester, Sarasota/Florida 1981

Wiese, Rolf (Hrsg.): Im Märzen der Bauer. Landwirtschaft im Wandel, Hamburg 1993

Zeitschrift des VDI 65, 1921

Bildnachweis

Archive und Fotografen

AGCO; Duluth, Georgia, USA
Agrarhistorisches Archiv - KR Karl Prillinger; Wels, Österreich
Andrag, Paul; Belleville, Südafrika
Archiv der Bulldog- und Schlepperfreunde Württemberg; Leonberg
Archive der Hanomag IG; Hannover und Hildesheim
Bartels, Eckhart; Ronnenberg
Bergner, Ernst; Crailsheim
Bolte, Horst; Lehrte-Immensen
Bucher Hydraulics; Klettgau
Case Corporation; Racine, Wisconsin, USA
Caterpillar Inc.; Peoria, Illinois, USA
Continental AG; Hannover
Conze, Peter; Siegburg
Daimler AG; Gaggenau
Deutsches Landwirtschaftsmuseum Hohenheim (Depot R. Binder)
Deutsches Landwirtschaftsmuseum Hohenheim (Prospektsammlung)
Deutsches Landwirtschaftsmuseum Hohenheim (Bildsammlung)
Deutsches Landwirtschaftsmuseum Hohenheim (Bestand 34.1 5)
Deutz-Fahr; Gottmadingen
Dreyer, Klaus; Hasbergen-Gaste
Eggers, Holger; Hildesheim
Fehér, György; Budapest, Ungarn
Fendt/AGCO; Marktoberdorf
Fiat; Heilbronn
Flaig, Hubert; Stuttgart
Ford; Troy, Michigan
Gentil, Etienne; Karlsruhe
Görg, Horst-Dieter; Hildesheim
Gold, Achim; Kirchheim/Teck
GTÜ-Archiv; Stuttgart
Gussinklo, Richard; Westendorp, Niederlande
Hahn, Hans-Adolf; Markkleeberg
Herrmann, Klaus; Leinfelden
Max Holder GmbH; Metzingen
Historische Dampftechnik Kirchheim/Teck e.V.
Historisches Museum Hannover
IFA-Museum; Nordhausen/Harz
John Deere; Mannheim
Klöckner-Humboldt-Deutz; Köln
Kochanneck, Thorsten; Lehrte-Immensen;
Kramer; Gutmadingen und Überlingen
Massey-Ferguson; Eschwege
Maschinenfabrik B. Krone; Spelle
Maschinenfabrik Rau GmbH; Weilheim/Teck
Masselink, Rolf; Nordhorn
Materna, Stefan; Bruchsal
Robert Bosch GmbH; Stuttgart
Schieven, Pim; Halle, Niederlande

Schlüter; Freising

SDF Archivo Storico, Treviglio, Italien

The Road Locomotive Society; Aldershot/Hants, Großbritannien

Toonk, Hugo; Westendorp, Niederlande

Vollmer, Michael; Bockenem

Welkerling, Jan; Nürnberg

Bücher und Zeitschriften

Becker, Gabriel; Motorschlepper für Industrie und Landwirtschaft, Berlin, 1926

Der Schlepperfreund, Nr. 1 – 111, Eberdingen, Möglingen, Leonberg, Jge. 1990 - 2008

Fowler, John; Katalog, Magdeburg

Hamm, Wilhelm: Die landwirtschaftlichen Geräte und Maschinen Englands. 2. Aufl., Braunschweig 1858

Hamm, Wilhelm: Das Ganze der Landwirtschaft in Bildern, Leipzig o. J.

Kemna, J.; Katalog 35, Breslau

Layritz, Otfried; Mechanical Traction in War, London 1900

Maschinen-Zeitung, Berlin, 11. Jg., 1913

Matschoss, Conrad: Geschichte der Dampfmaschinen. Ihre kulturelle Bedeutung, technische Entwicklung und ihre großen Männer, Berlin 1901

Neue Kraftfahrzeitung, NKZ, Stuttgart, Jge. 1934 -1944

Österreichisches Landwirtschaftliches Wochenblatt; Wien, 5. Jg., 1879

Seidler, Fritz (Hrsg.), Handbuch der Deula-Kraft, Der Ackerschlepper und sein Gerät, Berlin 1947

Danksagungen

Dieses Buch ist einerseits eine Aufarbeitung von mehr als 150 Jahren Landtechnikgeschichte, andererseits auch eine Dokumentation zur Wiederbelebung teils verstaubter, teils verloren geglaubter Exponate, deren Geschichte und Geschichten hier wiedergegeben werden konnten.

Unser Dank gilt Hans Eckert und Hubert Flaig von den Bulldog- und Schlepperfreunden Württemberg, die mit der Idee zur Sonderschau „Ackergiganten" anlässlich der Retro Classics im März 2018 in Stuttgart den eigentlichen Anstoß dazu gaben, das in die Jahre gekommene, gleichnamige Buch völlig zu überarbeiten.

Hilfreich waren dabei zahlreiche Beiträge, die sich häufig um den Historischen Feldtag in Nordhorn drehen, wofür immer wieder mit teils erheblichem Einsatz neue „Akteure" in Form historischer Fahrzeuge sozusagen zurück auf die „Bühne" gebracht wurden.

Entstanden ist ein Nachschlagewerk zu interessanten Firmen, Menschen, Maschinen und Begebenheiten, die die Mechanisierung der Landwirtschaft im Herzen Europas und darüber hinaus in den letzten mehr als 150 Jahren vorangebracht haben.

Die mitwirkenden Autoren sind unserer Anregung gefolgt, besonders Bilder – in diesem Fall mehr als 500! – sprechen zu lassen, womit sicher auch das Vermitteln der Inhalte erleichtert wird.

Wir danken an dieser Stelle allen Bildgebern, Mitautoren, Freunden und Helfern für ihre unkonventionelle und rasche Mithilfe bei der extrem kurzfristigen Erstellung dieses Buches und bitten gleichzeitig um Nachsicht für eventuelle kleinere Fehler, die bei der Umsetzung eines so umfassenden Projektes durchaus möglich sind.

Unser besonderer Dank gilt den Inserenten, die mit ihren Anzeigen maßgeblich zur Finanzierung –sowohl inhaltlich als auch bezüglich der Aktualität – beigetragen haben. Ohne diese „Starthilfe" wäre dieses Werk kaum möglich gewesen.

Denen, die noch zögern, die Aktivitäten um die Traditionspflege in der Landtechnik zu unterstützen, sei hier das Leitmotiv von Kommerzialrat Professor Karl Prillinger aus Wels in Österreich mit auf den Weg gegeben: Die Vergangenheit achten bedeutet die Gegenwart verstehen und damit an die Zukunft zu denken!

Besonderer Dank geht an Hubert Flaig, Flaig + Flaig GmbH, Stuttgart, für Gestaltung, Layout und Redaktion, die Elbe-Druckerei, Lutherstadt Wittenberg, für die drucktechnische Realisierung sowie Beathe Müller, Georg Olms Verlag, für das Lektorat; das verlegerische Risiko und den Vertrieb hat dankenswerterweise der Georg Olms Verlag übernommen.

Klaus Herrmann und Horst-Dieter Görg

Leinfelden/Hildesheim, Februar 2018